计算机科学前沿丛书·十讲系列

数据管理
十讲

袁　野　崔　斌　李战怀　李国良　杨晓春

姚　斌　彭智勇　邹　磊　高云君　魏哲巍

童咏昕　王宏志　金澈清 ———— 编

Ten Lectures

机械工业出版社
CHINA MACHINE PRESS

随着社交网络等新型应用的兴起和云计算等新技术的快速发展，人类获取数据的规模正以前所未有的速度增长，数据中包含了大量有价值的信息，能够有效助力社会、经济、科技的发展，因此数据管理与分析方面的研究工作倍受关注。本书针对该领域的研究热点和前沿技术进行了深入浅出的介绍，包括图数据、云数据库系统、时空数据、数据质量、数据库智能化等，帮助读者构建宏观视野，把握领域前沿。

　　本书适合数据管理与分析等相关领域的科研人员、年轻教师、研究生，以及从事相关工作的人员阅读。

图书在版编目（CIP）数据

数据管理十讲／袁野等编. —北京：机械工业出版社，2023.6
（计算机科学前沿丛书. 十讲系列）
ISBN 978-7-111-73334-8

Ⅰ. ①数…　Ⅱ. ①袁…　Ⅲ. ①数据管理　Ⅳ. ①TP274

中国国家版本馆 CIP 数据核字（2023）第 108005 号

机械工业出版社（北京市百万庄大街 22 号　邮政编码 100037）
策划编辑：梁　伟　　　　　　责任编辑：梁　伟　游　静
责任校对：樊钟英　张昕妍　　责任印制：常天培
北京铭成印刷有限公司印刷
2024 年 3 月第 1 版第 1 次印刷
186mm×240mm · 25 印张 · 1 插页 · 417 千字
标准书号：ISBN 978-7-111-73334-8
定价：89.00 元

电话服务　　　　　　　　　　网络服务
客服电话：010-88361066　　机　工　官　网：www.cmpbook.com
　　　　　010-88379833　　机　工　官　博：weibo.com/cmp1952
　　　　　010-68326294　　金　书　网：www.golden-book.com
封底无防伪标均为盗版　　　　机工教育服务网：www.cmpedu.com

党的十八大以来，我国把科教兴国战略、人才强国战略和创新驱动发展战略放在国家发展的核心位置。当前，我国正处于建设创新型国家和世界科技强国的关键时期，亟需加快前沿科技发展，加速高层次创新型人才培养。党的二十大报告首次将科技、教育、人才专门作为一个专题，强调科技是第一生产力、人才是第一资源、创新是第一动力。只有"教育优先发展、科技自立自强、人才引领驱动"，才能做到高质量发展，全面建成社会主义现代化强国，实现第二个百年奋斗目标。

研究生教育作为最高层次的人才教育，在我国高质量发展过程中将起到越来越重要的作用，是国家发展、社会进步的重要基石。但是，相对于本科教育，研究生教育非常缺少优秀的教材和参考书；而且由于科学前沿发展变化很快，研究生教育类图书的撰写也极具挑战性。为此，2021年，中国计算机学会（CCF）策划并成立了计算机科学前沿丛书编委会，汇集了十余位来自重点高校、科研院所的计算机领域不同研究方向的著名学者，致力于面向计算机科学前沿，把握学科发展趋势，以"计算机科学前沿丛书"为载体，以研究生和相关领域的科技工作者为主要对象，全面介绍计算机领域的前沿思想、前沿理论、前沿研究方向和前沿发展趋势，为培养具有创新精神和创新能力的高素质人才贡献力量。

计算机科学前沿丛书将站在国家战略高度，着眼于当下，放眼于未来，服务国家战略需求，笃行致远，力争满足国家对科技发展和人才培养提出的新要求，持续为培育时代需要的创新型人才、完善人才培养体系而努力。

郑纬民

中国工程院院士

清华大学教授

2022 年 10 月

2021 年，北京西西艾弗信息科技有限公司成立之初，编辑部的老师们提出想出教材。由于读者群体稳定，经济效益好，大学教材是各大出版社的必争之地。出版计算机本科专业教材，对于提升中国计算机学会（CCF）在教育领域的影响力，无疑是很有意义的一件事情。我作为时任 CCF 教育工作委员会主任，也很心动。因为 CCF 常务理事会给教育工作委员会的定位就是提升 CCF 在教育领域的影响力。为此，我们创立了未来计算机教育峰会（FCES），推动各专业委员会成立了教育工作组，编撰了《计算机科学与技术专业培养方案编制指南》并入校试点实施，等等。接下来，无疑会把出版教材作为重点工作去推动。

在进一步的调研中我们发现，面向本科生的教材"多如牛毛"，面向研究生的教材可谓"凤毛麟角"。随着全国研究生教育大会的召开，研究生教育必定会加速改革。这其中，提高研究生的培养质量是核心内容。计算机学科的研究生大多是通过阅读顶会、顶刊论文的模式来了解学科前沿的，学生容易"只见树木不见森林"。即使发表了顶会、顶刊论文，也对整个领域知之甚少。因此，各个学科方向的导师都希望有一本领域前沿的高级科普书，能让研究生新生快速了解某个学科方向的核心基础和发展前沿，迅速开展科研工作。当我们将这一想法与专业委员会教育工作组组长们交流时，大家都表示想法很好，会积极支持。于是，我们决定依托 CCF 的众多专业委员会，编写面向研究生新生的专业入门读物。

受著名的斯普林格出版社的 *Lecture Notes* 系列图书的启发，我们取名"十讲"系列。这个名字有很大的想象空间。首先，定义了这套书的风格，是由一个个的讲义构成。每讲之间有一定的独立性，但是整体上又覆盖了某个学科领域的主要方向。这样方便专业委员会去组织多位专家一起撰写。其次，每本书都按照十讲去组织，书的厚度有一个大致的平衡。最后，还希望作者能配套提供对应的演讲 PPT 和视频（真正的讲座），这样便于书籍的推广。

"十讲"系列具有如下特点。第一，内容具有前沿性。作者都是各个专业委员会中活跃在科研一线的专家，能将本领域的前沿内容介绍给学生。第二，文字具有科普性。定位于初入门的研究生，虽然内容是前沿的，但是描述会考虑易理解性，不涉及太多的公式定理。第三，形式具有可扩展性。一方面可以很容易扩展到新的学科领域去，形成第 2 辑、第 3 辑；另一方面，每隔几年就可以进行一次更新和改版，形成第 2 版、第 3 版。这样，"十讲"系列就可以不断地出版下去。

祝愿"十讲"系列成为我国计算机研究生教育的一个品牌，成为出版社的一个品牌，也成为中国计算机学会的一个品牌。

中国人民大学教授

2022 年 6 月

　　随着社交网络等新型应用的兴起和云计算等新技术的快速发展，人类所获取的数据规模正以前所未有的速度增长，与大数据相关的技术变革成为当今世界的热点话题。大数据在信息科学、物理学、生物学、环境生态学等领域以及军事、金融、通信等行业普遍存在，引起人们的极大关注。对数据进行管理与分析，可以有效提炼人们感兴趣的信息，帮助人们进行决策，为后续研究提供坚实的数据支撑。

　　随着新兴领域的发展，大数据具有种类繁多的特性。为了反映数据之间的关联关系，图数据的管理与分析应运而生。现实世界中的许多应用场景都需要用图结构表示，例如，传统应用中的最优运输路线确定、疾病暴发路径预测、科技文献引用关系分析、生物信息网络分析等，新兴应用中的社交网络分析、知识图谱、数据万维网、人脑网络等。随着数据规模的不断扩大，传统的数据库已经不能满足人们对数据存储和管理的需求，云数据库系统随之诞生，它融合了云基础服务的弹性和数据库系统的高可用、高性能的数据处理能力，可以适应业务规模波动的场景，同时具有高可用、强容灾、自动化运维、智能优化的特性，成为数据库市场的主导力量。随着大数据时代的发展，越来越多的数据应用场景所涉及的数据模态变得更加多样化，而传统的单模态数据不能满足人们的需求。为应对多模态数据应用场景，多模态数据管理领域飞速发展，为数据存储、建模以及查询带来了全新的挑战。随着 GPS 定位技术与移动互联网的快速发展，时空数据呈现爆发式增长。时空数据在形态上具有海量、多维、动态等特性，可以满足城市计算、交通运输、行为研究等领域中不断涌现的用户需求，因此受到了广泛的关注。在现实生活中，数据并不是一成不变的，而是不间断到达和被处理的连续数据流。这种连续的数据流是自然产生的。因此，如何对流数据进行管理与分析，根据实时的数据流做出决策和推断，对于许多任务有着不可替代的作用。随着比特币进入人们的视野，区块链作为比特币的底层技术，代表一种革新性的理念和技术范式，旨在利用数据和技术来建立信任机制与体系，进而建立新的信用体系，从而为数字经济和数字化转型奠定强大基础。

　　数据类型的多样性为数据的管理与分析带来了巨大的挑战，也为数据管理领域的相关研究带来了巨大的机遇。然而，当人们获取和利用的数据量飞速增长时，由于容错标准不完善、数据存储格式不一致、信息来源可靠性低、数据更新周期过长等，数据的错误率和混乱程度会大幅提升，使得数据工程中所用数据的质量不够优质，这很可能会给诸多领域带来严重的负面影响。因此，如何制定相关规则，对生命周期的每个阶段（计划、获取、存储、共享、维护、应用、消亡）里可能发生的各类数据质量问题进行识别、度量、监控、预警等一系列管理活动，并通过改善和提高组织的管理水平使数据质量获得进一步提高，成为数据质量管理的研究目标。而随着数据管理相关研究的不断深入，新的问题也随之产生。数据收集是数据驱动任务中重要的一步，随着隐私安全问题逐渐受到关注，各国的法律法规加强了对数据收集的限制，使得隐私计算成为焦点，如何实现数据隐私安全成为数据库领域关注的研究问题。数据库在基础硬件和上层软件之间起到了"承上启下"的作用，向下发挥硬件算力，向上支撑上层应用。底层硬件技术决定了数据存取、并发处理等的物理极限性能，以 NVM、高性能处理器和硬件加速器、RDMA 高性能网络为代表的新硬件技术驱动的数据管理，可以改变传统的数据管理系统的底层载体支撑，数据管理系统将向混合存储环境、异构计算架构和高性能互联网络逐步演进。而对于上层软件系统，在大数据和云计算快速发展的背景下，数据库服务的数量剧增，对数据库查询优化、索引推荐、故障诊断、参数调优等提出了更高的要求。传统的依赖于启发式算法或者人工干预的数据库系统已经难以满足其需求。因此，结合机器学习技术实现包括数据库的自优化、自管理、自监控、自诊断、自恢复等在内的多维度的高度自治功能的数据库系统智能化的研究受到了广泛关注。

　　综上所述，数据管理与分析技术的研究和开发不仅具有重要的理论研究意义，而且具有广泛的实际应用价值。因此，本书对上述数据管理领域的研究热点和前沿技术进行了深入浅出的介绍，希望本书能够为数据管理与分析专业的研究生开展研究工作提供良好的参考。

目　录

第3讲 多模态数据管理

第 4 讲　时空数据管理

第 5 讲　流数据管理

第6讲　区块链数据管理

第 7 讲　数据质量管理

第 8 讲　数据安全与隐私

第 9 讲　新硬件驱动的数据管理

第 10 讲　数据库系统智能化

第 1 讲
图数据管理

本讲概览

本讲将介绍图数据管理的相关问题。首先,我们将讨论两种常用的图数据模型——RDF 图模型和属性图模型,以及它们对应的查询语言——SPARQL 查询语言和 Cypher 查询语言。其次,我们将探讨几种常见图数据库的系统架构,包括 Neo4j、Jena 和 gStore。最后,我们将深入研究图数据库的查询处理算法,其中核心问题是子图匹配。针对子图匹配问题,已经提出了许多算法,本讲将把它们分为两类——基于探索的算法和基于连接的算法。此外,我们还将介绍分布式子图匹配算法,以解决大规模图数据的查询需求。

1.1 | 图数据库的数据模型和查询语言

图数据能用于实际应用的前提是这些数据能被表示与存储。为此,图数据库需要确定合适的数学模型来描述实际应用中的图数据,进而基于这些模型将图数据有效地存储在图数据库中。同时,为了更好地管理和使用图数据,一个关键的任务就是对其进行查询。图数据查询的基本问题就是查询的表达。

针对上述问题,本节将介绍两种常用的图数据模型——RDF 图模型和属性图模型,以及与二者对应的查询语言——SPARQL 和 Cypher。

1.1.1 数据模型

1. RDF 图模型

RDF(Resource Description Framework,资源描述框架)是万维网联盟(W3C)提出的一组标记语言的技术规范,最初用来描述互联网上的资源信息[注]。将"资源"这一概念泛化以后,RDF 可被用于表达关于任何现实世界中可以被标识事物的关联。于是,RDF 图模型也被广泛应用于图数据表示,是目前主流的一种图数据模型。

RDF 数据模型的核心包括资源(Resource)、属性/谓词(Property/Predicate)、RDF

○ http://www.w3.org/RDF/。

陈述（RDF Statement）。所谓资源，可以表示具体的事物，也可以是抽象的概念或属性。例如某本特定的书（具体）、科学家（抽象的概念）、出生于（属性/谓词）等都可以被称为资源。在 RDF 中，每个资源由一个统一的国际化标识符（IRI，Internationalized Resource Identifier）表示，IRI 是一个用来标识资源的字符串。所谓属性，用来描述资源之间的语义关系，或者描述某个资源和属性值之间的关系。RDF 图模型的基本数据单元是一条陈述，表达为 〈主体,属性,客体〉的三元组结构，描述了某个资源特定属性及属性值或者其与其他资源的关系。

用形式化来描述，给定资源标识符集合 $\mathcal{J}$、空白节点集合 $\mathcal{B}$ 和字面值 $\mathcal{L}$，一条陈述 t 是属于 $(\mathcal{J} \cup \mathcal{B}) \times \mathcal{J} \times (\mathcal{J} \cup \mathcal{B} \cup \mathcal{L})$ 的一个三元组，一个 RDF 数据 $\mathcal{T}$ 是 $(\mathcal{J} \cup \mathcal{B}) \times \mathcal{J} \times (\mathcal{J} \cup \mathcal{B} \cup \mathcal{L})$ 的一个子集。

图 1-1 给出了一个 RDF 数据的示例，截取自著名 RDF 数据 DBpedia[1]，描述了与拿破仑相关的若干资源及其属性。

主体	属性	客体
dbr:Napoleon	rdf:type	dbr:Royalty
dbr:Napoleon	rdfs:label	"Napoleon"@en
dbr:Napoleon	dbo:spouse	dbr:Marie_Louise
dbr:Napoleon	dbo:birthPlace	dbr:Corsica
dbr:Napoleon	dbo:birthDate	"1769-08-15"
dbr:Marie_Louise	rdf:type	dbr:Royalty
dbr:Marie_Louise	rdfs:label	"Marie Louise"@en
dbr:Marie_Louise	dbo:birthPlace	dbr:Vienna
dbr:Marie_Louise	dbo:birthDate	"1791-12-12"
dbr:Corsica	rdf:type	dbr:Place
dbr:Corsica	rdfs:label	"Corsica"@en
dbr:Corsica	dbo:population	"3385502"
dbr:Vienna	rdf:type	dbr:Place
dbr:Vienna	rdfs:label	"Vienna"@en
dbr:Vienna	dbo:population	"1911191"

图 1-1　RDF 数据示例

一个 RDF 数据可以天然地转换成一个有向图。在这个图中，每个资源或者属性值表示为图上的点，每个陈述可以视为连接主体及客体的有向边，而陈述中的属性就可以视作有向边上的标签。相比于陈述集合，RDF 图模型更利于展示通过语义关联建立起来的全局结构。

图 1-2 给出了与图 1-1 所示 RDF 数据对应的 RDF 图。其中，为了方便本讲中的讨论，这里给每个点左上方都标上一个数字标识符。

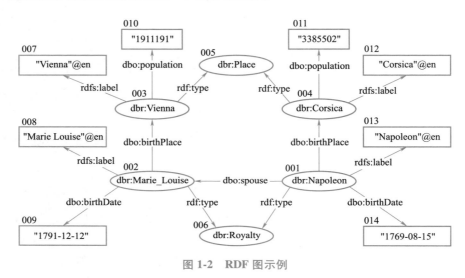

图 1-2   RDF 图示例

2. 属性图模型

属性图模型是一种不同于 RDF 图模型的图数据模型。与 RDF 图模型相比，属性图模型对于节点属性和边属性具备内在的支持。属性图模型最早被 Neo4j 提出，目前已经被图数据库业界广泛采用⊖。最近，由图数据管理领域学术界与工业界成员共同组成的关联数据基准委员会（Linked Data Benchmark Council，LDBC）正在以属性图为基础针对图数据模型和图查询语言展开标准化建立工作。

属性图模型由点来表示现实世界中的实体，由边来表示实体与实体之间的关系。同时，点和边上都可以通过键值对的形式被关联上任意数量的属性和属性值。在这种图模型中，关系被提到了一个和实体本身一样重要的程度。具体而言，属性图模型中的图定义为 $\langle N, R, \mathrm{src}, \mathrm{tgt}, \iota, \lambda, \tau \rangle$ 七元组形式[2]。其中：

⊖   https://Neo4j.com/。

- N 是点标识符集合 N 的子集，表示图中的点集；
- R 是边标识符集合 R 的子集，表示图中的边集；
- src：$R{\rightarrow}N$ 是一个函数，表示将一条边映射到其起点；
- tgt：$R{\rightarrow}N$ 是一个函数，表示将一条边映射到其终点；
- ι：（$N{\cup}R$）$\times K{\rightarrow}V$ 是一个函数，表示将一个点或者一条边上一个属性键映射到一个值；
- λ：$N{\rightarrow}2L$ 是一个函数，表示将一个点映射到一个有限的点标签集合；
- τ：$R{\rightarrow}T$ 是一个函数，表示将一条边映射到一个边类型。

图 1-3 给出了一个属性图示例。和图 1-2 所示的 RDF 图类似，这个属性图示例也描述了与拿破仑相关的信息。

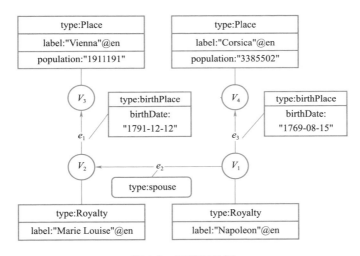

图 1-3　属性图示例

1.1.2　查询语言

1. SPARQL

SPARQL 是一种用于 RDF 图模型上的查询语言，它的名字是一个递归缩写，即 "SPARQL Protocol And RDF Query Language"（SPARQL 协议与 RDF 查询语言）。2004 年，万维网联盟的 RDF 数据访问工作小组（DAWG）对 RDF 数据上的查询语言进行了形式化描述。2008 年 1 月 15 日，SPARQL 1.0 正式成为一项 W3C 推荐标准。2013 年，

SPARQL 1.1 进一步被提出[⊖]。

一个 SPARQL 查询语句通常由查询子句和 WHERE 子句组成，其中查询子句包括 SELECT、CONSTRUCT、ASK、DESCRIBE 等查询关键字。最常见的是 SELECT，SELECT 识别查询结果中要返回的变量，WHERE 子句提供需要在目标数据图上进行匹配的基本图模式和相关限制条件。SPARQL 通过基本图模式来表示用户的查询需求，一个基本图模式是三元组模式的集合。三元组模式与 RDF 陈述的形式很相似，不同之处在于三元组模式中的主体、属性或客体可能是一个变量。

与 RDF 的图表示类似，SPARQL 查询也可以视为一个带变量的查询图。然后，SPARQL 查询处理可以视为 SPARQL 查询图在 RDF 图上的子图匹配运算。如果一个基本图模式与 RDF 图的一个子图匹配，即把基本图模式中的变量用该子图中相应的 RDF 资源或者属性值替换，得到的子图与该子图同构，则可以返回查询结果。

图 1-4 给出了一个 SPARQL 查询及其查询图的示例。该查询用于查询示例中 RDF 数据上的拿破仑妻子的名字。

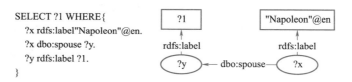

图 1-4　SPARQL 查询及其查询图示例

2. Cypher

Cypher 是 Neo4j 图数据库系统所支持的面向属性图的查询语言。为了对 Cypher 语言进行标准化，Neo4j 公司组织了一个公共开发平台项目——openCypher[⊖]。openCypher 项目目前取得了一系列成果，包括扩展巴科斯范式、ANTLR4 语法、技术兼容性工具包等。

一个 Cypher 查询语言包括四部分：表达式、图模式、子句和查询。对于一个属性图而言，Cypher 语句既包括查询，也包括数据更新和操作等功能，本小节主要介绍查询功能[2]。

⊖　https://www.w3.org/TR/sparql11-query/。

⊖　http://opencypher.org/。

Cypher 语言的核心是图模式，就是出现在 Cypher 查询语句 MATCH 子句中查询模式。Cypher 定义了两种基本查询模式：点模式和关系模式。形式化地讲，点模式是一个三元组 (a,L,P)，其中 a 为所查询点对应的变量名、L 是所查询的点需要满足的标签集合、P 是所查询的点在属性上所需满足的条件。点模式的查询语义是找到属性图中的所有满足如下条件的节点：

①这些节点的标签满足 L 中的定义；

②这些节点在属性上满足 P 中定义的属性约束条件，并且把这些节点的标识符赋值给变量 a。

关系模式是一个五元组 (d,a,T,P,I)，其中 d 为关系模式的方向、a 是所查询关系对应的变量名、T 是所查询关系需要满足的边类型集合、P 是所查询关系在边属性上所需满足的条件、I 表示所查询关系的可以对应多少条边。关系模式的查询语义是找到属性图中的满足如下条件的关系边（或者多个连续的关系边）：

①边的方向符合 d 的定义，其中 MATCH 语句中-[ ]->、<-[ ]-、-[ ]-分别表示自左向右、自右向左的有向边和无向边；

②边的关系类型满足 T 中约束；

③边在属性上满足 P 中定义的属性约束条件；

④I 表示关系边的数量范围，其中 $[m,n]$ 表示边的数量范围在 m 和 n 之间。

图 1-5 给出了一个 Cypher 查询及其查询图的示例。该查询用于查询图 1-3 所示的属性图数据上的拿破仑妻子的名字。

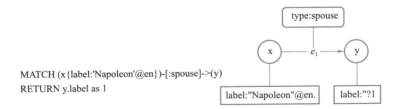

MATCH (x{label:'Napoleon'@en})-[:spouse]->(y)
RETURN y.label as 1

图 1-5　**Cypher 查询及其查询图示例**

对于具体的语法，本书不多赘述，可以参考 Cypher 的用户手册⊖。

⊖　https://neo4j.com/docs/cypher-manual/current/。

1.2 图数据库的系统架构

1.2.1 Neo4j

Neo4j 是由 Neo4j 公司开发的图数据库系统，起源于 2000 年 Neo4j 的创始人开发的多媒体资产管理系统。在这个多媒体资产管理系统中，数据模型经常会发生变化，而且数据结构以及访问控制机制非常复杂。为此，Neo4j 选择了用图模型来存储"关系"并在此系统中实现了变长的遍历运算。此外，该系统通过属性集合的方式对图上的元素进行标记。在这个多媒体资产管理系统的基础上，Neo4j 逐步定义并完善了属性图数据模型以及 Cypher 查询语言，并形成了一个图数据库系统[2]。

Neo4j 主要采用"原生图"的形式存储图数据，其系统架构图如图 1-6 所示⊖。Neo4j 自下而上地设计磁盘上的文件、编程 API 以及 Cypher 查询语言，使其成为高性能、可靠的原生图数据库系统。

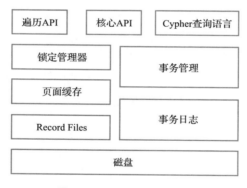

图 1-6　Neo4j 系统架构图

首先介绍 Neo4j 对于点和关系的存储结构以及如何利用这些存储结构处理查询请求。

如图 1-7 所示，点存储结构的固定长度为 15 B，主要包含五个部分：第 1 字节的 inUse 表示该点是否正在使用中；第 2~5 字节的 nextRelId 表示连接到该点的第一个关系

⊖　https://neo4j.com/。

的 ID；第 6~9 字节的 nextPropId 表示连接到该点的第一个属性的 ID；第 10~14 字节 labels 表示指向该点标签存储的指针；第 15 字节的 extra 是一个保留位，主要用于识别该点是否为密集连接的点。

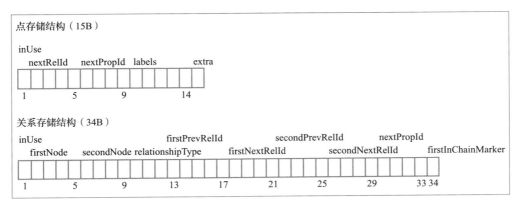

图 1-7　Neo4j 对于点和关系的存储结构

关系存储与点存储类似，固定长度为 34 B，主要包含六个部分：第 1 字节的 inUse 表示该关系是否正在使用中；第 2~5 字节的 firstNode 和第 6~9 字节的 secondNode 分别表示该关系的开始和结束结点的 ID；第 10~13 字节的 relationshipType 表示该关系的类型的指针（指向关系类型存储）；第 14~29 字节表示指向该关系的开始和结束结点的上一个和下一个关系的指针；第 30~33 字节的 nextPropId 表示该关系的第一个属性的 ID；第 34 字节的 firstInChainMarker 表示该关系是否为关系链中的第一条记录。

点和关系的存储可以构成 Neo4j 图数据库中的图结构，属性的存储以"名称-值"对的方式附着于点和关系。点和关系的存储都是按照 ID 顺序的，因此首先可以根据 ID 快速计算出存储文件中任意记录的位置。例如每个点存储大小为 15 B，那么文件中 0~14 B 为第一个点，15~28 B 为第二个点。然后，数据访问时系统就可通过 ID 直接计算文件数据的偏移。

其次，Neo4j 使用堆外缓存来提供对图数据的低延迟访问，并且使用 LRU-K 的页面缓存策略[43] 来保证缓存资源的优化使用。

然后，Neo4j 提供三个级别的 API。最低级别的 API 为内核的事务处理程序，用于允许用户代码在事务流经内核时进行监听，并根据数据内容和事务的生命周期阶段做出反应（或者不做出反应）。第二级别的命令式 API（Core API）向用户公开点、关系、属性和标签的元信息，用于尽快从图中检索数据。第三级别的声明式 API（Traversal API）使用户能够指定一组约束来限制允许遍历访问的部分图。约束包括关系的类型和方向、深度优先或是广度优先、用户自定义的路径评估器等。

最后，通过 Neo4j 设计的图数据库查询语言 Cypher 进行查询。Cypher 的简介见 1.1.2 小节。

1.2.2　Jena

Apache Jena（简称 Jena）是一个开源 Java 框架，主要面向 RDF 模型的图数据管理。Jena 最初由惠普实验室研发，于 2010 年进入 Apache 孵化中心，并于次年作为顶级项目毕业。它提供了多种 RDF 陈述的存储策略（包括内存与磁盘存储），包含了 SPARQL 查询执行器、面向 OWL 和 RDFS 本体的基于规则的推理引擎。

图 1-8 为 Jena 的系统架构框图。Jena 向外部开放三种 API，分别为 RDF API、本体 API 和 SPARQL API。应用程序可以通过 Fuseki（用于公开发布数据的 HTTP 服务器端模块）调用 SPARQL API，也可以直接在 Java 程序中调用这三种 API。

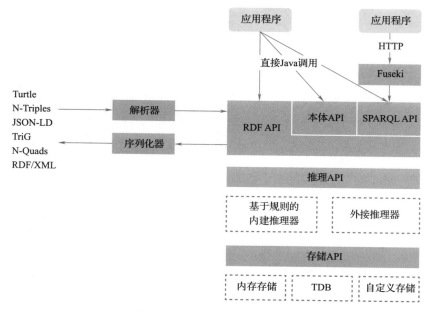

图 1-8　Jena 的系统架构框图

Jena 的 RDF API 用于访问 RDF 图，提供向图中添加和删除陈述、寻找与特定模式匹配的陈述等基本功能。本体 API 和 SPARQL API 在其功能实现中均会进一步调用 RDF API。通过解析器，RDF API 可以从外部源（文件或 URL）读入 RDF 数据；通过序列化器，RDF API 可以将系统中存有的 RDF 数据序列化到外部文件中。解析和序列化均支持一系列常用的 RDF 数据格式（如 Turtle、N-Triples 等）。

本体模型是应用程序所面向的现实领域的形式化逻辑描述。通过在开发人员与研究人员之间共享本体模型，可以为构建数据之间存在深度链接和融合的应用提供便利。RDF 有两种本体语言：表达力相对较弱的 RDFS 和较强的 OWL。Jena 的本体 API 对这两种语言均提供了支持。

SPARQL 是 RDF 数据的标准查询语言。Jena 的 SPARQL API 提供对遵守已发布标准的 SPARQL 查询和更新语句的支持。查询引擎包括查询解析（由原始 SPARQL 查询生成初始的逻辑执行计划）、高层优化（对初始的逻辑执行计划进行语义上等价的、且有利于提升执行效率的改写）、底层优化（将逻辑执行计划转换为高效的物理执行计划）等子模块。一个查询在经过这些处理步骤后，其物理执行计划将会通过 RDF API 交由存储 API 执行，得到结果后向上返回给应用程序。

余下的两种 API（推理 API、存储 API）不直接与应用程序交互，应用程序可以通过调用 RDF API 间接使用它们的功能。

RDF 上的推理旨在推断数据中非显式存在、而是隐式包含的信息。例如，若数据中显式存储了类 C 是类 B 的子类、类 B 是类 A 的子类这两条信息，则实际上隐含了类 C 是类 A 的子类这一信息。Jena 的推理引擎 API 提供了使这些隐含的三元组在存储中变得可见的方法，其内建推理引擎可以使用 OWL 和 RDF 的内置规则集或应用程序的自定义规则进行推理。此外，用户还可以将推理引擎 API 连接到外部推理器，例如使用描述逻辑进行推理的引擎。

Jena 的存储 API 基于对图结构的一种较为简单的抽象（Graph 类），因此可以适配多种存储策略，包括内存存储、使用 Jena 自带的索引（TDB 模块）的磁盘存储、使用其他适配 Graph 类接口的索引的磁盘存储。其中，TDB 模块主要包含以下两组索引：

- 结点表：存储结点 IRI 到结点 ID（以哈希算法映射，为非负整数）、结点 ID 到结点 IRI 的映射。前者基于 B+树存储，在查询执行中使用；后者存储在连续文件中，在返回查询结果时使用。

- 元组索引：含 SPO（主语–谓词–宾语）、PSO（谓词–主语–宾语）、OPS（宾语–谓词–主语）3 个索引，不区分主次。每个索引均基于 B+树存储了全部数据信息，所存储的每条三元组中的主语、谓词和宾语均以结点 ID 表示。

1.2.3 gStore

gStore[44-46] 是由北京大学王选计算机研究所数据管理实验室研发的面向 RDF 图的开源图数据库系统（通常称为 Triple Store）。相较于传统基于关系数据库的知识图谱数据管理方法，gStore 原生基于图数据模型，维持了原始 RDF 图的图结构；其数据模型是有标签、有向的多边图，每个顶点对应着一个主体或客体。本讲将面向 RDF 的 SPARQL 查询转换为面向 RDF 图的子图匹配查询，利用我们所提出的基于图结构的索引来提升查询的性能。

gStore 的系统架构框图如图 1-9 所示，主要分为接口层、指令层、解析层、执行层、引擎层五个层次。用户使用接口层的 API 发送本地或者远程命令，指令层将这些命令转化为数据库系统中的具体功能。除查询之外的其他功能会在指令层直接调用引擎层的数据操作接口完成。查询功能会先经过解析层对 SPARQL 查询语句进行解析，分为事务型查询、分析型查询和其他查询三类。事务型查询会分别经过基于重写策略的逻辑优化和基于采样策略的物理优化得到执行计划并执行。分析型查询以图算法为主，用户可以在系统中实现的已有基本操作的基础上自定义。其他查询主要为一些需要特殊处理的查询，gStore 根据引擎层的索引特点和历史经验针对这些查询设计了特定的优化策略。引擎层针对事务型查询和分析型查询分别采用了基于图的索引结构和稀疏矩阵（CSR）的存储结构。下面分别介绍 gStore 各层次的功能以及其针对图数据所做的特殊设计。

gStore 的接口层封装了 Socket、Http 和 RPC 三种协议，同时支持包括 C++、Java、Javascript、PHP、Python 在内的多种编程语言，以满足用户的多样化需求。除了常见的数据库构建、删除、备份、还原等功能外，gStore 还提供了包括用户权限、心跳检测以及黑白名单等在内的丰富功能。

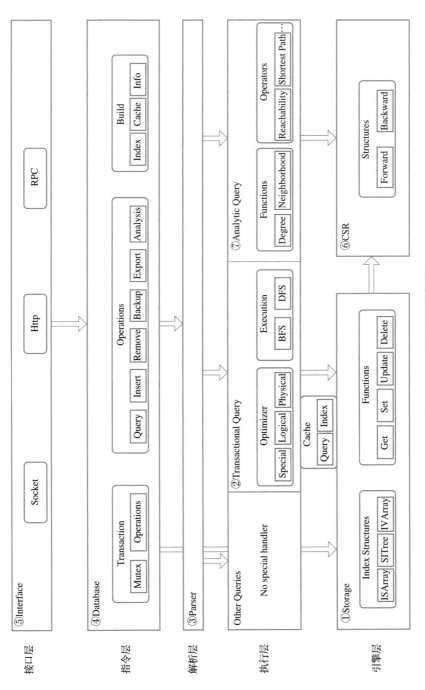

图1-9　gStore的系统架构框图

gStore 的指令层功能可以分为数据库构建、数据操作以及事务管理器三类。数据库构建主要包含索引构建、缓存构建和系统数据库更新，数据库的删除、备份、还原等与数据库构建类似，其反向的功能也与数据库构建类似。数据操作主要为增、删、改、查。除了查询以外，其他功能会在指令层直接调用引擎层的数据操作接口完成，并且插入和删除支持单步和批量操作两种模式。事务管理器包含进行事务操作的基本接口，与不开启事务的查询接口类似，但是其运行的工作流需要依据事务的上下文（例如时间戳）。

gStore 的解析层主要参与两项核心功能：数据库构建和数据查询。在数据库构建时，解析层对输入的 RDF 数据进行解析，将合法的三元组传递给引擎层进行编码和存储，并跳过不合法的三元组，向用户返回相应的语法错误信息；在数据查询时，解析层对输入的 SPARQL 查询进行解析，提取语法树中的关键信息，传递给执行层作为查询执行的参考。

gStore 的执行层主要分为事务型查询的执行和分析型查询的执行两类。在事务型查询的执行中，第一步为以查询重写为主的逻辑优化，通过对查询做某些语义上等价的变换，优化查询表示，提高查询效率。查询重写的优化规则主要包括对 SPARQL 语句中的复杂句法（OPTIONAL、UNION、FILTER 等）进行符合执行逻辑的改写以及对以三元组为单位的相同子结构进行合并。重写后或者不满足重写条件的查询将会以基本图模式（Basic Graph Pattern，BGP）为单位进行编码并交由第二步物理优化做进一步优化。物理优化部分接收单 BGP，返回该 BGP 的查询计划。如果该 BGP 是普通查询，则计划中包含最坏情况最优连接（Worst Case Optimal Join）和二元连接（Binary Join）；如果该 BGP 是 limit-k 查询，则计划中仅包含最坏情况最优连接。物理优化通过从底至上动态规划的方式枚举可能的计划，并通过调用代价估计和基数估计预估查询计划的执行代价，最终选择最优的一个计划返回给执行器执行。其中，基数估计部分使用了等概率采样和蓄水池采样的混合采样策略来保证有效性。得到每一个 BGP 的执行计划后，gStore 分别为普通查询和 limit-k 查询提供了广度优先和深度优先两种执行策略。另外，gStore 还对一类特殊的 top-k（同时包含 limit-k 和 order by 句法）查询拥有特定的执行优化策略。

在分析型查询的执行中，gStore 提供了两方面功能：一是实现了一些内建的图分析算子（如环路检测、最短路径、K 跳可达性、Personalized PageRank）等，用户可以通过发起相应的扩展 SPARQL 查询直接调用这些算子、在其数据上得到分析结果；二是向用户开放实现自定义图分析算子的接口，用户可以获取图数据的结点数、边数、任意给定结点的邻居等，以此为基本单元进行实现。

gStore 的引擎层主要由索引和缓存构成。索引结构分为主索引、辅助索引和衍生索引。其中主索引包括主体到属性−客体、客体到主体−属性、属性到主体−客体这 3 种，它们都存储在 IVArray 这一数据结构内。其中主体到属性−客体可以看成所有顶点的出边邻接表；客体到主体−属性可以看成所有顶点的入边邻接表。辅助索引包括分别对主体、属性和客体的 ID2string 以及 String2ID 索引，它们分别存储在 ISArray 和 SITree 的数据结构中，可以看作对 RDF 数据中字符串的编码。这两种数据结构分别基于数据和 B+ 树针对图结构进行设计。主索引和辅助索引已经包含了整个图的所有信息。为了加速查询表现，gStore 还根据主索引分别建立了主体到客体、主体−属性到客体等 9 种辅助索引结构。另外，对于所有的索引结构，gStore 都提供了对数据进行操作（增、删、改、查）的接口，同时还对主索引结构提供记录列表大小、获取顶点的度数等针对图结构进行操作的接口。gStore 中的缓存使用 LRU 的替换策略来保证高效运行。另外，支持分析型查询的 CSR 结构本身就用于通用图数据的存储，因此 gStore 没有对其进行特殊的设计。

总体来说，gStore 数据库是一款架构层次清晰、对图数据原生支持并且同时支持高效事务型图查询和分析型图查询的图数据库系统。

1.3 | 图数据库中的查询处理

如前所述，对于图数据库而言，在 RDF 模型和属性图的基础上，人们也提出了与之对应的声明式查询语言——SPARQL 和 Cypher。这些查询语言都允许用户输入图模式查询来查询知识图谱上的满足条件的子图。每个 SPARQL 或者 Cypher 查询的图模式都可以表示为查询图，其中每个变量或者实体常量都被视为一个点，而连接变量或者实体的属性可以被视为边。于是，图数据库中的查询处理问题就可以转化为子图匹配问题。

针对子图匹配问题，当前已经有很多算法被提出，这些算法可以分成两类：基于探索的算法和基于连接的算法。

1.3.1 基于探索的子图匹配算法

所谓基于探索的算法，就是通过在图上探索找出子图匹配的结果。总的来说，基于探索的算法可以分成四步[3]：第一步，为每个查询顶点生成一个候选顶点集；第二步，构建辅助数据结构来维护候选顶点集之间的边；第三步，根据辅助数据结构生成匹配顺序；第四步，在辅助数据结构的帮助下沿着匹配顺序枚举所有结果。此外，一些算法还设计了其他优化策略，以进一步减小枚举过程中的搜索空间。

在单机环境的子图匹配算法领域中，Ullmann[4] 在 1976 年提出了第一个简单易懂的子图匹配算法。该算法按照查询图中顶点的顺序，将查询点逐个映射到数据图中，然后进行探索并枚举出所有结果。此后，人们在 Ullmann 的算法启发下，提出了各种新的子图匹配算法。

VF2[5] 算法基于状态空间表示，实现子图匹配算法。在确定搜索顺序时，VF2 从查询图中的第一个查询点开始进行匹配，之后从已匹配的查询点的邻居点中选择一个顶点作为下一个匹配的查询点。在匹配的过程中，VF2 提出了 5 个剪枝规则减小搜索空间。

针对 VF2，VF2++[6] 和 VF3[7] 进行了进一步改进。VF2++[6] 在 VF2 的基础之上，改进了搜索顺序的确定方式。VF2++从查询图中选择一个度数最大并且标签在数据图中出现次数最少的查询点作为根顶点。然后，从根顶点处生成一棵广度优先搜索树。对于广度优先搜索树中的每一层查询点，VF2++会根据如下两个规则确定查询点的顺序：①查询点标签在数据图中出现的次数最少；②查询点的邻居点集合中，已经匹配的邻居点数量最多。VF3[7] 则使用了一种更快、更高效的启发式方法，可以减少状态访问的数量以及状态访问的时间。

QuickSI[8] 在确定搜索顺序时，提出了一种非频繁边优先的方法，即优先处理在数据图中出现次数少的边，从而尽量减少中间结果的数量。在具体实现时，QuickSI 会统计出查询图的各种顶点标签、边在数据图中出现的次数，然后将次数作为顶点、边的权重，得到一个加权的查询图。之后，QuickSI 执行普里姆算法计算出最小生成树。在计算最小生成树时，QuickSI 会从加权查询图中选出权重最小的边作为第一条边，并选择第一条边中权重较小的顶点作为首个查询点，权重较大的顶点作为第二个查询点。如果第一条边中两个顶点的权重一样，则按照顶点度数升序确定顺序。除前两个查询点之外，剩余查询点的顺序即为计算最小生成树时添加到生成树中的顺序。

不同于 VF2、QuickSI 的搜索顺序确定方式，GraphQL[9] 借鉴关系数据库中的查询优化技术，提出了一种代价模型，并使用贪心算法生成左深连接树，最终确定各个顶点的匹配顺序。为了加快子图匹配的过程，GraphQL 使用局部剪枝和全局精化两个策略。在局部剪枝时，GraphQL 使用顶点的邻域子图的标签过滤掉无效候选点。例如，对于数据点 v 和查询点 u，先将 v、u 的邻域子图中的标签按照字母升序进行排序。排序后，如果 u 的邻域子图的标签序列是 v 的子序列，则 v 是 u 的一个候选点；否则，应当将 v 剪枝掉。在全局精化时，GraphQL 在 u 的邻居点和 v 的邻居点之间构建一个二部图，然后检查 u 的邻居点是否能够全部被匹配到，如果不能，则从 u 的候选点集合中删除 v。

SPath[10] 和 GraphQL 一样使用邻域子图的信息进行剪枝。不过，SPath 与 GraphQL 记录的邻域子图信息略有不同。SPath 会记录不同半径的邻域子图的信息，每个邻域子图的信息中保存着不同标签及其出现的次数。如果某标签在 v 的邻域子图中出现的次数少于在 u 的邻域子图中出现的次数，则可以将 v 剪枝掉。此外，SPath 还可以将查询图分解成多条最短路径，然后一次匹配一条路径，而不是一次匹配一个查询点。

Turbo$_{iso}$[11] 使用候选区域搜索和合并置换策略，实现了一种高效、鲁棒的子图匹配算法。在候选区域搜索的过程中，Turbo$_{iso}$ 可以有效地识别出包含子图匹配结果的候选区域，然后为每个候选区域计算出一个鲁棒的搜索顺序。之后，Turbo$_{iso}$ 会在查询图中找到所有的邻域等价类，然后生成邻域等价类树。在邻域等价类中，每个查询点都能匹配到相同的数据点，即查询点之间是等价的。在枚举子图匹配结果时，Turbo$_{iso}$ 使用合并置换策略先为每个邻域等价类生成匹配结果，最后再为查询图生成完整的匹配结果。

CFL[12] 将查询图分解成核心（Core）和森林（Forest）两种子图，核心子图是指查询图中的稠密子图，森林子图是查询图中除核心子图之外的其他部分构成的子图。之后在枚举子图匹配结果时，先处理核心子图，后处理森林子图。这是因为核心子图的结构较复杂，剪枝能力更强，先处理它可以减少更多的无效中间结果。为了能够加快核心子图、森林子图的匹配过程，CFL 设计出一种新的辅助数据结构，称为压缩路径索引（Compressed Path Index，CPI）。对于查询图 q，CPI 的结构和 q 的广度优先遍历生成树一样。在 CPI 中，每个节点都存储着与生成树对应的查询点及其候选点集合。因此，构建 CPI 实际上就是计算查询图中每个查询点的候选点集合。

DAF[13] 指出 Turbo$_{iso}$、CFL 等算法具有两个明显的缺点：①将查询图转换成生成树，减弱了剪枝能力，得到的搜索顺序可能是次优的；②未利用之前计算过程中获得的信息，存在重复计算。为了克服这些缺点，DAF 提出了 3 个新的技术：①将查询图转换成有向无环图（Directed Acyclic Graph，DAG），然后使用动态规划计算出候选集；②新的确定搜索顺序的方法，该方法基于 DAG 实现，具备自适应性，在枚举子图匹配结果时可以动态地选择下一个查询点；③失败集（Failing Set），利用失败集存储之前计算过程中产生匹配冲突的查询点及其祖先顶点，然后在后续计算时可以快速剪枝，避免重复计算。

VC[14] 提到现有的基于树结构的子图匹配算法，在确定搜索顺序和构建索引时只利用到树结构的信息，而未考虑非树边，存在一定的局限性。为此，他们提出了一种新的子图匹配算法。VC 包含四个步骤：①为每个查询点计算出候选集；②基于一种代价模型确定搜索顺序；③构建一种二部图索引，用于存储候选集中数据点之间的边；④利用二部图索引，枚举出匹配结果。

VEQ[15] 利用顶点等价的特点，减小子图匹配过程中的搜索空间。在 VEQ 中，定义了查询点的静态等价和数据点的动态等价两种等价关系。VEQ 首先利用静态等价，获取更高效的搜索顺序。之后，VEQ 提出了一种"邻居安全"（Neighbor-Safety）的过滤方法，减少候选点。最后，VEQ 在枚举结果时，利用动态等价，将多余的子树剪枝掉，从而避免重复计算。

近些年，一些学者基于特定硬件的特点设计出专门的子图匹配算法，如基于 GPU 实现的 GSI[16]、基于 FPGA 实现的 FAST[17]。GSI 提出了一种"预分配-合并"策略，可以避免现有解决方案中的两次连接。GSI 为了进一步提高性能，设计出一种新的数据结构——分区压缩稀疏行（Partitioned Compressed Sparse Row，PCSR）。基于 PCSR，GSI

可以通过边标签高效地检索顶点的邻居点。为了利用 FPGA 加速子图匹配，FAST 提出了一种 CPU-FPGA 协同框架。该框架在 CPU 端实现了一个性能优异的调度器，以平衡 CPU 和 FPGA 之间的负载；在 FPGA 端实现全流水线的子图匹配算法，以充分利用 FPGA。

1.3.2　基于连接的子图匹配算法

所谓基于连接的算法，就是将图查询转化成若干基本操作后分别求出结果，然后通过关系数据库中常用的连接操作将这些结果拼成最终结果。

GraphFlow[18] 是由 Kankanamge 等人实现的单机图数据库系统，其支持 Cypher 查询语言，并且内置了两种最坏情况下最优连接算法（Worst-Case Optimal Join，WCOJ），分别是 Generic Join[19]、Delta Generic Join[20]。其中，Generic Join 是由 Ngo 等人于 2014 年提出的一种新型连接算法，GraphFlow 利用它实现静态图上的子图匹配查询。而 Delta Generic Join 则是 GraphFlow 扩展 Generic Join 时得到的，用于实现动态图上的子图匹配查询。之后，GraphFlow 为了进一步优化基于最坏情况下最优连接的查询处理过程，设计出一种基于代价的优化器[21]。该优化器有如下两个功能：①基于最坏情况下最优连接挑选出高效的搜索顺序；②生成一种包含二元连接（Binary Join，BJ）和最坏情况下最优连接算法的混合查询计划。

EmptyHead[22-23] 与 GraphFlow 一样，也是基于最坏情况下最优连接算法实现子图匹配。不同的是，EmptyHead 基于广义超树分解（Generalized Hypertree Decomposition，GHD）生成查询计划。GHD 实际上是查询图的连接树，树中每个节点都代表着查询图中的一个子查询。EmptyHead 首先会为查询图生成多个 GHD，然后从中选择宽度最小的 GHD 生成查询计划。接着，EmptyHead 使用最坏情况下最优连接算法计算出 GHD 中每个子查询的匹配结果，再使用二元连接算法连接子查询的匹配结果，从而得到最终的匹配结果。

RapidMatch[24] 分析了基于探索方式实现的 CFL、DAF，发现它们适合处理超过 10 个顶点的大查询图；相反，基于连接方式实现的 GraphFlow、EmptyHead 适合处理小查询图。为了能够同时高效地处理大查询图和小查询图，RapidMatch 提出了一个子图匹配处理框架。该框架包含 RelationFilter、JoinPlanGenerator、RelationEncoder、ResultEnumerator 四个组件。其中，RelationFilter 利用顶点标签构建二元关系，之后用半连接过滤关系中无用的数据边；JoinPlanGenerator 基于 RelationFilter 获得的统计信息生成查询计划；RelationEncoder 会基于查询计划去优化关系的数据存储；ResultEnumerator 负责枚举所有的子图匹配结果，为加快枚举过程，ResultEnumerator 使用了 EemptyHead 和 QFilter[25] 的交集计算技术、GraphFlow 的交集缓存技术、DAF 的失败集技术。

1.3.3　分布式子图匹配算法

单机的子图匹配算法，往往无法有效地处理海量的图数据。为了能够应对图数据规模日益增长带来的挑战，目前，一些研究人员提出了分布式子图匹配算法。这些算法可以细分为两类：基于大数据处理平台的分布式子图匹配算法和基于数据划分的分布式子图匹配算法。

基于大数据处理平台的分布式子图匹配算法就是基于现有大数据处理平台来进行分布式子图匹配。这些方法包括基于 Trinity[26] 的 STwig[27]，基于 Pregel[28] 实现的 PSgL[29]，基于 Hadoop、Flink 实现的 Gradoop[30]，基于 Hadoop、Giraph、Spark 实现的 QFrag[31]，基于 Timely[33] 实现的 PatMat[32] 等。

STwig[27] 基于 Trinity[26] 实现图探索来求解子图匹配。首先，STwig 找到查询图中某个子结构 q 在数据图上的匹配；然后，STwig 利用这些子结构 q 的匹配，找到 q 在查询图上的相邻子结构在数据图上的匹配；之后，STwig 迭代上述过程，直到找到所有匹配。具体而言，STwig 将查询图分解成若干星状子结构，并按照一定规则排序，然后按排序结果进行图探索。

PSgL[29] 基于 Pregel[28] 实现图探索来求解子图匹配。为了减少中间结果的数量，PSgL 首先会根据代价模型从查询图中选择首个查询点心然后遍历数据图中的顶点，找到 u 的候选点 v。之后，在 v 的邻居点中寻找 u 的邻居点的候选点，并将当前的匹配结果发送给 v 的邻居点，从而完成一次扩展。不断地迭代该过程，直到查询图中所有查询点都处理完毕或无法继续扩展匹配结果时结束。

Gradoop[30] 是基于 Hadoop、Flink 实现的分布式图分析系统，其支持 Cypher 查询语言。Gradoop 在执行子图匹配时，首先会解析输入的 Cypher 查询语句，然后简化，创建查询图对象。之后，Gradoop 会利用数据图的统计信息生成查询计划，从而确定一个良好的查询执行顺序。在具体执行时，查询计划中的每个查询操作符都将依靠

Flink 的转换算子实现，如选择操作符依靠 Filter 算子实现、连接操作符依靠 FlatJoin 算子实现。

为了避免代价很大的分布式连接操作，QFrag[31] 在每台机器上都存储一份完整的数据图数据，然后每台机器都独立并行地执行 Turbo$_{iso}$ 算法。使用该策略之后，QFrag 只需要在机器之间移动任务，而不需要移动数据点。但是，因为真实数据图可能存在数据倾斜，所以容易出现负载不均衡的问题。为了解决该问题，QFrag 使用任务碎片化技术，即将一个大任务分解成多个子任务，以便细粒度地调度任务，达到更好的负载均衡效果。

PatMat[32] 是一个利用 Timely[33] 实现的整合最坏情况最优连接算法和二元连接的分布式子图匹配系统，支持 Cypher 语言。PatMat 通过实验对最坏情况最优连接算法和二元连接进行了详细的比较，并根据实验结果总结出了分布式子图匹配算法选择策略。该策略给出了在不同条件下选择子图匹配算法的建议。

基于数据划分的分布式子图匹配算法将数据图划分成若干子图并分布到不同机器上。当查询图输入后，它也被分配到各个计算节点上执行得到部分解，最后所有部分解被收集起来进行连接操作得到最终解。

G-thinker[34-35] 提出了一种以子图为中心的分布式计算框架。该框架将图划分成若干子图分到不同计算节点上。查询处理时，G-thinker 首先确定查询点处理顺序，然后根据第一个查询点的候选匹配所在的机器，将查询处理任务平行划分成多个任务并分配到不同机器上进行处理。

gStoreD[36-37] 针对 RDF 图提出了一个基于局部计算（Partial Evaluation）[38] 的分布式子图匹配算法。gStoreD 里面，数据图会按照外部要求被划分成若干子图分布到不同机器上。在子图匹配时，gStoreD 中每个机器将存储在自身的数据图视为已知的部分，而存储在其他机器上的数据图视为未知的部分。然后，gStoreD 中每个机器利用已知部分对查询图求出部分匹配。最后，这些局部匹配被收集起来并通过连接操作拼成最终匹配。

此外，还有一些基于数据划分的分布式子图匹配方法在查询处理的时候是基于查询分解的。这些方法将查询图按照数据图划分方式进行分解，分解出来的子查询图分别求解，然后通过连接操作生成最终结果。H-RDF-3X[39] 将数据图利用经典图划分方法

METIS[40] 进行划分，然后在查询处理的时候查询图同样被分解成星状查询；SHAPE[41] 将数据图中每个点以及其邻居组成的星状结构按照哈希函数进行随机划分，然后在查询处理的时候也将查询图分解成星状查询；MPC[42] 在数据图划分的时候考虑边上的标签信息，使得边上标签跨分片的情况发生得最少，然后在查询处理的时候查询图被分解成不涉及跨分片边标签的子查询。

1.4 本讲小结

本讲详细介绍了与图数据管理相关的内容。首先，本讲介绍了两种常用的图数据模型——RDF 模型和属性图模型，以及它们对应的查询语言——SPARQL 查询语言和 Cypher 查询语言。

然后，本讲介绍了几种常见图数据库的系统架构，例如 Neo4j、Jena 和 gStore。通过了解它们的设计和组件，我们可以更好地理解图数据库如何存储和管理大规模图数据。

最后，本讲聚焦于图数据库中的查询处理算法。具体而言，本讲关注子图匹配问题，即如何高效地找到满足给定条件的子图。我们将介绍基于探索的算法和基于连接的算法，并探讨它们的优缺点。此外，鉴于大规模图数据的挑战，我们还将介绍分布式子图匹配算法，以提高查询性能和可扩展性。

通过本讲的阐述，读者可以全面了解图数据管理的核心概念、数据模型和查询语言，以及图数据库的系统架构和查询处理算法。这将有助于读者深入了解图数据库技术，并为实际应用中的数据管理和查询任务提供指导。

参考文献

［1］ JENS L, ROBERT I, MAX J, et al. DBpedia-A large-scale, multilingual knowledge base extracted from Wikipedia［J］. Semantic Web, 2015, 6（2）：167-195.

［2］ NADIME F, ALASTAIR G, PAOLO G, et al. Cypher：An Evolving Query Language for Property Graphs［C］//SIGMOD'18 Proceedings of the 2018 International Conference on Management of Data. New York：ACM, 2018：1433-1445.

［3］ SUN S X, LUO Q. In-Memory Subgraph Matching：An In-depth Study ［C］//Proceedings of the 2020 ACM SIGMOD International Conference on Management of Data. New York：ACM, 2020：1083-1098.

［4］ ULLMANN J R. An Algorithm for Subgraph Isomorphism ［J］. Journal of ACM, 1976, 23（1）：31-42.

［5］ CORDELLA L P, FOGGIA P, SANSONE C, et al. A（Sub）Graph Isomorphism Algorithm for Matching Large Graphs ［J］. IEEE Trans. Pattern Anal. Mach. Intell., 2004, 26（10）：1367-1372.

［6］ JUTTNER A, MADARASI P. VF2++- An improved subgraph isomorphism algorithm ［J］. Discret. Appl. Math., 2018, 242：69-81.

［7］ VINCENZO C, PASQUALE F, ALESSIA S, et al. Challenging the Time Complexity of Exact Subgraph Isomorphism for Huge and Dense Graphs with VF3 ［J］. IEEE Trans. Pattern Anal. Mach. Intell., 2018, 40（4）：804-818.

［8］ SHANG H C, ZHANG Y, LIN X M, et al. Taming verification hardness：an efficient algorithm for testing subgraph isomorphism ［J］. Proc. VLDB Endow, 2008, 1（1）：364-375.

［9］ HE H H, SINGH A K. Graphs-at-a-time：query language and access methods for graph databases ［C］//Proceedings of the 2008 ACM SIGMOD International Conference on Management of Data. New York：ACM, 2008：405-418.

［10］ ZHAO P X, HAN J W. On Graph Query Optimization in Large Networks ［J］. Proc. VLDB Endow, 2010, 3（1）：340-351.

［11］ HAN W S, LEE J, LEE J H. Turboiso：towards ultrafast and robust subgraph isomorphism search in large graph databases ［C］//Proceedings of the 2013 ACM SIGMOD International Conference on Management of Data. New York：ACM, 2013：337-348.

［12］ BI F, CHANG L J, LIN X M, et al. Efficient Subgraph Matching by Postponing Cartesian Products ［C］//Proceedings of the 2016 International Conference on Management of Data. New York：ACM, 2016：1199-1214.

［13］ HAN M, KIM H, GU G, et al. Efficient Subgraph Matching：Harmonizing Dynamic Programming, Adaptive Matching Order, and Failing Set Together ［C］//Proceedings of the 2019 International Conference on Management of Data. New York：ACM, 2019：1429-1446.

［14］ SUN S X, LUO Q. Subgraph Matching With Effective Matching Order and Indexing ［J］. IEEE Trans. Knowl. Data Eng. , 2022, 34（1）: 491-505.

［15］ KIM H, CHOI Y, PARK K, et al. Versatile Equivalences: Speeding up Subgraph Query Processing and Subgraph Matching ［C］//Proceedings of the 2021 International Conference on Management of Data. New York: ACM, 2021: 925-937.

［16］ ZENG L, ZOU L, TAMER M Ö, et al. GSI: GPU-friendly Subgraph Isomorphism ［C］//2020 IEEE 36th International Conference on Data Engineering （ICDE）. Cambridge: IEEE, 2020: 1249-1260.

［17］ JIN X, YANG Z Y, LIN X M, et al. FAST: FPGA-based Subgraph Matching on Massive Graphs ［C］//2021 IEEE 37th International Conference on Data Engineering （ICDE）. Cambridge: IEEE, 2021: 1452-1463.

［18］ CHATHURA K, SIDDHARTHA S, AMINE M, et al. Graphflow: An Active Graph Database ［C］//Proceedings of the 2017 ACM International Conference on Management of Data. New York: ACM, 2017: 1695-1698.

［19］ NGO H Q, PORAT E, CHRISTOPGER R, et al. Worst-case Optimal Join Algorithms ［J］. Journal of ACM, 2018, 65（3）: 1-40.

［20］ AMMAR K, MCSHERRY F, SALIHOGLU S, et al. Distributed evaluation of subgraph queries using worst-case optimal low-memory dataflows ［J］. Proceedings of the VLDB Endowment, 2018, 11（6）: 691-704.

［21］ MHEDHBI A, SALIHOGLU S. Optimizing Subgraph Queries by Combining Binary and Worst-Case Optimal Joins ［J］. Proceedings of the VLDB Endowment, 2019, 12（11）: 1692-1704.

［22］ ABERGER C R, TU S, OLUKOTUN K, et al. EmptyHeaded: A Relational Engine for Graph Processing ［J］. ACM Trans. Database Syst, 2017, 42（4）: 20: 1-20: 44.

［23］ ABERGER C R, TU S, OLUKOTUN K, et al. EmptyHeaded: A Relational Engine for Graph Processing ［C］//Proceedings of the 2016 International Conference on Management of Data. New York: ACM, 2016: 431-446.

［24］ SUN S X, SUN X B, Che Y L, et al. RapidMatch: A Holistic Approach to Subgraph Query Processing ［J］. Proceedings of the VLDB Endowment, 2020, 14（2）: 176-188.

［25］ HAN S, ZOU L, YU J X. Speeding Up Set Intersections in Graph Algorithms using SIMD Instructions［C］//Proceedings of the 2018 International Conference on Management of Data. New York：ACM, 2018：1587-1602.

［26］ SHAO B, WANG H X, LI Y T. Trinity：a distributed graph engine on a memory cloud［C］//Proceedings of the 2013 ACM SIGMOD International Conference on Management of Data. New York：ACM, 2013：505-516.

［27］ SUN Z, WANG H Z, WANG H X, et al. Efficient Subgraph Matching on Billion Node Graphs［J］. Proceedings of the VLDB Endowment, 2012, 5（9）：788-799.

［28］ MALEWICZ G, AUSTERN M H, BIK A J C, et al. Pregel：a system for large-scale graph processing［C］//Proceedings of the 2010 ACM SIGMOD International Conference on Management of Data. New York：ACM, 2010：135-146.

［29］ SHAO Y X, CUI B, CHEN L, et al. Parallel subgraph listing in a large-scale graph［C］//Proceedings of the 2014 ACM SIGMOD International Conference on Management of Data. New York：ACM, 2014：625-636.

［30］ JUNGHANNS M, PETERMANN A, GÓMEZ K, et al. GRADOOP：Scalable Graph Data Management and Analytics with Hadoop［J］. CoRR, 2015：abs/1506. 00548.

［31］ SERAFINI M, MORALES G D F, SIGANOS G. QFrag：distributed graph search via subgraph isomorphism［C］//Proceedings of the 2017 Symposium on Cloud Computing. New York：ACM, 2017：214-228.

［32］ LAI L B, QING Z, YANG Z Y, et al. Distributed Subgraph Matching on Timely Dataflow［J］. Proceedings of the VLDB Endowment, 2017, 12（10）：1099-1112.

［33］ MURRAY D G, MCSHERRY F, ISAACS R, et al. Naiad：a timely dataflow system［C］//Proceedings of the Twenty-Fourth ACM Symposium on Operating Systems Principles. New York：ACM, 2013：439-455.

［34］ YAN D, GUO G M, CHOWDHURY M M R, et al. G-thinker：A Distributed Framework for Mining Subgraphs in a Big Graph［C］//2020 IEEE 36th International Conference on Data Engineering（ICDE）. Cambridge：IEEE, 2020：1369-1380.

［35］ YAN D, GUO G M, KHALIL J, et al. G-thinker：a general distributed framework for finding qualified subgraphs in a big graph with load balancing［J］. Proceedings of the VLDB Endowment, 2022, 31（2）：287-320.

［36］ PENG P, ZOU L, ÖZSU M T, et al. Processing SPARQL queries over distributed RDF graphs ［J］. The VLDB Journal. Tokyo, 2016, 25 (2): 243-268.

［37］ PENG P, ZOU L, GUAN R Y. Accelerating Partial Evaluation in Distributed SPARQL Query E-valuation ［C］//2019 IEEE 35th International Conference on Data Engineering (ICDE). Cambridge: IEEE, 2019: 112-123.

［38］ JONES N D. An Introduction to Partial Evaluation ［J］. ACM Computing Surveys, 1996, 28 (3): 480-503.

［39］ HUANG J W, ABADI D J, REN K. Scalable SPARQL Querying of Large RDF Graphs ［J］. Proceedings of the VLDB Endowment, 2011, 4 (11): 1123-1134.

［40］ KARYPIS G, KUMAR V. A Fast and High Quality Multilevel Scheme for Partitioning Irregular Graphs ［J］. SIAM Journal on Front. Comput. Scientific Computing, 1998, 20 (1): 359-392.

［41］ LEE K, LIU L. Scaling Queries over Big RDF Graphs with Semantic Hash Partitioning ［J］. Proceedings of the VLDB Endowment, 2013, 6 (14): 1894-1905.

［42］ PENG P, ZOU L, ÖZSU M T, et al. MPC: Minimum Property-Cut RDF Graph Partitioning ［C］// 2022 IEEE 35th International Conference on Data Engineering (ICDE). Cambridge: IEEE, 2022: 192-204.

［43］ O'NEIL E J, O'NEIL P E, WEIKUM G. The LRU-K Page Replacement Algorithm For Database Disk Buffering ［C］//ACM SIGMOD Record. New York: ACM, 1993: 297-306.

［44］ ZENG L, ZOU L. Redesign of the gStore system ［J］. Frontiers of Computer Science, 2018, 12 (4): 623-641.

［45］ ZOU L, ÖZSU M T, CHEN L, et al. gStore: a graph-based SPARQL query engine ［J］. The VLDB Journal, 2014, 23 (4): 565-590.

［46］ ZOU L, MO J H, CHEN L, et al. gStore: Answering SPARQL Queries via Subgraph Matching ［J］. Proceedings of the VLDB Endowment, 2011, 4 (8): 482-493.

第 2 讲
云数据管理

本讲概览

根据 Gartner 对于全球数据市场份额的调查报告，从 2011 年到 2020 年，数据库市场已经发生了根本性的变化。2021 年，云数据库已经占数据库市场的一半，云数据库已经成为数据库市场的主导力量。依托于近年来云基础设施的不断完善，各大云服务提供厂商正在成为数据库管理市场领域的先锋力量。Gartner 给出的数据库领域的规划假设认为：到 2023 年，75% 的数据库都会在云平台上，这一变化将彻底改变 BMS 供应商格局。这一规划充分体现出云数据库领域所受重视程度之高。因此，认识并理解云数据库，对于把握未来数据库的宏观发展方向具有重要意义。本讲将沿着云数据库的主要发展历程，分别展开介绍云数据库的两个主要发展阶段：云托管数据库以及云原生数据库。

2.1 | 云数据库概述

自从 20 世纪 60 年代数据库概念被提出以来，传统数据库技术已经经历了超过半个世纪的发展和应用，在金融、军事、能源等近乎所有关键领域扮演了不可或缺的角色。随着互联网技术的蓬勃发展，各大企业对于数据库系统性能的需求已经今非昔比。例如，在网络购物支付这一经典的数据库应用场景中，每年超过百亿次的交易次数以及每秒高达数十万的交易次数给数据库的性能带来巨大挑战。传统数据库在应对巨大的数据规模的情况下，只能通过同时扩展计算和存储资源来提高系统容量，但是剧烈的需求波动又导致大部分时间扩展的计算和存储资源在大部分时间里处于闲置状态。传统数据库的设计不能有效地适应业务规模波动剧烈的应用场景。而云数据库融合了云基础服务提供的弹性特性和数据库高可用、高性能的数据处理能力，适应业务规模波动的场景，同时提供高可用、强容灾、自动化运维、智能优化的特性。这些特性适应当前企业的需求，促成了近年来云数据库的快速发展。

云数据库技术同时和网络技术、系统架构、硬件发展等诸多计算机领域分支相融合。为了更为全面地认识云数据库，本讲首先将介绍云数据库的发展背景和必要的技术需求。后续将结合云环境的特性，探讨云数据库与传统数据库的区别。按照时间发展的顺序，分别介绍早期云托管数据库相较于传统数据库的创新和局限。最后，深入剖析云原生数据库与云托管模式的差异，并展开介绍云原生数据库的关键技术。

2.1.1　云数据库的定义

云数据库是云服务提供商基于云计算、云存储等云基础服务环境，向用户提供高可用、高性能的数据管理服务的系统。由于云数据库系统底层运行在云基础服务环境中，一般云数据库系统具备云服务的高可用性（例如异地多活、两地三中心等）、弹性调度能力、开箱即用（云厂商提供安装、部署、升级、备份、恢复、运维等）的优势。云数据库系统的核心思想可以总结为"数据库即服务"（Database as a Service，DBaaS）模式，即在普及的互联网基础设施条件下，依托于大规模数据中心的规模效应，利用云基础设施提供数据管理的托管服务。云数据库底层不是直接基于传统的操作系统，而是基于云基础设施所提供计算、存储和网络服务。借助云基础设施的虚拟化计算和存储环境，云数据库系统具有很多传统数据库系统不可比拟的优势。

2.1.2　云数据库的优势

不同于传统数据库需要直接与操作系统甚至硬件设备进行协作的模式，云数据库底层直接运行在云基础服务环境中因此具有很多独特的优势，包括如下几点。

1. 高可用，强容灾

云数据库底层基于云基础服务环境，由云环境提供计算、存储和网络通信服务。云上提供的存储服务通过两地三中心的架构保证了高可用的数据容灾方案，在这种底层高可用存储服务的支持下，云数据库系统具备了高可用性、强容灾性的特点。而传统数据库系统一般不具备两地三中心的架构，只能部署在单一数据中心。单个数据中心出现系统故障将影响数据库系统的正常使用。因此，相较于传统数据库，云数据库可以提供更强的可用性和容灾能力。

2. 弹性扩容，按需计费

传统数据库的存储容量和服务规模受限于初期部署的硬件规模，考虑到业务需求的波动，实际业务规模与业务规模的最大容量无法长期保持一致。业务规模超过业务容量会造成业务受限，而业务规模低于业务容量则会造成资源冗余。一旦预期的业务规模与实际规模不能匹配，必然会面临业务受限或资源冗余的问题。而云数据库可以弹性调度单一用户使用的资源，从而使用户可以根据自身需求实时调整数据库容量，避免预置不足或资源冗余造成的负面影响。此外，云数据库按照资源的实际使用量进行计费，避免了巨大的初期部署成本。

3. 智能运维，自动优化

数据库运维是维持正常稳定运行的必要过程。为了能够在生产场景中正常发挥功能，传统数据库需要经过安装部署、系统参数调优、定时数据备份等烦琐的过程，同时需要雇佣专业的数据库运维团队进行管理，投入大量的人力成本和时间成本。而云数据库能够减少大部分系统运维工作。云数据库依赖于云服务环境，因此其使用者不需要关心底层云环境的运维过程，避免应对传统数据库系统中需要面对的硬件层面维护。此外，云数据库提供商会提供数据库自动部署和参数调优的功能，减轻使用者的运维负担。

2.2 云服务简介

云数据库和传统数据库的区别是什么？云基础服务平台为数据库提供了资源虚拟化和弹性资源分配的能力。云数据库也经历了漫长的发展阶段，包括将传统数据库直接迁移到云服务器形成的云托管数据库，到重构数据库底层实现，以适应云服务特性的云原生数据库。虽然云数据库的特性在发展过程中不断变化，但是从根本来看，云数据库和传统数据库一直存在本质性的区别：不同的底层运行环境。传统数据库的底层运行依赖于物理服务器和传统操作系统，而云数据库则依赖于容器化、虚拟化、可编排调度的云服务平台。底层运行环境的巨大差异造成了二者在设计和实现上的渐行渐远，可见根本性差别就在于云服务的特性。本节简要概括云服务的发展背景以及主要技术特性，为后文继续深入探讨云数据库系统奠定基础。

2.2.1 云服务的背景

自从 2006 年 Google 首次提出"云计算"的概念以来，截至 2021 年，云服务的发展已经经过了 15 年的时间。从最初的默默无闻，到崭露头角，直至繁荣昌盛占据市场的半壁江山，云服务在这 15 年间经历了天翻地覆的变革。本小节将重点放在云服务系统的一个核心特性：弹性。

在现实场景中，一般企业的业务不具有长期稳定的工作负载，导致预置的资源和实际的业务规模无法长期保持一致。如图 2-1 所示，当企业按照最大业务规模预置计算和存储资源时，业务规模在大部分时间无法达到峰值业务需求，从而导致预置资源的冗余；相反，如果企业缩减预置资源的规模，预置的资源就不能支撑业务达到峰值时的需求，从而导致服务质量的下降。

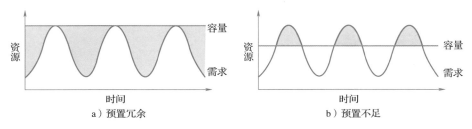

图 2-1　预置冗余和预置不足

云服务的"弹性"特性有效解决了上述传统商业模式中的资源预置和调度问题。用户使用的资源可以自动调整，即当业务负载增大时，可以动态扩充数据库系统的容量来提高业务容量；反之，则释放自身占用的资源来降低用户开销。弹性的按需计费机制让用户不需要为最大的业务规模买单；随时使用，随时释放，快速的资源调度响应让用户不需要为闲置的冗余资源付费，只需要为实际业务规模下占用资源付费。峰值情况下，业务容量还不会受到有限的预置资源的限制。

云服务可以按照控制和管理级别的不同划分为 3 种模型：基础设施即服务（Infrastructure as a Service，IaaS）、平台即服务（Platform as a Service，PaaS）以及软件即服务（Software as a Service，SaaS）。如图 2-2 所示，基础设施即服务提供了支持上层系统和软件运行的硬件基础设施，包括服务器、网络设备、存储设备等。这一控制层级下，用户无须关心实际硬件设备的管理，但是需要自行管理操作系统、数据库以及各类应用程序。这种管理层级下，使用者可以最大限度发挥管理的自由度。但是在部署和运维方面，这种管理层级则需要投入大量的人力资源来支撑服务器级别的资源管理和维护。所以，基础设施即服务的管理层级一般面向网络架构设计师和系统管理团队。比较有代表性的产品为各大云服务提供商的云服务器平台，例如 AWS EC2、Microsoft Azure、Google Compute Engine 等。平台即服务在基础设施即服务的基础上增加了对于操作系统和数据库系统的支持，使用者负责处理应用程序的设计以及数据的处理方式。底层环境配置、数据库管理等基础支持则由平台完成。平台即服务的管理模式一般面向软件开发团队使用。比较有代表性的产品为各类程序开发平台，例如 Heroku、AWS Elastic Beanstalk、Google App Engine 等。软件即服务则基于平台即服务的思想，这种管理模式直接为用户提供了易于交互的应用程序，对于用户而言与一般的软件无异，但是软件的后端服务提供了自动扩容等弹性机制。软件即服务的管理层次适合面向终端用户的一般应用程序使用。比较有代表性的产品为各类常见的终端应用程序，例如 Google Gmail、Microsoft Office 365、Google Docs 等。

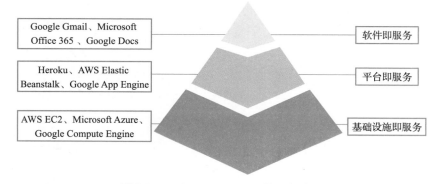

图 2-2　IaaS、PaaS、SaaS 的层级关系

从云服务提供商的角度考虑，云服务具有如下 3 个主要优势。

①规模效应：提供商可以通过批量采购来降低硬件的平均采购成本，同时建立统一的运维团队降低均摊运维成本，达到规模效应。

②闲置资源：云服务提供商一般兼具工作负载波动巨大的主营业务，为峰值预备的业务容量在一般时段闲置，而提供云服务可以充分利用日常时段的闲置资源。

③市场规模：云服务消除了初期大量的前置部署成本，采用按需收费的计费模型，额外可以收获前期启动资本不足的用户群体。得益于云服务为提供商带来的可观的经济收益，云服务才能够在近年来不断完善和发展。

2.2.2　云服务的特性

云服务能够不断发展，一方面得益于其为提供商带来的可观的经济收益；另一方面在于其相关特性同样有利于云服务的使用者，这主要可以概括为如下 5 个方面。

1. 支持异构基础资源

云服务可以搭建在异构的基础服务平台之上，通过虚拟化技术将同类型资源进行池化，有效兼容不同型号的硬件和软件资源。硬件方面，虚拟化技术可以将硬件资源抽象为 3 类基础资源：计算设备、存储设备和网络服务，从而兼容不同种类、不同性能的硬件设备；软件方面，则可以通过虚拟化技术将软件抽象为不同类型的服务，从而兼容不同的操作系统、中间件、底层网络协议等。云服务中的虚拟化技术让用户不需要考虑底层硬件的差异，减少系统运维的负担。

2. 支持动态资源扩展

云服务支持底层资源动态变化，云服务环境中任意资源节点发生变化（宕机、扩容、系统升级等）不会影响系统正常稳定运行。系统在节点变化情况下具备良好的稳定性和高可用性，能够面对各类异常情况。

3. 支持异构业务体系

云服务平台上支持用户同时运行多个不同类型的业务，云数据库系统可以对相同的数据同时提供 OLTP（联机事务处理）功能和 OLAP（联机分析处理）功能。用户不需要关注于异构业务的具体底层处理流程。云服务平台可以根据用户的不同工作荷载选择匹配的业务模型进行高效的业务处理。

4. 超大规模业务支持

得益于服务器集群部署的规模效应，云服务提供商可以通过大规模部署软硬件基础设施的方式降低单位成本，同时搭建规模巨大的服务器集群。充足的硬件资源让云数据库系统可以轻松支持用户大规模的业务需求。从实际应用来讲，云数据库系统可以支持无限的峰值业务规模。

5. 弹性分配，按需收费

云服务系统根据用户提供的实际业务规模实时调整对于业务的资源分配，在业务规模不断波动的场景下可以自动弹性适配资源分配。同时，由于资源可以动态调整，计费仅仅考虑用户实时使用的资源量，而不是用户最大占用的资源量，在大部分情况下相较于传统模式可以大幅降低用户的实际使用成本。

2.3 | 云托管数据库

本节梳理了从传统数据库系统到云数据库系统早期阶段的发展过程，重点分析了传统数据库在当今计算机系统高度发达、互联网广泛普及的市场环境中面临的问题，介绍了云托管数据库的主要特点和利弊所在。

2.3.1 传统数据库的制约

计算设备的小型化和普及化让计算机逐渐从大型商业公司独有的奢侈办公设备转变为小型企业的办公设备，再转变为个人的办公产品、娱乐产品，智能手机等小型的移动产品，智能传感器等集成产品等。时至今日，可以说计算机已经在生活中无处不在。数据处理作为计算机系统的核心功能，随着计算设备的普及化，对于数据处理的需求也发生了转变。从最初仅大型商业交易才会应用的数据处理逐渐下降到日常生活中个人的财务收支记录、健康指标分析等日常生活需求。整体来看，数据分析需求的变化可以概括为如下3个方面：①业务实时工作负载波动剧烈；②应用场景扩大，种类繁多的数据处理场景；③客户范围扩大，个人或小型企业的需求不容忽视。传统数据库在设计上没有有效切合上述市场需求的变动：①初期固定的部署规模限制了拱顶的工作荷载容量，不适合变化的工作荷载；②固定的数据库系统类型和初期部署设定限制了系统应用的业务场景，不易于扩展到新的应用场景；③传输数据库需要投入大量的初期建设成本，不利于早期缺少充足资金的个人或小型企业。在这种商业背景下，云数据库应运而生。

2.3.2 云托管数据库的起源

如2.1节所述，云服务所具备的优秀特性可以突破传统数据库在近年来面临的诸多限制。首先，云服务可以提供弹性的计算和存储服务，以应对与波动剧烈的工作负载；其次，云服务提供商可以为用户提供不同类型的数据处理服务，以此来适应不同的数据处理场景；最后，由于云服务采用按需计费的模式，用户不需要在初期投入过量的预置成本，解决数据库的初期建设成本问题。

云托管数据库是数据库与云服务结合的早期产物。云托管数据库系统采用将数据库系统被视为一般的应用程序，直接部署到云服务提供的虚拟机环境中的模式。整体来看，这一阶段的云托管数据库在架构设计上与传统数据库相同，其区别在于系统底层不会采用传统数据库直接利用操作系统管理物理硬件的模式，而是基于云端的提供计算和存储服务实现相关数据库功能。这种模式具备两个主要的特点：第一，云托管数据库不需要对于现有数据库系统的实现方式进行大规模修改就能够直接部署并使用，额外的开发成本低；第二，云托管数据库的数据组织和架构设计与传统数据库保持一致，使传统数据库系统可以轻松迁移到云托管数据库。低开发成本加速了工业界将数据库系统与云环境结合的过程，而低迁移成本为云数据库能够快速拓宽市场提供了基本保证。这两个特性为后续云数据库的进一步发展奠定了坚实基础。

2.3.3　云托管数据库的利弊

云托管数据库作为数据库系统与云服务结合的早期产物，具有超越传统数据库系统的优良特性的同时也受到底层云服务的一些制约。本小节将从 3 个维度展开分析云托管数据库的利与弊。

1. 弹性

得益于底层云基础服务弹性调度的支持，云托管数据库具备虚拟机级别的弹性资源调度能力。系统可以按照工作负载调整租用的虚拟机数量，以便适应波动的工作负载实现按需计费。相较于传统数据库恒定的负载能力，虚拟机级别的弹性调度已经能够一定程度上应对工作负载的波动。因此云托管数据库系统能够调整占用虚拟机的数量和配置，实现基本的弹性计费功能。综上来看，云托管数据库实现了弹性调度和按需计费功能，这是该系统的一个重要优势。

但是，由于云托管模式仅支持虚拟机级别的资源调度，而虚拟机中计算和存储资源高度绑定，不允许单独拆分出一类资源独立使用。而实际应用场景中，工作负载的波动在大多数情况下仅会造成单一种类资源的变化。例如，在存储数据量增大时，主要需要拓展存储资源；而查询并发度提高时，主要需要拓展计算资源。虚拟机级别的资源调度不能够满足上述需要单独拓展一类资源的场景，所以云托管数据库的弹性调度过程可能造成资源的浪费，这是该系统的一个主要缺点。

2. 可用性

考虑到部署成本的限制，一般传统数据库仅采用本地多副本作为容灾策略。虽然这种容灾策略能应对包括硬件损坏、网络阻塞等基本问题。但是在面对一些突发的大规模灾难如大规模断电、火山喷发、地震时，该模式下所有服务器资源均部署在相同的地域，可能造成长时间的系统不可用。依赖于云服务底层服务器资源分布于多个地域，云托管数据库得以采用异地多副本的容灾策略，保证整体的数据库服务能在单一地域出现突发灾难时可以维持系统高可用性。

虽然云托管数据库能够实现异地多副本的容灾策略，但是该容灾策略仅在数据库实例级别实现地理隔离。即不同的数据库实例部署到不同的地理区域。当单个数据库实例的部分功能故障时，单个节点将无法维持正常运行状态，便会造成节点的不可用，此时需要扩展新的数据库实例来替换异常节点。这种实例规模的切换代价很高，成为云托管数据库的另一个主要缺点。

3. 便捷性

云托管数据库省去了传统数据库部署时的烦琐过程和初期建设成本，并且可以随时启动或停止租用数据库服务，具有很强的便捷性。随着近年来数据科学的发展，数据库处理的需求逐渐下沉到更多小型企业或个人用户，便捷的部署和启动过程，对于这些用户具备很高的吸引力，因此部署的便捷性成为云托管数据库吸引用户的一个关键优势。

云托管数据库直接将传统数据库迁移到云上虚拟机环境运行。不同于传统数据库能直接操作底层硬件设备，云托管数据库对于底层硬件的操作经过了云服务的抽象化、容器化的过程。因此，在云托管场景下针对数据库部分底层硬件相关的参数调节不同于传统数据库，导致数据库管理团队在传统数据库系统上的运维优化经验不能直接迁移到云托管数据库系统上。这种差异对于云托管数据库系统的优化和运维工作提出了全新的挑战。

通过从弹性、可用性、便捷性这3个维度展开分析，介绍了云托管数据库的主要优势和劣势。挑战伴随着机遇，随着更多云数据库领域相关研究工作的开展，全新的云数据库架构设计使云托管数据库突破了各种制约。至此，云原生数据库系统的时代即将到来。

2.4 | 云原生数据库

云原生数据库系统从系统层面上充分利用云环境特性，在架构设计上实现计算与存储分离，功能上满足传统数据库系统的一致性、持久性的前提下，提供云环境的高可用性、按需计费、弹性扩容等额外功能的数据库系统。不同于早期的云托管模式，云原生数据库系统从架构设计上就考虑到底层云环境不同于传统操作系统这一因素。传统操作系统直接向上层提供具体的硬件操作功能，而云环境通过容器化、虚拟化技术向上层提供抽象的计算、存储和网络服务。这种差异导致在云托管数据库只能直接调度虚拟服务，缺失了传统数据库系统直接操作硬件的大部分优化。补全这类底层缺失硬件级别优化则正是云原生数据库系统所重点关注的内容。

考虑到专注于事务处理的 OLTP 数据库系统与专注于数据分析的 OLAP 数据库系统在系统设计上存在根本性的差异，本节将分别按照 OLTP 和 OLAP 两个大类，分别介绍云原生数据库系统的架构设计，深入探讨云原生数据库系统不同于云托管数据库系统的主要技术要点。

2.4.1　云原生数据库系统架构

资源弹性调度和按需计费是云数据库系统不同于传统数据库系统的重要功能。但是云托管数据库系统是基于基础设施即服务管理模式的，其面临计算和存储资源绑定分配的问题，不能支持数据库系统针对计算或存储中单一种类资源弹性扩容。为了提高云数据库系统的资源弹性调度能力以及计算、存储资源的使用效率，云原生数据库系统采用计算存储分离的架构。在这种架构下，计算资源和存储资源可以由底层云环境单独分配和管理，允许云数据库系统的使用者单独扩展一种类型的资源。

本节将关注云原生数据库系统的架构设计分析。OLTP 数据库系统在设计上关注事务处理，侧重于事务吞吐的提高和延时的降低，OLAP 数据库系统在设计上注重数据分析，侧重于提高数据分析的处理速度和计算效率。二者的应用场景存在显著差别，因此绝大部分云原生数据库系统只适应于 OLTP 或 OLAP 其中之一的应用场景，所以本节将针对两种不同场景的云原生数据库系统的架构设计进行展开介绍。

2.4.2　OLTP 云数据库架构

计算存储资源分离的架构设计是云原生数据库系统区别于云托管数据库系统的根本差异。云原生数据库系统按照资源类型实现对于不同类型资源的独立管理。其中，OLTP 云原生数据库系统的设计架构可以划分为 3 个类型：①计算-存储分离架构；②计算-日志-存储分离架构；③计算-缓存-存储分离架构。本小节将展开分析不同架构设计的区别以及相关特性。

1. OLTP 计算-存储分离架构

如图 2-3 所示，第一类 OLTP 云原生数据库系统采用了计算-存储分离的架构，将计算节点和存储节点分离并使用独立的云服务进行管理。这类架构的典型代表是 AWS 的 Aurora 数据库系统。用户在应用层发出的查询请求经由负载均衡后进入计算层，计算层包含了一个支持读写的主节点和多个可扩展的只读副节点。计算层节点由偏重计算能力的云服务提供，需要 CPU、内存资源的支持。计算节点不具备大容量的数据存储能力，而是通过高速网络获取存储层数据。存储层节点维护多数据副本的同时将不同数据副本部署到具有独立容灾区域的存储服务器上，需要具有强随机读取能力的 SSD 存储支持。系统后台异步进行数据备份，将数据持久化迁移到更为廉价的对象存储云服务中，降低上层使用高速存储服务的成本。在这种架构的支持下，计算层可以通过扩展副节点来动态提高计算能力，存储层可以通过扩展存储节点提高存储容量以及存储层网络带宽，实现不同类型资源的独立管理。

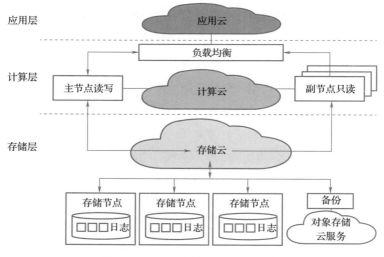

图 2-3　OLTP 计算-存储分离架构

这类架构的主要特点在于底层存储节点进行存储管理时，不同于传统数据库系统的以页面为核心，而是以日志为核心（见 2.4.4 节）。主节点直接将重做日志持久化迁移到存储层即可视为写入完成。存储层节点内部异步地解析日志数据并合并到当前的页面数据，完成更新日志的回放。这一流程将数据更新的确认过程与日志数据的回放过程分离，日志的回放在后台异步进行，不会阻塞事务的更新查询。通过以日志写回代替页面刷盘的机制，计算层和存储层之间的数据传输量显著下降，系统的事务吞吐能力提升。

2. OLTP 计算–日志–存储分离架构

如图 2-4 所示，第二类 OLTP 云原生数据库系统采用了计算–日志–存储分离的架构。这类架构的典型代表是华为的 Taurus 数据库系统。计算–存储分离架构中，底层存储节点需要同时存储日志数据和页面数据。但是，日志数据和页面数据在功能上存在根本差异。日志数据用于维持数据持久性，保证系统在异常时可以通过日志恢复数据；而页面数据用于维持数据可用性，保证可以通过页面直接获得所需查询结果。考虑到二者不同的功能特性，计算–日志–存储分离的架构进一步将底层存储层拆分为日志存储和页面存储两个部分，并分别采用了不同类型的存储服务来实现针对性的底层存储支持。其中，日志存储云服务负责日志存储功能，通过高速云存储服务降低写入延时；而页面存储云服务负责页面存储功能，通过一般云存储服务节约整体成本。通过这种架构设计分离了事务的写入路径和回放路径，可以同时针对不同类型的存储服务实现更加细粒度的资源调度。

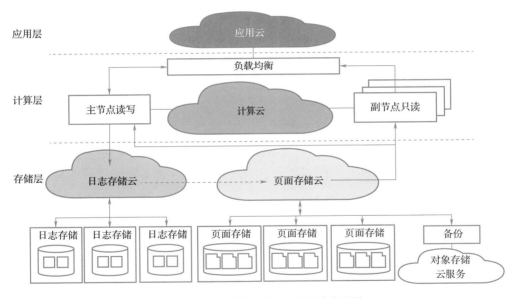

图 2-4　OLTP 计算–日志–存储分离架构

这种架构的核心特征在于计算层到存储层的读写路径分离。数据写入路径由主节点直接通往日志存储云的日志存储节点。数据回放路径则通过页面存储云读取最新的页面数据，直接传给主节点和副节点，而不会访问日志存储节点的数据。页面数据为了维持最新的版本，会异步地读取日志数据并更新自身页面状态，并异步地将页面数据部署到不同的数据节点。这种机制的优势在于写入延时极低，但是因为日志到页面存储之间采用异步更新机制，所以在部分情况下会增大数据回放的延时。

3. OLTP 计算–缓存–存储分离架构

如图 2-5 所示，第三类 OLTP 云原生数据库系统架构采用了不同于前两类的设计，其在计算层和存储层之间添加了额外的共享缓存层，实现多个数据库计算节点间的远程缓存共享机制。这类架构的典型代表是阿里巴巴的 PolarDB Serverless 数据库系统。共享缓存区包含多个内存数组，通过调整内存数组的数量实现共享内存资源的动态调度。由于共享缓存以内存作为数据存储媒介，相较于远程存储服务而言，具备更高的数据访问速度和数据吞吐能力。主节点执行数据更新操作过程中会标记对应的远程缓存页面为失效状态。缓存失效标记能够保证副节点不会从远程缓存区域中读取发生更新的页面数据，维持了主节点和副节点之间的缓存一致性。远程的共享缓存需要被多个计算节点同时访问，所以要保证各个节点的访问延时均处于较低水平，因此需要使用具备高速存取能力的存储设备支持以及高速的网络环境。所以相较于前两种架构设计而言，高速存储设备需要的额外部署的内存服务器以及低延时网络需要的 RDMA 网络都导致了更高的硬件部署成本。

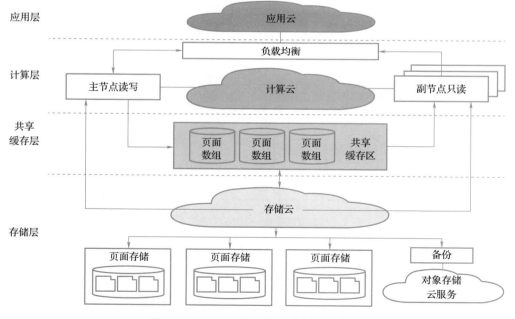

图 2-5 OLTP 计算–缓存–存储分离架构

这种架构的优势在于 3 种不同类型的资源可以独立管理和分配，提高了系统资源分离管理的能力。此外，共享缓存机制能保证大部分热数据处于远程共享缓存中。共享缓存机制使用了基于 RDMA 网络的远程内存作为存储媒介，相较于远程的存储服务器具备更高的数据读取速度。当大部分查询都可以通过共享缓存获取数据时，系统的事务吞吐将显著提高。此外，以内存作存储媒介具备远低于各类持久化存储设备的访问延时，能够降低查询的平均处理时间。综上来看，共享缓存的引入在提高事务吞吐能力的同时能够降低查询平均处理延时，有助于提高数据库系统的数据读取效率。

4. 不同架构 OLTP 的系统特性总结

表 2-1 分别从读写吞吐能力、系统可用性、弹性扩容能力以及部署的成本角度总结了 OLTP 云原生数据库系统不同架构设计的特性。

表 2-1 OLTP 云原生数据库系统不同架构设计的特性

OLTP 架构	读吞吐	写吞吐	可用性	弹性	成本
计算-存储分离	高	中等	高	高	中等
计算-日志-存储分离	高	高	极高	极高	中等
计算-缓存-存储分离	极高	高	极高	极高	高

第一类系统需要计算云服务以及存储云服务，存储层中的日志数据和页面数据同时存储在相同的存储节点。架构没有设计共享缓存机制，所以低延时的 RDMA 网络环境不是系统的必要需求，因此相对成本较低。数据写入过程仅要求存储云完成日志的写入即可，存储节点后台异步地将日志中的数据更新合并到页面中。这种数据写入流程降低了写确认的延时，但是可能会造成持久化存储中的页面数据落后于主节点缓存。因此副节点的部分查询需要同时读取存储节点中的页面数据和日志数据才能得到最新数据，限制了查询的读吞吐。

第二类系统同样需要计算云服务以及存储云服务，其核心的区别在于存储云服务拆分成日志存储云以及页面存储云，日志数据和页面数据独立存储于对应云存储服务的节点下，即实现日志和页面数据的分离存储。日志数据异步地更新到页面存储云，存储云将更新的日志数据同步到不同数据副本后，将通知日志存储云已经完成同步的日志编号信息，方便日志存储云异步地清理无用日志。日志存储云可以提供高速存储服务，提高系统的写入提交速度。同时日志的回收机制保证了日志存储不要求大量的存储资源，低容量的存储节点可以实现更多的日志备份，提高系统的可用性。但是由于日志异步更新的机制，从页面存储云读取过程中可能需要读取多个存储节点，限制了读吞吐能力。

第三类系统在计算云服务、存储云服务基础之上还必须使用高速存储云服务以及要求高速低延时的 RDMA 网络支持缓存功能，因为缓存层要求所有节点都能直接访问共享的缓存层。这类架构得益于缓存机制，主要优势在于读写吞吐能力非常高，但是同时也存在高成本的问题。此外，计算、缓存、存储服务三者均可独立调度，因此系统可以支持更细粒度的资源管理。

2.4.3　OLAP 云数据库架构

OLTP 数据库系统关注事务处理场景。其中，日志记录了事务执行过程中数据的变化，是事务处理关键的组成部分，在 OLTP 系统的设计中起到至关重要的作用。而 OLAP 数据库系统则关注数据分析场景，数据更新一般采用批量更新的方式进行，因此针对事务影响的日志记录不是重点关注内容。这一根本性差异决定了 OLAP 系统的架构设计与 OLTP 系统存在根本性区别。

类似 OLTP 系统架构的划分，同样按照对于不同资源的分离管理模式，OLAP 云原生数据库系统的架构设计可以划分为两类：①计算-存储分离架构；②计算-内存-存储分离架构。本小节将展开分析各个不同架构设计的区别以及相关特性。

1. OLAP 计算-存储分离架构

如图 2-6 所示，第一类 OLAP 云原生数据库系统采用了类似于 OLTP 场景的计算-存储分离的架构。这类架构的主要代表是 Redshift 和 Snowflake。数据分析与事务处理的不同应用场景造成了 OLAP 与 OLTP 的架构差异：①OLAP 注重数据分析场景，数据更新一般采用批量更新的方式进行，因此在数据分析的过程中不将数据更新作为重点内容，所以计算层中的各个计算节点不区分主副节点，而是由务管理层统一调度；②计算节点具有一定的存储能力，每个计算节点按照数据分片接受任务分配，单个计算节点在分析过程中只处理自身的数据分片并借助本地存储资源保存中间数据，仅在合并过程中会和其他计算节点通信并进行数据合并；③存储以数据分片为中心，数据传递以及底层存储均不涉及日志数据，而是以数据分片作为数据传输和底层存储的内容。

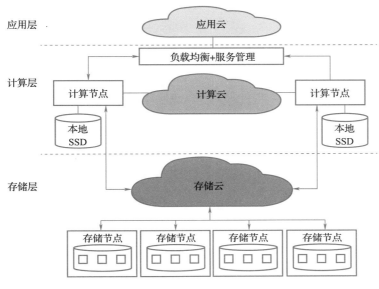

图 2-6　OLAP 计算–存储分离架构

这种架构设计切合 OLAP 系统数据分析的应用场景，数据分析过程一般关注整体数据，需要访问庞大的数据量，因此提高数据分析性能的核心在于提高数据处理的并发能力并减少计算节点间的通信量。以数据分片为中心结合统一计算节点的设计有利于计算节点独立处理自身分配的分析任务，并且有利于管理层调度计算资源，提高系统的并发能力。

2. OLAP 计算–内存–存储分离架构

如图 2-7 所示，第二类 OLAP 云原生数据库系统采用了计算–内存–存储分离的架构。这类架构的主要代表是谷歌的 BigQuery。这类架构在层次上类似于 OLTP 数据库系统的计算–缓存–存储分离的架构，但是具体设计上存在显著差异。首先，这类架构的计算层设计为统一的计算节点结合本地存储。其次，底层存储层同样采用了以数据分片为中心的模式，有利于计算节点独立处理分析任务。这些设计与第一类 OLAP 架构类似。

与第一类架构不同之处在于在计算节点到存储节点之间添加了共享内存层。这类共享内存层不同于 OLTP 中的缓存层，其主要作用不是缓存底层储存层传递的数据分片，而是主要用于多个计算节点之间的数据合并操作，例如不同数据表之间的连接运算等。

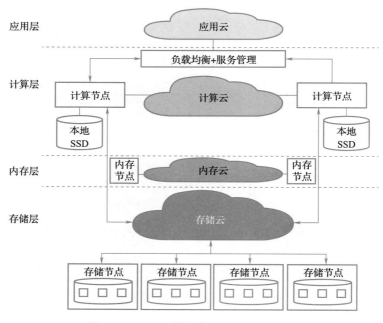

图 2-7　OLAP 计算–内存–存储分离架构

通过这种共享内存节点的方式进行合并运算能够有效降低计算节点之间进行合并操作的数据传输量，提高数据合并运算的执行效率。

3. 不同架构 OLAP 的系统特性总结

表 2-2 分别从分析处理的吞吐能力、数据导入的效率、分析任务间的隔离性、弹性扩容能力以及部署的成本角度总结了 OLAP 云原生数据库系统不同架构设计的特性。

表 2-2　OLAP 云原生数据库系统不同架构设计的特性

OLAP 架构	吞吐	效率	隔离性	弹性	成本
计算–存储分离	高	中	高	高	低
计算–内存–存储分离	极高	高	中	极高	中等

第一类系统采用了计算–存储分离架构，需要计算云服务以及存储云服务的支持，类似于 OLTP 的计算–存储分离架构的系统。但是不同之处在于，OLAP 系统中的存储云节点按照数据分片进行管理，不需要分析日志数据的同时保证数据分析过程的高吞吐率。此外，上层计算云节点不区分主副节点，而是进行统一的管理，计算节点独立地处理各个数据分片的分析任务，具有良好的隔离性。系统支持计算和存储的单独扩展，具

有较强的资源弹性调度能力和相对低的部署成本。

第二类系统采用了计算–内存–存储分离架构，需要计算云服务、内存云服务以及存储云服务的支持，类似于 OLTP 系统的计算–缓存–存储分离结构。不同之处在于，内存云服务不是用于缓存底层存储层数据，而是用于不同计算节点间的数据合并操作，通过共享内存降低数据合并时大量的节点间网络通信，进一步提高数据分析的吞吐能力。但是，节点间的共享内存降低了不同计算任务间的隔离性。额外的内存云服务的引入要求具备大规模内存的服务器设备，相较于第一类系统架构提高了部署成本。系统支持在计算、内存和存储资源上的单独扩展，具备更强的资源弹性调度能力。

2.4.4　云原生数据库系统关键技术

计算–存储分离的架构设计让云原生数据库系统与云托管数据库系统在系统架构层面存在根本性的差异。系统架构的差异对于技术设计提出了全新的挑战，几大云原生数据库提供商针对自身系统提出了全新的技术设计来适应计算–存储分离的架构。本小节重点关注如下 6 个方面：事务处理、数据副本、异步更新、故障恢复、分析处理和弹性优化。本小节将展开讨论这些方面的相关技术的具体细节，剖析云原生数据库系统全新的架构设计所面对挑战和应对策略，进一步挖掘云原生系统的核心技术特点。

1. 事务处理：日志即数据库

云原生数据库与传统数据库的最大区别在于计算存储分离的架构设计。计算存储分离的架构为云原生数据库系统提供了灵活的资源调度能力，契合弹性资源调度的功能需求。但是，计算存储分离架构也造成计算节点和存储节点物理层面的隔离，即计算资源和存储资源无法分配到相同的物理服务器，因此需要通过网络进行计算节点和存储节点之间以及不同存储节点之间的数据通信。该架构直接应用传统数据库以页面为核心的数据同步策略，将面临严重的写放大问题。

图 2-8 展示了云托管数据库系统中主备数据库实例之间的数据同步策略，这种策略在面临多个存储副本的情况下存在严重的写放大问题。该系统采用了基于页面的数据同步策略：数据库实例之间直接传输发生修改的页面以实现数据同步。副节点持续接收主节点或其他副节点传输的页面数据来维持多个数据副本之间的数据一致性。这种同步模式存在 3 个明显的问题：首先，云托管数据库系统为无共享的分布式架构。整体系统由

多个独立管理的数据库实例构成，单个实例底层存储又需要采用多副本技术保证单个实例的存储可用性。为了保证多个数据库实例之间的数据一致性，数据更新在主实例和副实例之间传输。其次，由于单个数据库实例底层需要多个数据副本来保证存储的高可用性，单一实例的多个存储副本之间同样需要进行重复的页面数据传输。再次，一般事务处理过程中对于页面的修改通常仅占页面总体的少部分，采用直接将更新页面刷新到持久化的方式需要传输页面的全部数据。这种方式相较于更新日志而言额外传输了页面中未发生变化的部分，虽然能够节省底层存储结点解析日志的计算开销，但是会增大不同数据库实例之间以及不同存储副本之间的网络传输压力。

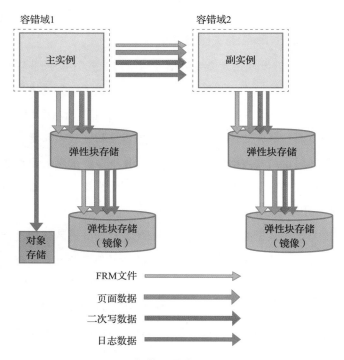

图 2-8　云托管场景中的写放大问题

写放大问题的根因在于页面为核心的同步协议并不能很好地适应云原生数据库场景中计算存储分离的架构设计。在数据库系统中，数据和日志存在明显的对偶关系。页面是数据在某一时刻的状态，而日志则是数据随着时间的变化过程。解析日志可以分析页面当前状态，而对比不同版本的页面之间的变化也可以生成日志。为了解决以页面为中心的同步机制在计算存储分离架构中产生的写放大问题，云原生数据库系统在设计上践行了"日志即数据库"的思想，实现以日志为中心的数据同步机制。

如图 2-9 所示，在计算存储分离架构中数据同步过程可以拆分为两个阶段：日志写入阶段以及日志更新阶段。当主计算节点接收到数据写入请求时，首先进入日志传输过程：计算节点不会将更新的页面传输到存储层，而是直接向存储层写入数据变化的日志信息。当日志数据在底层存储完成持久化过程后，日志写入阶段结束，数据写入操作成功。后续日志更新阶段异步进行：计算节点内对于日志数据进行整理，将热日志数据传输给副节点，以达到降低热数据访问延时的效果。在底层存储中，日志数据呈现链式的组织形式，分析日志链可以得到不同版本的页面数据。同时，系统根据日志链的长度异步地合并长日志链，形成页面数据并加速日志解析的过程。这种模式下，页面仅作为日志链的一种有损压缩手段，通过牺牲版本久远的过期历史数据来压缩链状的日志记录。基于日志链的长度异步完成后端页面合并以及检查点记录过程。整体过程可以总结为以日志为中心的数据同步机制。

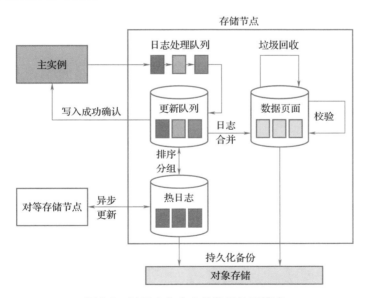

图 2-9　以日志为中心的数据处理模式

相较于以页面为中心的数据处理模式，以日志为中心的存储模式有利于实现存储副本的扩展，大部分数据只需要经过存储节点之间单次的传输过程，避免了写放大的问题，便于扩展数据副本的数量从而有利于存储资源调度。虽然相较于直接读取页面数据，分析日志链的模式在数据读取过程中存在更长的延时，但是结合存储节点内部异步合并日志数据的过程，读取延时的增加不显著。尤其是考虑到以日志为中心的数据处理模式能够在数据写入过程降低的数据传输量，因此能够减少数据写入的延时以提高系统的并发处理能力。综上来看，以日志为中心的存储模式更加有利于云数据库提供弹性数据库服务的需求，同时能够提高数据库系统的并发能力。

2. 数据副本：云上一致性协议

云存储服务层的高可用性是云原生数据库系统高可用性的必要前提。但是，云数据库系统底层的云存储服务需要大规模存储服务器集群的支持，这类大规模集群系统需要面临持续存在且规模不等的错误，从单个磁盘的损坏到整个集群的断网、断电等。为了在这种前提下保证数据的高可用性，需要建立多个容灾独立的区域并分别部署存储服务，容许系统在部分硬件资源出现异常的情况下正常运行。这也就是分布式系统中非常经典的多数据副本机制。

分布式系统中的 CAP 理论已经证明了一致性、可用性和分区容错性三者不能同时满足。上层计算节点要求在数据读取过程中能通过多个数据副本读取最新的数据并减少数据读取量，同时在写入过程中减少向多个数据副本的数据写入量。在分布式系统中，Quorum 机制是用来保证数据冗余和最终一致性的算法。算法中每个数据副本都被赋予了同等的一票投票权，系统执行读取操作必须获得不少于最小读取投票数 V_r 的投票，而系统执行写入操作则必须获得不少于最小写入投票数 V_w 的投票。当系统整体具有 V 个数据副本时，即代表系统总共具有 V 个投票。最小读取和写入投票数必须满足如下规则：

1）$V_r + V_w > V$；

2）$V_w > 0.5V$。

第一条规则保证了数据不能被同时读写。当系统执行写入操作时，至少占据了 V_w 的投票，剩余投票数量 $V - V_w < V_r$ 不满足读取所需的最小投票数量，因此不能同时完成写入和读取请求，从而避免数据一致性问题。此外，第一条规则同样保证写入的数据必定能够被系统读取，读取副本和写入副本的数量和超过了总副本数量，从而读取的副本集合必然和写入的副本集合存在交集。因此至少存在一个数据副本得到了数据更新的同

时被读取进程访问，该数据更新必然可以被读取进程获取。

第二条规则保证了数据的串行化修改。当系统执行写入操作时，至少占据了 V_w 的投票，剩余投票数量 $V-V_w<V_w$ 不满足写入所需的最小投票数，从而不能同时支持多个写入请求。这条规则保证了所有写入请求必然存在线性的执行顺序，不存在同时执行的可能，也就达到了数据串行化修改的目标。

在一般分布式场景中一般采用 2/2/3 Quorum 机制来保证系统的可用性，此时总数据副本数量 $V=3$，读取和写入的副本数量分别为 $V_r=2$，$V_w=2$。这种机制可以保证单个节点出现临时故障时，系统仍能正常运行。但是在云数据库场景中，这种节点级别容错的能力不一定能够适应云数据库系统的环境。云数据库系统通过不同的服务中心划分出容错隔离的不同数据中心，形成相互独立的容错域。

在大规模的存储服务环境中，受到硬件的损坏、系统升级、临时断电等多方面影响，任何存储节点都面临一定程度的临时故障率。而如图 2-10 所示，某个节点出现了临时故障的同一时刻，某一个数据中心出现了由不可抗力的自然灾害（火灾、洪水、火山爆发等）导致的单个容错域整体故障时，会造成系统仅剩余单个数据节点，最多只能获得 1 票的投票权，系统失去读取能力，从而造成系统整体不可用。此时在数据恢复阶段由于读取的不可用性，最新写入的数据可能没有同步到仅存的可用节点，造成已经提交的数据更新无法恢复。

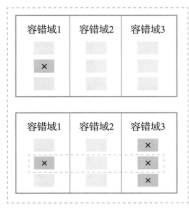 

a）2/2/3 Quorum机制　　　　　　　b）4/3/6 Quorum机制

图 2-10　2/2/3 Quorum 机制与 4/3/6 Quorum 机制对比

为了应对这类容错域级别的突发性错误，云数据库系统需要具备支持"容错域+1"的能力，即当单个容错域全体出现故障且额外单个节点出现临时错误时，不影响系统整体正常运行。Amazon Aurora 应用了 4/3/6 Quorum 机制实现更强的容灾能力。如图 2-10所示，2/2/3 Quorum 机制下，当单个节点出现临时错误时，仍能保持 2 个数据节点正常运行，此时系统维持正常状态。但是如果临时错误出现时，某个容错域受到火灾、停电等影响出现容错域级别的故障，此时系统就仅存一个数据副本，导致最新的更新可能丢失，同时造成系统读取功能失效，无法正常恢复系统。这种灾难在云数据库系统中不能容忍。但是，如果采用 4/3/6 Quorum 机制，即使某个节点出现临时故障时，其余的容错域也同时出现容错域级别的故障，系统仍能够在这种极端的异常情况下保证 3 个数据副本，因此依旧可以保证读取过程获得足量投票，数据读取的可用性不会失效。从上述示例中可见 4/3/6 Quorum 机制能够应对突发的容错域级别的灾难。

Quorum 机制要求系统必须存在足够数量的数据副本以维持高容错能力。所以当部分数据副本不可用时，需要即时扩展新的数据副本来替代不可用的数据副本。图 2-11 展示了用于替换不可用数据副本的 Quorum 关系更新机制：当某一个存储节点出现故障时，系统将预先分配一个额外的节点，并将其设置为待命状态，并在其待命状态过程中通过其余正常运行的节点获取故障节点的数据和状态。经过一定时间后，故障存储节点仍不能够恢复正常运行时，待命

阶段1 所有节点处于正常工作状态

阶段2 F节点临时停止工作，增加G节点待命，二者同时处于激活状态

阶段3 F节点长时间故障，此时取消F节点并用G节点替代F节点工作

图 2-11 Quorum 关系更新机制

节点取代之前的故障节点并成为新的运行节点，维持 Quorum 机制的数据副本数量。

3. 异步更新：日志-页面分离

多数据副本在维持云数据库系统高可用性方面起到重要作用，但是考虑到现有的OLTP 云数据库系统都采用了一写多读的工作模式，即仅有一个主节点同时支持数据读写请求，其余所有节点仅支持数据读请求。在一写多读的工作模式下，主节点写入的数据同步到副节点时存在延时，而主副节点之间的数据同步延时直接影响了副节点数据读取的延时。增强主节点与副节点之间的数据传输频度能够降低这类延时。但是，频繁的数

据同步过程对于网络设施的要求过于严苛，同时具备高带宽、低延时的网络系统会提高络设备的部署成本。平衡成本和效率的副本数据同步机制对于云数据库系统至关重要。

　　考虑到云服务场景中的多数据副本场景，完全同步的数据更新机制要求系统需要阻塞等待所有数据副本均完成更新，延时较高的数据副本将成为拖累整个系统的短板，这将对于系统整体的吞吐能力产生严重的负面影响。为了防止少量高延时节点成为系统瓶颈，云原生数据库系统常采用异步更新机制来减少数据同步延时。例如前文以日志为中心的数据处理模式中的异步地将日志链合并为页面的过程，就应用了异步更新的机制，降低数据读取需要等待页面合并数据更新而产生的延时。延伸日志与页面异步处理的思想，在架构上可以实现日志数据和页面数据的分离管理。

　　以华为的 Taurus 数据库系统为例，该系统采用了计算-日志-存储分离的架构设计，实现了日志数据与页面数据的分离管理。

　　其数据更新过程如图 2-12 所示，流程如下：

①接收上层应用层的数据更新请求，将更新内容加入缓存。

②将数据更新的日志写入日志存储中，需要完成 3 副本写入。

③通知上层应用层返回数据更新成功。

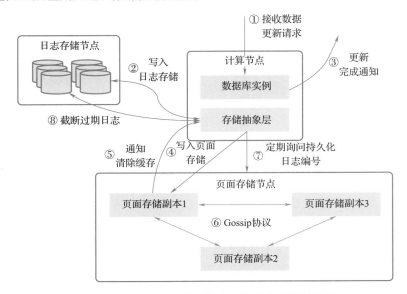

图 2-12　日志-页面分离模式下异步数据更新过程

④将数据更新日志从日志存储云异步地更新到页面存储的某个节点。

⑤当日志更新到页面存储节点时，更新内容允许移出缓存。

⑥页面存储云不同存储节点间基于 Gossip 协议异步更新数据。

⑦当数据更新同步到日志存储云全部副本时，更新已经完成同步的版本号。

⑧基于已完成同步的版本号，日志存储云异步截断过期日志。

上述流程中，经过①~③的过程，系统仅需要将数据更新日志写入日志存储云中就可以继续执行后续的查询处理，不需要阻塞等待更新数据写入页面存储中，因此系统具备较低的写入延时。但是截止到③，更新内容需要保持在缓存内才能快速解析，否则需要等待日志更新到页面的数据同步延时。然而，有限的缓存不能满足大量的数据更新长期维持在缓存内的需求，因此需要将更新内容异步地更新到数据页面。在保证部分数据副本获得数据更新后，就允许将对应的数据移出缓存。此时，系统面对读取请求时可以通过页面存储云直接获取更新后的页面数据，不会遇到数据同步延时的问题。此外，为了保证写入过程的低延时特性，日志存储云需要使用相对高速的存储设备，因此其容量受到限制。页面存储云内容在不同节点间通过 Gossip 协议异步进行数据同步过程。当所有的节点都同步到某个版本的更新内容后会记录已完成更新的版本号，此时小于版本号的日志可以在日志存储云内被截断，进而减小日志存储所需容量。

4. 故障恢复：多场景异常处理

故障恢复是数据库系统维持数据持久性的必要功能，在面对系统级崩溃时，需要基于持久化的日志数据来恢复最新的页面状态。传统数据库系统中一般采用 ARIES 算法（见 8.4 节）及其变种来实现基于日志的故障恢复。根据 ARIES 算法及其变种的算法流程，故障恢复可以划分为 3 个步骤：

①分析：分析未提交的事务以及未持久化的脏页。

②重做：重新执行产生脏页的日志操作。

③回滚：撤销未提交事务进行的日志操作。

上述算法在传统数据库里并发度相对较低且脏页缓存相对较小的场景中可以高效地完成故障恢复过程。但是，云数据库场景需要支持动态变化的工作荷载，在荷载峰值情况下可能面临极高的并发事务数量以及容量巨大的脏页缓存。此时出现故障时，ARIES

算法的重做和回滚过程将长时间阻塞系统运行，对于系统性能将产生负面影响。

为了降低数据库系统恢复过程中系统阻塞的时间，云原生数据库系统应用了不同于 ARIES 算法的故障恢复技术。其主要特点可以概括为两点：①按需重做；②异步撤销。

首先，在日志即数据库的运行模式中，页面是特定版本的链状日志的快照，不存在脏页的概念，没有持久化的数据更新是以没有被截断的日志链形式存在的。所以仅需要完成读取所需的日志数据并重建日志链即可恢复所有数据更新。此时，将日志更新同步到页面中的过程可以在后台异步完成。在这种机制下，仅需要确定从底层存储读取的日志记录范围并按需读取即可完成重做过程。以 Aurora 系统为例，如图 2-13 所示，系统在某一时刻发生故障重启后，会根据已经完成持久化操作的日志编号（卷完成日志编号，英文名称为 Volume Complete Log，VCL）从持久化存储中读取这些日志。虽然 VCL 记录了已经写回到持久存储的日志编号，但是日志恢复过程中还需要额外的元信息，所以系统需要额外维护具备用于故障恢复元信息的持久化日志版本编号（卷持久化编号，英文名称为 Volume Durable Log，VDL），VDL 总满足小于或等于 VCL 的特点。系统仅需要读取日志编号所有小于或等于 VDL 的日志数据并建立日志链即可完成重做过程，显著降低了将日志更新到页面而造成的故障恢复阻塞延时。

阶段1 系统发生故障导致系统重启

阶段2 重启后小于卷完成日志编号（VCL）的日志将直接恢复，大于VCL的仍处于内存将丢失

阶段3 系统按照卷持久化日志编号（VDL）进行管理，将舍弃最近的VDL到VCL之间的日志

图 2-13　故障重启后日志恢复过程

此外，在云原生数据库系统的故障恢复过程中，回滚过程一般同样是在后台异步完成的。系统会限制未提交事务产生的日志数据，使其不能被合并到页面，也就保证了仍未提交事务的数据更新在任何时刻都可以通过日志获取，而不会因为被合并到更新的页面中而导致旧版本数据丢失。这种情况下，不同的事务仅需要维护版本信息就能通过日志链来建立读取视图，并通过读取视图来屏蔽掉其余未提交事务对于数据的更新，实现快照隔离的效果。

5. 分析处理：计算下推与数据缓存

一般来讲，OLTP 数据库应用于事务处理场景，一般单个事务不需要访问存储层的大量数据。但是 OLAP 数据库面对的数据分析场景则完全不同，一般数据分析场景的查询需要大量访问存储层数据，此时如果计算节点和存储节点之间需要通过网络传输数据，巨大的数据传输量就会对网络造成很大压力。但是计算–存储分离的架构设计又导致计算节点和存储节点的分离。为了缓解网络传输的压力，计算下推与数据缓存的计算相关技术因此而生。

近数据端计算指为存储节点增加一定的计算能力，将原本需要在计算节点完成的条件选择等运算下推到存储节点完成，从而仅需要将经过过滤的结果传输给计算节点进行进一步处理，达到降低计算层和存储层之间数据传输量的目的。

数据缓存技术则采取了不同于近数据端计算的处理方式，是通过在计算层建立所有计算节点本地的缓存区域，将高频访问的数据置于本地缓存内方便所有计算节点使用。通过单次数据传输、多次重复利用的设计来降低整体的数据传输量。

如图 2-14 所示，在本地缓存容量较低时，缓存空间较小导致的缓存缺失的问题将频繁出现，这种情况下，计算下推技术能够有效降低数据传输量以达到提高网络传输速度的效果。但是随着本地缓存容量的增加、缓存命中率提升，利用本地缓存就能够直接获取数据，降低数据访问延时的同时减轻了底层存储节点的计算压力。数据缓存和计算下推都存在各自适应的应用场景，同时实现计算下推和本地数据缓存技术的混合模式能够让系统适应更加广泛的应用场景。

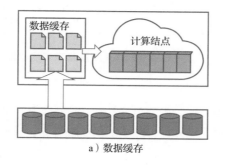 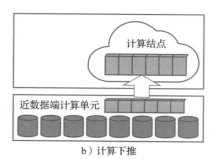

图 2-14　数据缓存与计算下推

6. 弹性优化：无服务器计算

函数即服务（Function as a Service，FaaS）是近年来云服务领域发展的另一个关键技术。函数即服务通过微服务的框架使用户在免于关注应用构建、底层部署等复杂场景的情况下开发和维护应用。其核心特点为无服务器计算：将一些常见的计算功能包装成由云服务平台统一调度的函数模组，用户直接基于这些函数模组进行程序设计。这些函数模组不需要保存复杂的状态变量，因此可以实现非常迅速的启动和停止，能够实现高速弹性调度的能力，在设计层面可以支持更细粒度的弹性调度能力。

鉴于无服务器计算在弹性调度方面的优良特性，云数据库系统领域对其也进行了相关研究。不过，无服务器计算虽然具备高速调度功能，但是无法直接保存状态信息，需要额外调用后台存储服务来保存这些状态信息。而调用后台存储服务就会造成写入和读取的等待延时，对于系统的性能存在负面影响。但是，考虑到状态信息对于数据库系统不可或缺，因此在无服务器计算与云数据库系统结合的研究中，如何解决数据库系统状态信息的维护问题就成为相关研究内容的重中之重。

从目前的研究现状来看，主要的研究方法可以划分为两类：无服务器函数结合后台存储以及无服务器化的数据库系统。

第一类研究方法为无服务器函数与后台存储的结合：将数据库系统的各类查询的计算功能都通过无服务器函数实现，而数据库系统的状态信息统一交由后台的存储服务完成。这类方法需要拆分数据库系统函数计算和状态信息存储的过程，主要的技术难点包括后台存储服务的延时和重复进行的近似计算过程。第一个技术难点的解决方案包括：①后台存储服务优化，提供延时更低的存储服务；②批量的状态信息保存，降低存储服务调用次数。解决第二个技术难点时，需要数据库系统在优化器层面支持对于相同或不同计算的统一优化，允许计算结果的缓存以支持近似计算结果的重复利用。

第二类研究方法为直接实现无服务器化的数据库系统：将整个数据库系统包装成一类特殊的无服务器化计算服务，按照系统的启动和停止进行整体的调度。这类方法的主要技术难点在于数据库系统的启动和停止具备较长的延时，降低因为系统启停产生的额外延时是这一研究方法的关键。为了解决这一技术难点，就需要结合用户工作负载的特性。基于用户历史的工作负载预测数据库系统运转状态，在用户的工作负载到来前提前启动云数据库服务，短时间无工作负载的情况下不会停止系统运行，以这种方式来实现数据库系统整体级别的服务调度。

2.5 | 本讲小结

随着云服务基础设施的成熟以及企业对于降低数据库系统运维成本的需求增强，云数据库在近十年来得到了蓬勃的发展。本讲在简要介绍云服务关键技术和主要特点后，按照云数据库系统发展的时间顺序，回顾了传统数据库系统的特点，简述了云托管数据库系统的过渡，展开分析了当前云原生数据库系统的关键技术。通过学习本讲，读者能够对于云数据库系统有一个整体性的理解。

云数据库系统为用户提供了具备自动部署、自动运维、弹性扩容和按需计费等优秀特性的数据库服务，并且这些优秀特性被市场认可，使云数据库在数据库系统市场上的占有率日渐增长。虽然从目前来看，云数据库领域还没有达到完全成熟的状态，很多须进一步完善的功能仍处于研究发展阶段。但是由当前的发展趋势已经可以预见到云数据库系统在未来仍将蓬勃发展。相信随着云原生数据库系统的成熟，全面数据云化的未来终将到来。

参考文献

［1］ MICHAEL K J. Architecting the cloud：design decisions for cloud computing service models（SaaS，PaaS，and IaaS）［M］. Hoboken：John Wiley & Sons，2014.

［2］ PLATTNER H. A common database approach for OLTP and OLAP using an in-memory column database［C］//Proceedings of the 2009 ACM SIGMOD International Conference on Management of data. New York：ACM，2009：1-2.

［3］ VERBITSKI A，GUPTA A，SAHA D，et al. Amazon aurora：Design considerations for high through-put cloud-native relational databases［C］//Proceedings of the 2017 ACM International Conference on Management of Data. New York：ACM，2017：1041-1052.

［4］ DEPOUTOVITCH A，CHEN C，CHEN J，et al. Taurus database：how to be fast，available，and frugal in the cloud［C］//Proceedings of the 2020 ACM SIGMOD International Conference on Management of Data. New York：ACM，2020：1463-1478.

［5］ CAO W，ZHANG Y Q，YANG X J，et al. PolarDB serverless：A cloud native database for disaggregated data centers ［C］∥Proceedings of the 2021 International Conference on Management of Data. New York：ACM，2021：2477-2489.

［6］ GUPTA A，AGARWAL D，TAN D，et al. Amazon redshift and the case for simpler data warehouses ［C］∥Proceedings of the 2015 ACM SIGMOD international conference on management of data. New York：ACM，2015：1917-1923.

［7］ DAGEVILLE B，CRUANES T，ZUKOWSKI M，et al. The snowflake elastic data warehouse ［C］∥ Proceedings of the 2016 International Conference on Management of Data. New York：ACM，2016：215-226.

［8］ JORDAN T，SIDDARTHA N. Google BigQuery Analytics ［M］. Hoboken：John Wiley & Sons，2014.

第 3 讲
多模态数据管理

本讲概览

随着大数据时代的发展，越来越多的数据应用场景所涉及的数据模态变得多样化，而传统的数据管理方法仍然主要集中在对单模态数据管理。因此，在涉及多模态数据的应用场景下，如何妥善应对多模态数据管理成为数据管理领域一个新兴的挑战。在本讲中，将从数据存储、数据建模与数据查询 3 个角度探讨多模态数据带来的新问题与新挑战，同时介绍目前常见的针对这些挑战的解决方案。

3.1 | 问题背景

多模态数据管理是大数据时代给数据管理领域带来的一项新挑战。数据的"模态"是一个比较宽泛的概念。在一般学术研究领域，多模态数据主要指的是那些数据模型本身有区别的数据，例如常用的"关系表"和"图"就是属于两种不同模态的数据。而在实际工业界应用中，"模态"一词可能指的是更加宽泛的概念，即便属于相同数据模型的数据，例如同为关系表，如果两张表的结构差异巨大，或者物理存储方法不同（一张表存在关系库中，另一张存在 EXCEL 表格中），也可以看作多模态数据。本讲中所讨论的多模态数据主要为在模型层面不相同的数据。

多模态数据管理体现在大数据应用的方方面面。而其中一个具有代表性的应用则体现在企业、单位的数字化进程。例如，在大数据时代早期，企业的数字化往往停留在其中各个部门的独立数字化。不同的部门可能会采用各自的数据管理策略、系统和平台来对部门内部数据进行数字化管理，而跨部门协作的数字化进程则没有得到很好的重视。随着大数据技术的不断发展，人们发现打通部门之间的数字化协作通道对提升企业的整体效能非常有益，因此便开始尝试整合各个部门之间的资源，而如何能够高效、低成本地整合原本属于各个部门、采用各种系统与平台管理的数据就成为一大挑战，即多模态数据管理。

当然，除了以上应用场景，在其他数据应用环境下，也可能天然就存在多模态数据管理问题。例如在智慧城市应用中，对公交车到站时间的预测，便至少包含公交车的实时 GPS 信号数据与站台描述信息这种关系数据的联动。这些应用场景进一步提升了多模态数据管理技术的理论研究与实际应用价值。

多模态数据管理问题所带来的挑战是全方位的，从数据的存储、建模到后续的查询和应用，都为现有的数据管理技术带来了新的需求与挑战。尽管在数据管理领域，针对每一种单独的数据模态，都有相对比较成熟的管理策略。然而，在一个涉及多模态数据管理的场景下，管理多个模态的数据的问题难度绝对不是 1+1=2 的简单累加，而是会因为数据源之间的数据分布、协调、统一等一系列因素使问题复杂化，从而带来更多的挑战。本讲将从数据存储、数据建模、数据查询、系统概述 4 个层面对多模态数据管理中所面临的具体问题、目前的主流解决方案以及未来可能的研究方向进行介绍。

3.2 | 数据存储

数据存储是数据管理领域的基石。在传统的数据管理领域中，数据的存储模型大致可以分为两种。第一种策略是集中存储，即使用一台高性能、高容量的 PC 来存储全部数据。在数据规模不大的应用场景中，这是非常普遍的数据存储策略，例如我们每个人的 PC，都可以看作针对个人数据的集中存储设备。第二种策略是分布式存储，即使用一个分布式文件系统（例如 HDFS、CEPH 等）来存储数据。这类应用场景主要体现在对数据存储体量需求较大，或者对数据的可靠性，容灾备份等功能有较大需求的场景下。

一般来说，一个企业中的不同部门，往往会结合自己部门的实际数据应用需求，选择各自的数据存储策略。例如，实验部门往往会涉及大量的实验过程，这些实验会生成实验相关的视频、文档、音频、日志等一系列大小不一的文件，因此该部门自己搭建了一个分布式文件系统来存储部门内部的数据；而数据分析部门主要负责对实验结果进行分析，在这些分析过程中，往往会涉及大量数据的运算过程，因此他们会使用类似于 Excel 的软件来辅助存储分析过程以及分析结果。而考虑到分析过程所产生的结果往往远小于实验数据本身的规模，分析部门会使用一台高性能 PC，搭配上若干移动硬盘，就能够存储所有的数据。

值得注意的是，这两个部门之间的数据是存在关联的，尽管实验部门和分析部门属于不同部门，但所分析的数据却是统一的，即实验部门产生数据，然后交给分析部门进行分析，在传统的数据管理中，往往会通过一些唯一的数据标识符（例如实验ID）来标识与同一个实验相关联的数据。在实际生产过程中，如果两个部门之间需要协同合作（例如分析部门需要调用某历史实验的原始实验记录），那么分析部门往往会先确定该实验的ID，将该ID交给实验部门，实验部门再在内部的文件系统中通过ID定位相关联的文件，返回给分析部门。这一过程往往需要通过人工的方法来进行消息以及数据的传递。因此，一次这样的协作过程往往要耗费数小时乃至数天时间。

为了提升这一过程的效率，企业会尝试在内部部署一套多模态数据管理系统，以打通两个部门之间的壁垒，提升协同合作的效率。而在这一过程中隐含着大量的问题，包括数据迁移、数据一致性控制、数据去重、负载均衡等。本讲接下来将介绍两种目前存储方向的两种主流策略，并分析这些策略在面对各个问题时的优势与弱势。

3.2.1　分散存储

在多模态数据存储问题中，分散存储策略的主要含义是让大部分数据分散在原始部门中，而多模态管理系统只会在多个数据管理系统上层构建一个轻量化的平台，用于对协作任务进行解析与转发。在上文的例子中，如果采取分散存储策略，可以考虑在维持两个部门本身内部数据管理方案不动的前提下，将协作任务的转发过程数字化。例如，可以在两个部门的存储系统上搭建一个自动化的数据查询脚本。当分析部门需要采集某实验的数据时，可以通过多模态管理系统，将查询直接发送给实验部门的查询脚本，该脚本会自动在实验部门的数据管理系统中查询符合要求的数据并返还给分析部门。这一过程看似只是简单的将部门的协作过程进行了简单的自动化处理，但在实际应用中，这一方法具有两个巨大的优势。

1）对企业各个部门内部的数据管理逻辑影响最小化。 上文中反复强调的一个重点是，一个企业，特别是具有一定生产经验和经历的企业，其各个部门内部已经形成了一套完善的数据管理逻辑，这一管理逻辑不一定先进，但已经成为部门内部约定俗成的规律。在这一背景下，对企业一个部门的生产逻辑进行转型是需要代价的，而这一代价会随着转型幅度的大小以及涉及的部门数量而产生变化，它可能大到让企业无法承受而最终放弃转型。因此，在设计多模态数据管理系统时，不能只考虑将所有最先进的技术全部用进去，还需要考虑企业适应这些技术所需要付出的代价。在这方面，分散存储策略由于可以维持部门的大部分数据以及管理逻辑不变，成为首选。

2）**系统的轻量化让系统的部署非常便捷。** 从上文给出的例子中不难发现，本书例子中所提出的在上层搭建自动话脚本的方法，基本不涉及对两个部门自身数据的改动。因此，在部署该多模态数据管理系统时，也不会影响企业部门自身的数据存储系统。因此，该多模态管理系统在部署时是非常方便的，而且一旦部署完毕，企业也可以很快地开始试用这一系统，并通过试用对系统的功能进行调整与改进，以达到让该管理系统尽快融入企业生产生活中这一目标。

不难看出，分散存储策略整体是非常轻量化甚至非常简单的，带来便利的同时也导致这种技术往往只是在表面上解决了多模态数据管理的问题，而实际上并没有做到数据层面真正的协同管理。这也带来了这一策略的一系列缺陷。

1）**数据融合的问题。** 在以上应用场景中，尽管各个部门之间的数据是有关联的，但是一个轻量化的数据管理系统并不能很好地反映这些数据关联，这也就导致了该系统能够支撑的协同功能非常有限。例如，理论上可以通过构建部门数据之间的映射关系，将属于同一个实验 ID 的数据进行关联。在该关联下，如果一个部门的人想根据本部门的文件 ID 查询另一个部门的数据，就可以利用这一关联关系快速地定位，而无须在另一个部门的数据管理系统中进行一次全盘扫描。而在分散存储策略中，则很难实现这一功能。

2）**数据一致性的问题。** 由于两个部门分别维护各个部门内部的数据，这一过程很有可能导致理论上一致的数据在实际应用中变得不一致。导致不一致的原因可能是多方面的，例如部门在录入数据时，偶然录入了错误的信息；一个部门在对数据进行清理时，另一个部门并没有对相同的数据进行同步清理；在数据使用过程中，部分数据发生了损坏或者丢失。由于两个部门的数据在底层仍然是分开管理的，因此一个部门的数据修改无法及时反应到另一个部门的数据上，从而导致两个部门的数据变得不一致。这些因素可能会影响实际生产中的数据应用流程。例如，如果测试部门需要查询某一历史实验的相关文件，而这一文件在实验部门已经被提前转移到其他备份媒介（例如移动硬盘）中，就会导致部门的协同并没有做到真正的加速。比这一场景更危险的是数据发生错误，如果在录入数据时发生了错误，例如测试部门错误的将某一实验测试信息与另一场完全无关的实验相关联，则可能会导致错误的测试结果，从而影响后续的一系列生产流程。

从以上缺点不难看出，分散存储策略的主要问题在于并没有将跨部门、跨数据源之间的关联关系真正构建起来。针对这一问题，自然而然引申出了第二种存储策略——统一存储。

3.2.2   统一存储

统一存储策略的主要特征在于，在对多模态数据进行存储时，会将原本属于多个数据源的部分数据整合到同一个平台乃至同一个系统中进行存储。这一过程的好处是显而易见的，由于将数据整合到了一个系统中，就可以选择一个成熟、高兼容性的数据管理系统（例如一个关系数据库）来管理所有的数据，而原本跨模态之间的数据协作任务，也可以转变成在单一平台上的查询功能，这大大降低了跨模态协作任务的难度，且提升了数据的查询效率。因此，在理论上，这一方法能够有效提升多模态数据管理的整体性能，并解决上文中分散存储策略所面临的一系列问题。事实上，这一做法也广泛应用在一些多模态数据管理领域，例如使用关系数据库来管理城市的监控数据与车辆信息来发现市区违停事件，或是对天文图片数据使用关系库进行归档与管理。然而，这一存储策略所面临的问题也是显而易见的。

1）**数据迁移问题**。使用一个统一的数据存储引擎来存储多模态数据，需要将原来分布于多个数据源的多模态数据集中到同一个存储引擎中，这一过程涉及对大量数据的迁移工作。因此，在使用该方案时，需要考虑数据迁移的代价。而对于一些具有较多生产经验的企业来说，各个部门内部可能已经累计了海量的数据，此时数据迁移的代价就会变得巨大。当然，一种替代方案是选择一个部门的数据源作为主要数据源，并在该数据源上搭建存储引擎，其他部门的数据再向该主引擎迁移。这种方案主要适用于那些数据分布不是非常均匀的数据应用场景。即便采取这种方案，选择具体哪个部门的数据源作为主数据源也是一个需要反复权衡的选项。因为这意味着非主数据源对应的部门的数据应用逻辑会发生较大幅度的改变，而主部门所承受的代价则相对较小。尽管这不是一个技术层面的问题，但在实际应用中，这种非技术层面的问题同样会影响到整个方案的推进。

2）**数据去重问题**。在将多个部门的数据集中到统一存储平台的过程中，很有可能会发现部分数据的重复甚至不一致。例如，分析部门针对某些有代表性的分析结果，可能会将对应的实验数据备份一份，而这些数据同样也存储在实验部门。那么，在使用统一存储策略对两个部门的数据进行合并时，就需要及时发现这些重复，并且通过去重将数据唯一化。这一过程中包含很多具体的技术细节上的挑战，包括如何识别重复数据，如何选择保留数据，甚至在必要的时候需要将数据进行互补处理来拼凑出一个完整的数据版本。

3）负载均衡问题。在实际应用中，不同部门处理的数据类型不同，生产逻辑不同，产生数据的速度和频率也是完全不同的。这就导致在存储数据时，需要考虑数据生成速度不同导致的负载不均衡问题。在一个分布式系统中，为了避免系统中的某一个节点或者多个节点承载过多的数据，导致节点压力过大，进而影响整个集群的性能，需要通过负载均衡来保持系统整体数据分布的均衡性。考虑到统一存储的多模态数据存储平台大概率也是一个分布式系统，同样需要设计复杂均衡策略来保证系统整体数据的一致性。然而，与传统分布式系统相比，多模态数据存储场景下的负载均衡问题会更加复杂，因为还需要考虑不同数据源内部的数据关联性。在实际应用中，由于各个部门的数据特征、数据应用场景之间是存在关联的，因此，理论上更希望将各个部门内部的数据放在同一个或者少数几个节点上。这一需求与负载均衡的需求存在一定冲突。因此，在设计负载均衡方案时，需要在两个需求之间进行妥善的权衡。

本节介绍了用于数据存储的两种策略，在实际应用中，这两种策略可以看作存储策略的"两极"，在实际应用中，会根据实际应用场景，结合数据存储的具体需求，设计一种混合模型。例如在上文的例子中，可以选择将一些重要的、共性的信息，例如重要实验的数据和分析结果，存储在一个共用的存储平台上，此时可以对数据进行进一步的分片、集成，做到对这一部分数据的高效管理。与此同时，对于其他不那么重要的数据，包括一些常规的实验记录，或者是没有异常读数的分析结果，则可以继续采取分散存储的策略，让各个部门管理各自的数据。

3.3 | 数据建模

数据建模的目标是使用合适的数据模型来描述系统中存储的数据，用来辅助用户对数据进行更好的解读、操作与管理。例如，使用一张关系表来管理一个购物网站的所有用户数据就可以看作一个数据建模过程。在建模过程中，需要选择需要加入表中的属性、这些属性的类型以及如何确定这些属性的数值。一般来说，对待单一应用场景的数据建模问题的难度并不高。通过使用不同的数据模型对不同类型的数据进行建模，可以最大化各个数据模型在实际应用中发挥的功效。然而，以上特点同样也是多模态数据管理问题中的挑战所在。在对多模态数据进行统一管理时，同样需要选择一个数据模型来描述被管理的所有数据模式。由于不同的应用场景下，使用的数据建模方法各不相同，当涉及需要将多模态数据统一管理起来时，如何对来自多个数据源、不同模态的数据进行建模成为了挑战。

考虑一个社交网络的场景（如图 3-1 所示），我们使用关系库与关系表来管理用户的基本信息，包括姓名、性别、年龄、爱好等；而用户之间的好友关系则采用图模型来管理。这种管理方法可以最大化的发挥两种数据模型的特征，因为关系表很适合管理基本信息这种结构化，平铺的数据；而图模型则提供了高效的跨节点搜索的功能，能够以很高的效率搜索用户的朋友圈包含哪些其他用户。

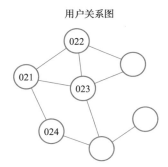

用户信息					用户关系图
ID	姓名	性别	年龄	爱好	
021	张三	男	31	读书	
022	李四	女	24	电影	
023	王五	女	34	唱歌	
024	赵六	男	40	唱歌	
...	...	...	...	...	

图 3-1　社交网络数据示例

然而，在实际应用中，很可能会碰到一些跨模态的查询。考虑查询 Q：查询用户张三的朋友们都对哪些主题感兴趣。在实际执行中，这个查询需要通过 3 个步骤来执行：

- 步骤 1：在用户信息库中将"姓名=张三"作为关键词搜索其用户 ID。
- 步骤 2：在用户关系图中定位张三 ID 对应的节点，并搜索这些节点的邻居，提取这些邻居节点的用户 ID，这些用户就是张三的好友集合。
- 步骤 3：将张三的好友 ID 依次代入关系库中进行搜索，查询这些好友的兴趣爱好，并将所有好友的兴趣爱好结果做并集，并集的最终结果就是该跨模态查询的结果。

从以上例子中不难看出，如果按照传统的管理方法，执行一次跨模态查询往往需要往返于多个数据库之间，重复执行多条查询语句。这一过程不仅效率低下，而且在实际应用中，可能需要用户在多个数据集之间往复切换，过程非常烦琐。而多模态数据管理的目标之一就是让这种跨模态查询变得便捷与高效。针对这一问题，目前的解决方案可以粗略归纳为两种：统一建模与混合建模。

3.3.1　统一建模

统一建模思想的核心是，使用一种能够尽可能兼容多种类型数据的模型作为统一模型，并且将其他类型的数据向统一模型靠拢。例如，在上文的例子中，我们可以选择关系模型作为统一模型（如图 3-2 所示），并且将用户的邻居关系作为一个额外的属性加入用户信息表中。同理，也可以将图模型作为一种统一模型（如图 3-3 所示），并且在每个节点中都加入这个用户的其他基本信息。从理论上来说，以上两种方法都可以看作对多模态数据的管理。然而，通过分析不难发现，这些管理方法都存在各自的局限性。如果将图中用户的好友关系按照属性的形式加入关系数据库中，那么一些在图上的一些效率很高的查询，例如发现一个朋友的朋友，就会变成针对用户表的多次自 JOIN，这个操作的时间还是空间复杂度都是极高的，而且会随着用户信息表规模的扩大，代价呈指数级增长。同理，如果将两种类型数据都统一到图模型上，会导致一些在关系表上常规的查询，例如查找所有姓名为张三的用户，变得非常低效和复杂，因为这一过程需要遍历整个图模型。

用户信息					
ID	姓名	性别	年龄	爱好	好友
021	张三	男	31	读书	[022, 023, 024]
022	李四	女	24	电影	[021, 023, …]
023	王五	女	34	唱歌	[021, 022, …]
024	赵六	男	40	唱歌	[021, …]
…	…	…	…	…	…

图 3-2　关系模型作为统一模型

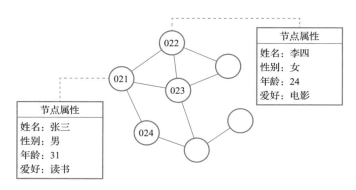

图3-3　图模型作为统一模型

从以上例子可以看出，虽然理论上，我们基本都可以使用任何一个数据模型来管理其他各种模型的数据，而在实际应用中，这些管理方法可能会由于数据模型本身的差异性，导致可用性非常低。因此，在实际应用中，使用统一模型来管理多模态数据一般遵循以下两个方案之一。

1）第一种方案是管理具有较强兼容性的数据。举例来说，关系型数据和 JSON 数据就是兼容性比较强的两种数据模态，并且两种数据结构上的查询功能也比较接近。因此，当涉及对关系数据与 JSON 数据两种数据类型的管理时，完全可以考虑使用关系模型来管理两种数据，或者用 JSON 来代表关系库中的每一个元组。考虑到关系模型在使用场景上更加普遍，一般会优先考虑将关系模型作为主模型。如果一定要管理兼容性较差的数据模型（例如前文中提到的关系模型与图模型），则可以考虑对难以兼容的数据特征与查询性能进行取舍。例如，如果发现系统中用户对基于好友关系的查询功能应用很多，而对于用户整体的扫描操作则相对较少，则可以考虑选择使用图模型作为统一模型，并降低系统对全用户扫描这类操作的支持。

2）第二种方案是增强统一模型的兼容性。这种方法又包括在原数据模型上添加辅助数据结构，或者设计一种新的数据模型。例如，同样是使用关系数据库来管理图模型，在上文的例子中，将节点的邻居关系当作属性存储到每个元组中，通过分析发现这种方法的效率并不高。因此，可以提出其他基于关系模型的策略。一方面，可以额外构建一张映射关系表来专门描述节点之间的关联关系，并通过缓存以及索引的等技术来提升对映射关系表的访问效率。这样一来，就可以做到在关系模型上提供较为高效的邻居关系搜索功能。另一方面，也可以对关系模型做出改进，可以通过在元组之间增加指针等数据结构，将元组的关联关系在物理层面存储下来，这样也可以达到管理图模型的效果。这两种策略是目前学术界普遍采用的解决多模态数据管理问题的策略，而在实际应用中，这两种策略的应用都伴随着较大的挑战。前者需要妥善的选择和设计需要额外增加的辅助数据结构，而后者则需要对现有的数据管理模型或系统进行一定的改进，甚至重新开发一套新的面向多模态数据管理的模型。

3.3.2　混合建模

尽管统一建模可以比较方便、高效地管理多模态数据，但这类方案具有天然的局限性。当需要管理的数据所涉及的数据源数量过多，数据本身体量巨大时，选择一个统一数据模型来管理所有涉及的数据类型将会非常困难。即便涉及出了这样一种统一数据模型，将原始数据迁移到统一模型下的代价也是巨大的。在这种环境下，最重要的挑战是将跨模态、跨数据源的数据关联起来，以最小的代价提供跨模态数据查询能力。这类建模方法称为混合建模。

混合建模思想的核心是，在保留各个数据本身存储模型的基础上，提取少量的数据来搭建跨模态数据的关联，以实现对多模态数据管理的目标。这种管理方法的特征在于，大部分的数据存储位置以及模态是不发生变化的。这一特征与 3.2.1 节中介绍的分散存储策略很相似，在实际应用中，这一存储策略与混合建模基本也是绑定使用的。

然而，在本讲一开始就讨论过，将数据使用原始模态存储将会影响执行跨模态查询的能力。为了解决这一问题，混合建模方法往往会在原始数据集上层搭建一个轻量化的接口层，在接口层中对连接数据源的必要数据进行提取与建模，并提供自动化的跨模态查询功能。以上文中的查询 Q 为例，该查询的输入条件是用户名"张三"，而输出则是"朋友的兴趣"。从人的角度来看，这个查询实际上涉及了几个属性之间的关联：用户-朋友-兴趣。如果我们将这些属性投影到原始数据集中，就会发现这些关联本身也是跨数据源的（如图 3-4 所示）。比如，用户-朋友这一关联，可以形式化成用户名-用户 ID-邻居这一过程。而用户名-用户 ID 的关联是存储在关系表中的，而用户 ID-邻居的关联是存储在图数据库中的。因此，原始的单一模态数据，无论是关系表还是图数据库，都无法理解用户名-用户 ID-邻居这一关联关系，因为其中的部分属性是它们所缺失的。此时，我们就需要在接口层中建立跨数据源的关联关系。具体实现的方法有很多，例如可以使用一个轻量化的图数据库来存储以上属性之间的映射关系（如图3-4所示）。这样一来，接口层在处理该查询时，就能识别出查询的输入"张三"与输出"朋友"，以及"朋友"与"兴趣"之间的关联，并自动生成并执行类似于上文中的3个查询步骤。

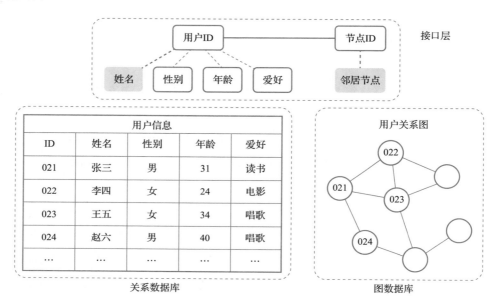

图3-4　混合建模示意图

　　本讲介绍了两种数据建模方法。统一建模方法更贴近于传统的单数据模型建模策略，在管理数据的效率与查询执行的性能上也更高，但对数据的特征、体量、类型要求较高。相比之下，混合建模方法更适合管理大规模、模态差异巨大的数据。这两类方法在实际应用中并没有明确的孰优孰劣之分，而是需要结合具体应用场景具体分析。

3.4 ｜ 数据查询

　　在 3.2 节与 3.3 节中，已经介绍了数据的存储与建模策略。而存储与建模的最终目的则是提供丰富的数据查询功能。考虑到基于统一建模的查询功能与传统的单模态数据库上的查询功能差别不大。在本节中，将重点关注混合模型下，面向多模态数据的查询功能。

3.4.1　查询执行

3.3 节给出了一个基本的跨模态查询的例子 Q：查询用户张三的朋友们都对哪些主题感兴趣。并从一个直观的角度给出了该查询的一种可行的 3 个分解子步骤。在本小节中，将关注如何从系统层面解析这一跨模态查询以及生成对应的查询计划。

在混合模型下的多模态数据管理系统中，查询的执行通常分为 3 个层面：查询解析、查询分发与结果汇总。其中，查询解析的目标主要是生成查询计划，确定查询的执行逻辑；查询分发是根据查询计划，将面向各个模态数据源的子查询分发下去，而结果汇总则是收集各个数据源执行查询后生成的结果。在执行过程中，查询解析往往只会进行一次，而查询分发与结果汇总则可能会重复多次。

以 3.3 节中的例子为例，通过混合建模，在接口构建了用户名–用户 ID–邻居这一关联关系。基于这一关联关系，可以构建查询 Q 的查询计划。此处的查询计划主要是要将查询拆分成若干个子步骤，每个子步骤都可以看作在同一个数据源、相同模态数据上的子查询。可以通过如下步骤展开对查询 Q 的计划生成（如图 3-5 所示）：

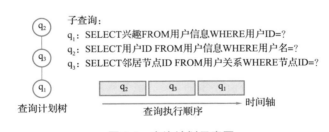

图 3-5　查询计划示意图

- 步骤 1：将查询 Q 的输入与输出分离出来，输入为"用户姓名"，输出为"朋友的兴趣"。
- 步骤 2："朋友的兴趣"实际上包含两个子属性，即"朋友"和"兴趣"。其中，"朋友"指代的是图数据库中一个给定节点的邻居节点，而这些节点都代表用户，因此可以用户 ID 作为标识来替代，而"兴趣"则代表关系表上兴趣这一属性；因此"朋友的兴趣"这一条件实际上可以看成一个输入为用户 ID，输出为兴趣的查询，由于两个属性都存在于关系表上，因此该条件可以看作在关系表上的查询，记该查询为 q_1。

- 步骤 3：接下来需要分析查询 Q 中的另一部分，即"用户姓名"这一输入到"朋友"这一属性的关联。从数据建模信息中可以看出，用户姓名记录在关系表上，而朋友关系记录在图数据库中。因此，这一查询无法直接执行。此时需要查询接口层中保存的属性映射关系"用户姓名-用户 ID-邻居"，通过这一映射关系可以发现，"用户姓名"到"朋友"（即邻居）之间的映射需要通过用户 ID 实现。因此，这一部分的查询需要进一步分解成两个子查询，即用户姓名-用户 ID 和用户 ID-邻居，分别记这两个查询为 q_2 和 q_3，至此，所有的子查询均已经生成完毕。

- 步骤 4：最后就是对子查询进行组装以生成完整的逻辑计划，结合属性之间的映射关系，可以推导出查询 Q 的执行逻辑是用户姓名-用户 ID-邻居 ID-兴趣。通过将之前的子查询计划代入这一映射过程中，可以得出查询 Q 分解出的子查询计划为 q_2-q_3-q_1，这也与 3.3 节提出的 3 个查询步骤相吻合。

在这一查询计划中，每个子查询之间的切换都涉及一次查询分发与结果汇总，而分发与汇总均是在接口层执行的。因此，整个多模态查询的执行过程会变成，首先接口层生成 q_2-q_3-q_1 这样一个查询计划。随后，接口层首先向关系模型发送子查询 q_2，并将查询结果进行收集。随后，接口层会基于 q_2 的查询结果，生成子查询 q_3，发送给图模型。接口层会重复以上步骤直到最后执行完成 q_1，获得最终的查询结果。这就是接口层在多模态数据管理系统中，执行跨模态查询操作的整个流程。

3.4.2 查询优化

在 3.4.1 节的例子中，只展示了一种查询计划。而在实际应用中，一个查询的执行计划可能有多种，且各个查询计划的代价不同。因此，查询优化问题的本质就是在众多潜在的查询计划中，选择一个代价最小的查询计划来执行。

继续沿用之前的例子，我们已经将原始的跨模态查询 Q 分解成了 q_1、q_2、q_3 三个子查询，并且提出了一种串行化的查询计划，即依次执行 q_2、q_3、q_1。然而，关于这三个子查询，还有其他的查询执行计划。例如，在执行完成 q_2，确定了张三的用户 ID 以后，可以尝试并行化执行 q_3 和 q_1。然而，由于没有执行 q_3，不知道张三的好友具体有哪些，因此在执行 q_1 时，需要把所有 q_1 可能访问的数据全部提取出来。在例子中，实际上这一过程可以看作对整张关系表在用户 ID 和兴趣这两个属性上的全表扫描。基于以上分析，可以生成一条新的子查询 q_1'，其功能是提取用户信息表中用户 ID 和兴趣这两个属性的全部数据。有了这一子查询以后，我们可以生成一个新的查询计划：q_2-JOIN(q_3, q_1')（如图 3-6 所示）。其中，JOIN(q_3, q_1') 包含两层意思，其一是 q_3 与 q_1' 是可以并行执行的（因为它们分别发生在两个数据源上），其二是连接层需要将两个查询的结果进行连接操作（JOIN）以得到最终的结果。从结果上看，这一查询与上文中的 q_2-q_3-q_1 是相同的。

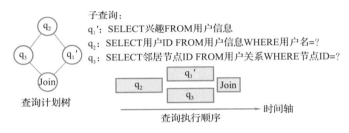

子查询：
q_1'：SELECT兴趣FROM用户信息
q_2：SELECT用户ID FROM用户信息WHERE用户名=?
q_3：SELECT邻居节点ID FROM用户关系WHERE节点ID=?

查询计划树

查询执行顺序

图 3-6　潜在查询优化方案示意图

很显然，q_2-q_3-q_1 与 q_2-JOIN(q_3, q_1') 两个查询的代价是不同的，但两个查询计划孰优孰劣则需要结合具体情况来考虑。首先，我们不妨先剖析一下两个查询计划的优劣。q_2-q_3-q_1 这一计划的优势在于它的每一个子查询的步骤都缩小了查询所需要访问的数据范围，也就是说这一查询计划没有访问过多的冗余数据。而其缺点则在于三个子查询是串行执行的，下一个子查询必须要等待上一个子查询执行完毕并且将结果返回。而 q_2-JOIN(q_3, q_1') 这一计划的优势在于 q_3 与 q_1' 两个子查询是并行执行的，可以最大化利用两个数据源的查询执行性能，且他们的时间开销也仅仅取决于耗时较长的那条子查询。而该计划的缺点在于，q_1' 这个查询需要返回大量的冗余数据，在本例子中，该子查询需要返回整个用户信息表中所有用户的 ID 和兴趣。

即便如此，我们仍然难以确定两个查询计划孰优孰劣。举两个极端的例子，如果用户信息表的整体规模非常小，只包含数十条或者数百条信息，那么即便将全表的数据进行扫描和提取，代价也是非常小的。此时，q_2-JOIN(q_3, q_1') 这一查询计划无疑是更好的查询计划，因为它通过并行化节省了 q_3 与 q_1' 的查询执行时间。而考虑另一个极端，如果用户信息表的规模非常大，达到了数 TB 甚至更大，那么执行 $q_2\text{-JOIN}(q_3,q_1')$ 的代价则会变得无法接受，因为 q_1' 需要返回 TB 级别的数据，这一代价是大部分现有的数据管理系统都无法接受的。此时，$q_2\text{-}q_3\text{-}q_1$ 这一查询计划会成为更好的选择。

不难看出，决定哪个查询计划的代价更低与查询所访问以及返回的数据规模相关。因此，为了能够准确地估算查询代价，以准确的选择最优的查询计划，在设计多模态数据管理系统时，还需要将一些必要的统计信息提取出来，存储到接口层中。这样一来，系统才能够优化查询计划，提升查询性能。

面向多模态数据的查询，特别是在分散存储、混合建模场景下的查询是多模态数据管理所带来的一个全新的挑战。与传统在单模态、单一系统上的查询相比，由于面向多模态数据的查询涉及跨多个模态数据源的查询，因此其查询的设计、实现与优化的难度要远高于传统的查询功能。尽管如此，我们仍然可以借鉴经典的查询流程，包括计划生成、计划优化、计划执行来规划查询的具体步骤，这一特征也体现了对数据管理领域传统技术的继承。

3.5 多模态数据管理系统

面向多模态大数据的管理是目前工业与研究领域所面临的一个重要挑战。企业在实际生产过程中，不同部门、不同类型的数据往往都存储于各自的数据存储平台上，平台之间并不相通。这样对企业数据进行管理的好处在于部门内部有较强的自主性，可以实现部门内部数据的快速迭代。然而，这也导致部门之间的数据通道无法被有效打通，从而限制了这些来自不同数据源，不同类型的数据发挥进一步价值。

将企业内部的海量异构数据源数据进行集成与统一管理能够让这些数据发挥巨大的潜在价值。目前，已有很多的相关产品与数据平台用于解决企业多模态数据的集成工作。目前具有代表性的系统包括以下几种。

1）IRSA IRSA[1] 是 NASA 开发的一款将拍摄的天文图像分享，用于学术研究等目的数据分享平台。该平台的主要功能是将每天多个天文台拍摄下的数据进行处理以后，保存在系统及云服务器中，并为用户提供 GUI 接口，使得用户可以方便的查询这些数据。在数据存储上，考虑到本地服务器无法存下每日生成的海量天文图片数据，该系统采用了 PostgreSQL+远程云服务器的架构。通过在服务器本地用关系数据库 PostgreSQL 存储图片的相关索引信息，在云服务器存储实际图片的方法，解决了海量图片的存储问题。同时，该系统基于天文图片的特征，在云服务器上基于图片的各个特征，对存储架构以 B 树的形式进行组织，加快了图片的读取效率。

2）SKOD　SKOD[2] 是一款面向环境知识的查询引擎，目前的主要应用场景是帮助警察等部门识别城市中包括汽车违停等现象。该系统通过实时采集 Twitter 与城市监控视频流两部分数据，通过使用 Apache Kafka 对这些数据流进行处理，提取关键数据信息并存入 PostgreSQL 数据库中的方法，实现了将非结构化数据向结构化数据的转换。在该架构的支撑下，用户可以通过搜集诸如"违规停靠在消防栓边的车辆"等类似的查询语句，快速从相关信息中检索出包含这些关键参照物的图片和推文，并进一步识别车辆的违停情况。

3）Midas　Midas[3] 是一款面向数据分析领域的集成数据分析平台。其主要功能是为数据分析研究者提供一种将多个数据源信息进行融合的平台，使用户可以实现跨平台数据集成、分析的功能。该平台的主要特色在于它允许用户将各个数据引擎中需要分析的数据内容，提取到统一的系统中进行组装，并基于组装后的新数据集进行数据分析工作。在实现上，该系统引入了"属性图组"（SAG）技术用于追踪各个属性值的信息以及溯源，并同时引入了缓存机制对数据的读取和调度进行加速，从而有效提升了该系统的数据读取效率。

4）GOODS　GOODS[4] 是一款 Google 面向企业内部数据开发的多模态数据集成管理平台。在进行数据集成时，GOODS 会使用企业在日常生产生活中所使用的文档、日志、表的表头等一系列数据中所包含的语义信息来识别企业数据之间的关联关系，类似的策略也被应用于其他数据集成平台。针对一般的通用场景，这种策略具有良好的效果。

除此之外，还有大量关于数据集成相关领域的工作，包括面向网页数据集成的 Octopus 和 Infogather。这些平台的功能往往都是面向特定功能领域的多模态数据管理。然而，目前鲜有系统对制造业领域面临的数据管理功能与挑战进行过梳理与研究，这一现象也导致很多现有数据管理系统无法应用于对制造业多模态数据管理的应用场景中。

3.6 | 本讲小结

在本讲中，我们从数据存储、数据建模、数据查询 3 个角度介绍了多模态数据管理对数据管理领域所带来的挑战。尽管多模态数据管理问题从难度和复杂度上都要高于传统的单模态数据管理问题，然而由于该技术在大数据环境下拥有巨大的应用潜力，并且在目前的学术界、工业界已经产生了大量需要使用多模态数据管理技术来解决的问题。尽管目前多模态数据管理领域已经产生了大量解决方案，但大部分解决方案仍然处于问题研究的早期，未来仍然具有巨大的研究潜力与发展空间。因此，多模态数据管理将会在未来的很长一段时间，成为数据管理这一大方向的一个重要的研究问题与关键挑战。

参考文献

[1] POUDEL M, SARODE R P, SHRESTHA S, et al. Development of a Polystore Data Management System for an Evolving Big Scientific Data Archive [C]//Heterogeneous Data Management, Polystores, and Analytics for Healthcare. Berlin: Springer, 2019: 167-182.

[2] PALACIOS S, SOLAIMAN K M A, ANGIN P, et al. Wip-skod: A framework for situational knowledge on demand [C]//Heterogeneous Data Management, Polystores, and Analytics for Healthcare. Berlin: Springer, 2019: 154-166.

[3] HOLL P, GOSSLING K. Midas: Towards an Interactive Data Catalog [C]//Heterogeneous Data Management, Polystores, and Analytics for Healthcare. Berlin: Springer, 2019: 128-138.

[4] HALEVY A, KORN F, NOY N F, et al. Goods: Organizing google's datasets [C]//Proceedings of the 2016 International Conference on Management of Data. New York: ACM, 2016: 795-806.

第 4 讲
时空数据管理

本讲概览

随着 GPS 定位技术与移动互联网的快速发展，时空数据（包括空间数据和轨迹数据）呈现爆发式增长。时空数据在形态上具有海量、多维、动态等特性，时空数据管理与分析一直都是数据库和数据科学领域的研究重点。为充分发掘时空数据的潜藏价值，满足城市计算、交通运输、行为研究等领域中不断涌现的用户需求，以地理信息系统、时空数据库、移动计算为代表的多个研究分支在过去 20 年间受到了学术界与工业界的广泛关注，并取得了一系列受人瞩目的研究成果。本讲旨在对该领域内的研究现状与代表性成果进行总结和梳理。按时空数据的动态特性，本讲将时空数据管理技术分为针对静态对象的空间数据管理技术以及针对移动对象的轨迹数据管理技术，并对其中最具代表性的索引、查询、挖掘等关键技术展开介绍。4.1 节阐述时空数据管理的基本概念；4.2 节和 4.3 节分别对空间数据管理和轨迹数据管理的若干代表性成果进行介绍；4.4 节对本讲内容进行总结与展望。

4.1 | 时空数据管理概述

4.1.1 空间数据管理的基本概念

空间数据是指某地理空间区域内具有空间特征的数据集合，是地理信息系统（Geographic Information System，GIS）在物理介质上存储的与应用相关的空间数据的总和。空间数据主要涉及客观世界中的地球表面、地质、大气中的信息，数据规模庞大，通常达 GB 级。当前，空间数据管理领域的研究内容丰富，主要涉及空间对象表达、空间对象建模、空间对象索引、空间对象查询和空间数据库等，但同时，空间数据库/系统设计、空间查询语言描述、空间查询处理代价模型等也为空间数据管理领域的研究带来了极大挑战。

4.1.2 轨迹数据管理的基本概念

真实世界中存在着大量的移动对象，如道路中的行人、车辆，海洋中的船舶等。轨迹数据是对移动对象的实时位置与时间之间的关系的基本描述[1]。一条轨迹通常由一系列按时间顺序排列的点表示，如 $p_1 \rightarrow p_2 \rightarrow \cdots \rightarrow p_n$。每个点 p 可以表示成 (x, y, t) 这样的最简单的形式：包含一个地理空间坐标 (x,y) 和一个时间戳 t。事实上，一条轨迹可以被表示为由轨迹点、轨迹段或子轨迹组成的序列集合。

定义 4.1 轨迹点 一个轨迹点 p 至少包含一个空间信息 l，如一个 d 维的向量 $\langle v_1, \cdots, v_d \rangle$ 以及一个时间戳 t。一个最简单的轨迹点可表示为 $p=(x,y,t)$，其中 x 和 y 表示地理空间坐标（如经度和纬度）。

一般情况下，轨迹数据所包含的空间信息受限于二维或三维空间。除了空间与时间信息外，轨迹点还可能记录其他信息，如"轨迹"的 ID、区分"子轨迹"的 ID、区分移动对象的 ID 以及移动对象的其他属性（如状态、速度等）。

定义 4.2 轨迹段 一个轨迹段 $g(p_1,p_2)$ 是一条轨迹中连接两个时间相邻轨迹点 p_1 和 p_2 的线段。

基于轨迹点和轨迹段，我们通常所说的"一条轨迹"是指一条"完整轨迹"，定义如下。

定义 4.3 完整轨迹 一条完整轨迹 τ 是一个移动对象在时间上有序的轨迹点的序列 $[p_1, \cdots, p_n]$ 或轨迹段的序列 $[g_1, \cdots, g_n]$。

例如，一条轨迹可以表示为轨迹点的序列 $[p_1, p_2, p_3, p_4]$，也可以表示为轨迹段的序列 $[g(p_1,p_2), g(p_2,p_3), g(p_3,p_4)]$。

4.2 | 空间数据管理

空间数据索引与空间数据查询是空间数据管理技术中的重要组成部分。为满足不断出现的、复杂而多样的空间数据分析需求，学术界已取得许多研究成果。按照空间对象所处空间的不同，空间数据管理领域的相关工作可进行如下划分：欧式空间下的空间数据管理，包括欧式空间下的空间索引（网格索引、R 树、KD 树等）、欧式空间下的空间查询（区域查询、空间 k 最近邻查询、空间 Skyline 查询等）；以及路网空间下的空间索引（如 G-Tree、G*-Tree 等）与对应的查询技术。接下来，本节对该领域中最具代表性的工作和技术进行一一介绍。

4.2.1 空间数据索引

索引是提高查询效率的关键技术。空间数据索引根据空间对象的位置和形状，按照一定顺序或规则对空间数据进行组织和管理；同时建立空间数据的逻辑记录与物理记录之间的对应关系，从而提高对空间数据的查询效率。根据距离度量方式的不同，空间数据索引可分为欧式空间索引和路网空间索引。

1. 欧式空间索引

传统欧式空间索引大多基于哈希和树这两类数据结构，从而形成两类空间数据索引：①基于哈希的索引，如网格索引等；②基于树型结构的索引，如拓展 B 树索引的 R 树索引、基于二叉树的 KD 树索引以及四叉树索引等。

网格索引的基本思想是将空间区域进行划分，形成大小相等或不等的网格，每个网格对应着一块被索引的子空间，同时记录了该网格所包含的空间对象信息。当用户进行空间查询时，首先计算该查询所涉及的空间网格，然后从网格中快速检索出所包含的对象。网格索引的优点是搜索速度快，且对于精确匹配查询来说，只做一次对目录的磁盘访问和一次数据访问，效率高。然而，网格索引存在以下不足：①索引数据冗余，网格与对象之间的多对多关系在空间对象数量较多且网格大小不均时易造成数据冗余；②网格的大小难以确定，网格划分越密，需要的存储空间越多，网格划分越粗，查询效率越低；③存在数据负载不均问题，空间数据具有明显的聚集性，导致很多网格可能无法索引任何数据。

R 树作为一种重要的空间数据索引结构，已成为许多空间索引方法的基础。现有空间数据索引结构（如 R^+ 树或 R^* 树）的设计都是基于 R 树或对 R 树进行优化而得到的。R 树索引将数据对象用矩形进行聚合，并通过矩形进行搜索，从而极大地提升查询效率。下面对 R 树的构建、插入、删除以及查询等操作进行简单介绍。

R 树由 Guttman 于 1984 年提出，是 B 树在多维空间上的扩展，为多级平衡树。对于一棵 M 阶的 R 树，树中节点的结构描述如下。

叶节点：

$(\mathrm{Count}, \mathrm{Level}, \langle \mathrm{OI}_1, \mathrm{MBR}_1 \rangle, \langle \mathrm{OI}_2, \mathrm{MBR}_2 \rangle, \cdots, \langle \mathrm{OI}_i, \mathrm{MBR}_i \rangle)$。

中间节点：

$(\mathrm{Count}, \mathrm{Level}, \langle \mathrm{CP}_1, \mathrm{MBR}_1 \rangle, \langle \mathrm{CP}_2, \mathrm{MBR}_2 \rangle, \cdots, \langle \mathrm{CP}_i, \mathrm{MBR}_i \rangle)$。

其中，$\langle \mathrm{OI}_i, \mathrm{MBR}_i \rangle$ 为数据项，OI_i 为空间数据，MBR_i 表示在 k 维空间中的最小包围矩形（Minimum Bounding Rectangle，MBR）；$\langle \mathrm{CP}_i, \mathrm{MBR}_i \rangle$ 为索引项，CP_i 为指向子树根节点的指针；MBR_i 表示子树索引空间，其包含子树根节点中所有包围矩形的最小

包围矩形（简称目录矩形）。Count≤M 指节点的索引项或数据项个数，Level≥0 指节点在树中的层数（Level=0 表示叶节点）。

由于整数和指针所占存储空间相同，且可以相互转换，因此 R 树的叶节点和中间节点在结构上是相同的。设 $m(2{\le}m{\le}M/2)$ 为节点包含索引项（或数据项）的最小数目（m 通常取 $M/2$，若节点所含项目数小于 m，则称节点下溢，若节点所含项目数大于 M，则称节点上溢）。

图 4-1 是一棵二维空间 R 树的结构示意图。图中所有 MBR 的边与全局坐标系的轴平行，实线框（$r_1, r_2, \cdots, r_{10}$）表示空间数据的 MBR_i，即数据矩形，虚线框（R_1, $R_2, \cdots, R_4$）表示中间节点（包括根节点）索引项对应的索引空间，即目录矩形。接下来，简单介绍 R 树的插入、删除以及查询操作。

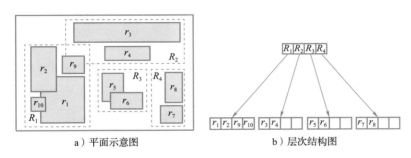

a）平面示意图　　　　　　　b）层次结构图

图 4-1　一棵二维空间 R 树的结构

（1）插入操作

R 树的插入操作与 B 树的插入操作类似。从根节点开始寻找使所有目录矩形边长和最小的目录矩形进行递归插入，直到叶节点为止。当新的数据项需要被插入叶节点时，若叶节点的容量溢出，则需要对叶节点进行分裂操作。

（2）删除操作

R 树的删除操作与 B 树略有不同。在 B 树的删除过程中，若出现某个节点的数据项数目 m 不满足 $2{\le}m{\le}M/2$，即出现下溢的情况，则直接把这些数据项与其他叶节点的数据项"融合"，即简单合并两个相邻节点。但 R 树需要对数据项进行重新插入，并且向上传递这种下溢效应。

（3）查询操作

点查询和范围查询在 R 树中可以用自顶向下递归的方法进行处理。首先将查询点

（或查询区域）与根节点中每个数据项进行比较，如果查询点在某个索引项中（或查询区域与其交叠），则查找算法被递归地应用在子节点指针指向的 R 树节点上。该过程直至 R 树的叶节点为止。

R 树是 B 树在多维空间的扩展，它具有 B 树的优点，如自动平衡、空间利用率较高、适合于外存存储等，同时可有效减少访问磁盘的次数。R 树的查询性能主要取决于两个参数：覆盖（Coverage）和交叠（Overlap）。覆盖是指 R 树的某一层所有节点的 MBR 所覆盖的全部区域；交叠是指 R 树的某一层被多个节点关联的矩形所覆盖的全部区域。交叠使得查找一个对象时必须访问树的多个节点。因此，对于一个高效的 R 树，覆盖和交叠都应该最小，而且交叠的最小化更加重要。为了解决这个问题，产生了多个 R 树的变种，如 R* 树和 R+ 树等。

KD 树（K-Dimensional Tree）是基于二叉树的一种高维索引树形数据结构，通常用来存储和组织空间中的点集合。然而，与二叉查找树不同，KD 树的每个内部节点都表示 k 维空间中的一个点，并且和一个矩形区域相对应，树的根节点和整个空间区域相对应。如图 4-2 所示，在 KD 树中，通过沿着树下降到达一个叶节点的方式来添加一个新点：在每个内部节点上，将所存储点的坐标值和新点的相应坐标进行比较，以选择正确的搜索路径，直到到达一个叶节点为止。这个叶节点也对应一个矩形区域，并被新的插入点分成两部分，即一个新点的插入将导致一个内部节点的产生。KD 树常用于大规模高维空间中的最近邻查询和近似最近邻查询。其缺点是树的形状严重依赖插入点的顺序，在最坏情况下，一个索引 n 个点的 KD 树会有 n 层。

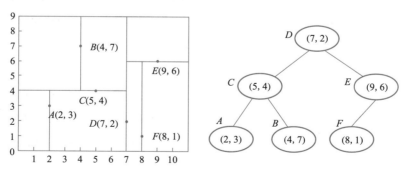

图 4-2　一棵二维空间 KD 树的结构

四叉树的基本思想是将空间自顶向下递归地划分为不同的层次。它将已知范围的空间等分成四个相等的子空间，并按照此方法进行递归划分，直至树的层次达到一定深度或满足某种要求。由于四叉树的结构较为简单，且当空间数据对象分布较为均匀时，其空间数据插入和查询的效率较高，因此四叉树是地理信息系统（GIS）中常用的空间索引结构之一。常规四叉树的结构如图 4-3 所示，空间对象均存储于叶节点中，中间节点与根节点不存储空间对象。

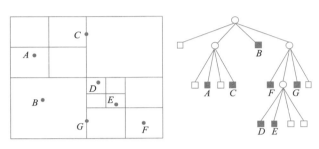

图 4-3　一棵二维空间四叉树的结构

四叉树在处理空间区域查询时效率较高。但当空间对象分布不均匀时，随着数据的不断插入，四叉树的层数将不断增加，最后形成一个严重不平衡的树结构，造成树的搜索深度增加，从而导致查询效率急剧下降。

2. 路网空间索引

在城市环境、交通路网中，空间对象的移动通常受限于固有的道路结构，即物体不能以欧式路径从起点"飞向"终点。在这些场景下，最短路径距离（又称路网距离）成为衡量对象间空间距离的合理方式。目前已有很多工作基于路网距离来构造路网空间索引，以支持路网环境下的查询与处理。基于路网空间索引，当前路网空间查询分为两类：一类是基于扩展的，如 INE[2]、S-GRID[3]、ROAD[4-5] 等；另一类是基于最佳优先遍历的，如 IER[6]、DisBrw[7]、G 树[8-9]、G*树[10] 等。接下来，对两类索引中的代表性工作进行简单介绍。

ROAD（Route Overlay and Association Directory）索引：ROAD 通过建立路网索引和目标索引实现对搜索空间的剪枝，使得整个算法能更快地进行查询。具体地，ROAD 将路网按层次进行划分（如图 4-4 所示），继而构造一个树状结构。对于每个节点，预处理一系列"捷径"的路径长度。在检索时采用传统的 Dijkstra 算法，一旦检查到某个层次的节点不包含任何候选对象，就通过"捷径"跳过无关节点，从而实现对搜索空间的剪枝。然而，当候选集合均匀分布在道路网络上时，ROAD 的查询效率就会降低。当查询点与候选对象在空间上相距很远时，剪枝效果也会下降，因为 Dijkstra 算法会逐步地从查询点向外扩展。

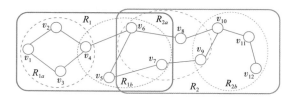

图 4-4　ROAD 索引结构

G 树（G-Tree）索引：在 G 树索引中，路网以递归的方式被划分，每个由划分得到的子路网对应 G 树中的一个树节点。同时，G 树在索引构建阶段预先计算一个距离矩阵，用以保存各个节点对应子图的边界点间的最短路径距离，该距离矩阵可在查询阶段通过"分治策略"实现对整段路径距离的"拼凑整合"，从而对路网下任意两点间的最短路径距离进行高效计算。

定义 4.4　图分割　给定一个图 $\mathcal{G}=\langle \mathcal{V}, \mathcal{E} \rangle$，其中 $\mathcal{V}$ 是点集，$\mathcal{E}$ 是边集，$\mathcal{G}$ 由一系列子图构成，即 $\mathcal{G}=\{\mathcal{G}_1, \mathcal{G}_2, \cdots, \mathcal{G}_f\}$，其中 $\mathcal{G}_1=\langle \mathcal{V}_1, \mathcal{E}_1 \rangle$，$\mathcal{G}_2=\langle \mathcal{V}_2, \mathcal{E}_2 \rangle$，$\cdots$，$\mathcal{G}_f=\langle \mathcal{V}_f, \mathcal{E}_f \rangle$，满足以下性质：

① $\bigcup_{1 \leqslant i \leqslant f} \mathcal{V}_i = \mathcal{V}$。

②对于所有的 $i \neq j$，$\mathcal{V}_i \cap \mathcal{V}_j = \varnothing$。

③ $\forall u, v \in \mathcal{V}_i$，如果 $(u,v) \in \mathcal{E}$，那么 $(u,v) \in \mathcal{E}_i$。

图中的某些边可能同时跨越两个子图，即边的两个端点分别分布在两个子图中。这些点称为"边界点"。

定义 4.5　边界点　给定图 $\mathcal{G}$ 的一个子图 $\mathcal{G}_i$，对于一个节点 $u \in \mathcal{V}_i$，如果 $(u,v) \in \mathcal{E}$ 且 $v \notin \mathcal{V}_i$，那么称这个节点为边界点。本书使用 $\mathcal{B}(\mathcal{G}_i)$ 表示子图 $\mathcal{G}_i$ 的所有边界点。

如果 $\mathcal{V}_i \supseteq \mathcal{V}_j$ 并且 $\mathcal{E}_i \supseteq \mathcal{E}_j$，说明子图 $\mathcal{G}_i$ 包含子图 $\mathcal{G}_j$。基于以上概念，可正式定义 G 树结构。

定义 4.6　G 树　G 树是一个平衡的树结构，满足以下性质：

①每个 G 树节点表示一个子图。根节点对应整个图 $\mathcal{G}$。一个树节点的所有孩子节点都是该树节点所对应子图的子图。

②每个非叶节点都有 f(≥2) 个孩子节点。

③每个叶节点包含最多 τ(≥1) 个节点，所有叶节点都在相同的层次上。

④每个节点包含一个边界点集合和一个距离矩阵。对于非叶节点的距离矩阵来说，其行和列都是该节点所有孩子节点中边界点的并集，而矩阵的元素表示两个边界点之间的最短路径。对于叶节点的距离矩阵来说，其行是该节点的所有边界点，其列是该节点的所有点，而矩阵元素表示边界点到所有点的最短路径。

G 树构建：首先，将图 $\mathcal{G}$ 作为根节点；其次，将 $\mathcal{G}$ 分割成 f 个大小相同的子图，即 $|\mathcal{V}_1| \approx \cdots \approx |\mathcal{V}_f|$，并将它们作为根节点的孩子节点；之后，递归地将这些孩子节点进行分割，直到每个叶节点包含的顶点数目不超过 τ 个。在每次分割时，记录边界点，并将其附加到每个节点。例如，在图 4-5b 和图 4-6 中，$f=2$ 且 $\tau=4$。原始图 $\mathcal{G}_0$ 被分割为两个子图 $\mathcal{G}_1$ 和 $\mathcal{G}_2$，子图 $\mathcal{G}_1$ 又被继续分割为 $\mathcal{G}_3$ 和 $\mathcal{G}_4$，$\mathcal{G}_2$ 又被继续分割为 $\mathcal{G}_5$ 和 $\mathcal{G}_6$。

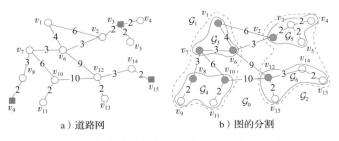

图 4-5　道路网及其分割（实心节点为边界点）

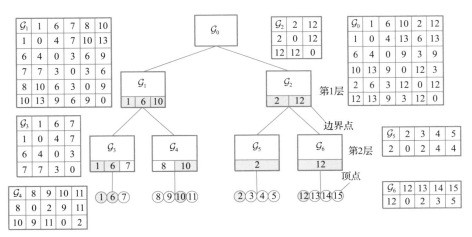

图 4-6　G 树 ($f=2,\tau=4$)

图分割是构造 G 树的关键技术。最优的图分割不仅能生成规模相近的子图，同时还能让边界点数量最小化。然而，图分割属于 NP 难问题。当前最新的相关工作采用一种流行的启发式子图分割算法（多层次图分割算法）来实现有效的子图划分。多层次图分割算法的思路是首先将图不断缩减为规模很小的图，再在小图上做经典的图分割，最后逐步地将小图恢复为原图。该算法可以保证每个子图的大小基本相同，同时尽可能最小化边界点数量，进而保证树的平衡性。

G * 树索引：Li 等人[10] 对 G 树进行优化，提出一种新的道路网索引结构——G * 树。相比 G 树，G * 树在索引构建阶段在一些选定的叶节点间额外建立了捷径，从而进一步提高了查询效率。此外，文献［10］提出了三种基于捷径的查询算法，并从理论上证明了这类算法比原始 G 树的查询算法效率更高。

4.2.2　空间区域查询

定义 4.7　空间区域查询　给定 n 个用户与一个区域查询范围 $Q(Q \in D)$ 且 $Q=[a, b] \times [c,d]$，则 Q 的查询结果可表示为

$$Q_{[a,b][c,d]} = \sum_{i=1}^{n} I_{a \leqslant x_i \leqslant b, c \leqslant y_i \leqslant d} \qquad (4.1)$$

其中，I 是表示函数，其值为 1 时表示第 i 个用户的空间位置在区域 Q 内，其值为 0 时表示该用户位置不在 Q 内。图 4-7 显示了一个二维空间上的矩形区域查询示例，其查询结果为被 R 所包含的三个空间数据对象 a、b、c。

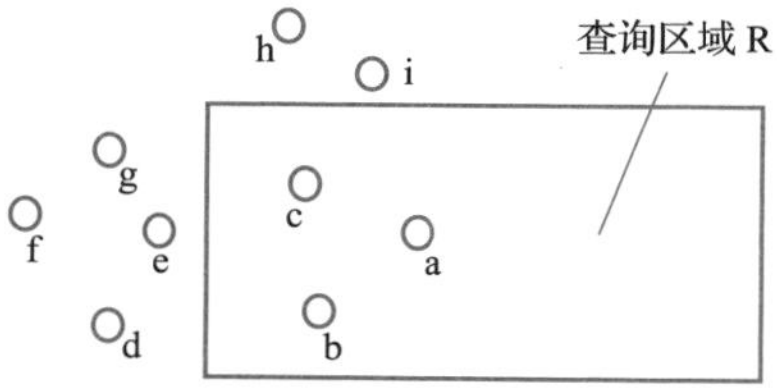

图 4-7　二维空间上的矩形区域查询示例

空间区域查询[11-14] 一般包含两个步骤：过滤步骤和凝练步骤。过滤步骤用于选择最小包围矩形（MBR）与查询区域重叠的对象，得到落在特定范围 Q 内的候选对象。凝练步骤则顺序扫描通过过滤步骤的对象，然后对满足过滤步骤的对象的实际几何形状进行空间检测。凝练步骤一般在线完成[11,13]。

4.2.3　空间数据 k 最近邻查询

空间数据 k 最近邻查询可以描述为，给定多维空间中的 n 个点的集合 P 和一个距离函数 Dist，k 最近邻查询基于数据点集 P 建立一个数据结构——当输入一个查询点 q 时，

能检索返回与 q 距离最近的 k 个空间数据点所组成的集合 X，其中 $X \subseteq P$，$\mathrm{dist}(x, q)$ 表示数据点与查询点间的距离。在真实应用中，由于空间数据规模庞大、数据结构复杂等问题，遍历式的查询检索将导致极高的时间和空间代价。当前大量研究工作致力于在各种场景下提出高效的 k 最近邻查询方法，这些方法分为欧式空间下的 k 最近邻查询和路网空间下的 k 最近邻查询。

1. 欧式空间下的 k 最近邻查询

定义 4.8　欧式 k 最近邻查询　设 d 维数据集 $P = \{p_1, p_2, \cdots, p_n\}$，其中 $p_i \in \mathbb{R}^d$，$i = 1, 2, \cdots, n$。给定查询点 q，其 k 最近邻查询 $k\mathrm{NN}(q)$ 的结果为 $X = \{x_1, x_2, \cdots, x_k\}$，结果集 X 中的数据满足以下条件：

①$x_i \in P$。

②$\forall x_i \in X, p_i \in P - X, \mathrm{dist}(q, x_i) \leqslant \mathrm{dist}(q, p_i)$。

其中，$\mathrm{dist}(q, x_i)$ 表示 q 到 x_i 之间的欧氏距离。

根据查询对象的属性（静态或动态），k 最近邻查询可分为静态 $k\mathrm{NN}$ 查询和动态 $k\mathrm{NN}$ 查询。

（1）静态 $k\mathrm{NN}$ 查询

静态 $k\mathrm{NN}$ 查询主要遵循深度优先遍历（DFS）[15-16] 或最佳优先遍历（BFS）[17-18]。Roussopoulos 等人[15] 首次提出基于 DFS 的最近邻查询算法，该算法是对一种基于 KD 树的最近邻查询算法的改进。为了在算法执行过程中实现排序和剪枝，文献 [15] 又提出了两个距离度量（即 mindist 与 minmaxdist）以及相应的三种剪枝策略。文献 [19] 证明了基于 DFS 的最近邻查询算法的 I/O 代价不是最小的，即存在一些不必要的 I/O 开销。随后，Korn 等人[20] 提出一个多步骤的最近邻查询算法，该算法通过多次扫描数据集获得最终的查询结果。Berchtold 等人[21] 探讨了基于 Voronoi cells 的最近邻查询算法。Seidl 和 Kriegel[22] 提出一种最佳的多步骤 k 最近邻查询算法，并且用大量的实验证明了他们提出的算法大大优于已有的最近邻查询算法。Cheung 和 Fu[23] 证明在删除两种基于 minmaxdist 度量而开发的剪枝策略的情况下，仍能保持文献 [18] 中所能达到的剪枝效率。Belussi 等人[24] 讨论了基于 R+树的最近邻查询处理方法。

基于 BFS 的最近邻查询算法旨在最小化查询处理过程中的 I/O 代价。Hjaltason 和 Samet[25] 首次将这种思想引入空间数据库中，并对空间对象进行排序。该算法基于

PMR 四叉树索引。Henrich[26] 提出了一个可以应用于 LSD 树的方法，但是该方法却使用了两个优先队列。随后，Hjaltason 和 Samet[27] 将他们在文献［25］中提出的算法应用到 R 树上，并且用大量的实验证明了基于 BFS 的最近邻查询处理方法在 I/O 和 CPU 代价方面要大幅优于基于 DFS 的最近邻查询处理方法。

（2）动态 kNN 查询

实现动态 kNN 查询需要一个可以维护动态对象的索引结构。PMR 四叉树、TPR 树被认为是当前可以索引动态对象且性能相对较优的索引结构。如何设计合适的索引结构及相应的查询算法是解决面向移动对象的最近邻查询问题的关键。

Kollios 等人[28] 利用对偶变换（Dual Transformation）解决此类问题。然而他们提出的方法只能返回在诸如时间间隔 $[t_s, t_e]$ 内的查询结果，而不能返回在 $[t_s, t_e]$ 内的每个时间点（片）上的查询结果。Benetis 等人[29] 提出了面向移动对象的最近邻查询和反最近邻查询的处理方法。然而，该方法局限于每次查询只能找到一个最近邻居。Benetis 等人[30] 扩展了文献［29］中所提出的方法，使其能够每次找到 k 个最近邻居。Iwerks 等人[31] 讨论了连续移动对象的连续 k 最近邻查询问题。Raptopoulou 等人[32] 研究了移动数据库中的移动最近邻查询问题。

2. 路网空间下的 k 最近邻查询

相比欧式空间下的 k 最近邻查询，路网空间下的 k 最近邻查询面临着更大的挑战。这是因为道路网络规模庞大且结构复杂多样，查询算法必须具有良好的响应时间与可扩展性。此外，路网空间下的 k 最近邻查询涉及频繁的路网距离计算，故对最短路径距离算法的求解效率有较高要求。由于查询对象数量通常远大于 k，无法通过简单的遍历计算所有对象到查询位置的最短路径来获取查询结果。

假定道路网是一个无向图，即 $\mathcal{G}=\langle \mathcal{V}, \mathcal{E}\rangle$，其中 $\mathcal{V}$ 是点集合，$\mathcal{E}$ 是边集合。$\mathcal{E}$ 中的每条边 (u,v) 拥有一个正的权重（比如距离、时间代价等）。给定一条从点 u 到点 v 的路径，这条路径上所有边的权重和被称为最短路径。用 SP(u,v) 表示这样的一条从 u 到 v 的路径，并用 SPDist(u,v) 表示其最短路径。

给定 $\mathcal{G}=\langle \mathcal{V}, \mathcal{E}\rangle$，路网 kNN 查询 q 是一个三元组，即 $q=\langle v_q, C, k\rangle$。其中，$v_q$ 为查询点的位置，C 是图 $\mathcal{G}$ 的点集的一个子集，k 是一个正整数。C 中的每个点被称为一个对象。kNN 查询的结果集 $\mathcal{R}$ 是距离 v_q 最近的 k 个对象，并满足：

①$\mathcal{R}$ 中的对象总数不超过 k，即 $\mathcal{R} \leqslant k$。

②每个结果都是一个空间对象，即 $\mathcal{R} \subseteq C$。

③$\forall v \in \mathcal{R}, \forall u \in C - \mathcal{R}, \text{SPDist}(v_q, v) \leqslant \text{SPDist}(v_q, u)$。

假定查询点和空间对象都位于路网顶点。如果查询点和对象都不落在顶点上，则可近似地将其附加到最近的路网顶点处。

在图 4-5a 所表示的道路网上，假定查询 $q = \langle v_4, \{v_3, v_9, v_{15}\}, 2 \rangle$，可以求得 $\text{SPDist}(v_4, v_3) = 2$、$\text{SPDist}(v_4, v_9) = 15$ 以及 $\text{SPDist}(v_4, v_{15}) = 21$。因此，Top-2 的结果为 $\mathcal{R} = \{v_3, v_9\}$。

在欧式空间中，R 树是非常出色的索引结构。在 R 树上求两点的欧式距离的时间复杂度只为 $O(1)$。然而，在大规模路网上，路网距离的快速求解具有挑战。如果预处理所有顶点对之间的最短路径距离，就会消耗 $O|\mathcal{V}|^2$ 的存储代价与 $O|\mathcal{V}|^3$ 的预处理时间代价。如果采用经典的最短路径算法（Dijkstra 算法）在线实时计算最短路径距离，空间复杂度和时间复杂度分别为 $O|\mathcal{V}|$ 和 $O(|\mathcal{E}| + |\mathcal{V}| \log |\mathcal{V}|)$。显然，这两种直接粗暴的策略既不高效，也不可扩展。G 树使用"距离拼接方法"来计算顶点到顶点以及顶点到 G 树节点间的距离。距离拼接方法是将一条长路径用若干段短的子路径进行拼接的方法。因此，不需要将所有顶点对间的距离都预计算出来，只需预计算具有某些特点顶点间的最短路径即可。图 4-6 中的矩阵就是预处理获得的各个 G 树节点内各边界点间的距离矩阵。基于此，任意两点间的最短路径可以仅仅用这些预处理的距离拼接起来。此外，预处理这些矩阵只消耗 $O(|\mathcal{V}| \log |\mathcal{V}|)$ 的空间。因此，G 树可以轻松地支持超大规模的路网数据集。

根据图 4-6 中的示例，可以给出一个在 G 树上基于优先队列的 kNN 查询处理的执行过程。给定查询 $q = \langle v_4, \{v_3, v_9, v_{15}\}, 2 \rangle$，2NN 查询处理的执行过程如下所示：

①将根节点放入优先队列中，Queue：$\{\langle \mathcal{G}_0, 0 \rangle\}$（其中 $\mathcal{G}_0$ 为 G 树的根节点，0 表示查询点与节点 $\mathcal{G}_0$ 间的最小距离为 0）。

②$\langle \mathcal{G}_0, 0 \rangle$ 出队列，在 $\mathcal{G}_0$ 的出现列表中找到其两个孩子节点，即 $\mathcal{G}_1$、$\mathcal{G}_2$。$\text{SPDist}(v_4, \mathcal{G}_1) = 7$ 和 $\text{SPDist}(v_4, \mathcal{G}_2) = 0$。$\mathcal{G}_1$、$\mathcal{G}_2$ 入队列，Queue：$\{\langle \mathcal{G}_2, 0 \rangle, \langle \mathcal{G}_1, 7 \rangle\}$。

③$\langle \mathcal{G}_2, 0 \rangle$ 出队列，在 $\mathcal{G}_2$ 的出现列表中找到其两个孩子节点，即 $\mathcal{G}_5$、$\mathcal{G}_6$。求得 $\text{SPDist}(v_4, \mathcal{G}_5) = 0$ 和 $\text{SPDist}(v_4, \mathcal{G}_6) = 16$。$\mathcal{G}_5$、$\mathcal{G}_6$ 入队列，Queue：$\{\langle \mathcal{G}_5, 0 \rangle, \langle \mathcal{G}_1, 7 \rangle, \langle \mathcal{G}_6, 16 \rangle\}$。

④ $\langle \mathcal{G}_5, 0 \rangle$ 出队列，获得 $v_3 \in \mathcal{G}_5$。计算距离 SPDist$(v_3, v_4) = 2$。v_3 入队列，Queue：$\{\langle v_3, 2 \rangle, \langle \mathcal{G}_1, 7 \rangle, \langle \mathcal{G}_6, 16 \rangle\}$。

⑤ $\langle v_3, 2 \rangle$ 出队列，将 v_3 加入结果集 $\mathcal{R}$ 中，此时 $\mathcal{R} = \{v_3\}$。Queue：$\{\langle \mathcal{G}_1, 7 \rangle, \langle \mathcal{G}_6, 16 \rangle\}$。

⑥ $\langle \mathcal{G}_1, 7 \rangle$ 出队列，在 $\mathcal{G}_1$ 的出现列表中找到其两个孩子节点，即 $\mathcal{G}_4$。求得 SPDist$(v_4, \mathcal{G}_4) = 13$。$\mathcal{G}_4$ 入队列，Queue：$\{\langle \mathcal{G}_4, 13 \rangle, \langle \mathcal{G}_6, 16 \rangle\}$。

⑦ $\langle \mathcal{G}_4, 13 \rangle$ 出队列，获得 $v_9 \in \mathcal{G}_4$。计算距离 SPDist$(v_9, v_4) = 15$，v_9 入队列，Queue：$\{\langle v_9, 15 \rangle, \langle \mathcal{G}_6, 16 \rangle\}$。

⑧ $\langle v_9, 15 \rangle$ 出队列，将 v_9 加入结果集 $\mathcal{R}$ 中，此时 $\mathcal{R} = \{v_3, v_9\}$。到此已成功从候选集中获得查询点对应的 2NN 结果，查询过程结束。

INE 算法[33] 扩展了 Dijkstra 算法[34]：从查询点开始，不断向周边扩展，直到找到 kNN 结果后停止。IER 是 INE 算法的一种强化版，使用了一些空间剪枝技术，比如将欧式距离作为路网距离的下界值，来剪掉那些不可能包含结果的路网区域。IER 和 INE 都是"盲目式"的搜索算法，既不能捕获查询点与候选对象间路径拓扑的全局信息，又不能实现有效的路网剪枝策略。

此外 ROAD[35-36] 同样采用路网划分的方法构造了一个多层次的索引结构，但 ROAD 配套的 kNN 查询算法仍然使用 Dijkstra 算法的拓展来实现查询。ROAD 将路网递归地划分成子网络，这样生成一个层次的结构。在每个子图中，ROAD 预计算了一些点到点之间的"捷径"。在使用 Dijkstra 算法进行图遍历的时候，一旦检测到一个子图中没有目标对象，ROAD 就可以通过捷径跳过这些子图，从而避免对这些子图的无效遍历。然而，当空间对象均匀分散在路网空间中时，ROAD 就需要遍历整个道路网，便会退化为 Dijkstra 算法。因此对于超大规模路网，ROAD 的性能鲁棒性相对劣于 G 树。此外，基于 ROAD 的 kNN 查询算法由于拓展自 Dijkstra 算法，依然是一种"半盲"的算法，因为其只能抓住全局路网中的部分路径拓扑与最短距离信息。

SILC[37] 预处理了所有点到点之间的最短路，然后将结果通过基于四分树的压缩方法存储在内存中。同时，SILC 将欧式空间的直线距离作为两点之间距离的下界值进行剪枝。SILC 的最大问题是空间开销较大，其空间复杂度为 $O |\mathcal{V}|^{1.5}$，因此无法支持大规模路网的数据查询。

4.2.4　空间数据 Skyline 查询

1. Skyline 查询的基本概念

Skyline 查询这一概念的出现最早要追溯到 20 世纪 60 年代，当时 Skyline 查询结果集被称为 Pareto 集，Skyline 对象被称为可接纳的点或最大向量。自 Borzsony 等人[38] 首次将 Skyline 查询引入数据库查询领域，Skyline 查询受到了长期的广泛关注。近十多年来，数据库领域的许多学者对 Skyline 查询展开了深入的探索，相关成果被应用在多维度决策、个性化推荐、数据挖掘等多个领域。

给定一个 N 维空间的元组集合 T，Skyline 查询旨在从元组集合 T 中选择那些不被任何元组支配的元组。本小节假设用户在所有属性上对更小的值更感兴趣。假设有两个元组 $t_i(t_{i1},t_{i2},\cdots,t_{in})$ 和 $t_j(t_{j1},t_{j2},\cdots,t_{jn})$，若 t_i 元组在所有维度上的属性值都不比 t_j 差，且至少在一维上的属性值优于 t_j，那么 t_i 支配 t_j，即 $t_i>t_j$。元组间的支配关系定义如下。

定义 4.9　支配　给定一个 N 维的元组集合 T，$\forall t_i,t_j \in T$，当且仅当 $\forall k \in [1,n]$，$t_{ik} \leq t_{jk}$ 并且 $\exists k \in [1,n]$，使 $t_{ik} < t_{jk}$，称 t_i 支配 t_j，记作 $t_i < t_j$。否则称 t_i 不支配 t_j，记作 $t_i \nless t_j$。

根据定义 4.9，可以发现 < 具有传递性，即 $t_i < t_j$ 并且 $t_i < t_k$，那么 $t_i < t_k$。传递性被广泛应用于 Skyline 查询中来提高算法效率。

定义 4.10　Skyline 点　给定一个 N 维的元组集合 T，$\forall t_i \in T$，当且仅当 $\exists t_j \in T$，使 $t_j < t_i$，称 t_i 是一个 Skyline 点，记作 $T \nless t_i$。否则称 t_i 不是一个 Skyline 点，记作 $T < t_i$。

下面通过一个酒店预订的例子来介绍 Skyline 查询的典型应用：用户去海滩旅游，如何帮助其选择便宜且靠近海滩的酒店。在这个例子中，一个数据元组代表一家酒店，每个数据元组有两个属性：价格和距离。表 4-1 包含了 9 家酒店的信息，每一行代表一家酒店。在此例中，我们的目的是最小化酒店的价格和酒店到海滩的距离。

表 4-1　酒店数据集

酒店	距离（km）	价格（元）
h_1	1	280
h_2	4	240
h_3	8	180
h_4	10	300

（续）

酒店	距离（km）	价格（元）
h_5	2	150
h_6	7	200
h_7	9	50
h_8	5	200
h_9	6	100

图 4-8 显示了表 4-1 中酒店的 Skyline 集合。其中纵轴表示酒店的价格，横轴表示酒店与海滩的距离，圆点对应各个酒店信息的二元组。在图 4-8 中，h_2、h_3、h_4、h_6、h_8 不属于 Skyline 集合，因为至少存在一家酒店在价格或者距离上不劣于它们并至少在一个维度上优于它们。h_1、h_5、h_7、h_9 是用户最感兴趣的酒店，即它们属于 Skyline 集合，折线上的点组成了 Skyline 结果集，即 Skyline $= \{ h_1, h_5, h_7, h_9 \}$。

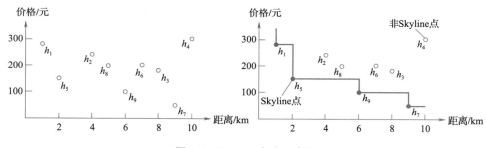

图 4-8 Skyline 查询示意图

以上示例中，Skyline 查询的目的是检索出所有用户可能感兴趣的酒店集合。Skyline 可以应用在高维度的查询上，比如用户对酒店的价格、与沙滩的距离和服务感兴趣，这样的 Skyline 查询就涉及三个维度。根据 Skyline 的定义，用户最感兴趣的数据元组一定包含于数据集的 Skyline 集合当中，因此用户只需要根据喜好在 Skyline 集合中进行选择，极大地降低了用户决策的难度。

2. Skyline 查询处理方法

根据数据集是否被索引，已有的 Skyline 查询处理方法分为以下两类：

（1）全空间 Skyline

此类查询是在整个数据空间中计算 Skyline。自 Borzsony 等人[38] 将 Skyline 操作引入数据库领域之后，许多学者对全空间 Skyline 查询提出了新的改进算法，如在块嵌套循环（Block-Nested-Loop，BNL）、分治（Divide and Conquer，D&C）以及 B 树等索引技术的基础上提出各种改进思想。从过程中是否采用索引结构的角度，Skyline 查询处理可分为基于非索引结构的 Skyline 查询和基于索引结构的 Skyline 查询两大类。

A. 基于非索引结构的 Skyline 查询

此类查询在原始数据集上不采用任何索引结构，而是通过至少扫描整个数据集一次来计算 Skyline，因而导致产生较高的 CPU 和 I/O 开销。目前，在此类 Skyline 查询处理方法中，BNL 和 D&C 最具代表性，除此之外还有排序过滤 Skyline（SFS）、位图（Bitmap）以及线性消除排序 Skyline（LESS）等。

BNL[38] 是基于循环比较的 Skyline，其核心思想是循环地检查所有数据点对，并对其进行反复读取和计算 Skyline，返回那些不被其他数据点所支配的数据点。该算法将目前仍未被支配的数据点所组成的候选集保存在缓存空间中，正在被检测的点需要与候选集中的点逐个比较，直到被其中某个点支配为止，如果该点不被候选集中任意一点支配，则将它加入候选集中并将候选集中所有被该点支配的点去除。重复这一过程直至候选集中所有数据点全部处理完毕，最终存储在候选集中的点便是 Skyline 结果集。BNL 算法会进行多次非 Skyline 点之间的比较，因此算法效率很低。D&C[38] 首先将整个数据空间集划分为若干个能存放于内存中的区域，再分别计算每个区域中的 Skyline，最后通过合并各个区域中的 Skyline 并去除其中被支配的数据点来得到整个数据空间的 Skyline。Bitmap 中的数据不用分块，而是采用位图结构来快速判断一个数据点是否为用户感兴趣的点。该算法首先转换每个数据点 p 到一个位串，该位串采用每一维度上比 p 的坐标值小的点数来对 p 进行编码。然后，无须遍历整个数据集，仅仅通过位操作就能判断出某个点是否在 Skyline 中。但是 Bitmap 采用的映射方法会导致位串长度随各维度上的不同取值的增大而急剧增加，从而占用大量存储空间。SFS[39] 是基于 BNL 中循环比较的思路提出来的，它首先对输入文件中的数据点按照 Skyline 的规则进行排序，之后按照 BNL 进行处理。SFS 通过按序排列数据点提高了 Skyline 查询的性能，较 BNL 性能提升很大。之后一些基于排序框架的 Skyline 查询处理算法（如 LESS[40] 和 SaLSa[41]）被提出。LESS 在预处理阶段利用一个 Skyline 过滤器（Skyline Filter，SF）过滤掉一些记录，提前去除一些不可能属于 Skyline 的数据点，从而提高算法性能。LESS 的优势在于其在最坏情况下所能达到的近似保证，即当数据服从均匀分布且任意两个数据点在任意维度上的坐标值均不相同时，LESS 计算 d 维空间中的 Skyline 的期望值为 $O(d \cdot n)$，其中 n 为数据集的基数。

B. 基于索引结构的 Skyline 查询

此类查询是在一个合适的索引结构上进行 Skyline 计算，从而大大降低 CPU 和 I/O 代价。目前此类 Skyline 查询处理算法主要有 B 树（B-tree）[38]、索引（Index）[42]、最近邻居（NN）[43]、分支界限（BBS）[44]、Z-SKY 框架[46] 以及基于内核（KB）[46] 的方法。

B-tree 针对二维空间的 Skyline 查询问题，它为所有数据点建立一个有序索引，然后扫描整个索引得到按序排列的数据点。B-tree 仅需要比较当前数据点与已处理数据点中最近的 Skyline 点，即可判断该数据点是否属于 Skyline。Index 将高维数据转换为低维数据，然后用 B⁺-tree 为转换后的数据建立索引。该算法的基本思想是将各个维度上的属性值升序排列，扫描各个数据点得到第一个 Skyline 点。这样易于删除每个维度上排在末尾的数据点，从而节省 I/O 开销。B-tree 和 Index 的共同之处在于两者都利用排序列表计算数据集中的 Skyline，主要区别在于 B-tree 在算法全部执行结束之后才能返回最终的 Skyline，而 Index 能在算法执行过程中渐进地（Progressively）返回 Skyline。NN（Nearest Neighbor）是第一个用户友好型的 Skyline 计算方法[43]，该方法首先利用 R-tree 的索引结构快速找到距离坐标系原点最近的数据点，并可以直接判定该点属于 Skyline，然后将剩余的不被该点支配的数据点划分成多个重合的子集合，再递归地重复上述寻找距离原点最近数据点的方法查找 Skyline，直到子集合为空为止。最后，去除 Skyline 结果集中重复的数据点。NN 的缺点是存在许多候选数据点被重复检索和判断，降低了算法的效率。Papadias 等人[44] 在 NN 的基础上提出了分支界限 Skyline（Branch and Bound Skyline，BBS）。该算法利用分支界限策略在 R-tree 上搜索可能包含 Skyline 的节点，避免对数据点的重复访问。NN 和 BBS 的共同之处在于两者都可以在算法执行过程中渐进地返回 Skyline，最大的区别就在于 NN 需要执行多次的最近邻查询操作，而 BBS 仅需要执行一次树的遍历，并且可最小化 I/O 代价。尽管 BBS 在 I/O 和 CPU 代价方面均明显优于 NN，但它仍存在内存空间消耗大的缺点。Gao 等人[45] 基于 BBS 算法提出了一种改良的分支界限 Skyline 查询算法，称为 IBBS。和 BBS 一样，IBBS 也基于 R ∗ 树上的最近邻查询算法，不同的是 IBBS 利用若干有效的剪枝策略来丢弃所有无用的记录。因此，IBBS 既拥有 BBS 的优点（即具有较低的 I/O 和 CPU 代价），又具有最少的内存空间消耗（即最小的对空间）。Z-SKY 框架利用 Z-顺序曲线为数据点排序，然后通过 B-tree 将这些点组织起来，最后在该 B-tree 上搜索 Skyline 查询结果。后来有学者用 LS 来评估数据点数和 Skyline 查询处理代价，并在 Microsoft SQL Server 中实现了 Skyline 查询。然而 LS 仅适用于非独立数据的独立维度上的理论结果，这可能导致大量的评估错误。KB 使用非参数方法来近似 Skyline 中的数据点数[47]，在各种真实的数据库中，KB 都具有较高的可靠性。

（2）子空间 Skyline

此类查询是在部分数据空间中计算 Skyline。目前已有的该类 Skyline 查询处理方法主要包括 Skyline 立方体（Skycube）[48-50]、Skyline 组（Skyline Group）[51]、SUBSKY[52] 以及 STA[53]。Skycube 以一种自顶向下的方式进行 Skyline 计算：首先计算整个数据空间上的 Skyline，然后可通过在一个父 Skyline 上执行一个传统的 Skyline 查询算法来得到一个子 Skyline。为减少 Skycube 的查询代价，一系列启发式的方法被提出，以避免在不同子空间中的公共计算，以及在存在频繁更新的情况下增量地维护 Skycube 的问题。但是，Skycube 不能完全解决语义关系问题，而且还可能包含一些冗余信息。为此，Skyline 组的概念被引入。Tao 等人[52] 随后提出了任意子空间上的 Skyline 计算方法 SUBSKY。SUBSKY 将 d 维数据点映射到一维空间，并利用 B 树将所有数据点索引起来。在计算 Skyline 结果的过程中，SUBSKY 算法始终保持 Skyline 所对应的一维空间值为最大值。当该值大到一定程度时，即可判断出剩余所有候选数据点中无 Skyline 结果，从而提前结束检测。

3. Skyline 查询处理的变体

许多学者针对实际应用场景中的特定环境和数据，提出了相应的 Skyline 查询变体，并提出了有针对性的处理方法。Balke 等人[54] 根据 Web 资源分布独立的特点，首次将 Skyline 查询问题扩展到 Web 信息系统中，并提出了基本的分布式 Skyline（BDS）和改进的分布式 Skyline（IDS）两种算法来处理此类 Skyline 查询。Lo 等人[55] 提出了一种渐进的分布式 Skyline（PDS）算法，PDS 能够在执行过程中增量地返回 Skyline。此后移动分布式环境下的 Skyline 查询问题、无共享体系结构下的并行 Skyline 查询问题以及分布式环境下的松懈 Skyline（Relaxed Skyline）查询处理方法被提出。之后 Cui 等人[56] 通过分区和过滤为分布式系统提出了一种并行分布式 Skyline 查询渐进算法。Zhu 等人[57] 提出了一种基于反馈的分布式 Skyline（FDS）算法，该算法使得服务器迭代地过滤分布在系统中的被支配数据。

针对不同类型的数据，如数据流、不确定数据、不完整数据等，许多学者研究了相应数据下的 Skyline 查询处理方案。Tao 等人[58] 探讨了在带有滑动窗口的数据流中寻找 Skyline 的方法，该方法持续监控新到来的数据，使用最新的滑动窗口内的元组来计算 Skyline 并逐步维护结果，这种情况下，只有滑动窗口中的元素才会被考虑。此外，考虑到实际应用（如环境监测、市场分析、计量经济学）中存在着许多不确定数据，Pei 等人[59] 首次提出了概率 Skyline 模型，并提出了两个有效的算法来处理不确定数据上的 Skyline 查询。Lian 等人[60] 研究了不确定数据的反 Skyline 查询，它形式化了不确定数据上的概率反 Skyline 查询，通过两种剪枝策略（空间剪枝和概率剪枝）来减小查询空间。进一步地，Khalefa 等人[61] 研究了不完整数据的 Skyline 查询处理，完整数据的支配关系是传递的，而不完整数据的支配关系不具有这一特性，这可能导致循环的支配行为。之后基于此提出了替换（Replacement）和水桶（Bucket）算法，先使用传统的 Skyline 算法进行计算，然后使用 ISkyline 算法处理那些不完整的数据，ISkyline 采用虚拟点和阴影 Skyline 两种优化策略来避免产生循环支配关系。

4.3 轨迹数据管理

轨迹数据管理主要解决随时间连续变化的空间对象的数据表示、存储、访问、分析及可视化等问题，此类数据具有数据量大、更新频繁和运算操作复杂等特点。随着定位设备（如智能手机、车载定位设备等）的不断普及，采集这类数据越来越容易。有些应用将这类数据与地图数据相结合给移动对象赋予语义信息，例如基于位置的服务、最优路径规划、交通流量预测[62] 等。

4.3.1 地图匹配

人的运动大多数时候是在受限空间下进行的，例如城市道路网[63]。一方面，由于可能存在定位设备的限制导致的测量误差或采样率导致的误差，轨迹位置不一定落在城市道路段上。另外，低频采样轨迹中两个采样点距离过远，中间跨越多个岔路口和道路段，无法直接判断移动对象行驶过的路径。这将严重影响后续路径规划、最短路径计算等应用问题的求解结果质量和可信度。另一方面，在受限空间下的位置表示依赖底层空间环境，距离计算与最短路径相关，求解过程相对复杂。基于非受限空间环境下的移动对象表示方法未能考虑道路网环境，不能准确求解移动对象间的距离。针对上述问题，需要提供一种将移动对象与环境相结合的表示方法，即将移动对象的 GPS 数据（经纬度）映射到所在道路及其具体位置，该技术称为地图匹配（Map-matching）[64-65]。

图 4-9 是一个地图匹配示意图。给定一条轨迹数据，因为其所有时间戳位置未必落在道路段上，所以需要将不在道路上的位置点映射到相应的道路，并将所有的位置点序列构建成一条完整的道路网轨迹数据。

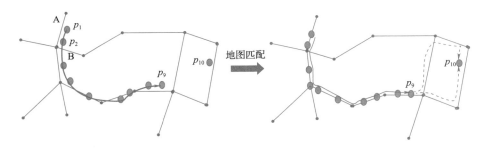

图 4-9　地图匹配

根据处理轨迹数据的实时性要求，地图匹配技术分为离线模式和在线模式。离线模式针对大规模历史轨迹数据进行匹配，需要提供最优的和高准确的匹配结果，可通过结合地图数据、POI 信息、传感器数据等提高匹配准确度；在线模式针对以流数据方式获取的轨迹位置进行持续匹配，需要很强的实时数据处理能力。两种模式下的地图匹配主要解决如下三个问题。

1）单个采样点所在道路段的准确匹配。当采样点未落在一条道路上时，需要将其映射到道路网。此时会出现该采样点同时与多条道路的距离接近的情况，尤其是在靠近岔路口的位置或者道路分布密集区域，如何判断该采样点所在的正确道路是准确构建道路网轨迹的基础。

例如，图 4-9 中的轨迹序列 $\langle p_1, \cdots, p_9 \rangle$ 的大部分采样点均未落在道路段上，其中采样点 p_2 的位置靠近岔路口，与道路段 A 和 B 的距离接近。仅根据单个采样点无法确定 p_2 位于哪条道路，但是可以结合前序和后序采样点所在路段及道路拓扑结构计算出采样点所在路段。

2）低频率或者采样点数据缺失情况下的道路段匹配。当两个采样点距离较远，使得采样点的连接涉及多个道路段和岔路口时，需要准确构建连接两个采样点的路径。最短路径是一种方案但是并不是唯一的路径，例如图 4-9 中的两个采样点 p_9 和 p_{10}，虽然可以完成两个采样点对应道路段的匹配，但是 p_9 和 p_{10} 之间并无其他采样点，连接两点的路径存在两种可能，如何准确判断对于匹配质量有着至关重要的影响。

3）针对大规模轨迹数据的高效准确的地图匹配。实时地图匹配应用在几秒钟内需要同时对几十万甚至几百万个移动对象采样点进行准确的地图匹配，这对算法性能和匹配准确度提出了很高的要求。例如，当车辆开错道路时，实时导航应用需要在短时间内重新计算最优路径并反馈给用户。

地图匹配过程一般分为两个阶段。①计算候选道路段：根据采样点的经纬度并结合前后采样点的位置确定一条或者多条路段，将这些路段按照可能性大小排序，排序原则基于距离、方向、角度、道路连通性等参数。②进行道路段选择：依据阶段①的匹配结果，结合上一个采样点所在的道路段信息，计算其与当前采样点可能在的道路段间的路径，依据路径选择准确度最高的结果作为最终结果。阶段①的准确率直接影响着地图匹配的准确率。针对该问题，研究者们提出了不同的计算候选路段的策略。例如，选择距离轨迹采样点最近的路段作为候选路段，采用隐马尔可夫模型计算候选路段。现有的地图匹配方法主要包括三种：几何方法[65]、拓扑方法[66] 和概率方法[67]。

几何方法利用道路网和轨迹数据的几何形状特征进行匹配，包括点到点（point-to-point）匹配、点到线（point-to-curve）匹配、线到线（curve-to-curve）匹配。点到点匹配算法计算轨迹采样点与道路网路段节点的距离，将采样点匹配到最近的路段节点。点到线匹配算法计算采样点到周围路段中的距离，选择离采样点最近的路段作为候选路段。线到线匹配算法首先获取某个移动对象的整条轨迹，将轨迹曲线与路段进行相似性比较，找到最相似的路径进行匹配。

拓扑方法利用道路网的拓扑结构信息（包括路段相连、相交等关系），结合历史数据和车辆速度等信息来对候选匹配路段进行选择，包括简单拓扑关系匹配算法和加权拓扑匹配算法。简单拓扑关系匹配算法根据采样点的前后位置关系与周围路段的形状进行候选路段的选择，例如利用道路网的几何拓扑信息与 GPS 数据之间的各项相似性标准进行路网匹配，采用弗雷歇距离（Frechet Distance）来衡量两者的匹配程度。加权拓扑匹配算法根据轨迹方向以及采样点到周围道路网中每条路段的距离，对这些信息通过加权计算得到每一条路段的权重，选择权重最大的路段作为匹配结果。

概率方法对轨迹的不确定性进行建模，定义了 GPS 噪声，可解决轨迹噪声和低采样率问题，并通过道路网络考虑多种可能的路径以找到最佳的路径。例如置信区间匹配算法[68]采用多假设思想，将采样点周围落入置信区间的路段作为候选路段，然后对每条候选路段打分，选择获得最高得分的路段作为匹配路段。前一个轨迹采样点和后一个轨迹采样点的路网匹配过程互不影响，即前一个采样点匹配错误也不会影响到后面采样点的匹配结果。也有相关算法关注移动对象在道路交叉口的转向行为：在道路交叉口设置一个转移概率，通过经验性的准则来推测移动对象的转向，从而提高匹配准确度。

除上述三种方法，其他地图匹配方法包括卡尔曼滤波、贝叶斯推理、隐马尔可夫模型[69]和机器学习模型等。基于卡尔曼滤波的地图匹配算法根据轨迹采样的系统误差，通过分析卡尔曼滤波之后的模型误差是否满足高斯白噪声分布来确定采样点的匹配位置。基于贝叶斯推理技术的算法和基于置信区间的算法类似，采用多假设方法将置信区间内所有路段作为候选路段，再根据拓扑分析并结合伪测量值来确定最终的匹配结果。隐马尔可夫模型是马尔可夫链的一种，是用于描述一组可能发生的事件的随机模型，可用于在地图匹配中根据当前路段推测下一个路段。采用机器学习技术的地图匹配算法通过学习特征决定路段转移权重和转移概率。

相比于离线模式，在线模式的地图匹配根据当前轨迹采样点路径，由于实时性要求高并且无法获得完整、全面的轨迹信息，匹配精度会有一定的影响。常见的算法有基于时间窗口的地图匹配算法，即把最近一段时间的轨迹采样信息放入窗口中，当满足收敛条件时，生成时间窗口间隔内最近的路段。也可基于隐马尔可夫模型进行在线地图匹配，结合道路段的宽度和通行速度信息，得到概率矩阵。

随着应用任务不断提供数据内涵，地图匹配除了需要高效准确地进行轨迹数据与道路网的映射，还需要完成具有语义信息的轨迹数据的地图匹配[70-71]。轨迹数据除了经纬度数据还包括定位精度层次（某个范围或者米级）、速度、运动方式等；道路网数据除了道路几何形状数据还包括道路类型、速度限制、转弯口等信息，尤其在低频率采样下丰富的道路网信息对于提高地图匹配的数据准确度有着非常重要的作用。OpenStreetMap[72] 提供了较为全面、完整的道路信息，例如对于道路提供了各种属性信息，包括隧道、桥梁、转盘、U-转弯等。

4.3.2　轨迹数据索引

为了高效支持轨迹数据查询处理，索引结构起着至关重要的作用，其目的是减小数据搜索空间，降低 I/O 开销。因为轨迹数据涉及不同的空间场景，包括非受限空间、道路网和室内，不同环境下轨迹的表示方法不同，所以也有相应的索引技术。常见的索引技术包括非受限空间下的 3D R-tree、TB-tree、STR-tree[73]、SETI[74]、MV3R-tree[75] 和 STRIPES[76]，道路网轨迹数据索引技术如 FNR-tree[77] 和 MON-tree[78] 以及室内轨迹数据索引[79-80] 技术如 RTR-tree[81]、VIP-Tree[82] 和 CINDEX[83]。非受限空间下的索引主要针对时空数据管理，而受限空间下的索引还需要结合空间环境管理轨迹数据，例如在道路网环境下需要知道轨迹所在道路段，从而提高查询和更新效率。

非受限空间下的轨迹索引。该场景下的索引主要针对时间和位置数据管理。R-tree 是一种常见的高维数据索引结构，轨迹数据包含三个维度 (x, y, t)，可用 3D R-tree 结构。该结构的节点存储了包含轨迹时空数据的最小矩形框。叶节点存储轨迹片段的最小矩形框，非叶节点存储其孩子节点的最小矩形框。图 4-10 是一个索引结构 3D R-tree 示意图和时空轨迹数据。3D R-tree 可以看作三维 B-tree，即管理的数据具有 (x, y, t) 三个数据。每个索引节点由一组数据项组成，每个数据项包含（pointer，MBR）两个字段。其中，pointer 指向孩子节点或者数据元组，MBR 则表示该子树或者数据元组的最小时空范围。

构建 3D R-tree 有两种方法：自上而下和自下而上。前者通过遍历树结构寻找最合适的位置插入新数据，能够较好地保证节点中数据的时空相似度；后者则先将数据按照时空相似度排序，然后依次插入叶节点，具有较高的索引创建性能。

TB-tree 的目标在于保存某个轨迹的全部时空数据，每个叶节点只包含某条轨迹的

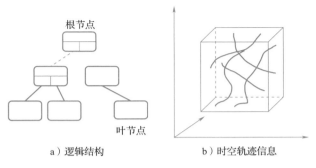

a）逻辑结构　　　　　　　　　　b）时空轨迹信息

图 4-10　索引结构 3D R-tree 示例

数据；STR-tree 则将同一条轨迹的数据片存储在靠近的节点中。SETI 使用两层索引结构来分离时间维度索引和空间维度索引，上层索引用于将空间划分为不重叠的单元格，对于每一个单元格，建立一个稀疏的索引，包含完全分布在单元格内的轨迹段。下层索引用于生成分区后的时间信息管理。轨迹段作为一个元组存储在数据文件中。数据文件划分为大小一致的数据页，每个数据页内只存储同一个单元格内的轨迹段。向 SETI 中插入新的轨迹记录时，会将轨迹按网格分割，如果一个轨迹跨多个网格空间，则将这个轨迹分割成多个轨迹段。然后将各个轨迹段分别插入网格对应的数据文件中，并更新网格中的 1D R-tree。索引 PIST[84] 也对数据的空间范围进行划分，根据数据分布、数据规模和查询特点将二维空间划分成大小不等的区域，对于每个区域里的轨迹数据时间信息构建 B⁺-tree 进行管理。创建轨迹索引一般会对轨迹数据进行划分，在划分后的子轨迹上构建索引，根据子轨迹时空规模，划分后的子轨迹包含两种特殊情况：①未划分，此时子轨迹就为原始轨迹；②被划分成最小轨迹片段，即每个片段表示一个时间区间内的运动过程，速度和方向保持不变。TB-tree 构建在情况①上，3D R-tree 构建在情况②上，介于这两者之间的有 SETI。选取合适规模的子轨迹至关重要：一方面，子轨迹的规模决定轨迹索引的存储规模和访问代价；另一方面，划分后的子轨迹时空相似对决定着索引结构质量。

　　不同轨迹划分方法示例。图 4-11 给出了不同轨迹数据划分方法，一般包括不划分、细粒度划分和粗粒度划分三种。细粒度划分将一条轨迹分成最小单元，即一个时间间隔内的运动；粗粒度划分下，每个轨迹片段包含多个单元轨迹。不同划分方法产生的数据规模和轨迹数据相似度存在差异，对于轨迹索引存储代价和查询性能有着重要的影响。

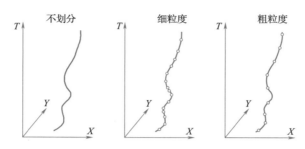

图 4-11　轨迹数据划分方法示例

　　轨迹数据索引一方面管理历史数据，即对象从开始运动到结束的所有位置和时间，另一方面也需要管理当前数据及预测，即对象当前的位置、速度及方向，不同于完整运动过程的历史数据。常见的索引结构有 TPR-tree[85]、TPR * -tree[86] 等。在 TPR-tree 中，每个轨迹对象由两部分表示：①当前时刻的最小矩形框；②速率矩形框。对于用户发送的时间窗口查询，可返回当前时刻落在查询窗口内的对象以及将来某个时刻落在查询窗口内的对象。索引 STRIPE 用于预测轨迹数据，其用一个线性函数表示轨迹运动，将位置预测转换到另一个包含位置和速率的空间。轨迹数据位置包含两个维度的信息，也可通过数据降维技术将其转换为一维数据，之后采用一维索引结构，如 B-tree 的变种。支持轨迹预测需要有效的更新策略及数据缓存方法。由于移动对象的位置、分布、查询等频繁发生变化，主存索引及并行技术比外存索引更具有优势（如更新策略），自动调优对索引配置进行动态调整以使性能最优。时空数据索引需要扩展以融入语义描述，从而提升对新时空数据的查找能力。

　　道路网轨迹数据索引。道路网轨迹数据索引不仅需要管理轨迹时空数据，还要管理道路段信息。一般首先对道路段信息进行管理，然后管理位于道路段的轨迹数据。FNR-tree 使用 2D R-tree 管理道路网，其叶节点的每个数据项对应一个道路段以及一个指向 1D R-tree 的指针，该 1D R-tree 管理该道路段的轨迹数据。MON-tree 是 FNR-tree 的扩展，轨迹数据的位置不仅包含所在道路段的信息，而且包含所在道路段的相对位置。道路网一般可通过图表示，对轨迹数据进行划分并将其映射到图模型。索引结构 T-PARENT[87] 设计了一个代价模型，用于估计任务开销并支持索引结构调节以达到最佳性能。

　　道路网轨迹数据索引示例。图 4-12 是一个道路网轨迹数据索引示例，索引包含两层结构。上层索引对道路网空间数据进行管理，可采用空间数据索引结构，例如 2D

R-tree；下层索引对道路段轨迹数据进行管理。对于道路段轨迹数据管理，文献［88］采用 Hilbert 曲线进行数据降维，从而将三维轨迹数据 (x,y,t) 转换为二维数据 (p,t)，可通过低维数据索引完成管理。除了管理历史数据，实时更新也是轨迹索引需要具备的重要功能。文献［89］考虑底层道路网和随机交通行为特性，利用空间索引管理道路网，并设计一种动态结构将具有类似运动模式的对象组织在一起。

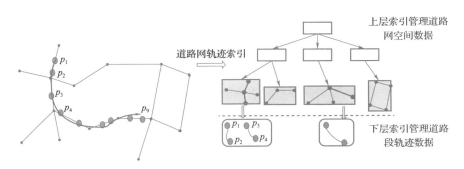

图 4-12 道路网轨迹数据索引示例

室内轨迹索引[79-80]。该场景下轨迹索引一般先对室内空间环境进行管理，包括拓扑结构、室内单元（房间、走廊、楼梯）连通性等，其次对室内单元内轨迹数据建立管理结构。在室内场景下，RFID 是一种常见的定位方法，轨迹数据由一组包含 RFID 标签的序列组成。索引结构 RTR-tree（Reader-Time R-tree）[81] 首先对标签所在室内场景建立空间数据索引，再对经过室内场景单元的轨迹数据进行标注。索引结构 VIP-Tree[82] 从室内单元连通性出发，将室内单元组合创建树状结构叶节点，并自底向上进行合并，构建连通矩阵。CINDEX[83] 构建了一个复合索引，包含三层结构，分别对应室内场景下的几何层、拓扑层和对象层。几何层采用空间数据索引维护室内空间划分及距离，拓扑层维护连通性，而对象层存储所有的室内轨迹数据。

人的运动轨迹数据涉及多个环境，一般包括道路网、室内空间、公交网、步行区域等，下面是一个包含运动方式的多环境轨迹示例。

多运动方式轨迹示例。张三⟨（18：03，办公大楼），（18：05，地下停车场），（19：00，中央大道），（19：13，太平路），（19：20，万达广场）⟩。

针对多环境下轨迹数据的管理，需要提供相应的方法，TM-RTree[90] 和 Mode-RTree[91] 在轨迹数据通用表示方法的基础之上对多个轨迹数据所在环境进行管理。首先对环境数据进行管理，包括道路段、室内空间、步行区域、公交车等的信息，轨迹数据位置信息均与环境有关，管理的对象不仅包括空间数据而且包括移动对象。其次，将多环境轨迹数据分解到每个环境下的空间/移动对象。该方法不仅解决了多环境时空轨迹数据的管理问题，而且支持运动方式查询，提高了多场景轨迹索引管理的能力。大部分轨迹索引只是对时空维度数据进行管理，不能高效解决具有语义或者非时空属性的轨迹数据查询。这使得对非时空维度的数据查询无法借助于索引完成，只有在访问时空索引之后通过顺序访问方式进行查找，制约了查询效率。现有的数据空间裁剪原则"最小最大距离"将不能被使用。为拓展轨迹索引管理能力，可将语义数据和非时空数据通过辅助结构进行管理，并与现有时空轨迹索引融合，从而支持同时对时空数据和非时空数据进行管理[92-93]。此类轨迹索引一般为复合结构，部分结构管理时空数据，部分结构管理语义或属性数据，通过在结构之间建立关联全面管理轨迹数据。网格索引（Grid Index）是常见的轨迹索引结构之一，通过划分空间平面以及构建层次化网格索引，可以融合时空和语义信息，对语义轨迹进行管理[94-95]。

4.3.3 轨迹数据相似性查询

轨迹数据相似性查询基于时空相似度求解时空轨迹距离，并返回相似度高的轨迹数据，其核心内容包括相似度函数和高效计算方法。一条时空轨迹由一组序列单元组成，表示为

$$T=\langle\,(\,t_1,\mathrm{loc}_1\,)\,,\cdots,(\,t_n,\mathrm{loc}_n\,)\,\rangle$$

每个单元包含一个时间戳和一个位置。相似度函数用于计算两条轨迹 T_1 和 T_2 的时空距离，时空相似度越高，距离越小。图 4-13 给出了四条时空轨迹 $\{T_1,T_2,T_3,T_4\}$，如果 T_1 为查询轨迹，那么与其时空相似度最高的为 T_2。

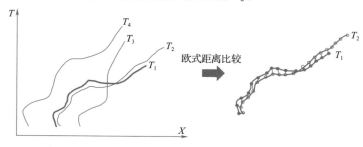

图 4-13　轨迹相似度示意图

相似度函数一般需要考虑如下因素：轨迹采样频率、轨迹速度、运动函数、异常数据和轨迹长度。不同轨迹的时间采样点不同，需要进行时间匹配，同时两条轨迹的相似度所依赖的不是单个采样点距离，而是一组采样点距离的叠加，单个点对的距离求解方法和叠加函数是度量函数的核心。这些距离函数不仅对相似度查询起作用，而且对轨迹聚类（下一小节介绍）和异常检测起着重要作用。常见的轨迹相似性距离度量算法包括欧式距离、豪斯多夫距离、弗雷歇距离、动态时间规整、最长公共子序列、ERP 和 EDR。

1）**欧式距离**。对于比较的两条轨迹 T_1 和 T_2，分别按时间顺序计算两条轨迹上每两个点之间的欧式距离，依次累加得到的总距离即作为两条轨迹的距离。该算法假定两条轨迹拥有相等的采样点个数，但在实际应用中，两条轨迹的采样点个数一般不一致，需要对两条轨迹进行差分或者补全以获取采样点个数一样的轨迹。

图 4-13 为采用欧式距离比较轨迹 T_1 和 T_2 的过程示意图。首先根据时间维度找出两条轨迹具有共同时间的子轨迹，然后依次计算相同时间采样点下的空间距离，对该距离进行叠加归一求得轨迹相似度。

2）**豪斯多夫距离**（Hausdorff Distance，HD）。豪斯多夫距离是计算两个集合或序列之间的距离的一种方式，这种度量方式最大化两个序列之间的最小距离。设有两条轨迹 $T_1 = \langle t_1^1,\ t_2^1,\cdots,t_n^1 \rangle$ 和 $T_2 = \langle t_1^2,\ t_2^2,\cdots,t_m^2 \rangle$。

则两条轨迹之间的豪斯多夫距离被定义为

$$HD(T_1,T_2) = \max\{\min(\ |\ t_i^1 - t_j^2\ |\ )\}$$

其中，$|\ t_i^1 - t_j^2\ |$ 表示轨迹 T_1 中的采样点 t_i^1 与轨迹 T_2 中的采样点 t_j^2 的欧式距离。

3）**弗雷歇距离**（Frechet Distance，FD）。弗雷歇距离是一种用于有向连续曲线间距离度量的算法，也适用于离散的轨迹序列。该算法将两个序列的最大距离作为它们之间的距离。

4）**动态时间规整**（Dynamic Time Warping，DTW）。该算法是进行点与点配对的轨迹相似性度量算法。通过累计匹配点对之间的距离作为两条轨迹序列之间的最终距离。在点匹配过程中，一条轨迹中的采样点可以和另一条轨迹中的多个点进行匹配，DTW 算法能够计算不同采样频率的轨迹之间的距离，解决了不同采样频率的轨迹序列的距离度量问题。

5）最长公共子序列（Longest Common Subsequence，LCSS）[96]。该算法将每一个采样点视为一个字符，当两个采样点之间的距离在阈值内，则认为两个采样点相似，最后用相似的采样点对的个数所占的比例来判断两条轨迹的相似程度。

6）ERP（Edit distance with Real Penalty）[97]。利用编辑距离度量两条轨迹之间的相似性。该算法结合了欧式距离的度量方法，根据一个阈值用动态规划算法找到最佳的匹配点对，如果两个轨迹采样点的距离小于阈值，则计算欧式距离。最后将这些匹配点对的距离累加起来得到的最终距离作为两条轨迹之间的距离。

7）EDR（Edit Distance on Real Sequence）[98]。利用编辑距离衡量两条轨迹之间的距离。首先设定一个阈值，如果两个轨迹采样点之间的距离小于阈值，则不需要编辑；否则认为该点需要进行编辑。两条轨迹之间需要用动态规划算法找到最佳的匹配，然后计算需要编辑的采样点个数，将需要编辑的数目与轨迹总采样点数目的比例作为两条轨迹之间的距离。

给定两条轨迹，长度分别为 n 和 m，除欧式距离度量需要 $O(n+m)$ 的时间复杂度来完成计算，其他轨迹相似度计算的时间复杂度均为 $O(n \cdot m)$。文献［99］给出了一个较全面的轨迹数据度量方法的总结，它将现有的方法分为两类：空间距离、离散或连续距离。空间距离将轨迹定义为序列，通过比较序列间距离进行计算；离散或连续距离即通过采样点或片段运动进行距离计算。

机器学习技术也被用于轨迹数据相似性查询[100-101]，例如 seq2seq（Sequence-to-Sequence）[102]。该方法将一个序列转换成另一个序列，主要包含两个模型：一个称为编码器（Encoder），一个称为解码器（Decoder）。将输入序列输入编码器中得到一个隐含状态，隐含状态为一个向量，将隐含状态输入解码器，解码器将从隐含状态中解析出输出序列。常见模型还包括长短期记忆（Long Short-Term Memory，LSTM）模型和门控循环单元（Gate Recurrent Unit，GRU）。seq2seq 模型可以接收任意长度的序列，也可以输出任意长度的序列，可将轨迹转换成向量，然后对向量进行距离计算得到轨迹相似性。一般首先将整个空间划分成规则的小网格，根据网格内轨迹经过的次数排序选取经过轨迹较多的网格作为令牌（Token），将轨迹中的每一个采样点替换成最接近该点的网格，就可以将每一条轨迹转换成一个网格序列。对原始轨迹进行采样得到模拟的低频轨迹序列，将这些轨迹转换成网格序列后输入模型进行训练，训练 seq2seq 模型接收低频轨迹转换成的网格序列，输出原轨迹所对应的网格序列，得到一个完整的 seq2seq 模型。然后将该模型的编码器保存下来，这样编码器就可以接收一条轨迹，将其转换成一个高维空间的向量。轨迹相似性计算时，将轨迹先转换成网格序列，输入编码器，可得到编码器输出的向量表示，直接计算两个向量之间的距离即可得到两条轨迹的相似性结果。

受限空间下的轨迹距离函数则依赖环境约束，例如道路网下的最短路径计算或者室内场景下的距离计算，需要重新定义更为准确、合适的距离函数。可将时空轨迹映射到受限空间，对受限空间建模从而有效支持距离计算。道路网轨迹可由一组有序道路段表示，其相似度计算可通过比较道路段完成，相关参数包括公共道路长度、道路段形状、道路段角度等。最长公共路段（Longest Common Road Segment）算法[103] 是在 LCSS 的基础上首先计算最长公共道路段，对长度进行归一化。文献［104］就轨迹相似度比较进行了较为全面的总结，包括轨迹数据模型、度量方法及应用。轨迹数据相似性可用于轨迹异常检测和短期/长期轨迹预测，短期预测有助于驾驶辅助和自动驾驶，长期预测则可用于交通流量监测和导航。

求解轨迹相似度的基础方法为，扫描一遍数据集，求解与查询轨迹的相似度值，并返回小于某个阈值的轨迹。该方法能够确保结果的准确度，以用于结果质量判断。为提高相似度计算效率，估计计算和轨迹索引是常见的方法。具体来说，可将查询轨迹与一组轨迹进行相似度估计计算，如果该值不满足约束条件则不需要逐个进行轨迹相似度计算。这种方法的前提是需要将时空相似度高的轨迹组织在一起，通过索引结构进行分组管理。4.3.2 节中的轨迹索引均可用于轨迹相似性查询。

4.3.4 轨迹数据聚类

聚类是数据分析的重要操作之一，其将数据分组并提供一个关于数据分布的总体概述。就轨迹数据而言，聚类操作旨在根据时空数据特点和某种分组原则（一般包括距离、密度和划分三个参数）将轨迹进行分组，使得每个分组内的轨迹数据具有相似的特征并区别于其他分组[105-106]。轨迹聚类有助于发现移动对象的行为特点和运动模式以及进行移动用户行为分析，例如规律性地访问某些位置、规避和会合、发现异常行为等，在移动对象检测和跟踪方面有着重要的技术应用。轨迹聚类包括三个核心内容：轨迹数据模型、轨迹度量函数和聚类算法。轨迹聚类可以针对整体轨迹进行比较也可以针对局部轨迹或者轨迹点进行比较，处理整体轨迹时，通过运动函数表示轨迹并借助于密度分布函数判断轨迹属于哪个分组，处理局部轨迹时，需要先对轨迹进行划分之后再对轨迹片段进行分组。根据整体轨迹的形状相似性进行区分，求解聚类的操作一般需要设定对象数量、距离、时间约束等分组参数。轨迹相似性查询和聚类操作都依赖距离函数，前者用于判断两个轨迹之间的距离，而后者用于判断（分组内）多个轨迹之间的距离。

轨迹数据聚类操作示例：图 4-14 为一个针对整体轨迹进行数据聚类操作的示意图，该操作将一组时空相似度高且具有一定数量的轨迹分组，有助于发现群体或相似行为。

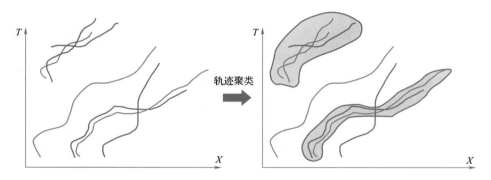

图 4-14　轨迹数据聚类操作示意图

1. 非受限空间下的轨迹数据聚类

早期的轨迹聚类关注空间信息，即从几何相似性求解聚类，可通过修改空间数据聚类算法进行求解，例如 *K*-means 和 DBSCAN。这种聚类能够发现移动用户访问的兴趣点场所和某些特征区域。从时间维度出发，轨迹聚类能够发现规律性行为和运动模式。根据不同的聚类参数和分组原则，现有的轨迹数据聚类操作包括 flock 和 meet[107]、convoy[108]、swarm[109]、moving cluster[110]、Co-movement[62,111] 等。flock 和 meet 操作返回的分组中对象需要满足数量、形状、规模和时间的约束条件。convoy 操作返回的分组中对象满足数量、距离和时间的约束条件，而在轨迹的形状、规模方面没有约束条件。swarm 操作返回一组具有一定数量的轨迹数据，并且这些对象位于同一个分组的时间戳满足一定约束。该操作主要针对动物轨迹数据，此类场景下的轨迹数据存在时空相近的特点但并不是在所有时间范围下都相互靠近。moving cluster 用于返回一组彼此空间距离小的轨迹对象，并且该组内对象保持靠近的状态超过一定的时间阈值，求解过程可通过逐个比较连续时间间隔下的 spatial cluster 完成。Co-movement 用于流式轨迹上的一般运动模式挖掘。

不同轨迹数据聚类操作示例：图 4-15 对不同轨迹数据聚类结果进行了比较，它们在距离上都需要符合相近的条件，主要区别在于满足时空约束的对象数量以及时间长度。meet 操作主要针对两个轨迹对象，而 flock 操作针对一组对象，对轨迹数量有一定的要求。cluster 操作返回在某个时间范围内空间距离符合约束条件的轨迹，在不同的时间区间内会有不同的对象符合约束条件，而对于 convoy 操作，需要保证相同的一组对象符合约束条件。

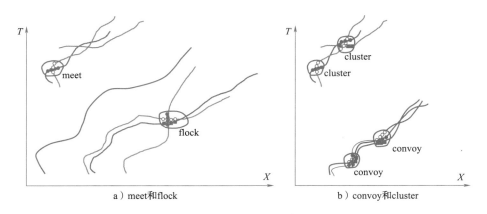

a）meet和flock b）convoy和cluster

图 4-15 不同轨迹数据聚类示意图

为进行轨迹聚类操作，一种方法是将整条轨迹用数学函数（例如隐马尔可夫模型（Hidden Markov Model）表示。轨迹划分也是聚类操作的常见方法之一，其目的是采用估计方法表示完整轨迹或进行平滑处理，有助于隐马尔可夫模型的使用。传统的基于原始轨迹数值的聚类方法会受到采样频率、轨迹长度、数据噪声等因素的影响，也可能会忽略一些轨迹数据潜在的特征和属性。近年来，机器学习方法将轨迹数据转换到向量空间，被广泛用于轨迹数据聚类处理[112-113]，较常见的方法为采用 seq2seq 模型对轨迹数据进行编码（Encode）和解码（Decode），然后利用深度学习技术进行聚类求解。

2. 受限空间下的轨迹数据聚类

道路网环境下的轨迹数据聚类操作的复杂度高于非受限空间，主要原因在于道路网环境下的距离计算过程复杂。另外，经过聚类后的道路网轨迹数据沿着道路段运动，但是经过某个道路口很可能发生分裂或者合并的现象，使得判断道路口后的聚类的难度提高了[114]。道路网下的聚类方法首先需要将轨迹数据表示和道路网结合，可将轨迹数据映射到道路段及所在道路段的相对位置，这样，轨迹数据可通过道路段表示。道路网一般通过图模型表示，即顶点对应岔路口，边对应道路段，可使用图模型的参数指标帮助路网轨迹聚类算法判断，例如顶点密度、连通度、子图相似度等。图结构的顶点和边也可以被赋予标签，转换到道路网的轨迹数据也通过一组标签表示，聚类结果为具有标签的顶点分组[115]。

随着数据规模和含义的不断增加，新的应用对数据的表示能力也不断提高，轨迹数据也从传统的时空数据拓展到具有语义信息和行为描述[116]。语义轨迹将 GPS 数据和时空场景结合，例如兴趣点或用户行为，给移动对象赋予相关描述。语义轨迹聚类除了要考虑时空相似度，还需要从语义角度对轨迹进行分组。除了需要离线进行轨迹数据聚类操作，还需要有效支持在线轨迹模式挖掘。在这种场景下处理轨迹流数据，一般设定一个时间窗口，求解此约束范围内符合聚类条件的子轨迹。此外，大规模轨迹聚类需要较高的计算代价，采用分布式技术可以提升计算性能[117-118]。在此计算模式下，需要设计相应的轨迹数据概要表示方法，提取轨迹数据特征，选择最优的节点数据传输方法，降低通信开销。

4.4 本讲小结

本讲对时空数据管理（包括空间数据管理和轨迹数据管理）的发展现状及代表性成果进行了简单介绍。其中，空间数据管理主要包含空间索引与空间查询，前者旨在从底层提供有效的数据组织机制，后者旨在在不同场景下给出高效且精准的查询处理策略。区别于静态空间数据，轨迹数据表现出极强的时间与空间特点。本讲从地图匹配、轨迹数据索引、相似性查询、轨迹数据聚类这四个方面对轨迹数据处理的基本流程做了详细介绍。总之，时空数据作为现实生活中最为广泛存在的数据之一，对其进行高效管理和分析有着重要的研究意义和应用价值。

最后，对时空数据管理领域的未来研究方向做简单展望。

1）空间数据管理 由于空间数据量的持续激增，传统空间索引与查询算法已不能在较低的时空开销下支持海量、多模态数据的检索与处理。随着人工智能技术在多个领域取得重大应用成果，人工智能驱动的空间索引及查询处理是空间数据管理的一个重要发展趋势；随着 GPU 和 NPU 等新型硬件技术的发展，面向新型硬件的高性能空间数据管理技术同样是一个潜在的发展方向；为更好地支持真实应用中普遍存在的不完整、不精确的空间数据，融合人机协同和隐私保护的空间数据分析技术（如时空众包与安全保护等）同样具有重要研究意义。

2）轨迹数据管理 当前轨迹数据处理的数据源较为浅层（如 GPS 序列），无法对移动物体的隐藏模式进行深度表达，基于嵌入的多维轨迹数据（如时间、空间、语义）的深度表征是未来的一个重要研究方向；随着 5G 和室内高精准定位技术的发展，融合多模态轨迹数据（如视频、图像、GPS 序列）的室内轨迹挖掘也是一个潜在的研究方向；现有轨迹数据管理技术的研究方向较单一，各技术之间存在壁垒，使用过程不够统一化，因此未来可构建基于分布式加速和人工智能驱动的轨迹大数据统一管理与智能分析平台，实现轨迹数据的通用处理。

可以预见，在大数据和人工智能的大背景下，随着相关研究的不断深入，高效、便捷、统一和智能的时空数据管理技术必将成为现实。

参考文献

［1］ ZHENG Y, ZHOU X. Computing with spatial trajectories［M］. Berlin：Springer Science & Business Media, 2011.

［2］ PAPADIAS D, ZHANG J, MAMOULIS N, et al. Query processing in spatial network databases［C］//Proceedings of Very Large Data Bases Conference（VLDB）. San Francisco：Morgan Kaufmann, 2003：802-813.

［3］ HUANG X, JENSEN C S, LU H, et al. S-GRID：A versatile approach to efficient query processing in spatial networks［C］//Proceedings of the International Symposium on Spatial and Temporal Databases. Berlin：Springer, 2007：93-111.

［4］ LEE K C K, LEE W C, ZHENG B. Fast object search on road networks［C］//Proceedings of the

International Conference on Extending Database Technology：Advances in Database Technology．New York：ACM，2009：1018-1029.

[5] SAMET H. Foundations of multidimensional and metric data structures ［M］. San Francisco：Morgan Kaufmann，2006.

[6] SAMET H, SANKARANARAYANAN J, ALBORZI H. Scalable network distance browsing in spatial databases ［C］//Proceedings of the ACM SIGMOD International Conference on Management of Data （SIGMOD）. New York：ACM，2008：43-54.

[7] ZHONG R, LI G, TAN K L, et al. G-tree：An efficient and scalable index for spatial search on road networks ［J］. IEEE Transactions on Knowledge and Data Engineering，2015，27（8）：2175-2189.

[8] ZHONG R, LI G, TAN K L, et al. G-tree：An efficient index for KNN search on road networks ［C］//Proceedings of the ACM International Conference on Information and Knowledge Management. New York：ACM，2013：39-48.

[9] LI T, CHEN L, JENSEN C S, et al. TRACE：Real-time compression of streaming trajectories in road networks ［J］. The VLDB Journal，2021，14（7）：1175-1187.

[10] LI Z, CHEN L, WANG Y. G^*-tree：An efficient spatial index on road networks ［C］//Proceedings of the IEEE International Conference on Data Engineering （ICDE）. Cambridge：IEEE，2019：268-279.

[11] PAPADIAS D, ZHANG J, MAMOULIS N, et al. Query processing in spatial network databases ［C］//Proceedings of Very Large Data Bases Conference （VLDB）. San Francisco：Morgan Kaufmann，2003：802-813.

[12] RIGAUX P, SCHOLL M, VOISARD A. Spatial databases：With application to GIS ［M］. San Francisco：Morgan Kaufmann，2002.

[13] SAFAR M. K nearest neighbor search in navigation systems ［J］. Mobile Information Systems，2005，1（3）：207-224.

[14] ZEZULA P, AMATO G, DOHNAL V, et al. Similarity search：The metric space approach ［M］. Berlin：Springer Science & Business Media，2006.

[15] ROUSSOPOULOS N, KELLEY S, VINCENT F. Nearest neighbor queries ［C］//Proceedings of the ACM SIGMOD International Conference on Management of Data （SIGMOD）. New York：ACM，1995：71-79.

［16］ CHEUNG K L, FU A W C. Enhanced nearest neighbour search on the R-tree［J］. ACM SIGMOD Record, 1998, 27（3）: 16-21.

［17］ HJALTASON G R, SAMET H. Ranking in spatial databases［C］//Proceedings of the International Symposium on Spatial Databases. Berlin: Springer, 1995: 83-95.

［18］ HJALTASON G R, SAMET H. Distance browsing in spatial databases［J］. ACM Transactions on Database Systems（TODS）, 1999, 24（2）: 265-318.

［19］ PAPADOPOULOS A, MANOLOPOULOS Y. Performance of nearest neighbor queries in R-trees ［C］//Proceedings of the International Conference on Database Theory. Berlin: Springer, 1997: 394-408.

［20］ KORN F, SIDIROPOULOS N, FALOUTSOS C, et al. Fast nearest neighbor search in medical image databases［C］//Proceedings of the 22th International Conference on Very Large Data Bases. San Francisco: Morgan Kaufmann, 1996: 215-226.

［21］ BERCHTOLD S, ERTL B, KEIM D A, et al. Fast nearest neighbor search in high-dimensional space［C］//Proceedings of the IEEE International Conference on Data Engineering（ICDE）. Cambridge: IEEE, 1998: 209-218.

［22］ SEIDL T, KRIEGEL H P. Optimal multi-step k-nearest neighbor search［C］//Proceedings of the ACM SIGMOD International Conference on Management of Data（SIGMOD）. New York: ACM, 1998: 154-165.

［23］ CHEUNG K L, FU A W C. Enhanced nearest neighbour search on the R-tree［J］. ACM SIGMOD Record, 1998, 27（3）: 16-21.

［24］ BELUSSI A, BERTINO E, CATANIA B. Using spatial data access structures for filtering nearest neighbor queries［J］. Data & Knowledge Engineering, 2002, 40（1）: 1-31.

［25］ HJALTASON G R, SAMET H. Ranking in spatial databases［C］//Proceedings of the 4th International Symposium on Advances in Spatial Databases. Berlin: Springer, 1995: 83-95.

［26］ HENRICH A. A Distance Scan Algorithm for Spatial Access Structures［C］//ACM Transactions on Database Systems. New York: ACM, 1994: 136-143.

［27］ HJALTASON G R, SAMET H. Distance browsing in spatial databases［J］. ACM Transactions on Database Systems（TODS）. New York: ACM, 1999, 24（2）: 265-318.

［28］ KOLLIOS G, GUNOPULOS D, TSOTRAS V J. On indexing mobile objects［C］//Proceedings of the ACM SIGMOD-SIGACT-SIGART Symposium on Principles of Database Systems (PODS). New York: ACM, 1999: 261-272.

[29] BENETIS R, JENSEN C S, KARCIAUSKAS G, et al. Nearest neighbor and reverse nearest neighbor queries for moving objects [C]//Proceedings International Database Engineering and Applications Symposium. Cambridge: IEEE, 2002: 44-53.

[30] BENETIS R, JENSEN C S, KARCIAUSKAS G, et al. Nearest and reverse nearest neighbor queries for moving objects [J]. The VLDB Journal, 2006, 15 (3): 229-249.

[31] IWERKS G S, SAMET H, SMITH K. Continuous k-nearest neighbor queries for continuously moving points with updates [C]//Proceedings of the 29th international conference on Very large data bases-Volume 29. VLDB Endowment, 2003: 512-523.

[32] RAPTOPOULOU K, PAPADOPOULOS A N, MANOLOPOULOS Y. Fast nearest-neighbor query processing in moving-object databases [J]. GeoInformatica, 2003, 7 (2): 113-137.

[33] PAPADIAS D, ZHANG J, MAMOULIS N, et al. Query processing in spatial network databases [C]//Proceedings of the 29th international conference on Very large data bases-Volume 29. VLDB Endowment, 2003: 802-813.

[34] DIJKSTRA E W. A note on two problems in connexion with graphs [J]. Numerische Mathematik, 1959, 1 (1): 269-271.

[35] LEE K C K, LEE W C, ZHENG B, et al. ROAD: A new spatial object search framework for road networks [J]. IEEE Transactions on Knowledge and Data Engineering, 2010, 24 (3): 547-560.

[36] LEE K C K, LEE W C, ZHENG B. Fast object search on road networks [C]//Proceedings of the 12th International Conference on Extending Database Technology: Advances in Database Technology (EDBT). New York: Advances in Database Technology, 2009: 1018-1029.

[37] SAMET H, SANKARANARAYANAN J, ALBORZI H. Scalable network distance browsing in spatial databases [C]//Proceedings of the 2008 ACM SIGMOD international conference on Management of data (SIGMOD). New York: Advances in Database Technology, 2008: 43-54.

[38] BORZSONY S, KOSSMANN D, STOCKER K. The skyline operator [C]//Proceedings of the IEEE International Conference on Data Engineering (ICDE). Cambridge: IEEE, 2001: 421-430.

[39] TAN K L, ENG P K, OOI B C. Efficient progressive skyline computation [C]//Proceedings of the 27th International Conference on Very Large Data Bases (VLDB). San Francisco: Morgan Kauf-

mann Publishers Inc., 2001, 1: 301-310.

[40] CHOMICKI J, GODFREY P, GRYZ J, et al. Skyline with presorting [C]//Proceedings 19th International Conference on Data Engineering (ICDE). Cambridge: IEEE, 2003: 717-719.

[41] GODFREY P, SHIPLEY R, GRYZ J. Maximal vector computation in large data sets [C]//Proceedings of the 31st international conference on Very large data bases (VLDB). VLDB Endowment, 2005: 229-240.

[42] ENG P K, OOI B C, TAN K L. Indexing for progressive skyline computation [J]. Data & Knowledge Engineering, 2003, 46 (2): 169-201.

[43] KOSSMANN D, RAMSAK F, ROST S. Shooting stars in the sky: An online algorithm for skyline queries [C]//Proceedings of the 28th international conference on Very Large Data Bases (VLDB). VLDB Endowment, 2002: 275-286.

[44] PAPADIAS D, TAO Y, FU G, et al. Progressive skyline computation in database systems [J]. ACM Transactions on Database Systems (TODS), 2005, 30 (1): 41-82.

[45] GAO Y, CHEN G, CHEN L, et al. Parallelizing progressive computation for skyline queries in multi-disk environment [C]//Proceedings of the 17th international conference on Database and Expert Systems Applications (DEXA). Berlin: Springer, 2006: 697-706.

[46] LEE K C K, LEE W C, ZHENG B, et al. Z-SKY: An efficient skyline query processing framework based on Z-order [J]. The VLDB Journal, 2010, 19 (3): 333-362.

[47] ZHANG Z, YANG Y, CAI R, et al. Kernel-based skyline cardinality estimation [C]//Proceedings of the ACM SIGMOD International Conference on Management of Data (SIGMOD). New York: Association for Computing Machinery, 2009: 509-522.

[48] PEI J, JIN W, ESTER M, et al. Catching the best views of skyline: A semantic approach based on decisive subspaces [C]//Proceedings of the 31st international conference on Very large data bases (VLDB). VLDB Endowment, 2005: 253-264.

[49] YUAN Y, LIN X, LIU Q, et al. Efficient computation of the skyline cube [C]//Proceedings of the 31st international conference on Very large data bases (VLDB). VLDB Endowment, 2005: 241-252.

[50] XIA T, ZHANG D. Refreshing the sky: The compressed skycube with efficient support for frequent updates [C]//Proceedings of the 2006 ACM SIGMOD international conference on Management of

data (SIGMOD). New York: Association for Computing Machinery, 2006: 491-502.

[51] PEI J, YUAN Y, LIN X, et al. Towards multidimensional subspace skyline analysis [J]. ACM Transactions on Database Systems (TODS), 2006, 31 (4): 1335-1381.

[52] TAO Y, XIAO X, PEI J. Efficient skyline and top-k retrieval in subspaces [J]. IEEE Transactions on Knowledge and Data Engineering, 2007, 19 (8): 1072-1088.

[53] DELLIS E, VLACHOU A, VLADIMIRSKIY I, et al. Constrained subspace skyline computation [C]//Proceedings of the 15th ACM international conference on Information and knowledge management. New York: Association for Computing Machinery, 2006: 415-424.

[54] BALKE W T, GUNTZER U, ZHENG J X. Efficient distributed skylining for web information systems [C]//Proceedings of the International Conference on Extending Database Technology. Berlin: Springer, 2004: 256-273.

[55] LO E, YIP K Y, LIN K I, et al. Progressive skylining over web-accessible databases [J]. Data & Knowledge Engineering, 2006, 57 (2): 122-147.

[56] CUI B, LU H, XU Q, et al. Parallel distributed processing of constrained skyline queries by filtering [C]//Proceedings of the 2008 IEEE 24th International Conference on Data Engineering (ICDE). Cambridge: IEEE, 2008: 546-555.

[57] ZHU L, TAO Y, ZHOU S. Distributed skyline retrieval with low bandwidth consumption [J]. IEEE Transactions on Knowledge and Data Engineering, 2008, 21 (3): 384-400.

[58] TAO Y, PAPADIAS D. Maintaining sliding window skylines on data streams [J]. IEEE Transactions on Knowledge and Data Engineering, 2006, 18 (3): 377-391.

[59] PEI J, JIANG B, LIN X, et al. Probabilistic skylines on uncertain data [C]//Proceedings of the 33rd international conference on Very large data bases (VLDB). VLDB Endowment, 2007: 15-26.

[60] LIAN X AND CHEN L. Reverse skyline search in uncertain databases [J]. ACM Transactions on Database Systems (TODS), 2008, 35 (1): 1-49.

[61] KHALEFA M E, MOKBEL M F, LEVANDOSKI J J. Skyline query processing for incomplete data [C]//Proceedings of the 2008 IEEE 24th International Conference on Data Engineering (ICDE). Cambridge: IEEE, 2008: 556-565.

[62] FANG Z, GAO Y, PAN L, et al. Coming: A real-time co-movement mining system for streaming trajectories [C]//Proceedings of the 2020 ACM SIGMOD International Conference on Management

of Data (SIGMOD). New York: Association for Computing Machinery, 2020: 2777-2780.

[63] GÜTING R H, DE ALMEIDA V T, DING Z. Modeling and querying moving objects in networks [J]. The VLDB Journal, 2006, 15 (2): 165-190.

[64] LOU Y, ZHANG C, ZHENG Y, et al. Map-matching for low-sampling-rate GPS trajectories [C]// Proceedings of the 17th ACM SIGSPATIAL International Conference on Advances in Geographic Information Systems (GIS). New York: Association for Computing Machinery, 2009: 352-361.

[65] RAPPOS E, ROBERT S, CUDRE-MAUROUX P. A force-directed approach for offline GPS trajectory map matching [C]//Proceedings of the 26th ACM SIGSPATIAL International Conference on Advances in Geographic Information Systems (SIGSPATIAL). New York: Association for Computing Machinery, 2018: 319-328.

[66] HASHEMI M, KARIMI H A. A critical review of real-time map-matching algorithms: Current issues and future directions [J]. Computers, Environment and Urban Systems, 2014, 48: 153-165.

[67] ZHENG K, ZHENG Y, XIE X, et al. Reducing uncertainty of low-sampling-rate trajectories [C]// Proceedings of the 2012 IEEE 28th International Conference on Data Engineering (ICDE). Cambridge: IEEE, 2012: 1144-1155.

[68] HUNTER T, ABBEEL P, BAYEN A. The path inference filter: Model-based low-latency map matching of probe vehicle data [J]. IEEE Transactions on Intelligent Transportation Systems (TITS), 2013, 15 (2): 507-529.

[69] GOH C Y, DAUWELS J, MITROVIC N, et al. Online map-matching based on hidden markov model for real-time traffic sensing applications [C]//2012 15th International IEEE Conference on Intelligent Transportation Systems (ITSC). Cambridge: IEEE, 2012: 776-781.

[70] XU Z, YIN Y, DAI C, et al. Grab-Posisi-L: A Labelled GPS Trajectory Dataset for Map Matching in Southeast Asia [C]//Proceedings of the 28th International Conference on Advances in Geographic Information Systems (GIS). New York: Association for Computing Machinery, 2020: 171-174.

[71] ALY H, YOUSSEF M. SemMatch: Road semantics-based accurate map matching for challenging positioning data [C]//Proceedings of the 23rd SIGSPATIAL International Conference on Advances in Geographic Information Systems (SIGSPATIAL). New York: Association for Computing Machinery, 2015: 1-10.

［72］ OpenStreetMap wiki. https：//wiki. openstreetmap. org/wiki/Segment.

［73］ PFOSER D, JENSEN C S, THEODORIDIS Y. Novel approaches to the indexing of moving object trajectories ［C］//Proceedings of the 26th International Conference on Very Large Data Bases （VLDB）. San Francisco：Morgan Kaufmann Publishers Inc, 2000：395-406.

［74］ CHAKKA V P, EVERSPAUGH A, PATEL J M. Indexing large trajectory data sets with SETI ［C］//International Conference on Innovative Data Systems Research （CIDR）. 2003, 75：76.

［75］ TAO Y, PAPADIAS D. MV3R-Tree：A Spatio-Temporal Access Method for Timestamp and Interval Queries ［C］//Proceedings of the 27th International Conference on Very Large Data Bases （VLDB）. San Francisco：Morgan Kaufmann Publishers Inc, 2001：11-14.

［76］ PATEL J M, CHEN Y, CHAKKA V P. STRIPES：An efficient index for predicted trajectories ［C］//Proceedings of the 2004 ACM SIGMOD international conference on Management of data （SIGMOD）. New York：Association for Computing Machinery, 2004：635-646.

［77］ FRENTZOS E. Indexing objects moving on fixed networks ［C］//Proceedings of the International Symposium on Spatial and Temporal Databases （SSTD）. Berlin：Springer, 2003：289-305.

［78］ DE ALMEIDA V T, GUTING R H. Indexing the trajectories of moving objects in networks ［J］. GeoInformatica, 2005, 9 （1）：33-60.

［79］ LIU T, LI H, LU H, et al. Indoor Spatial Queries：Modeling, Indexing, and Processing ［C］//Proceedings of the 24th International Conference on Extending Database Technology Nicosia （EDBT）. Cyprus：OpenProceedings. org, 2021：181-192.

［80］ AHMED T, PEDERSEN T B, LU H. Finding dense locations in symbolic indoor tracking data：Modeling, indexing, and processing ［J］. GeoInformatica, 2017, 21 （1）：119-150.

［81］ JENSEN C S, LU H, YANG B. Indexing the trajectories of moving objects in symbolic indoor space ［C］//Proceedings of the International Symposium on Spatial and Temporal Databases. Berlin：Springer, 2009：208-227.

［82］ SHAO Z, CHEEMA M A, TANIAR D, et al. Vip-tree：an effective index for indoor spatial queries ［J］. VLDB Endowment, 2016, 10 （4）：325-336.

［83］ XIE X, LU H, PEDERSEN T B. Efficient distance-aware query evaluation on indoor moving objects ［C］//Proceedings of the 2013 IEEE International Conference on Data Engineering （ICDE）. Cambridge：IEEE, 2013：434-445.

[84] BOTEA V, MALLETT D, NASCIMENTO M A, et al. PIST: An efficient and practical indexing technique for historical spatio-temporal point data [J]. GeoInformatica, 2008, 12 (2): 143-168.

[85] S ALTENIS S, JENSEN C S, LEUTENEGGER S T, et al. Indexing the positions of continuously moving objects [C]//Proceedings of the 2000 ACM SIGMOD international conference on Management of data (SIGMOD). New York: Association for Computing Machinery, 2000: 331-342.

[86] TAO Y, PAPADIAS D, SUN J. The TPR*-tree: An optimized spatio-temporal access method for predictive queries [C]//Proceedings of the 29th international conference on Very large data bases (VLDB). VLDB Endowment, 2003: 790-801.

[87] SANDU POPA I, ZEITOUNI K, ORIA V, et al. Indexing in-network trajectory flows [J]. The VLDB Journal, 2011, 20 (5): 643-669.

[88] PFOSER D AND JENSEN C S. Indexing of network constrained moving objects [C]//Proceedings of the 11th ACM international symposium on Advances in geographic information systems (GIS). New York: Association for Computing Machinery, 2003: 25-32.

[89] CHEN J AND MENG X. Update-efficient indexing of moving objects in road networks [J]. Geoinformatica, 2009, 13 (4): 397-424.

[90] XU J, GÜTING R H, ZHENG Y. The TM-RTree: An index on generic moving objects for range queries [J]. GeoInformatica, 2015, 19 (3): 487-524.

[91] XU J, GÜTING R H, QIN X. GMOBench: Benchmarking generic moving objects [J]. GeoInformatica, 2015, 19 (2): 227-276.

[92] ZHENG K, SHANG S, YUAN N J, et al. Towards efficient search for activity trajectories [C]//Proceedings of the 2013 IEEE International Conference on Data Engineering (ICDE). Cambridge: IEEE, 2013: 230-241.

[93] XU J, LU H, GUTING R H. Range queries on multi-attribute trajectories [J]. IEEE Transactions on Knowledge and Data Engineering (TKDE). 2017, 30 (6): 1206-1211.

[94] SU Y C, WU Y H, CHEN A L P. Monitoring heterogeneous nearest neighbors for moving objects considering location-independent attributes [C]//Proceedings of the 12th international conference on Database systems for advanced applications (DASFAA). Berlin: Springer, 2007: 300-312.

[95] ZHENG B, YUAN N J, ZHENG K, et al. Approximate keyword search in semantic trajectory database [C]//Proceedings of the2015 IEEE 31st International Conference on Data Engineering (IC-

DE）．Cambridge：IEEE，2015：975-986.

［96］ VLACHOS M，KOLLIOS G，GUNOPULOS D. Discovering similar multidimensional trajectories ［C］//Proceedings of the 18th International Conference on Data Engineering（ICDE）．Cambridge： IEEE，2002：673-684.

［97］ CHEN L，NG R. On the marriage of lp-norms and edit distance ［C］//Proceedings of the Thirtieth international conference on Very large data bases-Volume 30 （VLDB）．VLDB Endowment， 2004：792-803.

［98］ CHEN L，OZSU M T，ORIA V. Robust and fast similarity search for moving object trajectories ［C］//Proceedings of the 2005 ACM SIGMOD international conference on Management of data （SIGMOD）．New York：Association for Computing Machinery，2005：491-502.

［99］ SU H，LIU S，ZHENG B，et al. A survey of trajectory distance measures and performance evalua-tion ［J］．The VLDB Journal．2020，29（1）：3-32.

［100］ X LI，K ZHAO，GAO C，et al. Deep Representation Learning for Trajectory Similarity Computa-tion ［C］//Proceedings of the IEEE International Conference on Data Engineering（ICDE）．2018.

［101］ FANG Z，DU Y，ZHU X，et al. ST2Vec：Spatio-temporal trajectory similarity learning in road networks ［J］．CoRR，2022：abs/2112. 09339.

［102］ CHO K，VAN MERRIËNBOER B，GULCEHRE C，et al. Learning phrase representations using RNN encoder-decoder for statistical machine translation ［J］．CoRR，2014：abs/1406. 1078.

［103］ YUAN H，LI G. Distributed in-memory trajectory similarity search and join on road network ［C］ //Proceedings of the IEEE International Conference on Data Engineering （ICDE）． 2019：1262-1273.

［104］ SOUSA R S D，BOUKERCHE A，LOUREIRO A A F. Vehicle trajectory similarity：Models， methods，and applications ［J］．ACM Computing Surveys（CSUR）．2020，53（5）：1-32.

［105］ JENSEN C S，LIN D，OOI B C. Continuous clustering of moving objects ［J］．IEEE Transactions on Knowledge and Data Engineering（TKDE）．2007，19（9）：1161-1174.

［106］ MA J，CAO Y，WANG X，et al. PGWinFunc：Optimizing Window Aggregate Functions in Post-greSQL and its application for trajectory data ［C］//2015 IEEE 31st International Conference on Data Engineering（ICDE）．Cambridge：IEEE，2015：1448-1451.

［107］ GUDMUNDSSON J，VAN KREVELD M. Computing longest duration flocks in trajectory data ［C］//

Proceedings of the 14th annual ACM international symposium on Advances in geographic informa-tion systems (GIS). New York: Association for Computing Machinery, 2006: 35-42.

[108] JEUNG H, YIU M L, ZHOU X, et al. Discovery of convoys in trajectory databases [J]. Pro-ceedings of the VLDB Endowment. 2008, 1 (1): 1068-1080.

[109] LI Z, DING B, HAN J, et al. Swarm: Mining relaxed temporal moving object clusters [R]. ILLINOIS UNIV AT URBANA-CHAMPAIGN DEPT OF COMPUTER SCIENCE. 2010.

[110] HUNG C C, PENG W C, LEE W C. Clustering and aggregating clues of trajectories for mining trajectory patterns and routes [J]. The VLDB Journal. 2015, 24 (2): 169-192.

[111] CHEN L, GAO Y, FANG Z, et al. Real-time distributed co-movement pattern detection on streaming trajectories [J]. The VLDB Journal. 2019, 12 (10): 1208-1220.

[112] FANG Z, DU Y, CHEN L, et al. E^{2}DTC: An End to End Deep Trajectory Clustering Framework via Self-Training [C]//Proceedings of the 2021 IEEE 37th International Conference on Data Engi-neering (ICDE). Cambridge: IEEE, 2021: 696-707.

[113] FANG Z, PAN L, CHEN L, et al. MDTP: A multi-source deep traffic prediction framework over spatio-temporal trajectory data [C]. //The VLDB Endowment. 2021, 14 (8): 1289-1297.

[114] WANG S, BAO Z, CULPEPPER J S, et al. Fast large-scale trajectory clustering [J]. The VLDB Endowment. 2019, 13 (1): 29-42.

[115] NIU X, CHEN T, WU C Q, et al. Label-based trajectory clustering in complex road networks [J]. IEEE Transactions on Intelligent Transportation Systems (TITS). 2019, 21 (10): 4098-4110.

[116] ZHANG C, HAN J, SHOU L, et al. Splitter: Mining fine-grained sequential patterns in semantic trajectories [J]. The VLDB Endowment. 2014, 7 (9): 769-780.

[117] DING X, CHEN R, CHEN L, et al. Viptra: Visualization and interactive processing on big traj-ectory data [C]//Proceedings of the 2018 19th IEEE International Conference on Mobile Data Management (MDM). Cambridge: IEEE, 2018: 290-291.

[118] FANG Z, CHEN L, GAO Y, et al. Dragoon: a hybrid and efficient big trajectory management system for offline and online analytics [J]. The VLDB Journal. 2021, 30 (2): 287-310.

第 5 讲
流数据管理

本讲概览

流数据（Data Stream）是一组有序、多源、快速、连续到达的无穷数据序列。在现实生活中有非常多能够利用数据流刻画的实例，例如网络监控、金融数据、传感器网络等。虽然大数据来源越来越普遍，规模越来越大，但处理大数据的资源（主要指处理器能力、快速内存、较慢的磁盘）的增长速度却比较慢。为应对不同数据流问题，已有许多系统从算法、架构等维度对流数据进行管理，以投入更高效的生产实践中。本讲将概述流数据管理的核心问题。具体而言，本讲在 5.1 节简要介绍了流数据管理的基本概念及其主要作用；在 5.2 节引入了最基础的流数据算法；在 5.3 节介绍如何利用流数据算法解决常见的数据挖掘问题；在 5.4 节选取了两个经典进阶数据流算法——Count Sketch 和 Count-Min Sketch 进行深入介绍；在 5.5 节进一步介绍了比较成熟并已广泛使用的流数据管理系统，并从不同维度比较了不同数据流管理系统的特点。最后，本讲在 5.6 节中展望了流数据管理的应用与未来。

5.1 | 流数据管理的基本概念

流数据管理与生活息息相关，在许多地方，流数据管理可以发挥很大作用。本节将介绍流数据管理的适用场景，以及流数据管理的特点，并在此基础上详细地给出流数据管理的作用，以凸显流数据管理的意义和重要性。

5.1.1 流数据管理

传统的数据管理系统应用于具有永久性特征的数据集，这些在存储器中的数据集在存储期内可能被不断查询或改变，但这样的数据整体来说是较为恒定的。然而，对于一些新兴的应用领域，数据是连续、不间断到达和被处理的，我们不需要对静态的、持久的数据进行多次处理。这种连续的数据流是自然产生的，例如在大型电信和互联网服务提供商的网络设施中，来自底层网络不同部分的详细使用信息（呼叫详情记录（CDR）、SNMP/RMON 包的流数据等）需要被持续收集并加以分析。流数据的应用还包括零售连锁店的交易流水记录、金融服务、Web 服务器日志记录等。在大多数这样的应用中，数据流实际上被记录并归档在一个数据库管理系统中，而且通常这种数据库管理系统会被放置在异地的服务器中，这往往使得对归档数据的访问昂贵得令人望而却步。此外，根据实时的数据在线（也就是在数据流到达时）做出决策和推断，对于许多任务有着不可替代的作用，比如近些年我们国家在严厉打击电信诈骗，这类问题就可以通过线上实时监测来解决。因此，近年来对流数据的研究渐渐成为主流，也自然而然地产生了许多流算法。

流数据管理在大数据时代的背景下，自然需要适应大数据的各种特点[18]。大数据有四个特点：容量大（Volume）、类型多（Variety）、速度快（Velocity）、价值高（Value），一般被称为 4V。据统计，淘宝网上每天产生约 20 TB 的产品交易数据，而 Facebook 上每天生成不少于 300 TB 的数据。数据量巨大的同时，数据来源也非常丰富，这就决定了大数据具有多样性。有的商品数据具有比较鲜明的结构特征，但更多的是类似于日志数据这样的半结构化数据，也不乏像音频那样的结构不清晰的数据，这些结构化特征不明显的数据需要由人工进行处理。与此同时，大数据的产生非常迅速，在不需要将所有数据存储下来的情景下，如何使处理数据的速度追赶上数据产生的速度是一个重要问题。海量的数据蕴含着巨大的价值，当务之急是如何利用更高级的算法，乃至机器学习和人工智能方法提取有用的数据用于更复杂任务的预测研究。

数据流是一种数据序列，由大量数据组成。数据流有以下几个特点。

①单次遍历（Single Pass）：每个数据最多访问一次。

②低存储开销（Small Space）：存储空间非常小（常数或亚线性级别）。

③低时间开销（Small Time）：更新、查询速度快。

除了上述三个特点以外，还有以下两个数据流模型的理想属性。

①可删除保证（Delete-proof）：数据流模型（如后文介绍的旋转门模型）下的算法不仅支持插入操作，还支持删除操作。

②可合并性（Composable）：能够针对不同的数据流或数据流的不同部分独立地构建模型，并以简单的（理想情况下达到无损的）方式合并多个模型，从而获得整个流的模型。这是分布式系统设置中的一个重要功能。

接下来，会先介绍几种基础的数据流模型，再在这些数据流模型的基础上介绍相应场景的数据流算法。

5.1.2　流数据管理的作用

流数据管理可以应用在大多数持续生成动态数据的场景中，对于那些自然地以一种持续不断生成事件流的形式产生数据的应用场景，采用数据流的模式自然是无可厚非的。比起早先的"批处理"的处理方式，流处理消除了前者的许多弊端。在批处理的场景下，不仅需要不停地存储大量的数据，而且需要人为地确定开始采集数据和终止采集数据的时间节点，而流处理很自然地解决了这些问题，它更好地适应了那些"流式"数据。这种流式场景随处可见，典型的有交通工具数据收集、股票交易平台接收买入和卖出的流水数据、各式传感器采集工作数据等。

流数据管理不仅可以应用在上述"流式"场景中，还能应用于那些任务数据因过于庞大而无法存储的场景。在这种场景下，查询需求所依赖的分析数据不断产生，但因为受限于传输速率和存储性能，这些数据并不能全部存储下来以备后续的查询，这时流数据管理中的单次遍历和低存储开销的特性就派上了用场。典型的场景有实时更新数据榜单、搜索引擎快速返回搜索结果等。

流数据管理的低时间开销的特性决定了它也能适用于那些对时效性要求较高的应用场景。随着数据收集能力的提高，数据分析人员需要面对越来越严苛的查询需求，如以"即席查询"的方式进行"探索式分析"。这类查询为了满足时效性，往往不需要精确的结果，所以传统数据库的查询优化策略对这种偶发、复杂的查询需求不具备处置能力，而流算法能够以可控误差快速高效地返回结果。

5.2 | 基础流算法

5.1 节最后提到，流算法能够以可控误差高效地返回结果。流算法的核心思想是在允许一定误差的条件下，利用概率的手段，高效使用较小的空间，近似回答查询问题。本节我们将先从数据流模型的基本概念入手，由浅入深地介绍一些常见的基础数据流算法，包括元素个数估计、top k 元素估计与直方图、数据流上不同元素个数估计。

5.2.1　常见数据流模型

在介绍基础流算法之前，先正式地给出数据流模型的具体定义。在数据流的场景下，输入数据会以任意顺序快速到达接收设备，而接收设备只有有限的空间来存储这些数据。在这种情况下，无法对数据进行随机的访问，通常的情况是每个数据随着流一起到达，并且仅到达一次。流中的输入数据通常被表示为一个有限的整数序列，且这些整数被限制在某个有限域中。如果数据流的长度为 m，域的大小为 n，数据流算法的可用空间通常限制在关于 n 和 m 的对数空间内。现有的数据流模型种类非常丰富，下文将从数据流的内容表达形式和数据流的访问形式两个方面介绍几种数据流模型。

1. 数据流的内容模型

定义 5.1　数据流（Data Stream）　数据流是一系列形如 $S = s_1, s_2, \cdots, s_m, \cdots,$ 的数据串。其中每个元素 s_i 是在有限域 U 内的一个元素，$|U| = n$。流算法 A 将 S 作为输入数据并利用函数 f 对其进行处理。并且流算法 A 只能在输入数据到达时访问这些数据，即不能以其他顺序读取输入数据，在大多数情况下，只能读取一次数据。

值得一提的是，对特定元素的计数是数据流的重要计算任务。对于事件空间中的元素 s_i，关注它们在整个数据流中出现的次数，并由此得到事件空间中所有元素的计数集合，这称为数据流的频率向量，其正式定义如下。

定义 5.2　频率向量（Frequency Vector）　给定一个序列 $S = s_1, s_2, \cdots, s_m, s_i$ 属于连续整数空间 $U = \{1, 2, \cdots, n\}$，定义其频率向量为 $f = \langle f_1, f_2, \cdots, f_n \rangle$。其中，$f_j = \sum\limits_{i:\, s_i = j} 1$ 代表 j 在数据流 S 中出现的次数。

依据有限域 U 中的元素在数据流 S 中的表达形式，又有以下几种数据流模型。

定义 5.3　时间序列模型（Time-Series Model）　给定一个序列 $S = s_1, s_2, \cdots, s_m$，$s_i$ 属于一个特定的域 $U \subseteq R$，每个流元素按它们的序号从小到大依次到达接收器。

时间序列模型是数据流模型中最基础的模型，它只定义了数据流中元素所属的范围和元素到达的顺序。在时间序列模型中，默认每次到达一个元素，记为 s_i。这个模型最直接地和频率向量的定义相联系，在需要计算其频率向量时，只需将同类数聚合在一起，计算其出现的次数。时间序列模型的适用场景包括温度传感器接收温度的变化以及股票交易平台接收股票的交易信息等。在时间序列模型的基础上又衍生出了收银机模型。

定义 5.4　收银机模型（Cash Register Model）[14-15]　给定一个序列 $S = s_1, s_2, \cdots, s_m$，$s_i$ 一般由一对数构成，形如 $\langle a_i, c \rangle$。其中 a_i 属于一个特定的域 $U \subseteq R$，c 属于连续正整

数空间 $N^+ = \{1, 2, \cdots, n\}$，每个流元素 s_i 代表 c 个数 a_i 以顺序 i 到达接收器，其对应的频率向量 $f_{a_i} \leftarrow f_{a_i} + c$。

有一个值得注意的特例是有些模型要求 $c = 1$，也就是只允许插入单个元素，这时收银机模型就退化为时间序列模型。收银机模型也有许多适用场景，例如监控两个 IP 地址之间交换的总数据包或访问 Web 服务器的 IP 地址的收集。上面讨论的两种模型都只允许插入操作，但实际应用中，经常会遇到删除操作。比如在数据库中维护一个体育场馆人员统计表，当有人进入场馆时，数据库需要执行插入操作，而有人离开场馆时，数据库需要执行删除操作。为了满足前述情景，旋转门模型被提出。

定义 5.5　旋转门模型（Turnstile Model）　给定一个序列 $S = s_1, s_2, \cdots, s_m$，$s_i$ 一般由一对数构成，形如 $\langle a_i, c \rangle$。其中 a_i 属于一个特定的域 $U \subseteq R$，c 属于连续整数空间 $N = \{-n, \cdots, -1, 0, 1, \cdots, n\}$。

当 c 的值为正数时，流元素 s_i 代表 c 个 a_i 以顺序 i 到达接收器，即执行一次插入操作，其对应的频率向量 $f_{a_i} \leftarrow f_{a_i} + c$；当 c 的值为负数时，流元素 s_i 代表 c 个 a_i 从接收器离开，即执行一次删除操作，其对应的频率向量 $f_{a_i} \leftarrow f_{a_i} - c$；当 $c = 0$ 时，表示不进行任何操作，其对应的频率向量 f_{a_i} 不变。

在基础的旋转门模型里，不要求最后频率向量非负，也就是说，在执行多次删除操作之后，有可能存在 $f_{a_i} < 0$ 的情况。但实际使用时，这显然会造成冲突，于是通过对频率向量的约束，有了严格旋转门模型。

定义 5.6　严格旋转门模型（Strict Turnstile Model）　给定一个序列 $S = s_1, s_2, \cdots, s_m$，$s_i$ 一般由一对数构成，形如 $\langle a_i, c \rangle$。其中 a_i 属于一个特定的域 $U \subseteq R$，c 属于连续整数空间 $N = \{-n, \cdots, -1, 0, 1, \cdots, n\}$。同时，要求 S 所对应的频率向量 $f = \langle f_1, f_2, \cdots, f_n \rangle$ 在数据流中恒有 $f_i > 0$。

2. 数据流的访问模型

在给定数据流的内容模型后，对于不同的需求应用场景，我们还需要确定流算法适用的数据访问范围，由此又有以下几种访问模型。

1）**暂时性模型（Ephemeral Model）**。对于一个数据流模型而言，最基础的访问方式是按到达顺序进行访问，流算法 A 最后得到的摘要（summary）或者略图（sketch）能够展示最后时刻的数据结构。举一个简单的例子，对于一个数据流 $S = \langle 1, 2, 5, 1, 2,$

1〉，流算法 A 在按次序访问完数据流的元素后能够得到的信息是元素 1 出现过 3 次，元素 2 出现过 2 次，元素 5 出现过 1 次。它所表达的信息随着新元素的到来是实时改变的，即它是暂时性的。

　　2）滑动窗口模型（Sliding Window Model）[16,17]。在许多应用程序中，降低旧元素在流式处理中的权重是非常重要的。例如，在对金融数据流趋势的统计分析中，超过几周的数据自然就被视作"过时"的、无关紧要的。滑动窗口模型为典型的时间衰减模型之一。在滑动窗口模型中，流算法按顺序访问数据元素，但与暂时性模型不同的是，它只关注最后一个窗口内的数据。用上面给的例子来解释，如果窗口大小为 3，则对于一个数据流 $S=\langle 1,2,5,1,2,1 \rangle$，流算法 A 在按次序访问完数据流的元素后得到的信息是在窗口中元素 1 出现过 2 次且元素 2 出现过 1 次。滑动窗口模型的类别又可以细分为基于计数的滑动窗口（Count-based Window）类型和基于时间的滑动窗口（Time-based Window）类型。前者通过设置参数 k 来确定模型所关注的数据范围，也就是最后 k 个元素。后者通过设置参数 t 来确定模型所关注的数据范围，也就是最后 t 个单位时间内到达的所有元素。窗口会随着新元素的到来向前移动，窗口内的旧元素会从窗口中剔除，形象地说就是一个滑动的窗口。

　　3）持久性模型（Persistent Model）。暂时性模型体现的是一种积累的数据形式，而滑动窗口模型则更加重视新到来的元素。但在一些应用场景中，我们会希望能够回到过去的时间节点看当时的数据结构，从而提出了持久性模型。用上面给的例子来解释，对于一个数据流 $S=\langle 1,2,5,1,2,1 \rangle$，持久性模型在按顺序访问完数据后，能够得到每个元素到达的时刻。比如需要回看时间区间 $[2,5]$ 内的数据结构，那么持久性模型就要求流算法可以回答出这一区间内元素 1 出现 1 次，元素 2 出现过 2 次，元素 5 出现过 1 次。这种做法相当于流算法在访问完每个数据之后都存储了它的相应数据，以供后续查询。

　　至此，对主要流场景下适用的数据流模型都进行了介绍，接下来的章节将基于所介绍的数据流模型介绍其适用的数据流算法，分析若干数据流典型问题及其计算方法。

5.2.2　元素个数估计

　　数据管理中，首先需要回答的问题是"数据流 X 中到底记录了多少个元素？"假如所有元素都不一样，那么所需要的计数器的空间为 $\log |X|$ bit，其中 $|X|$ 代表数据流 X

的大小。此外，如果对一些数据进行计数，那么通常会定义固定大小的计数器进行记录，当记录的对象数目过多时，就要求用尽量少的内存，对大量对象进行计数。所以，在数据流背景下，需要利用更小的空间，对元素个数进行估计。本小节将从数据流模型下最简单的计数算法开始，引入数据流算法的思想和技术要点。

1. Morris 计数器

Morris 计数器是最先被提出的针对数据流问题的方法。它利用非常少的字节来估计输入元素的个数。Morris 计数器启迪了之后数据流算法的设计思路。它的核心思想是不去记录确切的每个元素，而是利用随机过程决定何时需要增加新的元素。之后很多数据流算法也都主要利用随机性，返回对目标的一个近似估计，从而达到节约内存空间的目的。

Morris 计数器的构建可以类比于抛硬币。假定不想记录抛硬币的总次数，那最简单的想法是记录硬币正面朝上的次数，并将该计数乘以 2，即可得到近似实际抛硬币的总次数。上述方法相比于记录总次数的方法，仅能省下一半的空间，远没有降低空间消耗的数量级。假定元素个数为 n，这两种方法消耗的空间都为 $O(\log n)$ bit，但现在希望将其降低到 $O(\log\log n)$ bit。那么我们的目标是利用一个 k，其大小为 $O(\log n)$，并利用它返回对 n 的估计。Morris 算法的思路如下：从 $k=0$ 开始，当需要进行一次计数时，以 $1/2^k$ 的概率增加 1 到计数器 k 上；最终利用 2^k-1 估计出现次数 n，这样的 k 可以满足以 $O(\log\log n)$ bit 估计 n 的要求。

给定 k，平均来看，要达到这样级别的 k 值，每次增加 1 的过程都是独立的，期望上，这个过程中达到 k 所需要的增加的计数次数为 $1+2+4+\cdots+2^{k-1}=2^k-1$。Morris 计数器的算法伪代码见算法 5-1。

算法 5-1　Morris 计数器

1: while update

2:　　Sample y from Uniform$(0,1)$

3:　　if $y<b^{-k}$

4:　　　　$k = k+1$;

5: return$(b^k-1)/(b-1)$;

以上伪代码反映了通用的 Morris 计数器的实现，但在计算机中，通常会将 b 选择为 2 的幂，以方便采样。

在网页排名中，通常可以用到 Morris 计数器。当需要对网页访问数量进行排名时，不太需要精确计数。若访问量在数百亿的级别，精确记录每个网站的访问数量可能需要数百 GB 的空间，但利用 Morris 计数器，仅需要几 GB 的空间即可。

2. Morris 计数器的历史

计数器近似问题的描述首先是在 1977 年由 Morris 提出的[1]。通常该算法也被看作第一个流算法，其详细的误差分析则是由 Flajolet 于 1985 年完成的[2]。该算法提供了可以使用的基本工具，用以解决数据规模特别大的问题。通常数据流算法会维护一个比较小的数据摘要，当某些值允许在一定的误差下进行估计时，即可利用摘要返回对该值的一个近似。Morris 计数器早期用于计算大规模文本集合中字母组合的频率。这种频率计数的估计，也可以用于提供更加有效的数据压缩模型。同时其对后续的数据流算法也产生了深远的启发作用。

5.2.3　top k 元素估计与直方图

在实际应用中，通常无法关心所有元素的取值，同时也没有必要。例如，在研究网页点击量时，没必要记录所有网页的点击次数，而主要关心最经常被点击的几个网页是什么以及它们的点击频率。本小节将介绍一些估计频繁元素在数据流中出现次数的算法，频繁元素也被叫作 top k 元素。

1. 主元素算法

（1）问题描述

对于一个集合 A，有一个数据流 $a_1, a_2, \cdots, a_k, a_{k+1}, \cdots, a_m$，共 m 个元素，其中 $a_i \in A$。考虑 $k=2$ 的情况：是否存在一个元素，其出现次数超过元素总数的一半？若有，输出这个元素；若没有，输出空。要求只使用常数的存储空间。

（2）问题分析

若不存在存储空间的约束，可以扫描全部元素，并为了记录各元素出现的频次，为每个已出现的元素配置独立的计数器。扫描完整个数据流之后，根据每个计数器的值判断其是否超过元素总数的一半。若超过了，输出该元素；若没有超过，输出空。在只能使用一个存储空间的约束下，所面临的挑战在于如何在保持元素不与其他元素混合的前提下记录不同元素的数量信息。更进一步分析这个问题，虽然知道每个元素在数据流中出现的具体次数后能够回答是否存在主元素以及主元素是谁的问题，但这并不是"必要"的。相比于具体数值，我们真正关心的是其与 $m/2$ 的"关系"这一布尔型指标。当确定某个元素是主元素时，其他元素出现的次数就不再干扰它的计数。故算法可以分为两步：确定主元素，进行主元素计数。

（3）算法描述

①若计数器为空，将访问到的元素加入计数器，计数加 1。

②若访问到的元素与计数器存储的元素相同，计数加 1。

③若访问到的元素与计数器存储的元素不同，计数减 1。

④若计数器计数为 0，清空计数器。

⑤访问所有元素之后，再次扫描数据流，对计数器中留下的元素进行准确计数。

⑥比较准确计数结果与 $m/2$：若满足要求（大于 $m/2$），输出计数器中的元素；若不满足，输出空。

（4）算法分析

计数器每次减 1 的操作导致减少 2 个元素（访问到的元素失去计数；原本存储在计数器中的元素减少计数）；数据流中的元素总数为 m，故这样的计数减 1 操作至多会发生 $m/2$ 次。若数据流中存在主元素，则其必定会留在计数器中。若数据流中不存在主元素，则每个元素都有可能最后留在计数器中，二次扫描时会将其排除并正确输出空，正确性得以保证。

上述算法访问了两遍数据流，因此其并非是纯粹的数据流算法，出现这种情况的原因为该算法要求得到关于结果的精确答案。若放松此约束，允许算法得到的结果在"概率近似正确"的范式下被解释，则可以将其改造为满足数据流算法要求的"随机算法"。

例如，有如下数据流：$i_1, i_1, i_2, i_5, i_7, i_1, i_1, i_7, i_1, i_1, i_7$，共有 $n = 11$ 个元素。假设 $k = 4$。频繁元素是指出现次数超过 $11/4 = 2.75$ 次的元素。其中，i_1 出现 6 次，i_7 出现 3 次，它们是在该参数设定下数据流中的频繁元素。

2. MG 算法

首先，将主元素问题推广到 top k 元素估计问题上，并类似于主元素估计，提供一个频率估计算法。

（1）问题描述

对于一个集合 A，有一个数据流 $a_1, a_2, \cdots, a_k, a_{k+1}, \cdots, a_m$，共 m 个元素，其中 $a_i \in A$。给定参数 k，是否存在若干元素，其出现次数超过 m/k？如果存在，则输出这些元素，若不存在，则输出空。要求只使用 $O(k)$ 的存储空间。

（2）问题分析

相比于主元素算法关注元素在数据流中出现次数与元素总数一半 $m/2$ 的关系，频繁元素问题则关注元素在数据流中出现次数与元素综述特定比例 m/k 的关系，类似于主元素算法，但着眼于构造布尔型指标。

（3）算法描述

①若 k-1 个计数器中存在空计数器，将访问到的元素填入计数器，计数加 1。

②若访问到的元素已被记录，将其计数器计数加 1。

③若访问到的元素未被记录，将所有计数器计数减 1。

④若某计数器计数为 0，清空该计数器。

⑤访问所有元素之后，再次扫描数据流，对计数器中留下的元素进行准确计数。

⑥比较准确计数结果与 m/k：若满足要求（大于 m/k），输出计数器中的元素；若都不满足，输出空。

（4）算法分析

计数器每次减 1 的操作导致减少 k 个元素（访问到的元素失去计数；原本存储在 k-1 个计数器中的元素减少计数）；数据流中的元素总数为 m，故这样的操作至多会发生 m/k 次。若数据流中存在计数超过 m/k 的元素，则其必定会留在计数器中。若数据流中不存在计数超过 m/k 的元素，则每个元素都有可能最后留在计数器中，二次扫描时会将其排除并正确输出空。

5.2.4　数据流上不同元素个数估计

在估计元素个数、频率之外，有多少种不同元素通常也是数据流问题中比较关注的问题。利用不同元素个数估计，可以解决许多不同领域的问题。例如，在统计文献中，经常研究如何估计生物的种类有多少种；在数据库中，不同元素个数估计可以用于查询优化和设计查询方案。不同元素个数估计也可以应用于网络监测中，计算某时间段内访问的不同 IP 地址的个数，可以探测是否有设备在发起访问攻击。

本小节介绍两种比较经典的数据流上估计不同元素个数的方法：KMV 算法[3] 与 HyperLogLog 摘要[4]。前者比较易于理解，后者则在数据库的近似不同元素估计中应用最为广泛。对于前者，本小节会给出一些理论分析，而后者的分析比较复杂，便不做过多的解释。

1. KMV 算法

（1）算法描述

KMV 算法的思想是利用哈希函数将原数据映射到均匀的哈希值上，由于相同的元素值会映射到同样的位置，因此在计数时能起到去重的作用。利用近似的方法，可以不记录完整的哈希表，而是利用比例推算出不同元素的个数。近似算法需要在一个较小的概率 δ 下保证 ϵ 的相对近似误差。假设使用的哈希函数最终保留哈希值最小的前 k 个不同元素以及它们的哈希值。这里的 k 取决于精度值 δ 和 ϵ。

算法 5-2 展示了 KMV 算法是如何实现的。每次到来新元素时，计算其哈希值，并将其插入列表中。当列表中的元素个数超过 k 时，将列表中哈希值最大的元素去掉，这样列表中始终维护着哈希值最小的前 k 个元素，那么在对不同元素个数进行估计时，只需要利用哈希表数据的范围以及前 k 个最小哈希值中的最大值 v_k，即可按照比例计算出当前哈希表中大约有多少个元素，以此估计数据流中有多少个不同的元素。

算法 5-2　KMV 算法

1: Initialize(k):
2:　　Pick hash function h, and store k;
3:　　Initialize list $L=\emptyset$ for k hash pairs;
4: Update(L,x):
5:　　if $x \notin L$ then

```
6:          L insert (x,h(x));
7:          if |L|>k then
8:              L Remove item x with lagest hash value h(x);
9: Estimate():
10:         v_k ← largest hash value in L;
11:         return (k-1) * R/v_k;
```

（2）算法分析

假定输入元素的阈值范围为 $[1,\cdots,M]$，我们使用哈希的散列范围为 M^3，记为 R，足够大的哈希散列范围可以避免冲突。KMV 算法使用的哈希函数为从二阶独立哈希函数族中随机取得的函数 h。假定估计目标的真实值为 D，我们的估计值为 $R(k-1)/v_k$，分别考虑高估和低估的情况。高估时，即 $R(k-1)/v_k>(1+\epsilon)D$，$\epsilon<1$，意味着有至少 k 个元素小于哈希值 $\mu=R(k-1)/(1+\epsilon)D$，也就是 $v_k<R(k-1)/(1+\epsilon)D$。利用放缩将 ϵ 放到分子上，可以得到 $\mu=\dfrac{R(k-1)}{(1+\epsilon)D}\leqslant\dfrac{R(k-1)}{D}\left(1-\dfrac{\epsilon}{2}\right)$，对于任意一个元素，其哈希值小于 μ 的概率为

$$\frac{R(k-1)}{(1+\epsilon)D}\cdot\frac{1}{R}\leqslant\left(1-\frac{\epsilon}{2}\right)\frac{R(k-1)}{D}:=p$$

为了下一步分析，定义一些辅助随机变量。设 X_i 为独立的指示器变量，指示不同的元素的哈希值是否以概率 p 低于 μ，$i\in[1,\cdots,D]$。令 Y 代表这 D 个随机变量的和，那么有 $E[Y]=Dp\leqslant(1-\epsilon/2)(k-1)$，利用哈希函数的独立性质，有 $\mathrm{Var}[Y]=Dp(1-p)\leqslant(1-\epsilon/2)(k-1)$。利用 Chebyshev 不等式，可以得到

$$P[Y\geqslant k]\leqslant P\left[|Y-E[Y]|>\frac{\epsilon}{2}k\right]\leqslant 4\frac{\mathrm{Var}[Y]}{\epsilon^2k^2}\leqslant\frac{4}{\epsilon^2k}$$

同样的分析也可以应用于 $(1-\epsilon)D$ 的部分，区别只在于放缩的部分。这部分的放缩为

$$\frac{(k-1)R}{(1-\epsilon)D}\geqslant(1+\epsilon)\frac{(k-1)R}{D}$$

将这部分的概率合并到上式中，最终可以得到两部分犯错误的概率之和为

$$P\left[\left|\frac{R(k-1)}{v_k}-D\right|\leqslant\epsilon D\right]\leqslant\frac{5}{\epsilon^2 k}$$

利用 Median Trick，也就是取多个哈希函数并对所有结果取中位数，可以将犯错误概率进一步降低，最终需要的空间为

$$O\left(\frac{1}{\epsilon^2}\log\frac{1}{\delta}\right)$$

由于 KMV 在理论和实验上的优异性，实现起来也比较简单，因此在各种软件库和系统中都有 KMV 的实现，例如 stream-lib、Redis 数据库和 Algebird。DataSketches 库也实现了 KMV 及其多种变体。计数器的个数可以有不同的调整，对应着不同的精确度。总的来说，KMV 是一个效果非常好也特别实用的技术。

2. HyperLogLog（HLL）摘要

（1）算法描述

与 KMV 算法一样，HLL 使用了哈希的技术，其算法思想比 KMV 更进一步，它将原数据映射到固定的比特位上，利用比特值最高非 0 位的位置来估计访问了多少元素，大大压缩了需要使用的空间，伪代码见算法 5-3。

算法 5-3　HyperLogLog 摘要

1: Initialize(m)：
2:　　Pick hash function h,g and store m；
3:　　$C[1],\cdots,C[m]\leftarrow 0$；
4: Update(x)：
5:　　$C[h(x)]\leftarrow\max(C[h(x)],z(g(x)))$；
6: Estimate( )：
7:　　$x\leftarrow 0$；
8: for j from 1 to m
9:　　　　$x\leftarrow x+2^{-C[j]}$；
10:　　return $\alpha_m m^2/x$；

HLL 摘要存储 m 个计数器，每个输入项在哈希函数的映射下，被放入 m 个不同的计数器中，并应用于第二个函数，被映射为二进制编码。每个箱子中会跟踪二进制编码中第一个 1 出现的位置。在实现数据库应用时，通常会将元素直接散列为二进制数，并由其前几位决定 m 的数量，再利用后面的位追踪第一个 1 所出现的位置。例如，若将数据 x 映射到 8 位二进制码 00101010 上，利用其前 3 位决定数据映射到哪个计数器中，这里 x 映射到 $C[001_2]=C[1]$，利用前 3 位标记计数器的个数，可以得到 $m=8$。再利用后 5 位确定第一个 1 出现的位置，由后 5 位 01010 可以得到第一个 1 出现的位置为 1，即 $C[1]=1$。又例如，将数据 $y(11000010)$ 输入 HLL 中，那么 y 将映射到 $C[110_2]=C[6]$，由后 5 位可以得到 00010 第一个 1 出现的位置为 3，则有 $C[6]=3$。在估计时，α_m 为矫正参数，取决于 m 的值，在 HLL 原文中使用 $\alpha_m=1/2\ln2(1+(3\ln2-1)/m)=0.7213/(1+1.079/m)$。HLL 分析比较难的原因是，它使用的平均数是调和平均数，可以抵消转化为二进制后带来的巨大偏差。相对地，这也使得该算法的复杂度分析变得比较艰难，下文只给出关于最终消耗空间的结论。

（2）空间消耗

与 KMV 的分析类似，考虑 HLL 摘要犯错误概率为 δ 时，以相对误差 ϵ 估计不同元素个数 D 的情况。要使得计数器的值达到 ρ，那么大约需要 2^ρ 个不同元素。计算存储 ρ 所需要的空间，只需要取对数即可，即需要的空间级别为 $O(\log\rho)=O(\log\log n)$，这也就是该算法的名字 "loglog" 的由来。为了实现 ϵ 的相对误差，需要使 $m\geqslant1/\epsilon^2$，类似于 KMV，可以利用 Chebyshev 不等式得到，再类似地利用 Median Trick，最终可以得到 HLL 总共需要 $O(1/\epsilon^2\log(1/\delta)\log\log n)$ bit 的空间，这相较于 KMV 算法是非常高效的。KMV 算法需要保存 $O(1/\epsilon^2\log(1/\delta))$ 个哈希值，最终需要 $O(1/\epsilon^2\log(1/\delta)\log n)$ bit 的空间。

5.3 ｜ 数据挖掘与流算法

数据流问题中，要求利用尽可能小的空间提取出数据中蕴含的数据特征。通常流式数据需要在尽可能短的时间内回答一些关于数据信息的问题。而数据挖掘需要从大规模杂乱无章的数据中利用算法提取当中隐藏的关键信息。从快速的数据流中挖掘出重要的数据特征信息是非常有必要的，本节将从几种挖掘数据流特征的算法出发，描述从流数据中挖掘信息的过程。

5.3.1 数据流上的频繁项估计

上一节介绍了主元素估计问题以及 MG 算法解决的 top k 频繁元素估计问题。这两个问题对应着数据流挖掘问题中的频繁项估计的最基础版本。本小节将对数据流上的频繁项估计问题进行正式的定义，并讨论其他频繁项估计问题及其算法。

给定阈值 $s \in [0,1]$ 和数据流的长度 N，当一个元素出现次数超过 sN 次时，则称之为频繁元素。如果维护一个形为 $\langle \text{element}, \text{count} \rangle$ 的计数列表，一旦一个新元素出现，就将其记入列表中，那么在最糟糕的情况下，需要 N 个计数器。在现实生活中，很多数据具有重尾特性，会导致有比较多的数据出现的频率超过 $1/s$。这也就意味着如果坚持精确计数，那么必须使用 $\Omega(N)$ 的空间。因此，为了对观测到的频繁元素进行计数，需要使用近似的方法，以下给出 ϵ-频繁项估计的定义。

定义 5.7 ϵ-频繁项估计（ϵ-Approximate Frequency Count） 给定阈值 $s \in [0,1]$ 以及误差参数 $\epsilon \in (0,s)$，目标是输出一个关于元素及其对应估计频率的列表，并满足以下三个性质：

①估计频率最多比真实频率小 ϵN。

②所有真实频率超过 sN 的元素都必须被输出。

③真实频率低于 $(s-\epsilon)N$ 的元素不会被输出。

实例。假如需要输出数据流中当前出现频率至少为 1% 的元素，那么可以将阈值设置为 $s=1\%$，误差可以根据需要设置为 $\epsilon \in (0,s)$，不妨假设这里的 ϵ 被设计为 0.1%。那么根据性质①，估计频率最多比其真实频率小 0.1%，根据性质②，所有出现频率超过 $s=1\%$ 的元素都要被输出。根据性质③，当元素出现频率低于 0.9% 时，这样的元素是不允许被输出的。

对于频繁元素项的挖掘问题来说，近似的要点在于两个方面：第一，对于频繁元素来说，不希望有假阳性的结果，也就是当一个元素不是高频元素时，不会被认为是高频元素；第二，希望对于个别频率有比较小的误差。这样得到的频繁元素项的估计就足以解决现实生活中的问题了。

下面将给出三种实现频繁项估计的算法。这三种算法都将维护一些形如〈element，count〉的计数器。在任意时间内，ϵ 近似频率计数器都可以返回当前超过（$s-\epsilon$）N 的元素的频率估计。首先可以想到的是上一节介绍的 MG 算法，这里不再过多重复 MG 算法的细节。

1）MG 算法。令 a 代表一个新到达的元素。如果 a 在计数器中，那么增加对应的频率。否则，若已经有 $1/\epsilon$ 个计数器，那么所有计数器都同时减 1，直到某个计数器减为 0，再清除掉所有为 0 的计数器，并插入一个新的计数器〈$a,1$〉。

2）LOSSY 计数。令 a 为一个新到的元素。如果 a 在计数器中，那么增加对应的频率。否则，创建一个新的计数器〈$a,1$〉。当到达元素个数 N 等于 i/ϵ 时（i 为某个给定的整数），将所有的计数器都减 1，并去掉所有为 0 的计数器。

3）STICKY 采样。该算法是一种随机算法，有 δ 的概率运行失败。该算法维护一个大小为 r 的采样率，对数据流进行采样。初始时，将 r 设置为 1。令 a 代表新到来的元素，如果 a 存在于计数器中，则增加其对应的频率。否则，生成一个（0,1）的均匀随机数，若比 r 大，则创建一个新的计数器〈$a,1$〉，否则就忽略 a。这里 r 变化的规律如下：令 $t=1/\epsilon\log(s^{-1}\delta^{-1})$，那么前 $2t$ 个元素的采样率为 $r=1$，之后 $2t$ 个元素的采样率为 $r=1/2$，再往后 $4t$ 个元素的采样率为 $r=1/4$，以此类推。每当采样率发生改变时，将对每个计数器进行一定的操作：重复丢一个均匀的硬币，当反面朝上时，计数减 1；当正面朝上时，停止。如果在这个过程中，计数器减为 0，那么将其删去。

下面不加证明地给出三种算法对应的空间复杂度。

定理 5.1 MG 算法最多需要 $1/\epsilon$ 的空间，达到 ϵ-近似估计。LOSSY 计数最多需要 $1/\epsilon\log(\epsilon N)$ 个计数器，达到 ϵ-近似估计。STICKY 采样以至少 $1-\delta$ 的概率，期望上使用最多 $2/\epsilon\log(s^{-1}\delta^{-1})$ 个计数器。

相较于后两种方法，MG 算法使用的空间相对较少，而且算法也更为简洁。

5.3.2 数据流上的聚类

聚类是数据分析中的常用工具。粗略地说，聚类问题一般是将数据集分割为几类，使得同类数据具有一定的相似性，不同类数据具有相对小的相似性。度量数据之间相似性的方法比较多，通常针对不同数据会使用不同的距离定义。本小节中将关注数据流上的聚类算法。聚类问题本身并无新颖之处，但在数据流的设定下，只能访问数据一次，并且无法将所有数据点都保存下来。因此，数据流上的聚类算法需要利用亚线性级别的空间复杂度计算出结果。聚类算法只是流数据上的一种实例，更重要的是，遇到其他在线问题，需要有方法将其转化为流算法，也就是尽可能少地访问数据和使用尽可能少的空间来解决问题。

（1）问题描述

聚类算法需要将数据划分为给定的类别。这类型的算法属于启发式算法，需要固定给出一定的衡量准则，才能衡量什么样的数据点属于同一类。通常来说，会使用"距离"来衡量两个数据点是否足够接近，并将其划分为同一类。但在不同的问题上，距离的计算方式是不一样的。使用得比较多的为 Euclidean 距离。将数据点定义为 $\vec{x}$，$\vec{y} \in X$，对于 Euclidean 距离而言，两点之间的距离为 $D(\vec{x},\vec{y}) = \sqrt{\sum_{i=1}^{d}(x_i - y_i)^2}$。下面是 k 中心问题的定义。

定义 5.8　k 中心问题（The k-Center Problem）　给定类别数 k 和一组数据点 s，$|s| = n$，k 中心问题的目标是找到 k 个中心数据点 $C = \{c_1, \cdots, c_k\} \subseteq S$，使得下式最小：

$$\max_{x \in S} \min_{c_i \in C} D(c_i, x)$$

这样的定义要求每个点都分配到离自己最近的中心的类中。但若存在某个特定的数据点，到任意中心的距离都比较远，那么该离群点将大大影响集群的质量，进而大大影响分类效果。另一种对异常值没那么敏感的方法是利用中位数，使覆盖所有点需要的"平均"半径尽可能小。

定义 5.9　k 中位数问题（The k-Median Problem）　给定类别数 k 和一组数据点 s，$|s| = n$，k 中心问题的目标是找到 k 个中心数据点 $C = \{c_1, \cdots, c_k\} \subseteq S$，使得下式最小：

$$\min \sum_{x \in S} \min_{c_i \in C} D(c_i, x)$$

k 中位数问题的一种近似解法是用误差的平方替代原来的距离，则原来的目标函数变为

$$\min \sum_{x \in S} \min_{c_i \in C} D(c_i, x)^2$$

而在实际应用中，通常由于中位数难以迭代计算，最终使用的都是数据的均值。

（2）算法描述

通常的 k-means 聚类算法的难点在于确定 k 个中心的位置在什么地方。随着输入数据的不断增加，此时对应的中心的位置是可能发生改变的。此外，如何保证保留的中心始终有效是需要解决的问题。启发式的思想是，维护一棵聚类的树，保留尽可能多的叶节点，并将新来的点放入树中，当需要回答查询时，将部分叶节点合并即可返回聚类的结果。这样贪心式的启发思想，并不一定能返回最优解。算法 5-4 给出了比较正式的解决方案的伪代码。

算法 5-4　倍增算法

1: 输入：从数据流 S 中，每次到达一个元素；

2: 输出：k 个中心；

3: 初始化：初始的 k 个点被选作中心，令 $r \leftarrow 0$；

4: for 新点 i

5: 　　假定当前的中心为 $c_1, \cdots, c_\ell$；

6: 　　if i 在任意中心的 $4r$ 半径内

7: 　　　　分配 i 到那个类别中（如果超过一个中心满足条件,则随机分配）；

8: 　　else

9: 　　　　if $\ell < k$；

10: 　　　　　　令 $c_{\ell+1} = i$，即开辟一个新的类别以 i 作为中心；

11: 　　　　else；

12: 　　　　　　设集合 $C = \{c_1, \cdots, c_k, i\}$ 的任意两点之间的最小距离为 t；

13: 　　　　　　$r \leftarrow t/2$；

14: 　　　　　　从 C 中选择一个点并令其为新的中心 c_1'。从 C 中去除所有与中心 c_1' 的距离为 $4r$ 的点。所有这些被去掉的类都可以合并入 c_1'；

15: 　　　　　　重复以上步骤，知道 C 为空，由此可以得到下一轮迭代的新中心点；

16: 输出最终剩下的聚类中心；

以上伪代码给出了流数据上解决聚类问题的算法。其核心思想在于，当到来新的数

据时，若能合并到 4 倍半径的数据中，就将其合并，否则将其设置为新的中心。当中心数量达到上限时，就对所有的中心重新进行分配计算，以保证新得到的中心能比较好地覆盖原来的数据点。

这对于之后的流数据任务的发展是有比较深远的意义的。通常的流算法会接受数据进行一定的"懒插入"，当数据达到一定的阈值范围时，则对原来的数据摘要进行一定的合并，由此得到新的数据摘要。这也就要求针对一般流数据问题设计的摘要能有较好的可合并性。之后从理论上分析合并后的新摘要依然能满足误差条件。

5.4 | 进阶流算法

在数据流估计问题上，除了关注数据的个数有多少、top k 元素及其对应频率是多少、有多少个不同元素，还关注一些数据的特征。总的来说，以上这些估计都可以扩展为求数据流频率的矩的问题。5.2 节中定义了数据的频率向量。数据频率向量的 p 范数可以记作 $\|f\|_p = \sum_i f_i^p$。下面就介绍一下如何利用摘要估计数据频率向量。

5.4.1 Count Sketch

首先介绍第一个数据流算法——计数略图（Count Sketch），此算法由 Charikar、Chen 以及 Farach-Colton[5] 在 2002 年的工作中提出，下面来看此算法的实现过程。

（1）算法描述

该算法的思想是利用哈希函数将数据映射到不同的频率计数器上，不同元素的计数器会因为哈希的独立性从期望上互相抵消，最终每个计数器从期望上可以得到对访问频率的一个估计，这时再求数据频率的矩也就变得容易了。假如利用哈希函数将数据映射到 k 组计数器上，令 $k = O(1/\epsilon^2)$，此处取 $k = 3/\epsilon^2$。

①初始化长度为 k 的向量 $C = 0$。

②选择一个 2-universal 的随机哈希函数 $h : [n] \rightarrow [k]$。

③选择一个 2-universal 的随机哈希函数 $g : [n] \rightarrow \{-1, 1\}$。

④顺序访问每个数据流中的元素 $a_i = (j, c)$。

⑤更新 $\boldsymbol{C}$ 中位置为 $h(j)$ 的元素：$\boldsymbol{C}[h(j)] = \boldsymbol{C}[h(j)] + cg(j)$。

⑥返回 $\boldsymbol{C} \in \mathbb{Z}^k$ 作为算法得到的略图。

基于如上算法，对于关于某元素空间中的元素 j^* 进行针对其频率向量的查询，返回 $f_{j^*} = g(j^*)\boldsymbol{C}[h(j^*)]$ 作为查询结果。同时注意到，如果希望将上述略图算法应用在多个数据流上，需选择同样的哈希函数。

（2）算法分析

下面对上述 Count Sketch 算法的思路做直观解释与分析，并给出其算法性能与执行代价的分析结果。

为了设计一个"低存储开销"的数据流算法，必须使用远小于元素空间 n 的空间来进行存储，此时必然会损失信息的精度。在信息精度损失无可避免的情况下，需借助一类特殊哈希函数的优良数学性质，使得经过信息融合后的略图估计结果在统计意义上不会偏离真实值过远。由此，在分析此类算法时需重点关注引入误差和不确定性的步骤，并运用概率手段对此步骤进行设计与考察，主要设计具有特定性质的哈希函数。

此处，Count Sketch 算法中涉及两个 2-universal 的随机哈希函数 h 与 g，算法的随机性与误差也由这两个函数引入。其中，h 在缩小存储空间方面发挥作用，它随机地将一个大小为 n 的元素空间中的取值映射至大小为 k 的连续整数空间中，由于 2-universal 的性质，h 将两个不同的元素映射成同一个整数，这两个事件之间是接近独立的。当两个不同的元素映射到结果向量 $\boldsymbol{C}$ 中的同一位置时，其频率向量的计算结果将融合在一起，引入误差。另外，g 在控制上述哈希"冲突"带来的误差时发挥作用，它将每一个被映射至结果向量 $\boldsymbol{C}$ 中同一位置的元素中蕴含的操作随机正向或反向地加入结果值中，同样由于 2-universal 的性质，g 对两个不同元素中蕴含的操作赋予的更新方式也是接近独立的。

根据 h 和 g 的独立性与 2-universal 性质以及选取的超参数 k，可以证明，由上述哈希函数以及对应的算法过程得到的结果满足

$$\mathbb{E}[\hat{f}_a] = f_a$$

$$\Pr[\ |\hat{f}_a - f_a|\ \geqslant \epsilon \sqrt{\|\boldsymbol{f}\|_2 - f_a^2}\ ] \leqslant \frac{1}{3}$$

这说明上述算法所得的估计值是无偏的，同时以小于 1/3 的概率保证估计值偏离真实值的距离不超过除去估计值之后的数据流频率向量二范数的 ϵ 倍，该结论由 Chebyshev 不等式保证。要使估计的精确度进一步提高，可以使用 Median Trick，也就是构建多组 Count Sketch 并在最后估计时使用估计的中位数，最终需要消耗的空间大小为 $O(1/\epsilon^2 \log(1/\delta))$，并保证犯错误的概率不超过 δ。

5.4.2 Count-Min Sketch

除上述利用哈希函数估计数据频率的算法外，还可以利用数据流频率向量的非负特性得到一种更优的估计算法，以得到更优的空间开销。新算法的诀窍是利用所有计数器中的最小值进行估计，这个算法的名字叫 Count-Min Sketch[6-7]，是一种经典的"收银机模型"。

（1）算法描述

令 $k = O\left(\dfrac{1}{\epsilon}\right)$，此处取 $k = \dfrac{2}{\epsilon}$；令 $t = O\left(\log\dfrac{1}{\delta}\right)$。

①初始化 t 个长度为 k 的向量 $\boldsymbol{C}_p = 0$，$p = 1, 2, \cdots, t$。

②选择 t 个 2-universal 的随机哈希函数 $h_p: [n] \to [k]$，$p = 1, 2, \cdots, t$。

③顺序访问每个数据流中的元素 $a_i = (j, c)$。

④更新 $\boldsymbol{C}_p$ 中位置为 $h_p(j)$ 的元素：$\boldsymbol{C}_p[h_p(j)] = \boldsymbol{C}_p[h_p(j)] + c$。

⑤返回 $\{\boldsymbol{C}_p\} \in \mathbb{Z}^k$ 作为算法得到的略图。

基于如上算法，对于关于某元素空间中的元素 j^* 进行针对其频率向量的查询，返回 $f_{j^*} = \min \boldsymbol{C}_i[h_i(j^*)]$ 作为查询结果。同时注意到，如果希望将上述略图算法应用在多个数据流上，需选择同样的哈希函数。

（2）算法分析

首先关注单个哈希函数在 Count-Min Sketch 算法下的性能。在此处的数据流模型设定中，关注的是"收银机模型"，这意味着每次访问到的数据流元素 $a_i = (j, c)$ 中有 $c > 0$ 成立。由算法过程可知，唯一引入误差与不确定性的步骤是将不同的元素通过一个 2-universal 的随机哈希函数 h 映射至结果向量 $\boldsymbol{C}$ 中的同一个位置带来的哈希冲突，且由 $c > 0$ 可知，对给定元素 a 进行频率查询时，算法所返回的估计值始终有 $f \geqslant f_a$，这决定该算法所面临的是单侧的误差。显然地，对于给定的元素 a，其误差等于其他映射到 $h(a)$ 处的元素对应的所有更新之和，也是这些元素的频率向量的模长之和。由此，应用马尔可夫不等式，对于算法返回的给定元素 a 的频率估计值 $\hat{f}_a$ 有如下关系成立：

$$\Pr[\hat{f}_a - f_a \geq \epsilon(f - f_a)] \leq \frac{1}{k\epsilon} = \frac{1}{2}$$

同时，算法最后返回 t 个结果向量中的最小值作为查询结果，若记 $X_i = \hat{f}^i - f_a^i$ 为第 i 个哈希函数对应的结果误差，考察算法返回值的失效情况，有

$$\Pr[\hat{f}_a - f_a \geq \epsilon(f - f_a)] = \Pr[\min\{X_1, X_2, \cdots, X_t\} \geq \epsilon(f - f_a)]$$

$$= \Pr\left[\prod_{i=1}^{t} (X_i \geq \epsilon(f - f_a))\right]$$

$$= \prod_{i=1}^{t} \Pr[X_i \geq \epsilon(f - f_a)]$$

$$\leq \prod_{i=1}^{t} \frac{1}{2} = \frac{1}{2^t}$$

同样地，将算法设定的超参数 k、t 与算法置信区间大小以及精确度的关系代入上式，得到 Count-Min Sketch 算法的空间开销：

$$O\left(\frac{1}{\epsilon} \log \frac{1}{\delta} * (\log m + \log n)\right)$$

5.5 | 流数据管理系统

如今，大多数应用程序都实时产生着大量数据，这些数据都需要发送到服务器中进行实时处理。流数据管理系统从应用程序中取得实时生成的数据流，在线数据流不会在某一个时刻停止，只会源源不断地进入系统中。由于进入系统的数据量很大，过去统一处理的解决方案已无法实时处理这些数据，从计算机的层面看，数据已经无法全部存储于某台机器上。分布式流处理系统应运而生，以促进这种大规模实时数据分析。在过去的十几年里，批处理一直是分布式数据处理中的常见做法。人们努力让这种方式适配流处理的需求，但事实上，大型集群中基于流的分布式处理需求与批处理系统所适配的需求有很大不同。在针对流数据的管理与分析系统出现之前，诸如 Apache Hadoop 的大多

数数据管理系统都采用 MapReduce 的思想，并由此构建批量数据处理系统。通常 Hadoop 是跨分布式集群存储数据的，以便在每个集群中运用分布式处理方案，使其在静态数据的情况下能够成功检索和分析并构建决策制定机制，非常适用于通过历史数据识别"买家行为"。但在应对实时数据流管理时，其应用程序会出现问题，例如在发电厂中，传感器会创建大量数据，包括人的运动状态、温度等，而此时安全问题尤为重要，因此需要进行实时数据管理。本节首先简单介绍几种典型的流数据管理系统，之后分析这些流数据管理系统之间的差异，最后分析批数据管理系统和流数据管理系统的区别。

5.5.1　常见的流数据管理系统

本小节介绍的典型的流数据管理系统有 Flink[11]、Yaho!的 S4[8] 和 Apache Storm[13]。

1. Flink

Apache Flink 是一个专注于流处理的分布式处理组件，被设计用于解决由微批处理模型（如 Spark Streaming）衍生的问题。Flink 也支持使用 Java 和 Scala 的编程抽象来进行批量数据处理。Flink 的每个作业都用流计算的方式来实现，每个任务都被执行为循环的数据流，并有若干次迭代。

Flink 为迭代提供了两种操作，即标准迭代器和 Delta 迭代器。在标准迭代器中，Flink 只对部分解决方案进行操作，而 Delta 迭代器关注两个工作集：要处理的下一个条目集和解决方案集。Delta 迭代器是逐步有选择地修改部分数据元，每一步并不会完全重新计算。这样可以专注于解中关注的部分数据元，并保证剩下的部分不受影响。Delta 迭代器带来了一系列优势，其中包括减少节点之间需要计算和发送的数据。根据文献［11］的说法，Delta 迭代器是专门为解决机器学习和数据挖掘问题而设计的。

除了迭代器，Flink 还利用优化器分析代码和数据访问冲突，重新对运算符进行排序，并创建语义上等价的执行计划。然后对计划进行物理优化，以促进节点上的数据传输和执行。最后，优化器选择在网络通信和存储开销两个维度上执行资源效率最高的计划。此外，Flink 还有比较复杂的容错机制以恢复数据流应用程序的状态。这种机制的原理是持续生成关于分布式数据流和操作状态的快照。在发生故障时，系统可以回退到这些快照的状态。

接下来，具体地介绍 Flink 架构都支持哪些服务。如图 5-1 所示，Program code 部分是由用户编写的 Flink 应用程序代码；JobClient 接受代码后，创建数据流，并且把数据流提交给 JobManager 执行，执行完毕后，JobClient 将结果返回给用户；JobManager 是 Flink 中的主进程，用以协调和管理程序的执行。JobManager 需要调度不同的任务，并在特定的时刻设置检查点，当出现故障时，需要能及时回退、解决故障等。JobClient 则会将任务先打包然后再提交至 JobManager，JobManager 根据注册表中 TaskManager 的有关于资源的信息为每个 worker 分配任务，有充足资源的 worker 在接收到 JobManager 的信号后，由 TaskManger 管理任务的运行。对于每个 worker，TaskManger 通过 JobManager 得到有关任务的信息，使用插槽（slot）资源运行任务。在 JVM 中，TaskManager 起到主要作用，TaskManager 解决独立执行一个或不止一个线程的任务等问题，TaskManager 根据每个 TaskManager 所指定的插槽数量决定执行多少个操作。Flink 中最小的资源单位是任务插槽。

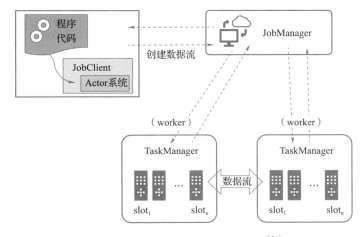

图 5-1　Flink 架构工作流程示意图[26]

Flink 框架有几个显著的优势。Flink 可以应对无序数据流和延迟加载数据的情况，并提供精确计算结果；Flink 相应地提供了修复错误的容错机制，可以在系统高并发的情况下，保证系统的强一致性；Flink 支持大规模数据的处理，即使上千个节点同时运行，也能保证低吞吐量和较低的数据延迟。

为响应机器学习的浪潮，Flink 推出了 FlinkML 以适配机器学习算法的应用。FlinkML 旨在为 Flink 用户提供一套可扩展的 ML 算法和一个易用的 API 接口。到目前为止，FlinkML 已为机器学习领域提供了一些替代品：CoCoA 的 SVM，用于监督学习的多元线性回归，用于非监督学习的 kNN 连接，用于预处理的标度器和多项式特征，用于推荐的交替最小二乘法，以及用于验证和异常值选择的其他工具等。

2. S4

S4（Single、Scalable、Streaming、System）[8] 是 Yahoo! 公司于 2010 年开源的低延迟、可拓展的通用分布式流处理平台，是采用去中心化结构的平台。S4 受 MapReduce 模型启发，但对于流数据 MapReduce 平台只能将输入数据分割成固定大小的片段进行处理，因此缺点是很明显的：延迟时间与段的长度成正比，而且还需要加上进行分割和启动处理的工作所需的开销。切割成足够小的段可以解决延迟的问题，但会大大增加开销，而且管理段与段之间的依赖关系也非常复杂。

S4 的设计目标如下：尽可能地为流数据计算提供更简单的接口；在每个节点尽可能地利用本地机器的内存，减少磁盘 I/O，将延迟降到最低；尽可能地负载均衡，所有节点具有相同的功能和责任，不设置一个具有专门责任的中央节点；设计一个具有高可用性的架构，使设计尽可能保持通用性、可定制性和可拓展性。S4 由几个关键要素组成：处理元素（Processing Element）、处理节点（Processing Node）、通信层（Communication Layer）、配置管理系统（Configuration Management System）。

处理元素是 S4 的基本计算单元。每个处理元素的实例都由四个部分唯一地识别：①由处理元素的 JAVA 类和相关配置所定义的功能（Functionality）；②所处理的事件种类（Types of Event）；③这些事件中的重要属性（Keyed Attribute）；④所处理的事件中关键属性的值（Value）。每个处理元素只负责处理自己所关心的事件种类，并且只处理自己所对应的属性值的事件，也就是说，只有当前述四个部分都匹配时，才会交由该处理元素进行计算处理。每个处理元素只处理一种事件，并且处理元素间相互独立。开发者只需要定制不同的个性化处理元素，就能应付各式各样的任务。一个处理节点中的处理元素可能有许多个，这就需要在前期对事件的属性及其取值范围进行很好的划分，否则过多的处理元素可能导致系统效率降低，同时也应该定期对使用率较低的处理元素进行清除。

处理节点是处理元素的逻辑主机。它负责监听事件、处理事件、基于通信层调度事件，以及分发和输出事件（如图 5-2 所示）。S4 根据事件中所有已知关键属性值的哈希函数，将每个事件路由到对应的处理节点。一个事件可以被路由到多个处理节点。需要注意的是，集群中所有的处理节点都是对等的，这使得集群的部署和维护相对简单，没有中心节点，也就是前面提到的去中心化。监听事件程序（Event Listener）监听到事件发生之后，将其转交给处理元素容器（Processing Element Container，PEC），再由处理元素容器将其交由对应的元素处理模块实现业务逻辑。

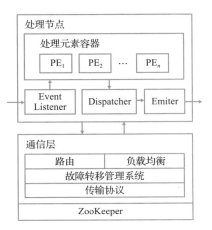

图 5-2　处理节点内部结构示意图

处理元素处理完逻辑后，根据其定义的输出方法输出事件，将事件交由 Dispatcher 与通信层进行交互，并由 Emiter 输出至逻辑节点。所有包含特性属性值的事件在理论上都能通过哈希函数到达相应的处理节点，并被路由到处理节点内的处理元素上进行处理。

通信层可以自动切换到备用节点，以实现故障恢复功能、集群管理、从物理节点到逻辑节点的映射。发射器无法识别物理节点，当传送信息时，它仅指定逻辑节点；它也无法感知逻辑节点在什么时候因为出现故障而被重新映射到通信层。API 提供了七种语言的接口（如 Java、C++）。传统系统可以使用通信层 API，以循环的方式向 S4 集群中的节点发送输入事件。然后，这些输入事件由处理元素来处理，通信层使用可插拔架构来选择网络协议。事件可以在有保证或无保证的情况下发送。控制信息可能需要在有保证的情况下交付（如 TCP），而数据可能在没有保证的情况下发送（如 UDP），以最大限度地提高吞吐量。

流式系统 S4 的具有可扩展、分区容错的特性，其通用性比较好，且支持分布式。使用 S4 框架，开发者可以简单地创建用于流式数据处理的应用程序。虽然 S4 的可扩展性和灵活性不错，但该平台不能充分保证故障恢复、数据路由和语义处理方面的稳定性。此外，由于 S4 使用去中心化结构，集群有着很好的扩展性，S4 不会出现单节点容错的问题，且理论上对于处理节点的总数量没有最大值的要求。

3. Apache Storm

Apache Storm[13] 是实时的大数据分布式处理系统，由 BackType 公司完成，并于 2011 年由 Twitter 开放源码。与 S4 不同的是，Storm 利用数据的编码计算来确保记录处理的完整，并及时反馈处理结果。Storm 中的主节点利用 ZooKeeper 将任务分配给工作节点，但主节点不会涉及实际任务处理。这种弱中心化的架构减少了通信和同步成本，并允许在运行时进行任务调度。

图 5-3 展示了 Storm 的核心概念。Storm 的主要组件有 Tuple（元组）、Stream（元祖流）、Spout（流的源头）、Bolt（处理器）。Storm 中的一个主要的数据结构是元组，其功能强大，支持所有数据类型；流作为无序序列正是由元组组成的；Spout 是指 Storm 从哪里接收输入数据，常见的有 Twitter Streaming API、Apache Kafka 队列、Kestrel 队列等；Bolt 可以执行许多操作，包括筛选、聚合、联接、在数据源和数据库之间进行交互的操作。Spout 在接收到数据之后，以元组的方式，将数据以流的方式传递到 Bolt 处理器；Bolt 处理器之间可以相互通信，并以特定的方式处理接收到的数据。这样线性传递的方式，使得一个 Storm 集群可以看作一个 Bolt 处理器所构成的链（称为 Topology）。

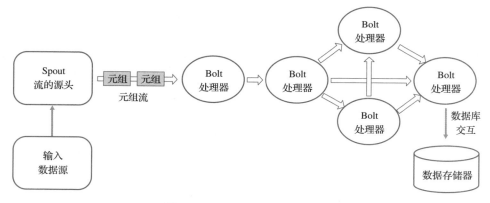

图 5-3　Storm 处理流程示意图

Storm 的集群设计和内部架构如图 5-4 所示。工作节点 Supervisor 与主节点 Nimbus 是 Storm 两种主要节点类型。Nimbus 负责运行和解析 Storm 拓扑以及收集将要执行的任务。在此之后，要执行的任务将会被分发至可工作的 Supervisor。Supervisor 遵循指令执行任务，并把任务分配至多个工作进程。为满足任务执行需求，工作进程将产生尽可能多的执行器，每个执行器执行一个或多个任务。

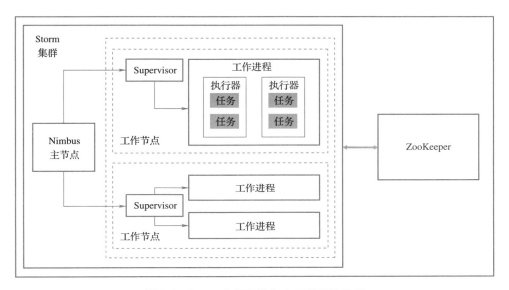

图 5-4　Storm 集群设计和内部架构示意图

Storm 的工作流程如下。Storm 向 Nimbus 提交拓扑后，Nimbus 进行拓扑处理以及管理待执行的任务。在收到分配好的任务后，Supervisor 会每隔相同的时间给 Nimbus 发送关于心跳的通知。Nimbus 会在当前 Supervisor 任务结束且停止发送心跳通知后将任务分配给别的 Supervisor。结束全部任务后，Supervisor 将进入等候状态，直到新的任务到来。在处理完所有拓扑之前，Nimbus 会由监督工具程序告知并分配新的任务。处理完后，网络管理器进入等待状态，直到新的拓扑到来，再重复先前的操作。

Storm 极大简化了并行批处理和实时处理的难度，通过预先给定拓扑结构，实现流式作业的任务处理。同时因为 Storm 可以将所有集群状态保存在 ZooKeeper 或者本地磁盘上，所以即使节点异常导致拓扑失败，它重启后仍能成功恢复到失败前的状态，这保证了系统的容错性。Storm 的弱中心化结构使其具有良好的水平拓展能力，Storm 在可扩展性上的优势在于，大量的协调同步工作都由 ZooKeeper 处理，在横向扩展任务时不会有瓶颈存在。因此，在真实应用中，Storm 的使用非常广泛，Twitter、Yahoo!、Klout 等平台都使用了 Storm 框架作为支持。

5.5.2 流数据管理系统的比较

本小节对流数据管理系统进行比较。流数据管理系统中可比较的维度很多，本小节主要对流数据管理系统的如下几方面进行分析。首先，在海量数据背景下，流数据管理系统的可扩展性尤为重要。若某个流数据管理系统的可扩展性很差，则在现实应用中就没有使用该系统的必要性。其次，流数据管理系统的处理语言决定了数据科学家使用的方便性和适用性。此外，数据的传递和分发决定了流数据管理系统的灵活性，合理的数据分发传递系统决定了数据的并发能力。最后，考虑流数据管理系统的数据容错能力，数据容错能力能保证流数据管理系统在海量数据处理任务中，在误差允许范围内得到可行的估计结果。根据 *A Taxonomy and Survey of Stream Processing Systems*[27] 第 11 章中对各大流数据管理系统的总结，有如表 5-1 所示的分析：

表 5-1 不同流数据管理系统的比较[27]

系统类型	系统名称	可扩展架构	可扩展任务处理	分布式计算处理	核心编程语言
传统流数据管理系统	STREAM	×	×	×	CQL
	Aurora	×	×	×	—
复杂事件处理系统	SQLStream	√	√	√	SQL
	Oracle Event Processing	√	√	√	Java，SQL
	Microsoft StreamInsight	√	√	√	C#
	StreamBaseCEP	√	√	√	Java
流数据处理平台	Apache Storm	√	√	√	任意编程语言
	Yahoo! S4	√	√	√	Java，C++，Python，etc.
	Apache Samza	√	√	√	JVM 语言
	Spring XD	√	√	√	Java
	Spark Streaming	√	√	√	Java，Scala，Python

1. 可扩展性（Scalability）

流数据处理平台的可扩展性表现为系统集成和协调新的处理节点的能力，以及将任务划分到新添加的机器中的能力。传统流数据管理系统并不具备可扩展的能力，能处理的数据范围也比较有限。流数据处理平台部署在多台机器上，能将任务划分到不同的机器上再进行计算，以保证能应付具有更大规模数据的任务。虽然流数据处理平台都是可扩展的,但其可扩展能力和方式有所不同。例如在协调新处理节点时,Storm、Samza、Spring XD、Spark Streaming 都允许用户动态添加节点,系统会为新节点自动定义并行参数,但 Yahoo! S4 则需要重新定义节点的并行参数,才能将节点加入集群中,这增加了扩展的难度。

2. 处理语言（Language）

从处理语言的角度,也可以分析出不同平台的易用程度。如表 5-1 所示,大多数流处理平台使用 JVM,这使得 Java 成为编写新应用程序的主要语言。然而,Storm 允许使用所有语言进行编程。Spring XD 只允许使用 Java 对处理单元进行编程。传统的数据流管理系统主要基于传统数据库语句,带来的问题是无法应对高级的查询任务。但对于高级的流数据处理平台,可以借助复杂的编程方法高效处理复杂的流计算任务。例如对于在图数据流下计算图数据的 PageRank,利用传统的数据库语句是很难实现计算任务的,但利用编程语言则可以较好地设计出计算方案。复杂事件处理系统的编程语言还较为单一,这决定了其应用的范围还不够广。随着复杂应用和需求的增加,可以看出在设计流数据处理平台之初,设计者就愈加关注可用性。流数据处理平台不再局限于 JVM 的接口,而是提供了各式各样的编程可能性。

3. 消息传递和分发

消息传递和分发是流计算中一个非常重要的方面。当处理节点变慢时,上游节点产生的消息比慢节点处理的要多。这可能导致上游节点的消息生成或慢节点的消息丢失,而这取决于具体实现。为了防止这种情况发生,可以使用流控制,通过减慢上游节点产生消息的速度且最终不从消息代理接收消息来处理。Samza 等在消息传递方面与其他流数据处理平台不同,因为使用 Kafka 消息代理进行通信。在图中的每条边之间添加一个额外的跳点,这使得流控制自动内置。但是这个添加的层使其比其他的流数据处理要慢得多。

消息是由一个客户端云生成的,该客户端云可以连接到托管在不同地方的数据服务。客户机不能直接与数据处理引擎通信,因为不同的客户机会产生不同的数据,而这些数据必须被过滤并定向到正确的服务。对于这种情况,代理可以充当消息总线来过滤数据,并将数据引导至适当的消息处理应用程序。

传统的消息代理是围绕瞬态消息设计的,即生产者和消费者大多同时在线,并以相同的速率产生/消费消息。有一种新兴的存储优先代理类型，数据在交付给客户机之前就存储在磁盘中。这种存储优先代理类型中最好的例子是 Kafka。瞬态代理和存储优先代理适用于不同的应用程序和环境。

　　流数据平台使用的消息传递方式各不相同，发布/订阅模式使用得最为广泛，如表 5-2 所示，Samza、Spring XD 和 Spark Streaming 这三个流数据平台就采用了这种模式。发布/订阅模式消息传递的优点是可以处理不同来源的消息输入，这样的模式在大规模分布式系统下应用最为广泛。这样的通信方式一方面并不要求完全同步，可扩展性高，另一方面可以使传递的消息类型更丰富。发布/订阅模式相较于 Storm 和 S4 传递消息时所使用的管道模式，虽然模式不同，但都具有管道模式消息传递的优点：快速、直接，延迟低。但由于管道模式传递消息是线性的，相较于有代理的分布/订阅模式，较难处理高复杂度的消息。由此也可以看出不同流数据处理平台所侧重的任务处理是不同的。

表 5-2　不同流数据管理系统数据分发的比较[27]

系统类型	系统名称	数据类型转化	数据来源	消息队列模型
传统流数据管理系统	STREAM	×	存储数据	Push 模型
	Aurora	×	流数据、存储数据	Push/Pull 模型
复杂事件处理系统	SQLStream	√	流数据、存储数据	有代理的 Kafka 发布/订阅模型
	Oracle Event Processing	√	流数据、存储数据	点对点、发布/订阅模型
	Microsoft StreamInsight	√	流数据、存储数据	Push/Pull 模型
	StreamBaseCEP	√	流数据、存储数据	有代理的 RabbitMQ 发布/订阅模型
流数据处理平台	Apache Storm	√	流数据、存储数据	管道模式 Pull 模型
	Yahoo！S4	√	流数据、存储数据	管道模式 Push 模型
	Apache Samza	√	流数据、存储数据	有代理的 Kafka 发布/订阅模型
	Spring XD	√	流数据、存储数据	有代理的 Kafka 发布/订阅模型
	Spark Streaming	√	流数据、存储数据	有代理的 Kafka 发布/订阅模型

4. 容错（Fault Tolerance）

　　大规模流数据处理平台比传统数据流管理系统面临着更高的容错要求。在分布式环境下，很难保证机器不出问题，这也就导致节点处容易发生故障，这些故障常常是由节点故障、网络故障、软件错误和资源限制等原因引起的。即使单个组件的故障发生概率相对较小，但当大量类似的组件一起工作时，故障就很难避免了，而且在实践中，故障也确实是经常发生的。对于一个流框架，低延迟是最重要的，即它应该能足够快地恢复，以便可以继续进行正常处理，从而保证将对整个系统的影响降到最低。

在提供系统数据处理保障前，系统能够从故障中恢复是必要的。如果系统在运行时无法从故障中自动恢复，则必须在大型集群环境中手动进行维护，而这种方法是不切实际的。几乎所有的现代分布式处理系统都具备从节点故障和网络分区等故障中自动恢复的能力。

为了保证即使某些节点发生故障，整个系统依旧能正常运行，不同的平台使用了不同的数据处理方式，都能使用不同的恢复手段重制数据，如表 5-3 所示。其中只有 Storm 使用无状态方法恢复数据，其他系统或平台则利用跟踪最后一个检查点的状态的方法恢复数据。其中比较特别的是 Spark Streaming 使用一组高频检查点来跟踪数据处理的状态，因此能够更快地恢复数据。

表 5-3　不同流数据管理系统容错的比较[27]

系统类型	系统名称	副本	重启	数据恢复	状态管理
传统流数据管理系统	STREAM	—	—	—	—
	Aurora	—	—	—	—
复杂事件处理系统	SQLStream	√	√	√	使用检查点的状态管理
	Oracle Event Processing	√	√	√	状态管理
	Microsoft StreamInsight	√	√	√	使用检查点的状态管理
	StreamBaseCEP	√	√	√	同步化的状态管理
流数据处理平台	Apache Storm	√	√	√	无状态管理
	Yahoo! S4	√	√	√	使用检查点的状态管理
	Spark Streaming	√	√	√	使用高频检查点的状态管理

随着计算机系统结构的发展，也有越来越多的流数据管理系统开始考虑新硬件加速技术[28-30]。此外，对于大数据处理，逐渐出现压缩数据直接处理技术[31-32]，这些技术甚至可以与新硬件进行结合[33]，并在未来应用于流数据管理系统中。

5.5.3　批、流数据管理系统对比

批数据与流数据代表的实时性不同，批处理系统并没有很高的实时性要求，这一类系统首先需要进行不间断的数据收集并存储于数据库中，然后批量进行数据挖掘其特征

模式，由此做出适配的决策。所以批处理适用于在较长一段时间内处理大量数据的情况，同时提炼出数据中有价值的部分，人们需要等到整个分析处理任务完成后，才能获得最终的结果。由于需要处理的数据集大小以及计算机系统的计算能力有差异，批量数据处理的整个过程有时会花费较长的时间且不利于用户交互。

Google 公司在 2004 年建立的 MapReduce 编程模型对业界影响非常深远，虽然MapReduce 的结构非常简单，但却能以最小的代价批量处理当时难以想象的大规模数据。MapReduce 的基本思想是第一阶段专门用于分割数据并分布式地进行处理，第二阶段则是收集和汇总结果。这个思想很容易理解，由此构建的模型简单易懂，非常适合处理大规模数据，而且适合解决处理大量数据时遇到的问题，包括数据挖掘、统计分析等，因此 MapReduce 编程模型广受好评。由于当时 Google 提供的服务并不免费，Hadoop 项目于 2006 年发布了 MapReduce Hadoop 和 HDFS，对标 Google 分布式文件系统、Google MapReduce，带动了众多批量数据管理系统的诞生。接下来回顾其中最为典型的两个系统：Apache Hadoop 和 Spark。

1. Apache Hadoop[9]

Hadoop MapReduce 是 MapReduce 最常用和最强大的开源实现，是大数据领域的主要平台。Hadoop 背后的主要想法是创建一个通用框架，可以在商品硬件集群上处理大规模数据，不会产生高昂的开发成本（与 HPC 系统相比），也不会造成过长的执行时间。Hadoop MapReduce 由 Hadoop 分布式文件系统 HDFS 和 MapReduce 数据处理框架组成。除了这些目标，Hadoop 还解决了集群可扩展性、故障恢复和资源调度等问题。但是，Hadoop 如今已经不仅仅是一个单一的技术，而是一个完整的软件栈和生态系统，由几个顶级组件组成，解决不同的目的。例如 Apache Giraph 用于图形处理，Apache Hive 用于数据仓库。它们的共同点是均依赖于 Hadoop，并与该技术紧密相连。

HDFS 可以被认为是 Apache Hadoop 的主要模块，通过使用分布式文件支持大规模数据的分布式存储，这些文件本身由固定大小的数据块组成。这些块或分区在数据节点之间平均分配，尽可能地平衡集群中整体磁盘的使用。HDFS 还允许在不同的节点上复制数据块。在 HDFS 中，首块数据确保放在同一个处理节点上，而另外两个副本则被送到不同的节点上，以防止节点间的问题导致突然终止运作。HDFS 被认为可以与几种存储格式一起工作，提供了 API 来读/写寄存器，如 InputFormat（用于读取可定制的寄存器）和 RecordWriter（用于写入记录数据）。用户还可以开发自己的存储格式，并根据自己的要求来压缩数据。

虽然 MapReduce[10] 是 Apache Hadoop 的原生处理方案，但现在支持多种不同的处理方案。所有这些解决方案的共同点是使用一组数据节点在本地数据块上运行任务，并由一个（或更多）主节点来协调这些任务。例如，Apache Tez 是一个处理引擎，它将处理任务转化为有向无环图（DAG）。由于 Tez 的存在，用户可以在 HDFS 中运行复杂的作业。因此，Tez 很好地解决了互动和迭代过程，如机器学习过程中出现的问题。Tez 最重要的贡献是将任意复杂的作业转化为单一的 MapReduce 任务。此外，Tez 不需要存储中间文件，并且可以重复利用闲置资源，这极大地提高了系统整体性能。

2. Spark

Apache Spark[12] 框架诞生于 2010 年，提出了弹性分布式数据集结构，即 RDD 结构。尽管 Spark 与 Hadoop 的生态系统关系密切，但 Spark 在具体处理上与 Hadoop 有所不同，例如 Spark 有自己的处理引擎和机器学习库。Spark 被定义为一个分布式计算平台，可以在内存中处理大量的数据。由于 Spark 采用内存密集型方案，其响应时间非常快。Spark 能够解决一些像 Hadoop 这类基于磁盘的引擎难以解决的问题。在 Spark 中，磁盘的地位被基于内存的运算器所取代，这些运算器可以很好地处理迭代的问题。

如前所述，Spark 的核心是 RDD，控制数据如何在集群中分布和转换。用户只需要定义一些宏观上的功能，而不用在意细节，这些功能将由 RDD 实现和管理。无论什么时间从任何来源读取数据，RDD 都可以被创建。RDD 由分布在几个数据节点上的数据分区的集合组成，为转换提供了广泛的操作，如排序、分组、集合等。此外，RDD 还具有高度通用性，允许用户为优化数据放置而定制分区，或以多种格式保存数据。

此外，Spark 的开发者提供了另一个高层次的抽象结构 DataFrames。DataFrames 是分布的、按列组织的结构化数据集合。是关系型数据库中的表，R 中的数据框架，或 Python 中的 Pandas 工具。另外作为一个补充，DataFrames 构建的关系查询计划由 Spark 的 Catalyst 优化器在预定义的模式中进行优化。同样得益于该方案，Spark 能够理解数据并移除昂贵的 Java 序列化动作。

Spark 提出的 Datasets API 实现了结构意识和 Catalyst 优化器的优化效能之间的平衡。使用 Datasets API 的好处是可以保证应用程序在编译期间的独立性。此外，Datasets API

免费提供编码器，可以直接将 JVM 对象转换为二进制的 Tungsten 格式，这提高了内存的使用；Datasets API 允许直接操作序列化数据。Datasets API 会成为 Spark 处理数据的唯一接口。

不同的批数据管理系统之间的主要分歧在于系统的设计理念，以及系统可应对的数据格式。对于 Apache Hadoop 而言，从设计之初就是面向批处理的，这也就决定了它的磁盘使用量非常大。而 Spark 在 Apache Hadoop 的基础上向支持流数据处理的方向迈了一大步，提供了一个能够轻松处理流式数据的微批处理策略 Spark Streaming。Spark Streaming 也同样是基于 RDD 的，其处理机制为实时接收输入的数据流，每隔一段时间（如 1 秒）就以批为单位对数据进行拆分，然后通过 Spark 引擎对这些批数据进行处理，最终得到一批结果数据。工作原理如图 5-5 所示。由于 RDD 进行批量处理前，其所发生的变换已经预先定义好，为确定性的变换，因此数据集在每个数据点发生重建，都不会被其他外部条件影响，这有利于并行故障的恢复。但同时，Spark 的微批处理策略仍有很多缺点，包括数据处理时间长，无法覆盖所有的需求，只能完成一些较为简单的、针对每个数据元的计算。

图 5-5　Spark Streaming 的工作原理

大数据计算工具主要包括批处理工具、流处理工具和混合处理工具。流处理与批处理是两种截然不同的数据处理模式。流数据管理系统摆脱了批处理的固定思维，转为针对基于内存的流数据。来源多样、格式复杂的流数据中所蕴含的信息量是比较少的，这决定了其对应的处理系统需要高效、实时地处理数据，并且具有一定的可扩展性以适应流数据的快速变化。混合处理工具可以同时利用批处理和流处理来计算大量数据，为大数据多领域应用提供了第三代大数据平台的可能性。有些任务同时包含批数据处理和流数据处理。例如，Spark 数据处理框架通过组合相似或相关的组件和 API 来支持批数据和流数据两种类型，可以简化不同数据处理过程。参考 *Big Data Service Architecture：A Survey*[34]，表 5-4 展示了批处理数据管理系统和流处理数据管理系统的区别。

表 5-4　不同数据处理模式的区别

数据处理模式	批处理	流处理	混合处理
数据特征	大规模，高精度	连续无限实时数据序列	批处理数据和流数据都存在
处理速度	分钟级别	毫秒级别	毫秒级别
系统特征模式	简单的编程模型，时间密集型，数据密集型	序列化，低延迟，事件驱动触发	多样化的工作负载，高容错，低延时
通信机制	RPC/HTTP	消息队列	共享内存/广播
数据存储	HDFS	实时输入流	内存/磁盘
典型处理框架	MapReduce	Storm，Samza	Spark，Flink
应用场景	离线分析处理大量数据，大规模网络信息搜索	实时分析，实时调度，连续计算	迭代的机器学习，增量计算

在大数据平台中，Hadoop 在各种应用中的使用最为频繁，因为 Hadoop 最早建立基于 Map-Reduce 编程模型框架，对于大规模结构化、非结构化和半结构化数据以及信息处理和检索非常有效。除此之外，Hadoop 还具备高容错、高可伸缩性和适应异构集群的内置特性。而 Apache Spark 作为下一代 Hadoop 框架的替代品，是用于大规模并行数据分析的工具，可以向应用程序开发人员隐藏大部分与容错、并行和集群设置相关的复杂性。Storm 是著名的流数据管理系统，类似于一个实时 Hadoop 计算系统，省去了复杂的任务调度，因此可以降低处理延迟。Flink 是由 Apache 管理的用于批处理和流数据处理的开源数据分析框架，与其他大数据处理框架相比，Flink 有其独特的数据处理方法，它与持久消息队列（如 Kafka）一起使用，处理持久流中的数据。参考表 5-5 展示了不同批处理和流处理大数据工具的比较。

表 5-5　基于不同批处理和流处理大数据工具的比较

大数据工具	优点	缺点
Hadoop	- 集成、转换、存储和分类 PB 级数据，具有高容错性和可伸缩性，但性能不高 - 代码开发很简单，因为开发人员不需要处理 MapReduce 编程的复杂性 - HBase 作为 Hadoop 存储，访问大规模异构实时或历史数据 - Hive 提供了数据仓库基础设施来提供数据聚合、临时查询和分析	- 依赖于硬盘重复读取或保存数据在磁盘中，这影响了执行时间，使其不适合实时应用程序 - 处理千兆字节的数据，从几分钟到几周 - 要求将任何计算转换为 MapReduce 作业

（续）

大数据工具	优点	缺点
Spark	－一个集群计算系统，可以更快地进行实时数据分析 －只加载一次数据，并将其保存在内存中以供迭代计算处理 －支持分布式和并行计算，并通过在内存中执行计算使计算切实有效 －向开发人员隐藏与容错、并行性和集群设置相关的复杂性 －适用于 SQL 查询，流数据，图形处理，机器学习（MLlib） －可以无缝地与 HDFS 和 HBase 配合进行数据访问 －优化 I/O 访问，有更高的性能（高达 100 倍），比 Hadoop 更灵活，利用主存而不是磁盘	－减少计算时间，但比 Storm 的计算成本更高 －在 Spark 上开发一个稳定、高效的机器学习算法很困难
Storm	－容错并行分布式实时计算系统，能快速处理无边界数据流 －使用图形用户界面 －可伸缩、易于设置和操作、可容错、可与多种编程语言一起使用 －保证数据处理，防止消息丢失，支持水平可伸缩性	－无法显式地将应用程序的不同部分分配给不同的物理节点（这在实时应用程序中通常需要） －缺乏在不同计算节点中强制执行调度参数的概念
S4	－一个有效的框架替代无限实时数据流 －经过验证的、容错的、可扩展的、分布式的、可插入的平台 －使用图形用户界面	－可能由于其恢复机制导致消息丢失
Flink	－支持批处理、流处理、迭代处理、交互处理和图形处理的内存计算，具有高性能和低延迟的数据流架构	－无法支持显式数据捕获

5.6 流数据的应用与未来

5.6.1 流数据的应用

一开始，人们对流数据处理的需求来源于银行和股票交易所的流水交易，但随着大数据时代的到来，海量数据汇聚成一条条数据流，流进了各式各样的应用之中，已经延伸至我们生活的各个角落。数据流技术发展至今，已经有比较多的综述和对数据流应用的归纳总结。本小节主要参考综述《分布式流处理技术综述》[20] 介绍流数据的几个典型应用领域，并介绍主要研究的问题和成果。

1. 社交媒体

以微博、抖音、微信等为代表的社交媒体每天都需要处理大量现实世界的实时信息，如何有效处理并挖掘其中有价值的信息成为一个重大问题[23]。例如，突发事件的监测正是对社交媒体的一大考验。流数据的 4V 特性要求新的流数据管理系统或流数据算法必须能够做到低响应延迟和高吞吐量。事件检测本身的计算复杂度较高，这使得面向数据流的实时事件检测问题因社交传播数据规模大而更加困难。Petrovic 等人[21] 针对这一问题提出了局部敏感哈希（LSH）技术。局部敏感哈希技术将相似的数据映射到同一个块中，对同质的数据进行批量处理，充分提高了单机上基于数据流的实时事件检测的效率。但现今大数据的规模已远超单机的吞吐量，因此新的问题就变成了如何设计一种高效的数据流划分方法来降低分布带来的精度误差。McCreadie 等人[22] 也基于 LSH 生成关键字，在 Storm 上将事件检测的流程分为四个较为独立的阶段，实现了大规模数据流的分布式事件检测。相比于传统划分方法，此方法的优点是能高效处理大量数据。

整体而言，在社交媒体的现实应用中，核心研究主要集中于将单机上的传统数据挖掘算法转化到分布式环境下，从而大规模提高数据处理能力。随着网络规模的扩大和发展，数据流涉及的其他应用也会越来越多，包括实时分析用户情绪、高效精准向用户推送内容、识别不同用户群体等。

2. 网页广告

网页的主要收益来源是广告推荐，而目前大多数广告推荐是通过行为 Behavioral Targeting（BT）方法来实现的。过去，基于分布式框架的 BT 在分布式文件系统上对数据进行聚类，面对临时数据流则显得无力。为了解决这个问题，Chandramouli 等人[24] 研究了基于 TiMR 系统的网页广告推荐，提出了一种在该系统上实现实时 BT 的方法。用户与网页之间的交互（如关键字搜索、鼠标点击等）往往会形成一系列的事件流，对这些事件流进行关联分析对广告商有着巨大意义。网页推荐中还有以 PageRank 为代表的数据挖掘推荐算法，大多数分布式数据流系统中，也有支持这些算法的实现和改进。

3. 医学分析

医学领域的数据流主要是在医学活动中产生的数据日志、传感器数据、医疗信号等构成，为了动态提醒、预警医疗事件，需要实时分析日志数据，从中提取有用信息，传感器数据则保证了可以远程监控病人，完整存储所有传感器数据是不可能做到的，因为数据会随着时间的推移被新收集的数据所覆盖。在数据被覆盖之前，收集传感器中的必要信息变得尤为重要。Bar-Or 等人[25] 针对实时分布式病理信号设计了 BioStream 系统，该系统使用额外的数据库存储监测数据，主要提供实时病理信号分析和可视化两大功能，可用于远程监测、报警和对患者的进一步数据挖掘。该系统还保证了分布式环境下的实时响应和数据一致性。随着未来远程医疗技术的发展，相信数据流在医学上的应用会越来越广泛。

4. 金融行业

金融行业对流数据的处理需求则更高。每日运营都会产生大量交易数据，其中的信息密度比较低，却十分重要，其背后往往体现着某些经济规律。发现其中隐藏的内在特征，有助于金融机构快速做出决策。在交易频率更高的股票期货市场，缓慢的交易意味着错失机会，传统数据挖掘技术难以及时响应需求，而高速的分布式流数据处理则能更好地适应金融行业数据的处理和分析。

5.6.2　流数据管理的未来展望

如今，随着数据量的不断增长，许多数据只能被保存在磁盘中，难以处理。流数据管理为了处理日益增长的高速数据流而不断成长[19]。在现实的应用中，数据流算法具有比较大的实践价值，其应用于预测、分析以及大数据应用的方方面面。本节中，我们仅给出了流数据管理中的冰山一角。在未来的数据挖掘和分析中，数据流管理必然会有更多、更复杂的相关应用，特别是在分布式环境中。总的来说，流数据管理虽然还有许多问题亟待解决，但前景是比较光明的。

5.7 ｜ 本讲小结

本讲介绍了流数据管理的相关概念和技术。首先，我们对流数据管理的基本概念进行了深入探讨，并且明确了流数据管理的意义和作用，认识到它在现代数据处理和决策中的重要性。接下来，我们介绍了基础流算法，包括常见的数据流模型和相关的算法。通过 Morris 计数器、MG 摘要、KMV 等经典算法，我们了解了如何处理流数据中的基本问题，如元素频率估计和不同元素个数估计。

在数据挖掘与流算法部分，我们讨论了在流数据上进行频繁项估计和聚类的技术。这些算法能够有效地从流数据中提取有价值的模式和信息，为决策和分析提供支持。随后，我们介绍了进阶流算法，包括 Count Sketch 和 Count-Min Sketch。这些算法通过牺牲一定的精确性来降低对内存和计算资源的需求，适用于大规模流数据的处理。

我们还讨论了经典的流数据管理系统，包括使用广泛的 Flink、S4 等系统，并对比了它们的特点。了解不同流数据管理系统的特点有助于选择适合特定需求的系统，并提高数据处理的效率和准确性。

最后，我们探讨了流数据的应用和未来。流数据在许多领域都有广泛的应用，如金融交易监控、网络流量分析和物联网数据处理等。未来，随着数据产生速度的进一步增加和新兴技术的发展，流数据管理将面临更大的挑战和机遇。

总之，本讲内容涵盖了流数据管理的基本概念、基础算法、数据挖掘技术、进阶算法、流数据管理系统以及流数据的应用和未来展望。通过学习本讲内容，读者可以全面了解流数据管理的关键概念和技术，为实际应用和研究提供指导与参考。

参考文献

[1] MORRIS R. Counting large numbers of events in small registers [J]. Communications of the ACM, 1977, 21 (10): 840-842.

[2] FLAJOLET P. Approximate counting: a detailed analysis. BIT, 1985, 25 (1): 113-134.

[3] YOSSEF Z B, JAYRAM T S, KUIMAR R, et al. Counting distinct elements in a data stream [C]// Proceedings of the 6th International Workshop on Randomization and Approximation Techniques. Berlin: Springer, 2002: 1-10.

[4] PHILIPPE F, FUSY E, GANDOUET O, et al. Hyperloglog: the analysis of a near-optimal cardinality estimation algorithm [C]//Proceedings vol. AH, 2007 Conference on Analysis of Algorithms. Juan les pins: Discrete Mathematics and Theoretical Computer Science, 2007: 137-156.

［5］ CHARIKAR M, CHEN K, COLTON F M. Finding frequent items in data streams［C］//Procedings of the International Colloquium on Automata, Languages and Programming. Berlin: Springer, 2002: 693-703.

［6］ CORMODE G, MUTHUKRISHNAN S. An improved data stream summary: the Count-Min sketch and its applications［C］//LATIN 2004: Theoretical Informatics. Berlin: Springer, 2004: 29-38.

［7］ GORMODE G, MUTHUKRISHNAN S. An improved data stream summary: the Count-Min sketch and its applications［J］. Journal of Algorithms, 2005, 55（1）: 58-75.

［8］ NEUMEYER L, ROBBINS B, NAIR A, et al. S4: Distributed stream computing platform［C］// 2010 IEEE International Conference on Data Mining Workshops. Cambridge: IEEE, 2010: 170-177.

［9］ Apache Hadoop. http://hadoop. apache. org/.

［10］ DEAN J, GHEMAWAT S. MapReduce: simplified data processing on large clusters［J］. Communications of the ACM, 2008, 51（1）: 107-113.

［11］ CABONE P, KATSIFODIMOS A, EWEN S, et al. Apache flink: Stream and batch processing in a single engine［J］. Bulletin of the IEEE Computer Society Technical Committee on Data Engineering, 2015, 36: 28-38.

［12］ ZAHARIA M, CHOWDHURY M, FRANKLIN M J, et al. Spark: Cluster Computing with Working Sets［C］//Proceedings of the 2nd USENIX Conference on Hot Topics in Cloud Computing. Berkeley: USENIX Association, 2010: 10.

［13］ TOSHNIWAL A, TANEJA S, SHUKLA A, et al. Storm@ Twitter［C］//Proc. of the 2014 ACM SIGMOD Int'l Conf. on Management of Data. New York: ACM Press, 2014: 147-156.

［14］ BABCOCK B, BABU S, DATAR M, et al. Models and issues in data stream systems［C］//Proc. ACM Symposium on Principles of Database Systems. New York: ACM, 2002.

［15］ MUTHUKRISHNAN S. Data streams: Algorithms and applications［J］. Foundations and Trends in Theoretical Computer Science, 2005, 1（2）: 117-236.

［16］ DATAR M, GIONIS A, INDYK P, et al. Maintaining stream statistics over sliding windows［J］. SIAM Journal on Computing, 2002, 31（6）: 1794-1813.

［17］ ARASU A, MANKU G S. Approximate counts and quantiles over sliding windows［C］//Proc. of the 23rd ACM SIGMOD-SIGACTSIGART Symp. on Principles of Database Systems. New York:

ACM Press, 2004：286-296.

［18］CORMODE G, YI K. Small Summaries for Big Data ［M］. Cambridge：Cambridge University Press, 2020.

［19］GAROFALAKIS M, GEHRKE J, RASTOGI R. Data Stream Management：Processing High-Speed Data Streams ［M］. Berlin：Springer-Verlag, 2016.

［20］崔星灿, 禹晓辉, 刘洋, 等. 分布式流处理技术综述 ［J］. 计算机研究与发展, 2015, 52（002）：318-332.

［21］PETROVIC S, OSBORNE M, LAVRENKO V. Streaming first story detection with application to twitter ［C］//The 2010 Annual Conference of the North American Chapter of the Association for Computational Linguistics. New York：ACM, 2010：181-189.

［22］MCCREADIE R, MACDONALD C, OUNIS I, et al. Scalable distributed event detection for Twitter ［C］//IEEE International Conference on Big Data. Cambridge：IEEE, 2013：543-549.

［23］LIN L W, YU X H, KOUDAS N. Pollux：Towards scalable distributed real-time search on microblogs ［C］//Proceedings of the 16th International Conference on Extending Database Technology. Berlin：Springer, 2013：335-346.

［24］CHANDRAMOULI B, GOLDSTEIN J, DUAN S. Temporal analytics on big data for web advertising ［C］//2012 IEEE 28th international conference on data engineering. Cambridge：IEEE, 2012：90-101.

［25］BAROR A, HEALEY J, KONTOTHANASSIS L, et al. BioStream：a system architecture for real-time processing of physiological signals ［C］//The 26th Annual International Conference of the IEEE Engineering in Medicine and Biology Society. Cambridge：IEEE, 2004：3101-3104.

［26］Apache Flink. General Architecture and Process Model ［EB/OL］. https：//nightlies. apache. org/ flink/flink-docs-release-1. 0/internals/general_arch. html.

［27］ZHAO X, GARG S, QUEIROZ C, et al. A taxonomy and survey of stream processing systems ［M］ //Software Architecture for Big Data and the Cloud. San Francisco：Morgan Kaufmann, 2017：183-206.

［28］ZHANG S, ZHANG F, WU Y, et al. Hardware-conscious stream processing：A survey ［J］. ACM SIGMOD Record, 2020, 48（4）：18-29.

［29］ZHANG F, ZHANG C, YANG L, et al. Fine-grained multi-query stream processing on integrated architectures［J］. IEEE Transactions on Parallel and Distributed Systems, 2021, 32（9）: 2303-2320.

［30］ ZHANG F, YANG L, ZHANG S, et al. FineStream: Fine-Grained Window-Based Stream Processing on CPU-GPU Integrated Architectures［C］//2020 USENIX Annual Technical Conference（USENIX ATC 20）. Berkeley: USENIX Association, 2020: 633-647.

［31］ ZHANG F, ZHAI J, SHEN X, et al. TADOC: Text analytics directly on compression［J］. The VLDB Journal, 2021, 30（2）: 163-188.

［32］ ZHANG F, WAN W T, ZHANG C Y, et al. CompressDB: Enabling Efficient Compressed Data Direct Processing for Various Databases［C］//Proceedings of the 2022 International Conference on Management of Data. New York: ACM, 2022: 1655-1669.

［33］ ZHANG F, PAN Z, ZHOU Y, et al. G-TADOC: Enabling efficient GPU-based text analytics without decompression［C］//2021 IEEE 37th International Conference on Data Engineering（ICDE）. Cambridge: IEEE, 2021: 1679-1690.

［34］ WANG J, YANG Y, WANG T, et al. Big data service architecture: a survey［J］. Journal of Internet Technology, 2020, 21（2）: 393-405.

第 6 讲
区块链数据管理

本讲概览

　　区块链的本质是基于数据和数学构建信任关系，使社会协作模式从中心化转变为分布式。借助于区块链技术在协作者之间自主构建的信任关系，大规模协作任务可以顺利推进，从而在新技术革命和产业变革中发挥关键作用。区块链是分布式网络、加密技术、智能合约等多种技术集成的新型数据库软件。传统分布式数据库基于"故障-停止"假设，而区块链系统需支持"拜占庭容错"假设，因而在数据存储、事务处理、共识协议和查询执行等方面均有显著差异。本讲将从上述各方面概述区块链数据管理。

6.1 | 区块链概述

6.1.1 区块链：信任构建的基础设施

　　信任关系构建对于现代社会经济的健康发展非常重要。可以将众多参与者组织起来协作完成大规模任务。通常，集中式架构由一个中心节点和多个普通节点构成，中心节点受所有普通节点信任，而不关心普通节点之间是否存在互信关系。普通节点经由中心节点传递数据，并确保数据可信任。政府部门、大型企业、知名人士等都是典型的中心节点。但是，在中心节点缺位的情况下构建信任关系一直是重要的技术挑战。

　　区块链作为比特币的底层技术进入大众视野，源于2014年10月23日在大英图书馆举行的一次以"比特币向哪里去"为主题的大型讨论会。从那时开始，人们开始认识到区块链不仅仅是一个账本，更代表一种革新性的理念和技术范式。基于区块链的信任机制和体系构建对我国尤为重要，资本主义国家的市场主体间的信任是建立在信用之上的，社会主义市场经济发展时间短，区块链带给我们跨越式发展的机遇，即用数据和技术来建立信任机制和体系，进而建立新的信用体系，从而奠定数字经济和数字化转型的强大基础。

　　得益于自身的特点，区块链可以和不同场景结合来满足多种应用场景需求。例如，可将区块链应用到数据共享场景，网络中各个节点共享所有数据，并对这些数据具有一致的操作权利。具体而言，对区块链中的数据进行操作时，需要与区块链网络中的所有节点达成共识，网络节点对区块链数据具有相同的操作权利和相同的数据可见状态。因此，可以将区块链视作一种去中心化、安全的数据共享平台。区块链也可以视作群体智能的基础设施，群体智能的基本单位是个体智能，由个体智能构建群体智能时，可以通过区块链来保证个体之间无障碍地匿名化共享和交换数据。同时，利用智能合约技术能够让个体智能客观、公正地沿着预设的合约逻辑来实施以及通过激励机制来促使个体智能转化成群体智能。

6.1.2　区块链发展历史

区块链的发展历史最早可以追溯到 2008 年，中本聪首次提出了区块链的概念[1]，并于次年发布了比特币系统。尽管比特币被视为一种数字货币，但是其基本特性与法定货币截然不同。法定货币由政府进行信用背书，在市场上流通，但是比特币并没有任何政府信用进行背书。比特币依赖于分布式网络，没有中心化的服务器，综合使用密码学以及安全、网络等机制生成通证，并在通证持有者之间进行交换。在比特币系统中维护的通证也称为 UTXO（Unspent Transaction Output）。每笔交易就在 UTXO 中记录输入代码和输出代码，并且输出代码的总额小于或等于输入代码的总和，这使得现有比特币不断被消耗，新比特币不断生成。比特币系统吸引诸多"矿工"来竞争记账，"矿工"通过消耗算力获得数据打包权限，并由此获得新比特币的奖励。

智能合约是区块链系统中能够自动执行的代码。比特币系统仅支持有限功能的智能合约功能。自 2013 年起，维塔利克·布特林领导开发了以太坊系统，其最大特点是支持图灵完备的智能合约，从而能够应对更加复杂的业务逻辑。以太坊使用虚拟机技术，在各个节点上部署 EVM（Ethereum Vitural Machine）以运行各种程序。与比特币相比，以太坊的应用领域进一步拓宽，从数字货币应用领域拓展到金融等领域。以太坊中的矿工通过挖矿可获得以太币。

2015 年，Linux 基金会牵头推出 Hyperledge 项目（超级账本），旨在推动区块链在跨行业场景中迅速发展，并提高系统性能和可靠性。Fabric 是其中最受瞩目的项目，其企业架构高度模块化、可配置，用户可以通过配置文件来决定要加载的具体模块，如密码库、密钥管理协议、共识、身份管理等。

近年来，国家重视区块链技术的发展。2019 年 10 月 24 日，中共中央政治局就区块链技术发展现状和趋势进行了集体学习，区块链成为国家战略科技。2021 年 5 月 27 日，工业和信息化部、中央网信办联合印发《关于加快推动区块链技术应用和产业发展的指导意见》，其中明确指出，区块链是新一代信息技术的重要组成部分，是分布式网络、加密技术、智能合约等多种技术集成的新型数据库软件。区块链应用规模扩大对于性能、安全等方面都提出了更高要求，核心关键技术有待突破。

6.1.3　区块链架构划分

按照组织架构不同，区块链可以划分为公有链和许可链。在公有链中并不存在用于管理节点加入/离开行为的特定服务器，节点可以遵照区块链系统所制定的规则来决定是否加入系统或者离开系统。节点加入系统后，可以基于共识协议在节点之间协调信息，从而开展工作。典型的公有链包括比特币和以太坊。

许可链系统对于节点的加入和离开具有较为严格的审批机制，而非由节点自行决定。许可链又可细分为私有链和联盟链。私有链建立于企业内部，适用于企业内控管理，确保区块链数据真实、不可篡改，并且保留部分去中心化特点，私有链的代表是Eris Industries。联盟链由多个机构共同发起，相互协作。联盟链管理员可以限制用户的读写权限、节点参与共识计算的权限等。典型的联盟链包括 Hyperledger（超级账本）、长安链 ChainMaker 等。

6.2 | 区块链数据存储

6.2.1　链式数据结构

区块链系统通过链式结构存储数据，确保信息不可篡改。所有数据被划分成多个区块，每个区块包括区块头和区块体两部分。其中，区块头维护一些基础信息，区块体保存交易记录，如图 6-1 所示。

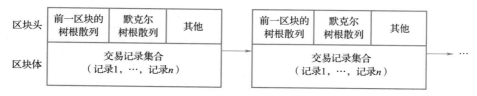

图 6-1　区块链的链式结构

在不同区块链系统中，区块头所需维护的信息略有差别，但通常会包含前一个区块的树根散列值、默克尔树根散列值等信息（默克尔树相关内容参见 6.2.2 节）。其中，默克尔树根散列值基于本区块的所有交易记录计算生成，当交易发生变化时，这个字段也将会随之变化；换言之，这个字段确保区块体中的数据不可被篡改。"前一区块的树根散列值"维护了前一个区块的区块头的哈希值，从而能够通过这个信息来确认前一个区块是否被篡改。这两个字段将区块链上所有区块构成一条逻辑上的链条，无法随意替换掉其中任何一个区块。

例如，比特币的区块头共有 80 字节，划分为 6 个字段，包括版本号、前一区块的哈希值、默克尔树根、时间戳、目标困难度、随机数。其中，版本号描述比特币的版本号，前一区块的哈希值描述前一区块的区块头的哈希值，默克尔树根描述本区块的默克尔树根的哈希值，目标困难度描述的是生成本区块的困难度，随机数则被"矿工"用于生成本区块，以匹配目标哈希值。

6.2.2　默克尔树

默克尔树（Merkle Tree）也称哈希树，它既可以是二叉树，也可以是多叉树，而二叉树比较常见。叶节点保留真实数据项，非叶节点是由其所有子节点的数据项拼接之后计算生成的哈希值。图 6-2 为一棵典型的默克尔树。

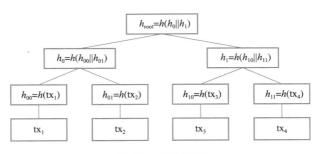

图 6-2　默克尔树

假设某个区块内共有 4 笔交易，记为 tx_1、tx_2、tx_3 和 tx_4，可基于这些交易记录构建一棵完全二叉树。首先，利用哈希函数 h 分别计算这些交易的哈希值，标记为 h_{00}，h_{01}，h_{10} 和 h_{11}，即 $h_{00}=h(tx_1),\cdots,h_{11}=h(tx_4)$。其次，将这些哈希值两两合并，生成上一级非叶节点的哈希值，即 $h_0=h(h_{00}\|h_{01})$，$h_1=h(h_{10}\|h_{11})$，其中符号"$\|$"表示字符串拼接。最终，生成根节点的哈希值 $h_{root}=h(h_0\|h_1)$。

可基于默克尔树快速查验数据真伪。默克尔树的根节点的值是由叶节点开始逐层向上计算的，由于哈希函数具有防碰撞特点，只要输入数据轻微变化，输出值就显著不同。因此，只要保留默克尔树的根节点，就可以快速比较两个数据集合是否相等。当数据集合中某个数据项被篡改时，则无法生成完全一样的默克尔树根。

6.2.3 区块数据和状态数据

区块链在各节点维护一份公开账本，记录所有交易信息。同时，区块链还需要实时了解各用户的当前状态，如账号"张三"当前所拥有的金额等。典型的状态数据建模方式包括 UTXO 模型和账户模型。

UTXO 模型（Unspent Transaction Output Model）在区块链中记录多笔交易的输入和输出信息。每笔交易记录表示一次消费过程，其输入信息即是有效的通证，而输出信息是消费之后产生的新的通证。输出金额的总额要小于或等于输入金额的总额。一旦某笔金额被使用（即作为一个交易的输入）之后，则无法再次被使用。图 6-3 描述了一个包括四个事务的案例 $tx_1, \cdots, tx_4$。每个事务 tx_i 都有若干个输入（标记为 In x）和若干个输出（标记为 Out x），且输入数之和大于或等于输出数之和。每笔交易的输出可以作为未来交易的输入，且一旦成为未来交易的输入后，就无法被重复使用。例如，tx_3 有了三笔输入，分别是 tx_1 的 Out 1、tx_2 的 Out 0 和 Out 1；则这三个输出未来均无法作为其他任何事务的输入。比特币系统采用 UTXO 模型。显然，一个用户所拥有的总资产等于其拥有的尚未使用的事务的金额之和。

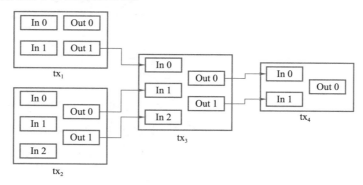

图 6-3　UTXO 模型

UTXO 模型简单、直观，且有利于保护隐私。每个 UTXO 可以由用户的私钥进行保护，确保其匿名性。若综合运用环签名等技术，还可进一步增强 UTXO 的安全性。

除了 UTXO 模型之外，账户模型也在区块链系统中被广泛使用。账户模型保留每个账户的最新状态，因而能够快速检索各用户的资产总额，有助于编写较为复杂的智能合约。在交易验证方面，使用账户模型无须像 UTXO 模型那样验证多个输入/输出值，只需要验证接收账户和发送账户，简化了过程。

以太坊系统采用账户模型，并维护一棵默克尔帕特里夏树（Merkle Partria Tree，MPT）来支持快速读取数据。如图 6-4 所示是一棵包含四个账户的 MPT 案例。

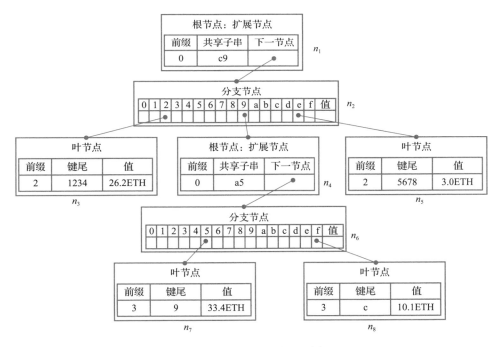

图 6-4 默克尔帕特里夏树

MPT 采用前缀编码（Hex-Prefix，HP）方式对键进行编码。在编码之后，各键的每一位都在 0~15 之间。MPT 包含三种节点类型：扩展节点、分支节点和叶节点，且每个节点最多拥有 16 个子节点。

扩展节点：扩展节点通常保留共享键和后续分支节点的哈希值。例如，在图 6-4 中，根节点就是扩展节点，共享前缀是"c9"。换言之，"c9"是后续所有节点的键值的公共前缀；再比如，下面的扩展节点的共享前缀是"a5"，意味着"a5"会嵌入与该节点相关的路径中。

分支节点：分支节点至少包含两个子节点。例如，图中位于上方的分支节点包含三个分支节点，分别是从2、9和e处分叉。由于该分支节点的父节点是共享前缀为"c9"的扩展节点。因此，这三处分支的前缀分别是"c92""c99"和"c9e"。每个分支节点的每个分支都保留了哈希值。如果该项的位置是空值，则意味着没有后续节点。

叶节点：叶节点包括前缀、键尾和值三个字段。前缀字段一般是2或者3，表示剩余键的长度的奇偶性。如果前缀为2，则说明长度是偶数；如果前缀为3，则说明长度是奇数。键尾字段表明需补齐的部分，值是该账号对应的实际值。

该图描述了四个账户：c921234、c99a559、c99a5fc、c9e5678，其值分别是26.2ETH、33.4ETH、10.1ETH、3.0ETH。

在MPT中，父子节点之间并不由指针进行关联，而是由哈希值进行关联，即父节点记录了子节点的哈希值。这样做能够支持数据的持久化操作，不论整棵树被加载到内存之中，或者从内存中卸载，均不会影响树结构。

6.2.4 数据存储方式

区块链系统将所有节点划分成全节点和轻节点。全节点保存所有数据，而轻节点仅仅保存区块头的摘要信息。典型的区块链系统采用全副本存储方式来存储数据，即每个全节点中都保留完整的区块链数据，如图6-5所示。例如，假设一条完整的区块链为100GB，且区块链系统中包含了100个全节点，则数据存储总开销将达到10TB。全存储方式的存储效率较为低下，且不具有存储可扩展性。具体来讲，增加区块链节点数量不会提升现有区块链系统的存储容量。从全网来看，在区块链中，每个区块的存储开销为$O(n)$，其中n为网络中区块链节点的数量。由于拜占庭节点的存在，现有的面向分布式数据库系统（或者文件系统）的多副本存储方法（即将数据块复制多份，如3份，再将原始数据和副本数据随机部署在各网络节点）尽管已被广泛使用多年，却无法适用于区块链系统，因此迫切需要设计新型数据存储机制。

在特定场景下，各节点之间的信任关系有所区别，可以利用这个特性在存储开销方面进行优化。例如，在区块链网络之中可能存在部分完全互信的节点。对于这些节点来

图 6-5　区块链的全复制方法

说，无须在每个节点分别存储数据，而只需要共同维护一份数据即可。文献 [2] 提出了共识单元（CU）概念，即将区块链网络中完全互信的节点定位为共识单元，在一个共识单元内部仅需要保存一条完整区块链。在此情况下，共识单元可被看作一个拥有更大容量的超级节点。一个区块链系统可以包含多个共识单元。此时，考虑到共识单元内部各节点的存储能力、网络访问开销、区块被访问频度都各不相同，研究焦点就转变成如何在各个共识单元内部分配区块链存储、如何进行冗余备份的优化问题了。但总体来说，这种方法并没有从根本上提升数据存储能力。例如，假设一条完整的区块链为100GB，且区块链系统中包含了 100 个全节点，且这些节点构成了 10 个不同的共识单元，则总共的数据存储开销将达到 1TB。

如何在拜占庭容错假设下提升数据存储效率更具挑战。文献 [3] 提出了一种新型的存储引擎 BFT-Store，它集成纠删码与拜占庭容错（BFT）共识协议来增强存储可扩展性。作者利用基于纠删码的分区容错机制，可在保证区块链数据可用性的前提下降低存储开销。在构建编码块时，首先将原始数据划分为 n 个数据块，之后计算编码矩阵，如图 6-6 所示，编码矩阵的上部为 $n \times n$ 的单位矩阵，下部为 $m \times n$ 的校验矩阵，其特点是任意 n 行构成的方阵均可逆。编码矩阵和原始数据划分出的 $\boldsymbol{D}$ 向量相乘得出需要存储的数据项向量。

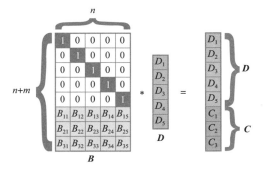

图 6-6　纠删码技术

当上图等式右边数据部分丢失时（少于 m 个），可以利用编码矩阵中任意 n 行构成的方阵均可逆的特点，求得剩余编码矩阵的逆矩阵，剩余的数据项右乘剩余的编码矩阵的逆矩阵即可还原出原始数据项。BFT-Store 的具体处理步骤如下。

①以 n 个区块数据为一个周期，在每个周期末尾生成 m 个校验区块。

②每个节点根据自身编码去除无须保留的部分，仅剩下不可或缺的部分，如图 6-7 所示。

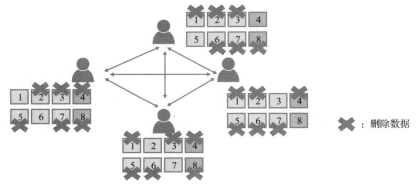

图 6-7　BFT-Store

与全副本存储策略相比，BFT-Store 的存储开销从 $O(n)$ 降低到了 $O(1)$。对于查询处理来说，其性能取决于区块重构的频率。重构区块需要读取不同节点的数据，提升了处理开销。BFT-Store 还保留了两种策略来提升查询效率：缓冲区策略和多副本策略。

1）缓冲区策略。 在各个节点维护一个固定大小的缓冲区，当该节点读取某一高度的区块数据时，若本地保存有相应的区块，则直接返回；若不存在相应的区块，则向其他节点发出请求，获得相应区块后，在响应请求的同时在本地维护一个缓存；若一定时间内未收到响应，则发起重构区块请求来获得区块。

2）多副本策略。 即对于每一个区块（原始区块或者校验区块），均保存 k 份（k 是一个小的自然数，例如 2 或者 3），且将这些数据分散到不同节点之中。从而降低了区块重构的概率。假设不诚实节点的占比为 f/n，则当采用 k 副本时，对于任意一个区块，需要重构的概率低于 $(f/n)^k$。

6.3 共识算法

作为一个分布式账本系统，区块链系统须确保所有节点维护相同的账本记录，也就是确保数据一致。对于分布式系统而言，如果所有节点均诚实可信任，则可以挑选某一个节点作为协调者，由其与剩余节点协商，达成数据一致。但区块链是一种去中心化架构，不仅不存在中心化节点，而且节点之间通信不可靠、有延时且节点经常出现故障，这种情况下，确保节点之间达成共识就显得非常困难。采用共识算法的目的就是使得某件提案在大部分节点之间通过。

如前所述，区块链系统包括公有链和许可链，二者在系统规模、准入条件等方面均有显著差异，这使共识算法多种多样。

6.3.1　PoX 系列

PoX（Proof of X）共识算法主要应用于公有链，其中 X 是各节点在参与共识过程时展示的能力，如工作量（Work）和股权（Stake）。PoX 共识协议根据各区块链节点所展示的能力强弱程度来决定其达成共识的能力。总体来说，PoX 共识协议可包括两个步骤。首先，所有节点相互竞争求解某一个问题，直至某一个节点胜出从而取得记账权利。其次，该节点将本轮账本信息发送给剩余节点，由所有节点分别记账。

1. 工作量证明机制 POW（Proof of Work）

应用在比特币系统之中。所有区块链节点竞争来求解同一个哈希难题，见式（6.1）。

$$h(\text{nonce} \parallel \text{prev\_hash} \parallel \text{tx}_1 \parallel \text{tx}_2 \parallel \cdots \parallel \text{tx}_n) < \text{target} \qquad (6.1)$$

式中，prev_hash 表示前一个区块的哈希值，$\text{tx}_1, \cdots, \text{tx}_n$ 表示本区块中的交易序列，目标值 target 代表难度。target 越小则任务难度越高。一旦找到任意满足约束条件的 nonce 值，该问题即被解决。由于哈希函数无法根据目标值逆向推算出输入值，需要设计迭代方法进行求解。在每次迭代过程中，首先生成一个新随机数 nonce，再验证该公式是否成立。如果该公式成立，则表明问题已经被解决；反之，则需要继续下一迭代过程。显然，具有更高算力的节点能在单位时间内更频繁地执行迭代过程，因而能够在更短期望时间内找到正确答案。式（6.1）中的 target 参数用于设置问题难度，target 值越大则难度越低。哈希函数 h 还应该易于验证，即如果某一个节点计算出来某一个符合条件的 nonce，则其余节点均可快速验证其正确性。

POW 共识协议与区块链中的挖矿操作息息相关。所谓挖矿，就是指在某位用户向区块链系统提交了若干笔交易后，将这些交易的执行结果写到区块链上的过程。在挖矿过程中，每个节点可选择部分交易，再结合前一个区块的哈希值，最终找到一个满足条件的随机数（参见式（6.1））。参与寻找随机数 nonce 的节点也被称为矿工。当找到符合条件的随机数之后，矿工就向区块链网络发布消息，获得记账权限，并可获得额外的比特币的奖励，从而推动区块链系统不断运行。矿工的收益包括两个方面：一方面是成功打包之后，区块链系统自动生成的新比特币；另一方面则是各个交易中自己约定的交易费。对于矿工来说，它们消耗计算资源以期获得计算回报，因而倾向于打包高收益的交易。

值得注意的是，如果有多个节点碰巧在很短时间内都获得正确答案，则这些节点可能都将得到记账权限，此时就会出现分叉现象，即一个区块上出现了多个后续区块。在这个情况下，区块链系统会将最长的链作为主链，而不认可分支链条上的交易。由于生成一个可匹配的区块需要耗费大量计算资源，因而通常情况下，如果有 6 个连续区块，则认为这些交易已经被正常执行了。例如，在图 6-8 中，区块 b_4 之后出现了 3 个分叉，而中间分叉（$b_7 \rightarrow b_{11}$）最长，则该分叉会被视作主链。

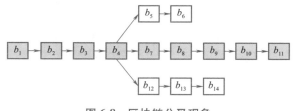

图 6-8　区块链分叉现象

2. 权益证明协议 POS（Proof of Stake）

POW 共识协议使计算资源充足的节点能够优先获得记账权限，但这种共识协议也存在三大不足之处。第一，大量计算资源被浪费，每个节点在计算哈希值的过程中消耗了大量算力，且由于计算难度随着时间推移逐步增加，算力消耗问题更加严峻；第二，去中心化难以进行，矿池能够汇聚分散的计算能力，从而拥有超强计算能力，这对区块链系统的安全性和稳定性造成威胁；第三，矿工的积极性难以维系，因为当付出大于收益时，矿工倾向于不去挖矿，这使得系统整体活性下降。

为此，POS 共识协议不再以各节点所拥有的计算资源作为获取记账权利的依据，而是以各节点所持有的加密货币规模作为依据。持有的加密货币规模越大，记账权利越高。与 POW 相比，POS 具有明显优势。首先，POS 共识协议并不通过求解哈希难题来获得记账权限，因而基本不消耗计算资源。其次，POS 共识协议需要各个节点预先锁定股份，因而安全性更高。如果恶意攻击者将锁定的股份设置为 51% 及以上，则很容易被其他节点发现，使整个系统失去公信力，因此各位参与者有动力将股份设置为 51% 之内。

6.3.2　Raft 共识协议

Raft 共识协议旨在解决 CFT 场景下的共识问题。只需要有 $n/2+1$ 个节点正常工作，就能够得到共识结果。与 Paxos 共识协议相比，Raft 更容易理解和开发。

Raft 共识协议要解决三个问题：选举（Leader Election）、日志复制（Log Replication）、安全性（Safety）。所有网络节点被分为三类：领导者（Leader）、追随者（Follower）和候选者（Candidate）。领导者负责日志同步管理、处理客户端请求、与追随者保持心跳联系；追随者会响应领导者的日志同步请求以及候选者的选举请求，并将客户端请求转发给领导者。候选者负责选举投票，选取一个节点转化为领导者。Raft 协议从全部节点中选择一个领导者，再由领导者负责从客户端接收输入数据，并把数据复制到其他节点，从而达到数据一致性的目标。作为中心节点，领导者也容易成为系统瓶颈。

Raft 协议执行过程包括三个阶段。

1）领导者选举阶段。 整个时间轴被划分为若干个任期（Term），在每个任期开始的时候投票选择领导者。如果某个候选者的投票数超过 $n/2$，则该节点会自动转变成为领导者。

2）交易执行以及区块形成时期。 领导者接收从客户端和追随者接收到的所有交易，确定这些交易的执行次序，并将执行次序记录下来。然后形成区块。

3）日志复制阶段。 这个阶段的主要目的是保持数据一致性。每个追随者接收领导者的交易执行信息，并且形成区块。具体来说，总共分为两个子步骤。首先，领导者向所有追随者发送日志复制请求。追随者收到消息后，检查收到的消息，如果没有问题就向领导者发送接收成功的消息；然后，领导者统计从追随者中收到的成功接收消息的数量，当超过半数时，再向所有追随者节点发送提交消息，告诉这些节点相关的数据状态已提交，并向客户端发送消息，告知交易已成功。状态转移图如图 6-9 所示。

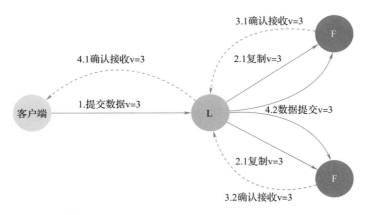

图 6-9　**Raft** 状态转移图

6.3.3　PBFT 协议

Raft 协议假设所有节点均不会执行恶意操作，一旦出现故障则自动停止执行。区块链网络需要考虑另外一种假设条件，即所有节点均有可能执行恶意操作，包括发生假消息、长时间不响应等。PBFT 协议即为处理该问题而被提出来的。假设规模为 n 的区块链网络至多含 f 个不诚实节点（$n>3f+1$），PBFT 的整体运行复杂度被降至多项式复杂度。PBFT 协议基于状态机复制（State Machine Replication）理念，每个节点维护本节点的状态和操作，所有节点采用一致性的操作，从而形成最终一致性。

PBFT 是三阶段提交协议，包括预准备（Pre-prepare）阶段、准备（Prepare）阶段和确认（Commit）阶段，如图 6-10 所示。在这个例子中，客户端 0 作为主节点发起请求，客户端 3 是拜占庭节点。

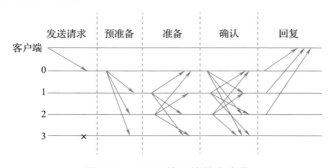

图 6-10　**PBFT** 协议的基本步骤

（1）**预准备阶段**　本阶段由主节点发起。主节点在收到客户端请求之后，向所有备份节点发送预准备信息，其格式为 $\langle\langle \text{PRE-PREPARE},v,n,d\rangle,m\rangle$，其中 v 代表视图编号，n 代表序列号，m 代表由客户端发送的请求消息，d 代表 m 的摘要。值得注意的是，预准备的消息里并不包含客户端请求本身，其原因有二：第一，减少预准备消息的大小以降低网络传输开销；第二，对"请求排序协议"和"请求传输协议"解耦，进一步优化传输效率。

（2）**准备阶段**　备份节点接收到主节点传输过来的预准备消息，并查验其正确性。首先，检查请求和预准备消息的签名是否正确，以及 d 是否是 m 的摘要。其次，检查视图编号，判断预准备消息中的视图编号 v 与当前视图编号是否相同。再次，判断备份节点是否曾经接收过编号为 v、序号为 n 的其他消息。鉴于 $\langle v,n\rangle$ 相同的消息，所包含的内容相同，因此，如果出现过符合之前条件的消息，且消息摘要和 d 不相同，则检查不通过。最后，检查消息的序号 n 是否在水位线范围之内。

以上检查全部通过之后，正式进入准备阶段。第 i 个备份节点向所有副本节点发送准备消息 $\langle \text{PREPARE},v,n,d,i\rangle$。与此同时，节点 i 也在接收其他消息。当节点 i 接收到来自其他备份节点的准备消息时，判断是否能够转成 Prepared 状态。转变成 Prepared 状态需要满足两个条件。其一是至少从 $2f$ 个节点接收到准备消息；其二是至少有 $2f$ 个与预准备消息一致的准备消息，即视图编号 v、消息序号 n 和摘要 d 均相同。

最后，当节点 i 的状态变为 prepared 之后，向其他节点广播确认消息，其格式为 $\langle \text{COMMIT},v,n,D(m),i\rangle$。此时，协议进入确认阶段。

（3）**确认阶段**　副本节点在接收到确认消息之后，逐一判定是否满足条件。如果满足条件，则写入消息日志。判定条件包括签名是否正确、消息的视图编号与节点的当前视图编号是否一致、消息的序号 n 是否在水位线范围之内。当节点 i 接收到足够多关于 m 的确认消息时，其状态可变更为 commited-local。具体条件如下。

1）节点 i 的 prepared (m,v,n,i) 为真，表明消息内容是 m。

2）节点 i 已经接收了 $2f+1$ 条确认消息，且这些消息与预准备的消息一致。所谓一致就是指视图编号 v、消息序号 n 和摘要 d 均相同。当节点 i 的消息 m 转变为 commited-local (m,v,n,i) 时，表明有 $f+1$ 个正常副本节点集合中所有副本节点 i 的 prepared (m,v,n,i) 为真。从而确保算法的正确性。

如图 6-10 所示，主节点（客户端 0）基于当前视图分配一个序列号给收到的客户端请求，然后再发送给所有客户端节点。

6.4 交易处理方式

智能合约是区块链系统从 1.0 进化到 2.0 的主要特征。所谓智能合约，就是一段能够自动运行的代码。比特币系统能够实现自动转账，从某种意义上来说，也可以认为是一种自动运行的代码。但这种代码仅限于转账这个非常受限的场景，尚无法扩充到更广阔的应用领域。而到了 2.0 之后，在以太坊系统中，就能够支持更加丰富的、可自动运行的场景了。通常来说，智能合约需具备两个特性：第一，执行结果确定，即在不同区块链节点上执行智能合约时，当输入相同时，输出结果也相同；第二，智能合约不会无限执行下去，总是能够在有限时间之内执行完毕。

为了确保这两个特点，传统的执行方式是串行执行，也就是所有节点以相同顺序执行（或验证）相同交易集合。目前，主流的智能合约处理模型有"共识-执行"和"执行-共识-验证"两种，其代表性的区块链平台为以太坊[一] 和 Hyperledger Fabric [二]。

由于区块链系统中存在拜占庭节点，验证节点必须重新执行交易以检测主节点是否存在作恶行为。同时，为了保证智能合约在各节点单独执行后的状态的一致性，已有的区块链系统中均简单采用了串行执行单个区块中所有智能合约的方法，这并没有充分发挥现代计算机中的多核芯片的计算效能，也限制了系统吞吐率的进一步提高。由于并发读写操作会产生对共享状态数据的冲突访问，进而导致各节点不一致的状态，区块链节点不能简单地并发执行区块中的智能合约交易。对于比特币转账交易，可以很容易地通过静态分析技术提前知道两笔交易是否存在冲突，因为输入输出都是确定的。相比之下，对于使用图灵完备语言编写的智能合约，便无法提前分析出两次合约调用之间会不会发生冲突，冲突只有在交易运行时才能确定。因此，如何合理利用区块链的以区块为单位的多智能合约批处理执行的特点，提高智能合约并发执行效率是提升系统性能的一个关键环节。

⊖　www. ethereum. org/。
⊖　https://github. com/hyperledger/fabric。

6.4.1 "共识–执行"模型

"共识–执行"模型是典型的智能合约执行模型。区块链系统将节点分为排序节点（Orderer）和执行节点（Executor）。排序节点对一批智能合约交易执行共识操作，产生一个交易顺序；执行节点在本地按照共识确定的顺序单线程串行执行所有交易，验证区块的正确性。基本执行步骤分两个阶段。第一阶段中，排序节点接收一批智能合约交易，然后对这批交易执行共识操作，明确执行顺序，并将执行顺序发送给执行节点；第二阶段中，各个执行节点按照所接收到的执行顺序执行所有交易，从而确保这批交易在所有节点上生成相同的执行结果，如图 6-11 所示。

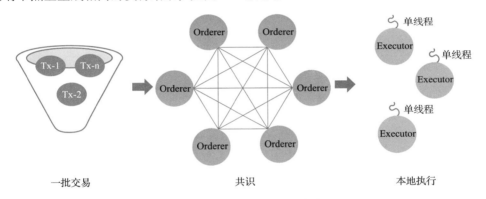

图 6-11 "共识–执行"模型

在"共识–执行"模型中，由于每个节点均需要处理每一笔智能合约交易，系统的整体处理能力受制于单节点的计算性能，扩展性较差。为了保证所有区块链节点状态一致，已有的基于"共识–执行"模型的区块链系统只允许单线程串行执行一个区块中的所有交易，并没有充分利用现代化的多核硬件。

Amiri 等人借鉴 Hyperledger Fabric 多通道的设计思想，将执行节点进行分片，实现了一个相当于多通道的"共识–执行"模型的区块链系统 ParBlockchain[4]。该项工作假设交易之间的冲突可被静态分析。但事实上，除比特币脚本以外的智能合约通常使用图灵完备的编程语言编写，在运行之前是无法通过代码分析出交易的数据访问模式的。在 ParBlockchain 中，一批交易在共识排序后将由共识节点分析该顺序下交易之间的冲突关系（即 rw、ww 和 wr 冲突），并用有向图的方式表示该冲突关系。当执行节点收到区块以及冲突图后，无冲突的交易则可以并发执行。由于执行节点是按应用划分的，它们只执行隶属于自身应用的交易。对属于同一个应用的冲突交易，执行节点按照冲突关系串行执行；对于属于不同应用的冲突交易，则需要等待冲突交易所属应用的节点广播执行结果，才可继续执行。每个执行节点最终都需要把执行结果广播，其余节点收到足够个数的相同结果后，直接把结果写入账本。但是当冲突较高时，特别是跨应用的冲突增多时，执行节点之间将需要相互传输更多的结果集以保证执行的正确性，这会导致 ParBlockchain 的较低的系统并发度。

在"共识–执行"模型下，一笔智能合约交易在其完整的生命周期内会被执行两次，主节点（也称 miner 或 leader，即在区块链中发起共识的节点）执行一次，验证节点（即除主节点之外的其他全节点）执行一次。基于此，近年来，陆续有一些关于智能合约并发执行的工作出现，称为两阶段并发方法，为两次执行阶段分别引入并发执行，以期提高系统的执行效率，从而达到更高的吞吐率。Dickerson 等人[5] 首次提出了智能合约的并发执行方法，主节点使用两阶段锁协议来保证智能合约执行的可串行化，在执行的过程中记录并发调度，并将该调度以交易为粒度的 happen-before 图的方式附着在 block 上传送给验证节点，随后验证节点根据接收到的调度信息重新执行一遍。Anjana 等人[6] 提出了主节点用乐观的并发控制协议来代替悲观的锁协议，并在验证阶段使用独立并行的方式进行验证，从而提高验证效率。以上两种方法都对数据冲突率有一定的假设，其中 Dickerson 等人假设数据冲突率高，因此用悲观的锁协议，Anjana 等人假设数据冲突率低，因此用乐观的并发控制协议。而事实上，由于无法在智能合约执行前预测数据的冲突率，因此人为选择悲观锁或者乐观锁并不现实。Zhang 等人[7] 提出主节点可以使用任何一种并发控制协议，并发执行结束以后，传输读写集给验证节点。这种方法虽然具有更细的并发粒度，却增加了网络开销，并且验证节点使用就地更新（update in place）的策略，导致验证节点的执行效率跟数据的冲突率密切相关。

在以上三个工作中，主节点均采用了数据库领域成熟的并发控制协议，这仅仅只考虑了第一阶段主节点的执行效率，而没有优化第二阶段验证节点的重放过程。同时，传输的调度信息粒度过大或过小都会影响验证节点的重放效率和系统的网络传输开销。此外，这些方法均没有考虑可能的主节点作恶而篡改传输信息的情况，而只是依赖于区块链默认的验证机制（如默克尔验证）。基于此，金澈清等人[8] 提出一种高效的智能合约并发控制机制，对合约执行的这两个阶段都进行了优化。包含在区块中的智能合约总是成批出现，因此，在第一阶段，主节点采用基于批处理的乐观并发控制（Optimistic Concurrency Control，OCC）[9]，对交易提交顺序重新排序，从而提高主节点交易执行吞吐量。这种方式不仅考虑了主节点的执行效率，而且还优化了验证节点的重放效率。此外，用以交易为顶点、以冲突关系为边（即 read-from 关系）的有向无环图来记录主节点并发执行的调度日志，主节点可以传输由有向无环图表示的并发调度日志给所有验证节点，每个验证节点可以通过重放并发调度来执行智能合约。但是调度日志过多意味着过大的网络开销，而过少的调度日志又会降低验证节点的并发度。因此，为了减少传输数据量并有效利用验证节点的多核计算效力，作者将有向无环图切割成若干子图，切割的目标是每个子图工作量近似相等，且子图与子图之间数据依赖最少。在第二阶段，基于主节点传来的区块和交易验证子图，验证节点可以在每个物理核上确定性地无冲突的执行一个子图上的交易，并在执行的过程中读取本地数据，将执行结果跟区块中传送的主节点执行结果进行校验，可以边执行，边校验，不用等到所有交易执行完后统一用区块中的默克尔树根校验，这种校验方法可以提早发现主节点作恶。以上的两阶段并发方法既可以在保证所有副本执行结果的一致性的前提下提高智能合约的执行效率，又可以避免主节点作恶的问题。

6.4.2 "执行-共识-验证"模式

Hyperledger Fabric 自 1.0 版本以来，对系统进行解耦，采用先模拟执行、后共识排序、最后验证的智能合约执行模型，即"执行-共识-验证"模型。这种模型中包含客户端、背书节点和排序节点三种角色。客户端发送交易到各个通道的背书节点进行模拟执行，并产生读写集，但执行结果不写入；然后，执行结果将被返回给客户端，客户端根据预先设置的背书策略检查交易结果，之后再把交易发送给排序节点执行共识排序；接着，共识节点根据可插拔的共识算法排序交易并打包区块发送给执行节点；最后，执行节点验证该共识顺序是否破坏模拟执行的可串行性，即检查各交易读写集之间是否出现读写冲突。虽然多通道的设计在一定程度上提升了系统的并发性，但与 OCC 一样，"执行-共识-验证"模型在应对高冲突负载时表现并不佳，一旦交易负载的冲突升高，验证阶段就会中止大量的交易，使得性能急剧下降。

智能合约使区块链系统从简单的加密货币平台发展为通用的交易系统。超级账本结构中提出了一种支持并行交易的"执行-共识-验证"架构,但是这种体系结构在序列化交易时可能会呈现许多无效交易。同时,由于数据处理之外的其他因素(如密码学和一致意见)固有地限制了区块的形成率,这个问题进一步被夸大了。目前也有工作针对"执行-共识-验证"模型的代表性系统 Hyperledger Fabric 进行优化。在原始的 Fabric 中,排序阶段只对一个随机的交易顺序进行共识,交易之间若包含冲突访问,在验证阶段就会造成交易的中止,降低系统的性能。尤其随着交易之间冲突率的增高,被中止的交易数也随之升高,这将导致 Fabric 系统的性能急剧下降。

Sharma 等人[10] 对 Fabric 进行了优化并提出了 Fabric++系统。Fabric++应用交易重排序技术来优化 Fabric 的排序服务,即在共识前根据交易的冲突关系提前中止一些交易,最大化一个区块中正确提交的交易数量,从而提高系统的吞吐量。Fabric++基本工作流程如下:①交易在各个通道之间以并行的形式模拟执行,执行结果不写入(与 Fabric 保持一致);②共识节点在收到一批交易(包含读写集)后,根据交易模拟执行记录的读写集构造冲突图;③计算冲突图的强连通分量和无环的冲突图,提前中止一些交易;④计算拓扑序,并对拓扑序的交易进行共识;⑤各 peer 节点收到区块后无须再进行读写集的检测。Fabric++根据模拟执行生成的读写集构造冲突图,并提前中止一些交易得到一张无环冲突图,从而可以得到最佳的共识顺序,这提高了系统成功提交的交易数。但是这个工作与 Fabric 架构紧密耦合,并且 Fabric++本质上只是优化了每轮共识的成功提交的交易数量,其并发仍旧只体现在 Fabric 的多通道设计上,没有为节点内部引入并发执行。

此外,Fabric/Fabric++中的并发交易均满足强可序列化性,它比可序列化性更加严格,并会导致可序列化交易的过度中止。针对这一问题,Ruan 等人[11] 提出利用 OCC 来对交易进行重排序从而降低"执行-共识-验证"模型中的交易中止率。Ruan 等人所提的方法能提供更细粒度的并发控制方法,通过调整阻塞交易的提交顺序得到一个可序列化调度,其中不可序列化的交易在重排序之前被中止,其余交易将保证可序列化。文献 [12-13] 则研究如何使 Fabric 中的交易处理顺序满足拜占庭容错。

以上关于优化 Fabric 的工作均采用交易重排序的方式提高交易成功提交率,但目前并没有任何工作通过重新构建整个系统来提升系统吞吐量。Fastfabric[14] 和文献 [15]

同样研究了 Fabric 中交易的并行问题，并对系统架构进行了重新设计。Fastfabric 设计并实现了几种架构优化，将端到端交易吞吐量提高近 7 倍（交易数量从每秒 3,000 笔提升到每秒 20,000 笔），同时减少了区块延迟。由于 Fabric 中的共识层接收整个交易作为输入，但是却只需要交易 ID 来决定交易顺序，Fastfabric 重新设计了 Fabric 的交易排序服务，仅使用交易 ID，从而提高了系统吞吐量。此外，Fastfabric 通过在提交者处缓存未被处理的区块，并将尽可能多的验证步骤做并行化处理（包括背书策略验证和语法验证）以重新设计 Fabric 的交易验证服务。Fastfabric 还利用内存层次结构在关键路径上进行快速数据访问，围绕轻量级哈希表重新设计 Fabric 的数据管理层，该表可以更快地访问关键交易验证路径上的数据，从而将不可变区块的存储推迟到优化存储集群。Fastfabric 中将重点放在共识机制之外的性能瓶颈上，并提出体系结构优化，这些优化可减少交易排序和验证期间的计算和 I/O 开销，从而提高了系统吞吐量。并且所有的优化都是完全可插拔的，不需要对 Fabric 进行任何接口上的更改。

6.4.3　分片执行

在传统的区块链系统中，每个节点都需执行相同的交易，因而资源利用率低下。如何在拥有更多资源的情况下提升资源利用率就显得尤为关键。采用分片技术是解决此问题的重要途径，分片技术将区块链系统中的节点划分成多个子网络，分别执行不同交易，从而提升整体性能。

从分片机制来说，分片技术可以划分为三种：网络分片、交易分片和状态分片。网络分片是指将区块链网络划分成多个子网络（片），在每个子网络独立执行交易。换言之，就相当于由原本的一个区块链网络生成了多个区块链网络，在各个分片内部依然通过共识机制来保证一致性。

交易分片是指将交易分配到不同子网之中分别执行，从而提升整体吞吐率。交易分片的方式有多种，比如可依照交易的发起方或者接收方进行划分，即将相同发起方/接收方的交易分配到相同子网络之中。再比如，可以采用随机分配方式，即将每个交易随机分配到各个子网络之中。

状态分片是指并不在每个节点维护整个区块链的所有状态，而是由各个子网分别维护一部分账号的状态。

在分片过程中，还需要考虑划分之后各个分片的规模大小。分片规模会对分片效果产生正反两方面效果。当各分片中参与共识的节点数量减少时，共识开销降低，单片的执行效率提升。同时，系统的分片数量也将提升，这进一步提升了执行效率。此外，分片中节点减少也降低了系统的安全性，攻击者可以以更小的开销来攻陷这个分片。

分片技术还需要考虑重分片问题。由于分片仅包含一部分区块链节点，其安全性会随着时间的推移而降低，乃至于无法满足安全要求。因此，需要定期对整个区块链系统重新进行分片，以降低受攻击的概率，提升安全性。重分片操作的触发时机可以有多种选择，既可以每隔固定时间间隔重新分片，也可以在区块高度达到某个阈值时重新分片，或者是兼而有之。区块链在管理各个分片时通常会提供一定的灵活性。例如，不同分片所使用的共识协议可以不同，允许分片分裂（当分片内节点数量增加时）或者合并（当分片内节点数量减少时）。

当交易不涉及多个分片时，可以在单个分片内部执行交易。这种情况之下，处理方式与非分片情况相同。而当交易涉及多个分片时，跨片执行复杂度更高，需要考虑其他因素。

MultiVAC 分片技术。作为一种典型的分片技术，MultiVAC 将区块链节点划分为 3 类：轻节点、矿工节点和存储节点，其中轻节点负责提交新交易，矿工节点负责执行共识过程，而存储节点负责存储在各个分片上的区块链数据，这些节点已经划分给不同分片了。MuliVAC 采用 POS 机制达成共识。

MultiVAC 可自动维护分片。当某个分片中待处理的交易数量过多时，即创建新分片，增加分片数量，并将待处理交易分配到相关分片中。在分片的时机选择上，MultiVAC 是综合时间和区块高度进行触发的。如果区块高度超过预设的高度阈值，或者运行时间超过了预设的时间阈值，均会触发重分片操作。

若分片 i 处于过载状态时，会分裂成两个分片，标记为 $2i$ 和 $2i+1$，新生成的两个分片各承担原先分片的一半的交易负载，这就使得当交易数量不断增加时可扩充系统处理能力，使得系统运行良好。MultiVAC 协议还可以确保分片分裂不影响数据存储。当分片刚开始分裂的时候，原始分片的存储节点还将服务一段时间，直至两个新分片都有足够的存储节点。之后，就由各个分片独立提供存储服务。MultiVAC 基于账户地址进行划分。假设某个分片原本是前缀为 "11" 的账户服务，则在分片之后，两个新分片分别为前缀为"110"和"111"的账户进行服务。图 6-12 显示了这个过程。

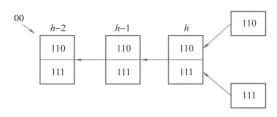

图 6-12　MultiVAC 中的分片分裂

6.5 区块链查询方法

　　区块链系统的查询处理与传统数据库系统的查询处理并不相同。在传统的数据库系统中，客户端向数据库服务器发送查询请求，数据库服务器处理请求之后，返回查询结果，整个查询过程就结束了。但是，区块链系统中并不存在中心服务器，而是存在多个区块链节点，且部分节点并不可信。因此，如何确保查询结果正确、完整，成为首要考虑的因素。

6.5.1 可验证查询

　　可验证查询（Verifiable Query）是应用于区块链场景的查询类型。客户端向区块链系统发送查询请求，并获取查询结果之后，能够同时验证查询结果的正确性。如前所述，区块链系统通常可以划分为全节点和轻节点，其中全节点保存整条区块链信息，而轻节点仅保留区块头信息。由于区块链规模宏大，在很多场景下，客户端通常表现为轻节点，而非全节点。轻节点提交查询，并具有验证查询结果正确性的能力。

　　以比特币系统为例。在比特币系统中，常用的支付方式被称为简单支付验证（Simplified Payment Verification，SPV）。客户端仅保留所有区块的区块头信息，从而可以在小型智能设备上进行操作。轻节点无法独立验证交易的正确性，需通过与其他区块链节点相互合作来验证支付交易。SPV 包括如下基本步骤。

　　①轻节点从网络系统中获取所有区块头（如有分叉，则是指最长链），保存在本地。然后，向某个全节点发送请求。

②全节点在收到查询请求之后，定位到包含该笔交易的区块，获取该笔交易信息，并将该交易对应的默克尔证明返回给轻节点。

③轻节点基于全节点返回的默克尔证明来计算默克尔树的根哈希，再将计算结果与本地保存的默克尔根相比较。如果相同，则意味着查询结果正确。否则，说明验证不通过。

为验证一笔交易（例如 tx_1）是否真实，就将 tx_1、h_{01}、h_1、h_{root} 都发送给客户端。客户端节点基于这些值来重新计算生成 h_{root}，并与预先保留在本地的 h_{root} 相比较，如果二者相同，则认为 tx_1 为真。整个验证过程的步骤：首先，计算 $h' = h(tx_1)$，然后生成 $h'' = h(h' \mid h_{01})$，然后再生成 $h(h'' \mid h_1)$，并将该值与 h_{root} 进行比较。仅当二者相同，才说明 tx_1 是正确的。通过这样的方式，仅需在轻节点保存默克尔根的序列（而非整条区块链）即可。

vChain 解决方案将经过可验证数据结构融入区块链结构中，能够保证不受信任的服务器也可以提供完整性保证的查询服务[16]。方案中存在 3 个身份：矿工、查询服务提供商和普通用户。矿工和查询服务提供商都保存全部的账本信息，普通的用户作为一个轻节点自身保存所有的区块头信息。矿工负责网络节点之间交易的共识，并生成区块、查询服务提供商提供查询服务，普通用户通过本地的区块头验证获取到的查询结果的正确性和完整性。文中介绍了加密多重集合累加器，通过该累加器可以生成集合属性的摘要，且可以判断两个集合是否有交集并生成没有交集的证明，同时用户可以通过两个集合属性的摘要和没有交集的证明来进行验证。作者利用累加器以上特点，基于累加器生成区块中数据对象集合属性的摘要，并将其填充到区块头中作为区块头的一个字段（AttDigest）。用户验证查询结果时，根据查询服务提供商提供的数据对象不存在的证明、累加器生成的查询条件的摘要以及本地的区块头的 AttDigest 字段进行验证。同时作者将针对范围的查询转换为针对集合的查询。vChain 通过加密多重集合累加器实现了保证查询结果正确性和完整性的 ADS（Authenticated Data Structures），作者为了提升验证效率，对不符合的查询条件的数据项区块内和区块间的数据进行"加合"，多重加合会增加区块链账本的体量，带来额外的存储开销，尽管边缘区块链节点采用账本数据卸载，额外的存储会给矿工带来更多的存储支出。

6.5.2 基于可信执行环境的查询处理

可信执行环境（Trusted Execution Environment，TEE）是处理器内保留的一块安全区域，确保在其中的数据和代码安全、完整。在运行状态下，即使操作系统被攻击者攻破，在可信执行环境中的代码和数据依然可以确保安全、完整。一方面，在可信执行环境中运行的程序可以访问主处理器和内存的全部功能，另一方面，在可信执行环境之外的其他程序无法访问或者篡改可信执行环境之内的数据和程序。常见的解决方案包括：基于 Intel 芯片的 SGX，基于 ARM 开源框架的 TrustZone，以及华为提供的 TEE OS 等。

以 SGX 为例。SGX 是英特尔公司提出来的架构，在中央处理器中增加了指令集和内存访问机制。SGX 配置了一个受保护的内容容器，称为 Enclave，驻留于 Enclave 之中的代码和数据都能够受到保护。借助于远程认证机制，客户端和服务器之间可以建立可信连接。

由于轻客户端接收和验证 VO（Verifiable Object）的开销与 VO 大小紧密相关。当 VO 规模较大时，则处理开销较大。因此，邵奇峰等人[16] 提出 AuthQX 方法，利用可信执行环境（如英特尔 SGX）来免除此一步骤，且同时仍确保查询结果的正确性和完整性[17]。在这种方法中，查询结果的验证操作均在全节点的 Enclave 内完成，由于 SGX 为区块链轻客户端提供的可信查询服务，全节点只会将验证结果返回轻客户端，轻客户端也无须接收和验证 VO，从而实现了零代价的可信查询。

为区块链数据构建 MB-tree 树，并将该树放置于 Enclave 内，从而确保数据真实可信任。在执行验证操作时，只需验证到在 Enclave 中的节点即可，无须一直验证到根节点，从而缩短了 MB-tree 的查询验证路径，减少验证时的计算开销。

AuthQX 中包括区块链轻客户端以及配置有 SGX 的全节点两个角色。轻客户端的查询请求将被发送给全节点进行处理。全节点必须证明它忠实地执行查询并返回所有有效结果，因为查询结果可能被恶意篡改。因为 SGX 可以为不可信的全节点提供完整性和机密性保证，并且查询结果将通过安全可信通道返回给轻客户端。因此，轻客户端可以完全信任这些查询结果，无须接收或验证任何 VO。

由于 Enclave 的内存有限（最大空间为 128MB），无法保存所有数据，AuthQX 将数据将分别储存在 Enclave 和通用内存（可能会受到敌对者攻击）中，并在二者中分别采用跳表和 MB-tree 来组织数据。Enclave 中的跳表用来缓冲新追加的区块，一旦区块个数超过预定义的阈值，就会周期性地将追加的区块数据合并到不可信内存的 MB-tree 中。AuthQX 还采用缓存机制提升管理性能。在 Enclave 中划拨一部分空间用于缓存经常使用的 MB-tree 节点，使得这些节点在以后的查询中将无须再次被验证。同时，对于这些节点还可延迟更新，仅当该节点被换出 Enclave 时才将各节点对应的散列值更新传播至根节点。

6.6 本讲小结

信任是现代社会运行的基石，区块链的本质是利用数据和数学构建信任。区块链是分布式网络、加密技术、智能合约等多种技术集成的新型数据库软件。区块链系统基于拜占庭容错假设，管理区块链数据要应对以下科学问题：①如何设计区块链数据组织与存储机制，以提升访问和利用效率；②如何加速区块链事务处理，以提升系统吞吐率；③如何丰富区块链查询功能，以提供优质服务。传统的分布式数据管理系统与区块链系统具有截然不同的特性，需要发展新型技术进行管理。

参考文献

[1] NAKAMOTO S. Bitcoin：A Peer-to-Peer Electronic Cash System［Z］. 2008.

[2] XU Z H, HAN S Y, CHEN L. CUB, a Consensus Unit-Based Storage Scheme for Blockchain System［C］//2018 IEEE 34th International Conference on Data Engineering（ICDE）. Cambridge：IEEE, 2018：173-184.

[3] QI X D, ZHANG Z, JIN C Q, et al. A Reliable Storage Partition for Permissioned Blockchain［J］. IEEE Transactions on Knowledge and Data Engineering, 2021, 33（1）：14-27.

[4] AMIRI M J, AGRAWAL D, ABBADI A E. ParBlockchain：Leveraging Transaction Parallelism in Permissioned Blockchain Systems［C］//2019 IEEE 39th International Conference on Distributed Computing Systems（ICDCS）. Cambridge：IEEE, 2019：1337-1347.

[5] THOMAS D D, GAZZILLO P, MAURICE H, et al. Adding Concurrency to Smart Contracts［C］//Proceedings of the ACM Symposium on Principles of Distributed Computing. New York：ACM, 2017：303-312.

[6] ANJANA P S, KUMARI S, PERI S, et al. An Efficient Framework for Optimistic Concurrent Exe-

cution of Smart Contracts［C］//2019 27th Euromicro International Conference on Parallel，Distributed and Network-Based Processing（PDP）. Cambridge：IEEE，2019：83-92.

［7］ ZHANG A，ZHANG K L. Enabling Concurrency on Smart Contracts Using Multiversion Ordering［C］//APWeb-WAIM. Brelin：Springer，2018，2：425-439.

［8］ JIN C Q，PANG S F，QI X D，et al. A High Performance Concurrency Protocol for Smart Contracts of Permissioned Blockchain［J］. IEEE Transactions on Knowledge and Data Engineering，2022，34（11）：5070-5083.

［9］ KUNG H T，ROBINSON J T. On Optimistic Methods for Concurrency Control［J］. ACM TODS，1981，6（2）：213-226.

［10］ SHARMA A，SCHUHKNECHT F M，AGRAWAL D，et al. Blurring the Lines between Blockchains and Database Systems：the Case of Hyperledger Fabric［C］//Proceedings of the 2019 International Conference on Management of Data. New York：ACM，2019：105-122.

［11］ RUAN P C，LOGHIN D，TA Q T，et al. A Transactional Perspective on Execute-order-validate Blockchains［C］//Proceedings of the 2019 International Conference on Management of Data. New York：ACM，2020：543-557.

［12］ SOUSA J，BESSANI A，VUKOLIC M. A Byzantine Fault-Tolerant Ordering Service for the Hyperledger Fabric Blockchain Platform［C］//Proceedings of the 1st Workshop on Scalable and Resilient Infrastructures for Distributed Ledgers. New York：ACM，2018：51-58.

［13］ BESSANI A，SOUSA J，VUKOLIC M. A byzantine fault-tolerant ordering service for the hyperledger fabric blockchain platform［C］//Proceedings of the 1st Workshop on Scalable and Resilient Infrastructures for Distributed Ledgers. New York：ACM，2017，6：1-2.

［14］ GORENFLFLO C，STEPHEN L，LUKASZ G，et al. FastFabric：Scaling Hyperledger Fabric to 20,000 Transactions per Second［C］//IEEE ICBC. Cambridge：IEEE，2019：455-463.

［15］ JAVAID H，HU C C，BREBNER G J. Optimizing Validation Phase of Hyperledger Fabric［J］. arXiv Preprint，2019，arxiv：1907. 08367.

［16］ XU C，ZHANG C，XU J J. vChain：Enabling Verifiable Boolean Range Queries over Blockchain Databases［C］//Proceedings of the 2019 International Conference on Management of Data. New York：ACM，2019：141-158.

［17］ SHAO Q F，ZHANG Z，JIN C Q，et al. Query Authentication Using Intel SGX for Blockchain Light Clients［J］. Journal of Computer Science and Technology，2022，38（3）：714-734.

第 7 讲
数据质量管理

本讲概览

低质量的数据会影响从数据中提取到的信息的价值，甚至会导致无效、错误信息出现。高质量的数据对过程管理、决策支持、需求分析、提升服务质量、预测及预防风险等活动都有着重要的意义。因此，想要充分发挥大数据的优势、提升大数据的价值，高质量、准确可靠、规模充足的数据是必要的基础。数据质量管理针对各类数据质量问题进行识别、度量、监控、预警等一系列管理活动，提高了数据质量。目前，人工参与、机器学习等技术被引入到数据管理中来，一些成熟的数据清洗工具也被广泛应用于数据的分析应用，这些变化给数据管理技术带来了更多的机遇和挑战。

本讲针对数据质量管理技术进行综述，介绍了数据质量管理方法的意义与研究历程，同时针对目前的数据可用性理论以及对应的数据清洗方法进行了介绍，并着重对其中持续改进的模型与目前的一些数据清洗工具的特点做了系统性总结。

7.1 | 概述

7.1.1 数据质量管理的意义与价值

1. 数据质量管理的需求背景

数据是从软件产品中逐渐独立出来的、信息时代的标志性产品形式。在信息时代，数据作为一种重要资源，可以被人们进行不同的处理并从中抽取有价值的信息，进而对各行业的过程管理、决策支持、合作需求分析等活动提供重要的引导功能。例如，美国一家小型科技创新公司 Farecast 公司于 2012 年对上亿条飞行记录和国内航班票价进行分析处理，其对机票最佳购买时机的预测准确度高达 75%。使用该工具来购买机票的旅客，平均每张机票节省 50 美元。然而，当人们获取和利用的数据量飞速增加时，由于容错标准不完善、存储数据格式不一致、信息来源可靠性低、数据更新周期过长等原因，数据的错误率和混乱程度都会增加，使数据工程中所用到数据的质量不够优质，这很可能会给诸多领域带来严重的负面影响。

在实际生产生活中，人们获得的第一手数据通常是"脏数据"。"脏数据"主要指不一致的、不准确的数据以及陈旧数据、人为造成的数据等。如果不对脏数据加以必要的清洗处理就直接分析，那么从这些低质量的数据中得出的最终结论或规律必然是不准确的，进而影响数据的显式和隐式价值，并给使用者带来严重的负面影响。例如，在产品的生产过程中，对数据缺乏质量管理会导致数据不全面、各环节不能有效衔接的问题，重点表现在以下几个方面：①生产前，由于对顾客信息掌握不全面或者不准确，导致产品定位或者目标顾客的需求出现偏差，进而影响产品质量设计的把控；②生产过程中，对于产品生产所涉及的供应商、人员、物料、质量等信息不能及时、准确抓取，导致不能快速发现产品的质量问题并响应，进而导致产品合格品率降低；③售后环节缺乏对产品使用情况的准确把握，了解顾客满意度一般靠回访和问卷调查，缺乏主动性与客观性，难以及时推动产品创新。

2. 什么是数据质量管理

数据质量管理是指对数据从计划、获取、存储、共享、维护、应用、消亡生命周期的每个阶段里可能引发的各类数据质量问题，进行识别、度量、监控、预警等一系列管理活动，并通过改善和提高组织的管理水平可使数据质量获得提高。

数据质量管理的流程包括数据提取、预处理、数据清洗、质量评估和监控反馈。数据质量管理的方法包括以下几个方面：

1）优化数据存储服务：对不同来源的数据进行存储模块优化，以提高数据质量，同时要对访问服务资源提供优化反馈。

2）数据质量问题和处理方法：制定方法处理数据缺失、异常数据、重复数据等存在的数据质量问题。

3）数据质量评估：在大数据背景下，针对数据质量做出评估，以确保数据的质量和安全合法。

4）数据质量处理：随着时间的推移，许多数据一直在变化，需要对此进行反复修改。所以将处理后的数据更换到标准库中，同时需要反复循环处理这些数据，这样得到的结果才更有效、可靠。

3. 数据质量管理的意义

近年来，随着对数据质量管理理论内涵的深入研究探索，数据质量管理实践内容更为丰富，水平明显提高，数据质量管理工作成效显著。通过建立数据质量管理体系，明确在数据产生、存储、应用整个生命周期中数据管理的要求；开展基于问题数据的治理，提高"源"数据的质量，实现数据全生命周期的有效性。

各国政府开发了一系列通用的国家数据质量框架，从统计数据质量概念内涵出发，遵循联合国官方统计基本原则，以现代全面质量系统管理方法为基础，制定了详细的数据质量标准、保证框架、评估目标，不断强化数据质量管理。据联合国统计司调查，全球的国家质量保证框架的执行率达60%，欧洲区域的执行率高达90%。通过定期评估、审查和审计，持续不断地改进数据质量。数据质量管理的范围从统计机构扩展到各个行业，更加关注部门之间、专业之间数据的协调性和匹配性。数据质量管理的内容从统计产出数据拓展到统计生产过程，从传统调查数据扩展到互联网、物联网等新数据源。数据质量管理的目标从单维扩展到多维，在寻求各质量要素之间的平衡关系中实现最优。

数据质量管理使人们获得的数据具有可靠性，能够准确反映实际情况，提高了数据的公信力和准确度，满足了人们对有价值的信息的需求。提升数据交互的应用力度，发挥了数据资产的价值。

7.1.2 数据质量管理研究历程介绍

1. 数据质量管理的发展过程

以麻省理工学院的 TDQM 为标志，可将数据质量管理领域的发展分为两个阶段。20世纪80年代末之前是初级研究阶段，以数据清洗研究为主。20世纪90年代初至今为快速发展阶段，在此阶段，一方面研究主题日渐丰富并形成体系，另一方面快速向学科化发展。主要标志为 TDQM 启动，并将应用于有形产品的全面质量管理思想引入数据质量管理，形成了影响深远的全面数据质量管理思想。

数据清洗的研究最早出现在美国，数据清洗的早期研究主要集中在英文信息数据上。研究的内容主要涉及：①异常数据的检测与消除；②近似重复数据的检测与消除；③数据整合；④特定领域的数据清洗。为了满足信息产业和商业业务发展的需求，国外市场已经在相关领域开发了清洗软件。由于中英文语法的差异，国外有关数据清洗的研究并不完全适用于中文数据清洗。国内有关数据清洗的研究起步较晚，并将长期处于起步发展阶段。同时，国内对数据清洗的研究主要是对外文清洗方法的改进，结合中文语法的特点，将其运用于中文数据清洗中，研究的内容主要涉及数据仓库、决策支持、数据挖掘等方面。

2. 数据质量管理的研究进展

数据清洗是在数据质量管理中用来识别和纠正数据中噪声的管理活动，其目的在于将数据分析结果的影响降至最低。数据中的噪声主要包括不完整的数据、冗余的数据、冲突的数据和错误的数据。不同类型的数据噪声及相应的检测方法如下。

1）数据缺失：指数据库实例中某些属性值缺失或者包含无效值。对于缺失数据，可直接检查不允许为空的属性值是否为"空""NULL"或者"N/A"。对于无效值的检测可参考 DiMaC 系统和 FAHES 系统。

2）数据冗余：指同一数据在数据库实例中多次出现，即存在数据之间的重复。针对数据冗余的检测方法包括数据分组、数据比对和冗余判断 3 个步骤，相关的算法有基于相似度函数的算法、基于规则的算法、基于机器学习的算法、人机结合的算法。

3）数据冲突：指无法满足完整性约束的两条数据之间存在数据冲突。针对数据冲突的检测方法是从干净数据集中学习完整性约束以检测脏数据中的数据冲突。

4）数据错误：指数据库实例中某些不为空的属性值是错误的，例如属性域错误、拼写错误、格式错误等。针对数据错误的检测方法有基于完整性约束的错误检测：频率、整体错误检测技术、基于极大独立集的错误检测技术；基于规则的错误检测：编辑规则、修复规则、Sherlock 规则、探测规则；基于统计和机器学习的错误检测；由用户指出数据集中的错误。

真实世界的脏数据往往包含多种类型的数据噪声，因此不应局限于消除某种类型的数据噪声，而是应从消除方式的角度，对数据清洗方式及相关算法进行汇总和分类。

1）基于完整性约束：该类数据清洗方式适用于存在完整性约束的关系表，数据有一定的重复度。相关算法包括仅清洗数据的局部清洗算法和全局清洗算法、数据和约束统一清洗算法。

2）基于规则：该类数据清洗方式适用于关系表被主数据或知识库覆盖。相关算法包括编辑规则、修复规则、Sherlock 规则和探测规则。

3）基于统计：该类数据清洗方式适用于关系表中的数据有一定的统计规律。相关算法包括 HoloClean、ERACER 和 SCARE。

4）人机结合：该类数据清洗方法适用于存在可以参与清洗过程的用户。相关算法包括 GDR 和 FALCON。

3. 数据质量管理现存不足之处

数据生命周期的各个阶段都会产生数据质量问题，大致可以从数据源、数据组织结构两方面进行分类研究。目前比较通用的数据质量解决方案有两类：依靠数据库的完整性约束包括实体完整性、参照完整性和域完整性。然而，数据库的数据质量解决方案存在不足，原因有二。首先，数据库产品自身提供的相应机制并不能保证进入数据库的数据完全符合业务需求。其次，数据库操作往往是应用程序的效率瓶颈，在数据库之中进行完整性验证会导致应用程序性能下降，大量数据的插入、修改等操作需要更多的时间。第二种数据质量解决方案由应用程序实施，主要分为两类：验证数据和管理数据。前者指数据在存储介质时进行条件验证和审核，并通过逻辑层的事务操作完整地插入记录，后者指对数据库中的数据进行监管控制，清除不满足要求的数据。在各类数据分析工具中，ETL 工具往往具有数据审核和数据清洗功能。同时，ETL 工具还需要建立数据质量审核、故障检测、监控等机制。但是这类工具只适用于特定的数据库系统，处理一些普遍的数据质量问题。

7.2 数据质量

7.2.1 数据质量维度

随着信息化建设的不断深入和大数据时代的来临，各行各业都在不断生成着海量数据，据调查统计，每天会产生超过 2.5 万亿字节的数据，数据被称为仅次于石油的最有价值的资源。低成本的硬件条件和开源的平台使得现代科技能更容易处理 PB 级别和 EB 级别的数据，但与此同时，我们面临着"大数据是否意味着更好的数据"的问题[1]，数据质量在现今时代受到更加广泛的关注，并以极快的速度发展为一个新兴领域，并形成了相对完整的研究框架体系，成为海量数据应用领域中不可避免的关键问题。

数据质量在不同的领域和时期有着不同的定义，但数据质量往往被视为适合于给定应用程序或用例的程度，数据质量也通常是通过评估它是否满足用户的需求来确定的。评估数据质量通常需要计算大量的质量维度，而不是针对特定应用程序的单个度量。文献［2］中定义了广泛的数据质量维度和这些维度的类别以及度量这些维度的度量。目前提出了许多不同类型的维度来定义和评估数据质量，国际数据管理协会（DAMA）与 2013 年提出了关于数据质量的 6 个重要维度[1]，国家市场监督管理总局、中国国家标准化管理委员会于 2018 年发布的数据质量评价指标中，重点介绍了 6 类数据质量维度[3]。本小节将就部分常见的数据质量维度进行简要介绍，以供参考。

1）数据完整性：在广义上可指对于当前任务来说，数据集具有足够的广度、深度和范围的程度。狭义上可指按照数据规则要求，数据元素被赋予数值的程度，也指特征、特征属性和特征关系多余或缺失的程度，表示数据对现实的描述情况。

2）数据准确性：即指数据是正确、可靠或经过认证的程度。当数据库中存储的数据值与真实值相对应时，数据是准确的。数据准确性可被描述为一个数据值 v 与另一个被认为是正确的值 v′的接近程度。

3）数据一致性：即指数据与其他特定上下文中使用的数据无矛盾的程度，主要评价数据集内数据记录、格式、内容等方面的一致情况。不满足一致性通常可指在数据集合中违反已定义的语义规则。

4）数据时效性：即数据的年龄适用于当前任务的程度，也可理解为真实世界实体状态的实时变化与信息系统状态的最终修改之间的延迟。时间性有两个组成部分：数据年龄和数据波动，数据年龄衡量数据信息记录的年龄，给予记录在系统中的时间；数据波动是对信息不稳定性的度量，即实体属性值变化的频率。

5）数据可靠性：即指数据正确可靠的程度，也指在给定条件下进行运算时保持性能水平的能力。

6）数据可用性：信息对当前任务适用或有用的程度。

7）数据有效性：数据能够快速满足手头任务信息需求的程度。

除了以上几类较为常见外，文献［2］中列出了数十种与数据质量相关的数据质量维度，数据质量维度是信息的特征或部分，用于对信息和数据需求进行分类，也提供了一种测量和管理数据质量和信息的方法。

7.2.2　数据质量评估模型

数据质量评估模型的研究由来已久，文献［4］早期提出了基于属性的数据质量评估模型，但这类模型缺少定量的系统方法。文献［5］在文献［4］的基础之上提出了数据质量评估模型，阐述了构造方法和计算方法。2004 年，Parssian 等人[6] 提出了一套实用的数据质量评估方法，但这类方法的选择性假设推导出的数据质量评估公式存在问题，随后 Debabrata 等人[7] 建立了对属性值的概率分布，对评估方法进行了修正，通过修正完善了数据质量评估模型，但模型中仍然存在不同属性正确率不同的问题。文献 [8] 在文献 [6-7] 的数据质量评估模型基础上，根据"不正确、不完整、非成员"3 种错误类型来研究数据质量评估，提出了基于单一属性分布的数据质量评估模型。文献 [9] 根据电网统计数据的基本特征，从正确性、完整性、唯一性等 7 个方面进行质量评估，在此基础上构建了一个基于云模型的统计数据质量评估模型。文献 [10] 建立了 EM4ADOM 评估模型，该模型从数据的可用性、安全性以及可用性和安全性的权衡 3 个方面综合评估了匿名数据的质量。文献 [11] 提出了数据库数据质量评估模型，建立了一个数据质量可视化分析系统，但该模型是面向关系型数据的，对于非关系型数据没有涉及。数据质量性质（Data Quality Dimension）是信息归类和数据需求的一种特征或者部分信息片段，数据质量性质的确定为度量并管理数据（或信息）质量提供了有效的手段。在实际中，通常会通过对任务需求的分析，在多种数据质量维度下对数据集进行评价。

在文献 [12] 中，通过对数据质量的影响能力强弱程度影响覆盖面广泛程度以及用户的公认重要程度的综合分析，建立了一类数据质量综合评估模型（如图 7-1 所示），其中可研究的数据质量性质分为核心性质与外围性质两部分，在 6 种核心性质中，时效性、一致性、完整性、精确性针对数据进行评估，可靠性与有效性模块将对以上这 4 个性质的评估结果进行分析和评估。

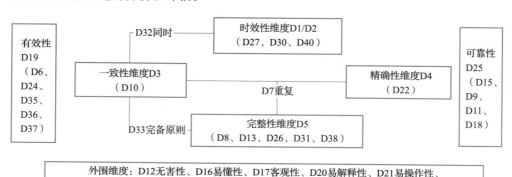

图 7-1　数据质量综合评估模型

文献 [13] 提出了一类结合数据内在质量和上下文质量的数据评估框架，如图 7-2 所示，该框架不仅对于数据完整性、一致性、精确性等内在质量进行了评估，还量化了数据的任务相关性、内容多样性等指标，并对给定的数据集进行了选择与分析。

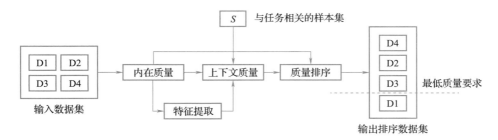

图 7-2　上下文质量数据评估框架

7.2.3　数据可用性问题

数据可用性具有很多度量指标，可通过 7.2.1 节中给出的数据质量维度进行评价。李建中教授在 2016 年发布的《大数据可用性的研究进展》一文中，通过对数据集合的数据一致性、精确性、完整性、时效性和实体同一性 5 个度量指标综合定义数据可用性。

定义 7.1　数据可用性　设集合 D 的数据一致性、精确性、完整性、时效性和实体同一性分别为 Q_1、Q_2、Q_3、Q_4 和 Q_5，则数据可用性可以定义为：

$$\text{usability}(D) = \delta_1 Q_1 + \delta_2 Q_2 + \delta_3 Q_3 + \delta_4 Q_4 + \delta_5 Q_5$$

其中，δ_1、δ_2、δ_3、δ_4 和 δ_5 是由用户根据实际需要确定的权值，且满足：

$$\delta_1 + \delta_2 + \delta_3 + \delta_4 + \delta_5 = 1$$

大数据可用性向我们提出了如下 3 个挑战。

1. 量质融合管理：如何实现大数据的数量与质量的融合管理？

现有的大数据管理研究更多关注数据的规模问题、系统的处理能力和可扩展性，重在"量"的管理，忽视了数据"质"（即质量）的管理。我们面临的第一个挑战是确保大数据的质量，将大数据管理从"量"的管理拓展到"质"的管理，最终实现"量"与"质"的融合管理。为了彻底实现量质融合管理，我们必须研究量质融合管理问题，提出完整的理论体系，解决关键技术问题。

2. 劣质容忍原理：如何完成劣质数据上的精确或近似计算？

数据错误几乎无处不在已成为不争的事实。"劣质容忍"是指在数据存在错误的情况下，如何完成精确或近似计算。为了实现劣质容忍，我们必须完成如下两个挑战性任务：第一，自动发现并修正大数据的错误，将可校正的劣质数据修复为完全正确的可用数据，支持正确的计算；第二，很多数据错误无法完全修复，经过修复后，这些数据成为部分正确的弱可用数据。我们必须解决如何在弱可用大数据上完成高质量的近似计算的问题。

3. 深度演化机理：如何认知大数据演化的机理，探寻数据错误根源？

数据不是一成不变的，它会随着时间和物理世界的变化而发生演化。现有的大数据研究忽略了按数据的演化机理所进行的研究，使得数据错误的根源难以探寻。我们需要探索大数据的深度演化机理，即以可用性为核心的多源信息集合在时间、空间、形态、粒度等多个维度上正向协同的演化机理。

7.3 | 数据可用性理论研究

大数据蕴含着巨大的价值，对社会、经济、科学研究等各个方面都具有重要的战略意义，为人们更深入地感知、认识和控制物理世界提供了前所未有的丰富信息。虽然目前大数据研究已经蓬勃兴起，但是工作主要集中在大数据的存储、管理、挖掘分析等方面，数据可用性问题没有得到足够重视。随着大数据的爆炸式增长，劣质数据也随之而来，导致数据整体质量低劣，极大地降低了数据可用性。事实表明，大数据在可用性方面存在严重问题（以下简称数据可用性问题）。因此，本节将介绍大数据可用性的基本概念（如图 7-3 所示），讨论大数据可用性的挑战和研究问题，并综述数据可用性方面的研究成果。

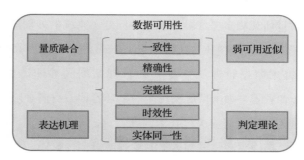

图 7-3　数据可用性理论

7.3.1 数据可用性概念与表达机理

1. 表达机理

为了解决好大数据的一致性、精确性、完整性、时效性、实体同一性等问题，需要形式化地建立大数据表达机理的表达规则系统，进而为后续的工作打下坚实的理论基础。

对于一个可用性语义表达规则系统，首先需要判定是否能够公理化，如果能够公理化，就建立公理系统。最后站在一个坚实的理论基础上，设计从大数据自动发现语义规则问题的计算复杂性并设计求解算法。

具体来说，数据可用性的表达机理可按照面临的一致性、完整性、时效性、实体同一性、精确性等问题，细分为 5 个子方面。

2. 数据一致性的表达机理

对于传统的关系型数据，其可以用函数依赖与包含依赖来解决一致性的机理表达，并借由 Armstrong 等公理体系，得以对机理规则进行演算。但是，由于其结构简单，其语言的表达能力有限，对于某些的一致性约束规则（例如在某一组织的特定子部门，员工的薪水将由其职称决定，而其他部门不然）将无法表达，因此，文献［14］对已有的函数依赖理论进行了扩展，提出了基于条件函数依赖的数据一致性表达机制，借助四条公理规则，建立了条件函数依赖的推理体系。有关高效挖掘条件函数依赖的方法，在文献［15］中已有涉及，提出了四种高效挖掘的算法。关于条件函数依赖的推理问题、覆盖问题、检测问题、传递问题的计算复杂度及其求解算法的详细讨论，在文献［16-18］中已涵盖。文献［19］研究了有关条件包含依赖的有关推理问题以及复杂度分析。文献［20］有关条件函数依赖以及条件包含依赖的综述。

尽管条件函数依赖可以捕捉现实生活中的一些一致性约束规则，然而，其表述能力仍然是有限的。针对其语义表述的欠缺性，文献［21-22］分别从"并"语义以及微函数依赖的角度进行了拓展，并建立了公理系统，论述了拓展后的公理系统的完备性和有效性。同时，文献［23］提出通过一阶谓词演算增强后的数据一致性表达机制得到否定约束，进而能够让规则的语义表达力超过函数依赖以及条件函数依赖。同时，作者给否定约束提出了三条推理规则的公理系统，并相应证明了该公理系统的有效性和完备性。文献［24］提出了在线性时间内对否定约束挖掘的算法。在现实中，用于挖掘规则的数据集不可能全部是正确的。如果不加以处理，在训练数据集上的过拟合现象以及数据中的错误将导致挖掘出的规则质量下降。因此，文献［23，25］设计了近似否定约束，用于解决对于特定数据的过拟合问题。

对于某些特定的数据类型，有着特定的表达机理模型。在时序数据中，文献［26］在有时间戳的数据上提出了序列依赖语义规则，用来描述随时间变化数据的一致性约束。而针对相邻时刻间数据的变化速度特征，文献［27］提出了速度约束，来建立数据的一致性约束。试图解决随时间变化数据的一致性错误的发现和修复问题。文献［28］针对异构数据源中由数据格式不一致引发的一致性错误，利用属性值的相似性扩展了函数依赖，用来描述异构数据的一致性，发现和修复异构数据的一致性错误。

文献［29］利用统计模型来描述数据的一致性，并通过求解和比较模型参数的方法来发现和修复数据不一致性错误。文献［30］提出了基于统计知识的数据不一致性描述方法，并给出了基于超团的数据一致性提升算法。文献［31，32］研究了数据一致性规则挖掘问题，分别提出了在数据集合中挖掘各种数据一致性规则的算法。

3. 数据完整性的表达机理

传统的数据完整性研究工作一般建立在封闭世界或开放世界假设的基础上。封闭世界假设表示数据库包含了所有表述现实世界实体的元组，这些元组的某些属性值可能缺失。开放世界假设表示数据库中不仅属性值可能遗失，描述实体的元组也可能完全遗缺。然而，现实世界的数据库经常既不是完全封闭的，也不是完全开放的。基于这个考虑，文献［33-34］扩展了包含依赖，提出一种表示数据完整性的包含依赖规则系统，定义了规则的语法和语义，证明了规则系统是可公理化的，建立了公理系统，证明了 22 个相关基础问题的不可计算性、coNP-完全性、$\sum_3^p$-完全性、π_2^p-完全性或 EXPTIME-完全性。

4. 数据时效性的表达机理

文献［35］在同一个实体具有多个元组的假设下，提出了一种基于规则的数据时效性表示机制，定义了同一实体对应的不同元组的属性值的时序关系表示方法，提出基于实体的最新值的时效性查询语义，并给出了应用元组间的时序关系和拷贝关系推导实体最新信息的推理机制。基于这种数据时效性表达机制和时效性查询语义，文献［36］还给出了用户查询的计算复杂性，并研究了在实体最新值缺失的情况下如何扩展元组间拷贝关系以找到实体的最新值。但是，"同一个实体具有多个元组"的假设使得这种数据时效性表达机制具有很大的局限性。

5. 实体同一性的表达机理

文献［37］提出了基于规则的实体同一性表达机制，定义了实体同一性规则的语法和语义，证明了对于任意数据集合 D 都存在一个有效的、一致的、完整的和独立的实体规则集合 Σ。证明了可满足问题和语义蕴含问题皆为 P 问题，而且它们的时间复杂性下界都是 $\Omega(|D|^2)$，并给出了求解这两个问题的时间复杂性为 $\Omega(|\Sigma|^2)$ 的最优化算法。文献［24］还研究了从数据集合 D 中挖掘实体同一性规则的问题，证明了该问题是 P 问题而且其时间复杂性下界为 $\Omega(|D|^2)$，给出了时间复杂性为 $O(|D|^2)$ 的最优化求解算法，并且证明了该算法能够从数据集合 D 中挖掘出满足有效性、一致性、完整性和独立性的实体同一性规则集合，即算法是正确的。

6. 数据精确性的表达机理

文献［38］在"同一个实体具有多个元组"的假设下，提出了一种基于规则的数据精确性表示机制，定义了同一实体对应的不同元组的属性值之间的精确性偏序关系，在此基础上定义了数据精确性规则的语法和语义，确定了规则系统的推理问题的计算复杂性，给出了求解问题的算法，并提出了相应的精确性错误修复框架。文献［39］把不确定性视为精确度低的现象，提出了一种基于可能世界语义的数据精确性描述方法，并给出了对应的精确性评估算法。

7.3.2　数据可用性的判定理论

数据可用性的判定理论，即在已有的理论基础上，从数据的一致性、时效性、完整性、精确性和实体同一性来对数据的可用性进行判定计算。

1. 数据一致性的可用判定理论算法

文献［40］作为一种数据一致性的系统判定方法。首先，其通过函数依赖和条件函数依赖的表达机制，建立数据一致性的属性模型。给定数据 D 和 D 中的条件函数依赖集合 Σ，D 的一致性定义为 $\text{Consistency} = |D'|/|D|$，其中 D' 是 D 中满足 Σ 的最大子集。并且，作者证明了：如果 D' 满足条件函数依赖集合 Σ，则满足 Σ^*，降低了求解判定问题的难度。其次，作者在理论上，证明了数据一致性的复杂性和近似性，证明了

数据一致性的判定问题是 NP 完全的。除非 unique game 猜想为真，否则不存在多项式时间。最后，作者给出了一个近似比最优化的 $O(n\log n)$ 时间的 2 近似算法，并给出了一个 $O(\log(n))$ 时间的 $(2+\epsilon)$ 随机近似算法。

在使用条件函数依赖评价数据一致性中如何解决好最小元组删除集的计算问题成为一个关键问题，而文献［41］通过研究最小元组删除集的计算问题，证明了该问题是 NP-完全的，并且给出了基于冲突图的近似求解算法。算法的近似比为 $2-(1/2)^{|\Sigma|}$，其中 $|\Sigma|$ 为给定的条件函数依赖集。

2. 数据时效性的可用判定理论算法

从基于时间戳的时效性判定以及独立于时间戳的时效性判定，可以将数据时效性的可用性判定划分为基于时间戳的和独立于时间戳的两大类。

基于时间戳的时效判定假设数据集合中的每个数据值具有时间戳。目前已有的工作把数据年龄定义为数据从上一次更新到本次使用的时间间隔。文献［42-47］中分别从不同的角度定义了数据的时效性。文献［42］和文献［45］假设数据有一个确定的保质期 T，给定数据 V，文献［42］从概率的角度出发，将 V 的时效性定义为 $\Pr[\mathrm{Age}(V)-T(V)>0]$。文献［45］则是从另外的角度出发，把 $T(V)-\mathrm{Age}(V)>0$ 的条件下的 $\mathrm{Age}(V)$ 定义为数据的时效性。假设数据的时效性随时间呈指数递减的趋势，采取指数递减函数 f，定义数据 V 的时效性为 $\mathrm{e}^{-f(V)*\mathrm{Age}(V)}$。文献［46］直接将数据的年龄定义为数据的时效性，文献［47］则提出基于模糊逻辑来推断时效衰减函数的时效判定的方法。

在实际情况中，数据的时间戳往往是不存在的，因此，文献［48］提出了独立于时间戳的数据时效性判定方法。在数据时效性的表达机理的基础之上，给出了独立于时间戳的时效性的数学模型，然后证明了时效判定问题是 P 问题，而且其复杂性下界是 $\Omega(n^2)$，最后，给出了两个基于时效图的数据时效性判定算法，一个是针对一般时效图的 $O(n^2\log n)$ 时间算法，另一个是无环时效图的 $O(n^2)$ 时间最优化算法。

3. 数据完整性的可用判定理论算法

文献［51］通过综述早期的数据完整性判定的研究工作，解释了不同种类的数据完整度的定义以及计算方法。

在文献［49-50］中，作者研究了数据完整性的判定问题，首先，给出了一种数据完整性的模型，避免了由函数依赖可以导出的值被误判为缺失值。然后，通过确定数据完整性判定的计算复杂性，证明了该问题是 P 问题，且其时间复杂度下界为 $\Omega(n^2)$。最后，给出时间复杂度为 $O(n^2)$ 的最优化判定算法，并给出了适用于大数据的 (ϵ, δ) 近似算法。时空复杂度都是 $O(\epsilon^{-2}\ln(\delta^{-1}))$。文献［47］在理论上进一步探索了这个研究成果。

针对具体的数据类型，文献［52-54］提出了独特的方法，文献［52］提出了针对地理数据完整性的判定方法，文献［53］提出了时间序列完整性的判定方法，文献［54］提出了针对其他特定数据完整性的判定方法。

4. 数据精确性的可用判定理论算法

由于难以事先知晓数据集合的不准确值背后的精确值，因此数据精确值的判定问题成为一个非常困难的问题。文献［55-56］提出了多模态数据集的精确性判定算法。从均方误差的角度出发，作者将数据分为可度量、可比、可分类型 3 类。针对每一类数据的特点，建立了不同精确性数学模型。通过合适的组合，建立了衡量数据精确性的数学模型。考虑到实际情况中数据的精确值可分为可知和不可知两大情况，因此，该方法提供了两大类方法。精确值如果已知，那么将会从均方误差的角度对精确性进行判定。而如果精确值存在缺失情况，那么将会针对不同的数据类型，提出二次规划算法、迭代算法以及 EM 算法。通过这些算法，得以求解各类数据精确性的判定，进而确立数据集合的精确性。

5. 实体同一性可用判定理论算法

文献［57］提出从实体识别的角度对实体同一性进行的判定算法，首先，通过定义元组之间的距离，进而描述不同元组之间的不一致的程度，基于这种距离，定义了实体同一性的数学模型。其次，通过研究实体同一性的判定的计算复杂性，证明了实体同一性问题是 NP 难的。最后，分别给出了求解这一问题的 4 个子问题的 $O(n\log n)$ 时间 2 近似算法和 $O(n\log n)$ 时间 n 近似算法，并最终给出了 $O(n\log n)$ 时间的 n 近似算法。

7.3.3　大数据量质融合管理理论与技术

现有的大数据管理研究仅关注数据的规模、系统的处理能力和可扩展性，重在"量"的管理，忽视了数据"质"（质量）的管理。我们面临的第一个挑战是确保大数据的质量，将大数据管理从"量"的管理拓展到"质"的管理，最终实现"量"与"质"的融合管理。为了彻底实现量质融合管理，我们必须研究量质融合管理问题，提出完整的理论体系，解决关键技术问题。

大数据量质融合管理目前为相对冷门的方向，笔者认为关于大数据量质融合管理理论与技术可以采取下列步骤进行：①建立支持大数据量质融合管理的数据模型和相关理论，包括数据的逻辑结构、运算系统、数据的语义约束模型；②解决数据质量管理模型和理论与传统数据管理模型和理论的融合问题，建立大数据量质融合管理的模型和理论；③研究大数据量质融合管理关键问题的可计算性和计算复杂性，并设计求解算法。

7.3.4 弱可用数据的近似计算理论与算法

当一个数据集合中的错误不能彻底修复时，称其为弱可用数据。弱可用数据上近似计算（如查询、分析、挖掘等）的理论和算法成为重要的研究问题。弱可用数据上的近似计算不同于传统意义下的近似计算，它是在具有一致性错误、完整性错误、精确性错误、时效性错误或实体同一性错误的数据上近似地求解满足给定精度要求的问题的解。现有的近似理论与算法无法支持弱可用数据上的近似计算，因此，需要研究弱可用数据近似计算的可行性理论、弱可用数据计算问题的计算复杂性理论和算法、弱可用数据近似计算结果的质量评估理论。

接下来，将介绍弱可用数据计算的主要研究结果。

1. 弱可用数据上的查询处理与挖掘

针对具有实体统一性错误的数据，文献［58］研究了弱可用数据的查询处理问题，提出了在具有实体同一性错误的数据上处理选择-投影-连接查询的算法。

文献［59］统一考虑实体识别和数据集成，提出了同时支持实体识别和数据集成的在线查询处理方法。文献［60］提出了在具有实体同一性错误的数据上求解相似性连接的算法。

针对具有完整性数据的数据，文献［61］提出了基于改写关系代数表达式的查询处理方法。文献［62］实现了一个针对不完整数据的近似查询处理系统，由数据层、推理层、界面层组成，提出了重组原始查询确保返回答案完整的方法。文献［63-68］从不同角度研究了不完整数据上的 Skyline 查询处理问题，提出了一系列 Skyline 查询方法。文献［69］研究了不完整数据上的偏好查询处理问题，提出了一种能够在不破坏偏好支配关系传递性的情况下处理偏好查询的方法。

针对具有一致性错误的数据，文献［70］在主键约束下，提出了一种基于二进制整数规划技术的合取查询处理方法。文献［71］基于匹配依赖，提出了一种数据清洗与查询处理相结合的查询处理方法。

针对弱可用数据上查询结果的质量问题，文献［72］提出了利用采样来提高查询的质量，即清洗小样本集，并利用清洗效果的经验来改善查询结果文献［73］面向NoSQL，提出了以满足用户服务质量和数据可用性要求为目标的查询处理方法。

文献［74］研究了弱可用数据挖掘问题，提出了不完全数据上的分类算法。这个研究工作是目前弱可用数据挖掘方面的唯一研究结果。

2. 弱可用数据查询结果的质量评估

文献［75］研究了评估查询结果一致性的方法，证明了查询结果一致性评估问题是 CoNP-完全问题，并针对一致性错误设计了基于抽样的查询结果一致性评估算法。

文献［76］使用数据的完整性判定和其他查询结果的完整性来判定给定查询的查询结果的完整性，确定了判定问题的复杂性和查询结果完整的充分条件。文献［77-78］分别使用文献［76］的研究结果研制了两个演示系统：一个用来判定一个查询能否得到完整的查询结果，另一个则处理不完整数据上的查询。文献［79-80］扩展了文献［76］中的结果，不但考虑了缺失的元组，而且退出了在元组中包含缺失值的情况下查询结果完整性的判定算法。

文献［81］提出了使用 RDF 描述数据完整性约束的方法，并利用这些完整性约束给出了判定查询结果完整性的方法。文献［82］给出了一个基于文献［81］的演示系统。

文献［83-84］从逻辑编程角度提出了查询结果完整性的判定方法。文献［85］结合逻辑编程和给定的完整性约束，给出了比文献［76］更多的确保查询结果完整的充分条件。

文献［61］提出了完整性模式的概念，通过在完整性模式上进行代数计算，能够极大地简化查询结果完整性判定的难度。

文献［86］给出了在主数据存在的情况下，判定相对于主数据的数据完整性。给定数据集 D 和查询 Q，该文献研究了如下 4 个判定问题。

①D 能够完整地回答 Q 吗？

②D 是能够完整地回答 Q 的最小数据集吗？

③存在一个有限数据集 ΔD，使得 $D \cup \Delta D$ 能够完整地回答 Q？

④存在能够完整地回答 Q 的数据集吗？

文献［87-90］研究了在实际的商务过程中，如何自动保证和检查数据完整性的方法。

7.4 | 数据清洗技术研究

7.4.1 数据质量问题分类

数据质量问题主要分为以下几个方面[91]：

1）数据一致性。多源数据集合中都不包含语义错误或相互矛盾的数据。通常，数据库中采用一组约束或规则来保证一致性。例如，在数据库中存在两个元组 s、t，$s[X]$＝哈尔滨市，$s[Y]$＝黑龙江省，而 $t[X]$＝哈尔滨市，$t[Y]$＝山东省，这里两个元组的省份与城市即违反了数据的一致性。

2）数据准确性。数据集合中的每个数据都能够准确、精确且可靠地表述现实世界的实体，例如某市全年 GDP 为 2872.11 亿元人民币，而若表述为 2000 多亿元则产生不准确、不精确的问题。

3）数据完整性。数据集合中包含足够的数据来回答各种查询与计算，不满足数据完整性的数据集合，例如数据属性缺失、约束不完整、数据条目不完整等。

4）数据唯一性。数据集合中不存在冗余的、重复的数据。例如在一个数据库中存在两条完全相同的记录，则违反了数据的唯一性。

5）数据时效性。数据集合中的每一条数据都是最新数据，而不能是过时的数据，例如数据库中存储的用户电话是已弃用的号码，则违背了数据时效性。

6）实体同一性。同一实体的标识在所有数据集合中必须相同且数据保持一致。这种同一性尤其体现在多源数据集合中，某部门的数据库与另一部门的数据库都存有某一实体，则在这两个数据库中该实体的标识应是一致的。例如，在生产部门的数据库中，某商品的编号为"XH1700"，而在销售部门的数据库中，该商品的编号为"XH1701"，相同商品在不同数据库中对应的编号不同，这就违反了实体同一性。

7.4.2　清洗流程概述

数据清洗流程主要分为元数据发现、错误数据检测、错误数据修复以及验证数据集质量 4 个部分[92-93]，如图 7-4 所示。

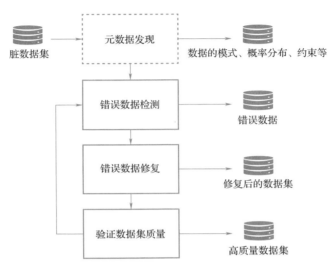

图 7-4　数据清洗流程

元数据发现是数据清洗的一个可选步骤，也是将数据清洗工作完全自动化的重要步骤。元数据包括数据的模式、数据的概率分布以及需要遵守的约束等信息。所谓元数据发现，其目的就是获取这类能够指导进行错误数据检测和修复的元数据。鉴于相关领域的专家已经在生产生活实践中对具体领域数据的元数据的内容积累了大量的先验经验，因此可以通过向领域专家咨询的方式获取部分元数据。然而，对于概率分布等相对简短的信息，领域专家可以在相对较短的时间内给出，但对于规则、约束这类规模相对较大的信息，如果在实践过程中没有记录，领域专家也很难在短时间内给出，且这些规则的挑选也是一个耗费大量人力物力的工作。因此，自动化方法目前也被广泛应用在元数据发现这一流程中。

给定脏数据集，并获取与之相关的元数据后，需要在错误数据检测阶段发现数据集中违反元数据或违反某些规律的数据，称之为错误数据。下一步即错误数据修复阶段的输入是错误检测阶段的输出，因此当错误检测不完全时，在错误数据修复阶段则无法修复所有错误数据；而当错误检测将正常数据误检为异常时，数据修复阶段则会将正常数据修改。因此，错误检测是数据清洗流程中的决定性步骤，错误检测是否准确直接影响到错误数据修复的结果。在错误检测中常见的错误类型可以从定性和定量两个方面划分，常见的定性错误有重复记录、规则违反、模式违反 3 类，常见的定量错误包括离群点、异常值等[94]。

错误数据修复阶段负责将错误检测阶段检测到的错误数据修复为与规则、约束、概率分布等不冲突的正常数据。错误数据修复时需要考虑两个问题：一是修复什么，二是如何修复。对于第一个问题，一般是针对基于规则的数据清洗方法来说的，根据数据集和规则集的置信度分为 3 种方向[95]：当完全信任数据集而不信任规则集时，可以利用数据集修复规则；当数据集和规则集都不可信时，需要同时修复规则集和数据集；当规则集可信而数据集不可信时，需要利用规则集修复数据集。对于第二个问题，众多研究者也从各个角度入手做了很多工作，如基于规则进行修复、基于外部知识集进行修复、基于统计分析进行修复、使用机器学习和深度学习方法进行修复，以及综合考虑各种因素进行修复等。同时，研究者也在从各种角度为数据修复制定了不同的目标，如最常用的以最小化修复代价为目标，以及最大化概率为目标等。由此衍生出了各式各样的修复算法。

经过以上步骤之后，数据集被清洗干净，我们需要进一步对清洗后的数据集进行验证，检查数据集是否符合预期需求，是否符合元数据。如果不符合，则可能需要进一步调整元数据，调整错误检测与修复方法，进行进一步的修复。

7.5 | 数据质量持续改进模型与技术

7.5.1 人工参与的数据清洗模型

数据清洗面向数据治理这一基本任务，致力于提高数据质量，包含异常检测与错误修复两大核心步骤；在大数据时代，数据的质量问题受到研究人员及邻域专家的普遍重视，研究者们也提出一系列数据清洗方法用以检测及修补数据中的错误。人工参与的数据清洗模型便是一类重要的异常检测及清洗模型——旨在以人机结合的方式实现高质量的数据清洗。

1. 意义

人工参与的数据清洗模型是为实现高质量的数据清洗而被提出；在真实情境下，无论是基于统计还是基于机器学习的自动化的异常检测与修复技术均无法保证100%的实现对异常数据及异常时间的发现与修正；对于异常检测任务而言，自动化的异常检测模型及算法难以对处于决策面边界的样本进行准确的分类（异常检测任务本质可看作一个二分类问题），对于异常修复任务而言，往往难以为异常样本提供一个合理的修复方案（对于非数值型的数据异常更是如此）。人工参与的异常检测及修复模型通过将人引入数据清洗的流程之中，在众包技术及主动学习技术的支持下，专家及熟练工人能够借助他们丰富的知识与经验指导数据清洗任务，实现高质量的异常检测与修复。

2. 挑战

对于人工参与的数据清洗模型的设计而言，存在三大核心挑战。

①如何在最小化人工成本的前提下实现高质量的数据清洗。

②对于采用了多算法集成技术的数据清洗模型而言，如何评估自动化工具的清洗效果，并确定哪些样本（元组或元组属性）应由人工进行检测与修复。

③如何设计人机交互模式，使得工人能及时知悉需要进行人工清洗的数据并获得有助于清洗任务的相关信息，且员工的反馈结果也能进一步的指导基本检测修复模型的训练及工作。

3. 模式分类

人工参与的数据清洗模型可进一步细分为人工参与的异常检测模型、人工参与的异常修复模型及以人为中心的数据清洗模型。

（1）人工参与的异常检测模型

当下，深度学习模型凭借着强大的拟合能力及优异的性能表现，在异常检测领域有着广泛的应用，已成为当下研究的主流。而人工参与的异常检测的最主要方式是数据标注——通过为神经网络模型与机器学习模型提供标签数据或进行数据增强，进行监督学习或半监督学习。故从很大程度上讲，当前提出的各种人工参与的异常检测模型的实质是在回答这样一个问题：如何进行数据标注。针对此问题，目前有两种主流的解决方案：众包策略和代表性数据标注。

针对待标记数据规模较大且数据标注极其依赖领域知识的情况，制定高效合理的众包策略。文献［96］提出了一种基于二部图的众包问题生成方法，也有研究聚焦于"如何基于数据特征进行数据划分，为划分构建排名，基于排名生成众包"这一问题；在文献［96］中，人将指导二部图的构建，模型将利用人的反馈最小化众包问题的个数；其他研究中，领域专家将为排名的构建提供指导、对模型构建的排名进行手动调试，以期生成更好的众包方案。

针对大数据背景下数据质量低、数据价值密度低、人工标注成本高的情况，有选择性地标注少量具有代表性的数据用于模型训练，而此类方法往往会结合聚类及标签传播的方法进行数据增强。由此，便涉及另外两个子问题。

1）如何对需要标注的数据进行选择。一种较为常规的方法是对不同的数据样本或元组基于其特征或属性进行划分或聚类，之后由工人根据其工作经验自行从中选择一部分数据进行标注；基于主动学习的技术则由模型自主决定待标注的数据并交由操作人员进行手动标记[97] Raha 是基于主动学习的模型的典型代表：Raha 以数据列为单位为每个待标记数据构建特征向量，并基于特征表示对数据进行聚类，之后迭代的对待标记数据进行采样、交由工作人员进行标记，标签将在聚类中传播，在迭代结束后，Raha 将根据现有的标签数据为每个数据列训练一个二分类器对无标签数据的标签进行预测。

2）如何衡量数据的价值。数据的价值往往体现在其具有的某个或多个属性维度的取值上，因此，一个自然的想法是捕捉无标签数据在某个或各个维度上的特征，进行特征提取、构建特征向量；进一步的可对数据基于特征进行聚类或基于特征编码对数据进行打分、对数据的价值进行"量化"处理。在这一方面，HOD[96] 与 Raha[97] 为我们提供了一种新的思路：在模型内部集成一批基本检测器，将各个基本检测器的无标签数据的检测结果作为该数据样本的特征进行整合、提取。

（2）人工参与的异常修复模型

异常修复相比于异常检测任务更具有挑战性：一方面，数据修复的候选空间往往是无限的，绝大多数算法及模型只能从一个或多个可能的角度生成潜在的修复方案；另一方面，异常修复仰赖于数据的上下文信息及领域知识，十分需要由人来进行高质量的异常矫正及处理。

人在异常修复任务中所扮演的角色大致可概括为"规则的制定者"及"反馈的提供者"。以 Holistic[98] 及 LLUNATIC[99] 为代表的、基于规则的传统异常修复方法需要用户以否定约束的形式为模型提供完整（性）规则，模型将基于相应的规则纠正数据中的错误。而随着数据规模的爆发式增长，在大数据时代，完全有人来为异常修复模型提供规则约束越发困难，研究人员的研究重点转向使用数据挖掘与机器学习的理论、技术进行无监督的规则挖掘与异常修复。人的"规则制定者"这一身份不断弱化，与此同时，"反馈提供者"这一身份的地位不断增强：以 GDR[100]、Falcon[101] 为代表的交互式纠错模型旨在利用用户的反馈赋能数据清洗与异常修复；Raha 的姊妹模型 Baran 承袭并发扬了这一思想——如图 7-5 所示，Baran 在模型内部以半监督的方式集成了一批基本的异常修复模型，为异常数据提供潜在的修复方案，将异常数据的潜在修复策略进行特征编码，基于特征以迭代的方式对异常数据进行采样，并要求用户为采样数据提供异常示例及相应的修复方法，而 Baran 也会根据用户的反馈对相应的基本修复模型进行增量训练、更新。

图 7-5 **Raha 和 Baran** 一个人工参与的、端到端的数据清洗系统

（3）以人为中心的数据清洗模型

无论是基于众包还是基于主动学习的数据清洗，本质上是一种"以机器学习算法为主，以人为辅"的清洗模式；在真实情景下，尤其是在那些对异常检测及修复的精度要求高的应用中，仍多是采用以人为中心的数据清洗模型。以人为主的清洗模型强调人在异常检测及修复过程中的核心地位，在此模式下，人不单单是标签及规则的提供者，不仅需要考虑人与系统的交互，更要将在系统框架下人与人之间的交流反馈纳入考量。文献［102］为我们提供了一个在数据清洗情境下人人交互与人机交互相结合的例子（如图 7-6 所示）。文献［102］进一步为以人为中心的数据清洗模型提供了一种设计思路：以一种算法无关的方式对人进行管理、让人参与到数据清洗的流程之中，同时也支持采用不同的算法或检测模式对待清洗数据的不同部分进行有针对性的处理。

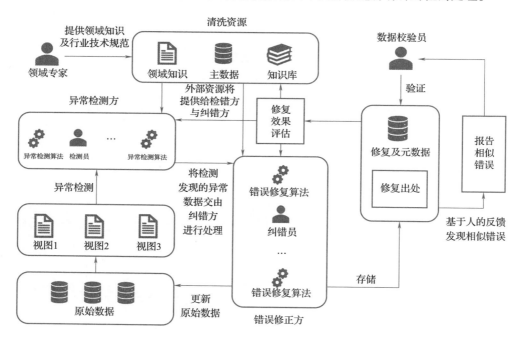

图 7-6　以人为中心的数据清洗系统[102]

4. 总结与展望

人工参与的数据清洗模型最初是针对自动化的数据清洗技术的局限、为实现高质量的数据清洗而被提出，目前在理论与应用方面已有了一定的发展，但仍有着较大的研究空间与研究价值。有理由相信，人工参与的数据清洗技术将凭借其高质量、高效率、灵活全面的优势在数据清洗领域将扮演愈发重要的角色。

7.5.2 面向大数据的清洗技术

随着海量数据领域技术的发展，数据库中存储的待清洗数据的规模日渐增大，虽然目前领域内已经存在大量的数据清洗技术及方法，但是这些技术和方法在数据的规模方面缺乏足够的可扩展性，随着数据量的增加，传统的数据清洗方法不再有效。然而目前针对大数据的清洗方法没有发展成体系，大多数技术还是在已经存在的传统方法的基础上，针对大数据的大规模、高速率的特点进行了一定程度的改进。目前已经存在的面向大数据的清洗技术可以分为以下几类：

1. 基于函数依赖的数据清洗技术

基于函数依赖的数据清洗技术通过在适应大数据的 NewSQL 和 NoSQL 上应用传统的函数依赖清洗方法来实现，其具体流程如下。

（1）建立数据库

数据库建立是数据清洗的重要过程，对数据的分析起到非常重要的作用。数据库是长期储存在计算机内、有组织的、可共享的数据集合。通过数据库管理系统，可以实现对数据库的基本操作，如查询、插入、删除和修改等。

大数据对数据库提出了新的需求。随着数据规模增大，需要面向大数据的数据库管理系统具有处理大规模数据的能力，确保大规模数据能够"存得下，查得出"，有力支撑更加复杂的操作，所以不可避免地需要使用分布式系统。同时，大数据经常包含着结构化、半结构化以及非结构化的数据，因此要求数据库管理系统能够适应结构化、半结构化以及非结构化数据。大数据要求数据库管理系统系统中有更复杂的数据操作并且提供更多工具。普通的关系型数据库已经无法满足大数据的需求，因此诞生了新的数据库以应对大数据的情况，例如 NoSQL 和 NewSQL。NoSQL 数据库有以下几个特点：①灵活的可扩展性；②灵活的数据模型；③与云计算紧密融合。典型的 NoSQL 数据库通常包括键值数据库、列族数据库、文档数据库和图数据库。NoSQL 适合无事务系统，适合交换的单记录事务，但是对于新的 TP 适用性不好。而 NewSQL 不仅具有 NoSQL 对海量数据的存储管理能力，还保持了传统数据库支持

ACID 和 SQL 等特性。NewSQL 是对各种新的可扩展/高性能数据库的简称，通过现代创新的软件架构实现性能和可伸缩性，支持关系数据模型，并且使用 SQL 作为主要的接口。目前的 NewSQL 大致分为三类：①全新的数据库平台；②高度优化的 SQL 存储引擎；③透明分片。

（2）数据筛选

数据筛选是进行数据清洗、数据挖掘、数据分析中的常用手段，尤其在面对大数据的时候尤为重要。在海量的数据中，通过数据筛选对数据进行分类，有助于进行科学的数据清洗，提高清洗效率，保证数据清洗的质量。

（3）数据查询

数据查询是数据库的基本功能，在数据清洗、数据挖掘、数据分析中也都涉及数据查询操作。在面对大数据的情况下，当文件中记录的数目和数据量很大时，直接查找的话速度会很慢。必须建立索引机制。索引是独立于主文件记录的一个只含索引属性的小的文件，且按索引值排序，查找速度可以很快。常用的索引或一、二级索引可以读入缓冲区以加快速度。

（4）数据清洗

在数据库中利用函数依赖来对数据库进行清洗。函数依赖的定义如下：给定一个关系 R 的实例 D 和一个 R 上的函数依赖 $\psi: X \rightarrow Y$。如果对于任意的两个元组 t_1，$t_2 \in D$，如果 $t_1[X] = t_2[X]$，可推断出 $t_1[Y] = t_2[Y]$，那么则称 D 满足函数依赖 $\psi: X \rightarrow Y$。反之，如果 $t_1[X] = t_2[X]$，但是 $t_1[Y] \neq t_2[Y]$，则说明 D 违反函数依赖。利用函数依赖可以确定数据库中的错误数据，便于之后对数据进行修复。

NADEEF[103] 是针对商业大数据设计的基于函数依赖规则的数据清洗系统，其框架图如图 7-7 所示，该框架允许使用数据仓库工具和领域专家的建议来获取函数依赖规则，然后根据规则对大数据进行清洗。

2. 基于相似性的冗余数据清洗技术[104]

数据冗余是指同一数据在数据库实例中多次出现，即存在数据之间的重复。在数据库中，数据冗余现象是一种常态，因此，相似重复数据清洗技术是非常有效的，对数据分析起到重要作用。在大数据任务中，数据冗余是最经常出现的问题。检测冗余数据的算法主要有数据分组以及数据比对两种。

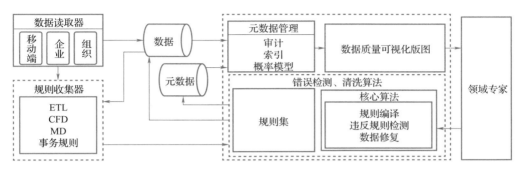

图 7-7　NADEEF 框架

（1）数据分组

数据分组即对数据进行聚类操作，把可能指代现实世界中同一事物的数据（即重复数据）聚到一组，这样在进行数据匹配时只需比较相同组别的数据，从而能够大大缩小搜索空间。数据分组算法基本上均是通过比较关键属性是否相等或相似来对数据进行分组，对关键属性常见的处理方式有 Hash、排序、冠层聚类、双标索引等。

（2）数据对比

在每一组内计算每对数据的相似程度，在接下来的冗余判断阶段会根据该相似程度判定是否存在冗余。其中相似程度函数通常是基于数据集合的相似性定义的。

3. 基于任务合并的数据清洗技术[105]

基于 MapReduce 框架在大数据处理中表现出的并行性以及高可扩展性，提出了一种基于 MapReduce 框架的并行数据清洗技术，该技术通过对任务的合并来减少 MapReduce 过程中的计算冗余，进而提高大数据清洗的效率。该框架流程如图 7-8 所示，它在 Hadoop 平台上实施，以一个灵活的结构来处理不同类型的数据质量问题，每种类型的数据质量问题都由一个或多个模块来处理。系统中的交互模块提供一个输入接口来输入需要清洗的文件以及清洗数据的要求，结果展示模块提供清洁数据的下载链接以及脏数据和清洗后的数据的对比情况。实体识别和真值发现模块用于消冗，其中实体识别把指向同一现实世界实体的元组聚类，而真值发现用于在冲突中寻找出真实值。不一致检测模块发现数据中违反依赖规则的部分并且尝试把数据修复到符合规则的状态。数值填充部分检测数据缺失部分并填充。用户可以选择合适的模块来处理所遇到的数据质量问题。

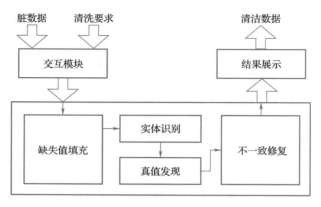

图 7-8　基于任务合并的数据清洗

与上述清洗框架类似的还有 Cleanix[107] 框架，该框架同样是一个并行性的大数据清洗框架，但不是基于 Hadoop 编程框架而是基于 Hyracks 编程框架实现的。

4. 基于时间序列模式的数据清洗技术[106]

在大数据清洗领域内，一个比较常见的问题是针对设备的在线监测数据的异常诊断与设备状态评估及修复。这类问题通常在电力设备的在线监测数据及生产管理、运行调度等领域被提出，由于电力数据存在状态特性以及时间序列的特征，并且传感器生成的数据具有海量特征，因此需要针对性地提出输变电设备的数据清洗技术。

其中一种方法是利用时间序列模型识别各状态量的时间序列，检测出数据的异常模式，然后用时间序列干预模型进行拟合以提取有效的故障信息，并根据序列中的异常值种类选择不同的修正公式，从而达到修正噪声点数据和填补缺失值的目的。相比于传统的数据清洗技术，该方法能够避免清洗后的时间序列中丢失重要的信息，并且能够更有效地反映原始时间序列的动态变化，适应输变电设备状态数据的特征。

5. 基于移动边缘计算的数据清洗技术[108]

目前已有的大数据的产生通常来源于工业的传感器云网络，因此基于传感器云的数据清洗技术的需求就应运而生了。随着 5G 的出现，工业物联网迅速发展。工业传感器云系统 SCS 也得到了广泛的关注。未来，将会有大量的集成传感器同时采集多种特征数据加入工业 SCS 中。然而，由于传感器所处环境恶劣，采集到的大数据并不可靠。如果将底层网络采集到的数据直接上传到云端进行处理，查询和数据挖掘结果将会不准确，严重影响云的判断和反馈。传统的依靠传感器节点进行数据清洗的方法不足以处理大数据，而边缘计算提供了一个很好的解决方案。一种基于移动边缘节点的数据采集过程中的数据清洗方法被提出，其在边缘节点上采用基于角度的离群点检测方法，获得清洗模型的训练数据，然后通过支持向量机建立清洗模型。模型优化采用在线学习。基于移动边缘节点的多维数据清洗在保持数据可靠性和完整性的前提下提高了数据清洗效率，大大降低了工业 SCS 的带宽和能耗[109]。

　　边缘计算数据清洗技术的框架如图 7-9 所示，在数据收集过程中，边缘节点能够根据传感器收集到的正确数据学习对应的数据模型，得到的过滤器能够在收集过程中快速删除异常数据。数据收集完毕后，所有数据都应该上传到云端。图 7-9 中左半部分展示了移动边缘节点如何收集和过滤数据。左边的虚线圈表示采集范围，小圆圈表示每个传感器节点，五角星表示移动边缘节点。在采集范围内，边缘节点将基于时空相似性进行基于角度的离群点检测。根据收集到的可靠数据建立清洗模型，并不断迭代模型。与传统的数据清理模型不同，不再需要对每个节点进行单独的计算。我们只需要在移动节点进行计算：一方面，将传感器节点、汇聚节点和云服务的部分工作转移给边缘服务，可以大大提高云的性能；另一方面，如果汇聚节点在向汇聚节点上传数据的过程中受到攻击，则上传的所有数据都将不被信任。然而，这种情况可以在我们的体系结构中得到改善，因为边缘节点具有抵御恶意攻击的能力。利用边缘节点收集、清理、上传数据，减少中间处理，防止恶意节点的攻击，提高安全性。

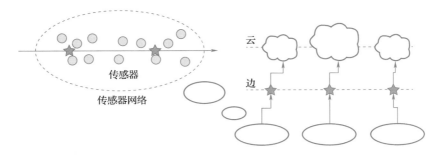

图 7-9　移动边缘计算数据清洗

7.5.3　数据质量问题溯源分析技术

为满足企业和组织日益增长的数字化、智能化转型的需求，高效率、低成本的

AIOps 应运而生。2017 年，Gartner 咨询公司首次提出了 AIOps 的概念[110]，中文释义为"智能运维"，基于自动化运维平台，利用人工智能技术，将大数据和机器学习方法融合，主动学习和更新运维场景知识，为解决运维问题提供决策支持。

在自动化运维系统中，运行故障以及数据错误导致收集到低质量数据是不可避免的，为保证系统的健壮性、可靠性和可访问性，快速检测和定位故障只管重要。因此数据质量的异常检测方法以及故障根因分析技术显得尤为重要。

故障根因分析 RCA，旨在从一组异常告警中推测出自动化系统的根源故障。随着系统规模的扩大，系统组件之间的关系错综复杂，一旦局部组件发生异常，就极易扩散，短时间内可形成大量并发告警，这种现象称为"故障传播"。因此，快速、准确地定位根源故障对自动化系统的长期发展至关重要。为了识别真正重要的告警，必须排除大量无意义的告警；海量数据中蕴含着丰富的有价值的信息，许多企业存在对数据价值利用不足的情况。目前，大多数自动化运维系统仅停留在被动排障阶段，无法做到对系统根源故障的主动感知。每次故障都采用人工和被动响应的方式显然不可取，因此引入机器学习等技术实现更高效、智能化的故障排除模式十分重要，此外还要求所得的分析模型具有可解释性。

自现代通信系统问世以来，故障根因分析方法（质量问题溯源）一直是研究活动的重点，涵盖金融、化工业、互联网等各个领域。故障根因分析方法主要分为两类：数据驱动和基于领域知识。

1. 数据驱动的根因分析[111]

数据驱动的故障根因分析方法通常基于大量数据，采用监督或无监督的机器学习方法挖掘系统模式并得到训练模型，然后预测系统中的根源故障。

基于监督学习的方法主要通过学习历史标记数据得到分类模型从而预测系统当前的根源异常。例如 Chen 等人在 2004 年提出了一种基于决策树的根因分析方法，用于诊断大型网络站点中出现的故障。证券领域中，黄成等人提出了一种基于卷积神经网络的根因分析方法，通过学习相关分析模型以预测告警事件的根源。上述方法缺乏一定的可行性，通常需要大量的标注过的历史数据，而由于系统出现故障的频率不高，这些数据往往很难获取，且不一定能够保证定位的准确性。

基于无监督学习的根因分析方法主要从数据中挖掘系统组件之间的内在关系进而推

断根因。例如，Jalali 等人在 2011 年提出了一种基于凸优化的根因分析方法，通过求解线性随机微分方程来捕获系统组件之间的依赖关系结构。Liu 等人于 2017 提出了一种基于受限玻尔兹曼机的根因分析方法，学习系统的运行模型和结构并构建相应的时空模式网络，将根因分析问题转换为基于能量的最小化问题。Luo 等人在 2019 年提出了一种基于贝叶斯网络的根因分析策略，通过计算条件概率推导出最可能的根因。Ma 等人于 2019 年通过多指标因果分析，从不同的指标中提取系统组件间的因果关系，模型复杂度低于贝叶斯网络。上述方法对噪声数据、频繁的系统配置更新等情况具有鲁棒性，但通常需要很长的训练时间，且难以预测训练区域以外的行为，即泛化能力较弱。方法的可靠性和可解释性也存在一定争议，现实中难以被运维人员所接受，更适合于理论研究。

2. 基于领域知识的根因分析 [113-119]

近年来出现了一些基于专家经验、运维系统等领域知识的故障根因分析方法。典型的自动化运维系统通常提供了故障推断所需的大量信息。

传统的故障根因分析方法基于认为指定规则，类似于专家系统。例如，为优化大规模系统排障工作，许多研究团队尝试开发了 Monalytics 和 VScope 等中间件，通过引入业务服务中各组件传感器之间的关系并基于手动规则配置来查找根因。曾明霏等人在 2017 年提出了一种基于配置管理数据库和故障规则推理的故障树分析方法。该方法结合了专家规则系统和推理引擎，需要深入的领域知识，包括运维人员的经验知识，这些知识通常难以维持和更新。当数据体量较小时，基于规则的根因分析方法尚且有效，但随着数据体量不断增长，规则的泛化能力则会逐渐变弱。

基于故障传播图的根因分析方法受到广泛关注。图提供了一种强大的机制，可以有效地捕获相互依赖的数据对象之间的关联。裴丹等人在 2017 年也将系统故障的根因分析过程定义为基于故障传播图的根因定位问题。例如，Marwade 等人在 2009 年提出了一种基于时序行为异常关联的根因分析算法，基于系统的服务调用图进行异常相关性分析，并通过加权评级对候选根因进行排序。该方法假设发生故障的组件必将对其相关联的组件产生性能干扰，这种"强关联"假设通常不成立，相连的节点之间不一定会出现异常传播，设备故障可能取决于其他设备故障的逻辑组合，因此该方法在建模故障传播模式方面缺乏灵活性。Lin 等人在 2016 年提出了一种基于举例排名的根因分析方法，基于网络和系统配置以及相关资源消耗信息构建故障传播图，根据异常传播距离对候选根因进行排序，该方法忽略了异常传播概率的影响，其准确性难以保证。Weng 等人在2018 年提出了一种启发式的根因分析方法，基于故障传播图，定义异常传播概率，利用随机游走过程捕获不同系统组件之间可能的异常传播路径，进而根据节点访问频率定位根因。其中，随机游走过程模仿了人的手动分析行为，并形成了马尔可夫链，类似于PageRank 算法。然而，此类方法以服务为导向，由系统终端异常触发，无法在系统故障完全暴露给用户之前完成故障的分析定位。

上述两类方法如果根据算法核心使用的数据结构进行划分，则可以得到更加详细的分类。

上述方法可以依据机器学习中的定义分为判别模型和概率模型，更加详细则可以划分为逻辑推理模型、编译模型、分类器以及过程模型。如图 7-10 所示，目前故障的根因溯源分析领域已经有了较为系统的进展，基于各个角度的算法都能够对不同的工业领域有所帮助。在工业智能系统的设计过程中，考虑到系统针对的数据类型以及数据特性，就能够选择恰当的方法对检测发现的故障进行有效的根因溯源分析。

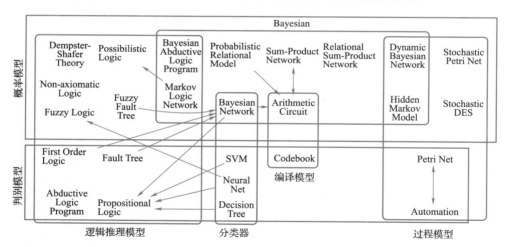

图 7-10　根因分析方法分类

7.5.4　人工智能赋能的数据清洗技术

随着人工智能技术的发展，使用人工智能为数据清洗技术进行赋能的技术开始被广泛研究，并在错误数据检测、错误数据修复等数据清洗阶段中得到应用。与其他类型的技术相比，人工智能赋能的数据清洗技术基于概率推断修复值，摆脱了最小代价目标的限制，通常采用最大概率作为数据清洗的目标，以这种目标进行清洗比以最小代价为目标更为合理。另外，人工智能赋能的数据清洗技术使在一个模型中解决各种类型的数据质量问题成为可能。

　　人工智能技术最先被运用到错误数据检测，尤其是数值型数据错误检测的工作中。错误数据检测问题往往可以视为一个分类问题，因此可以使用众多机器学习分类模型进行错误数据的检测。一般来说，根据所分类别的数量可以将错误数据检测的机器学习模型分为多类模型与单类模型。多类模型[30]指的是正常数据之间有类别的差异，即假设有多个类别的正常数据，此时需要训练多个分类模型，每个模型都需要识别至少一个正常类别与其他类别，最终未被任一模型识别为正常类的数据被视为异常数据；单类模型则假设数据分为正常类和异常类。事实上，异常类也可以继续细分为多种类别，例如变化点、单点错误、连续点错误。许多模型会将数值剧烈变化的点识别为错误点，同时，对于时间序列来说，持续型的错误点也可能会被误识别为正常点，为了解决这一问题，有学者提出了基于 INN 的模型[120]，用于区分单点错误、持续性错误以及变化剧烈的正常点。另外，由于不同类型的错误可能在同一个数据中集中共存，通常需要运行多种工具、使用多种方法对不同的错误类型进行检测。在选择多种方法之前需要对数据中可能集中出现的错误类型进行预先判断，不同的方法和工具也需要不同的参数，这给人们带来了较大的负担。幸运的是，在人工智能的赋能下，目前的错误数据检测模型也逐渐向检测多类错误发展，文献 [37] 基于 Word2Vec 模型，将数据集的每个属性值都映射到一个向量上，将该向量作为孤立森林的输入，生成相关谓词进行异常检测；文献 [120] 提出了 UniDetect 框架，用于检测不同类型的错误，该框架使用大量的假设检验，执行局部扰动推断数据异常的类型。

　　在错误数据修复阶段中，人工智能技术的一个最典型应用便是重复数据的检测和消除，这是因为判断两条记录是否重复是一个二分类问题，这一特性使得我们自然想到使用机器学习模型来解决这一问题。使用机器学习模型解决该问题分为两个大类，一类采用无监督学习，无监督学习使用相似度指标是否超过预先定义的阈值的方法判断两条记录是否重复；另一类采用监督学习，监督学习需要使用一个存储两条记录是否相似的训练集，相似度指标被用作训练分类器的特征，一般使用的分类器有朴素贝叶斯模型、决策树模型和支持向量机模型。早在二十世纪六七十年代，就已经有学者将这一问题视为贝叶斯推理问题[121]，并由另一位学者将该问题形式化[122]，这为使用机器学习模型解决该问题提供了良好的理论基础。对于监督学习来说，获取一个大规模的、被准确标记的训练集是一项非常困难的工作，因此，采用人机交互的主动学习技术得到了深入的探索与研究。随着深度学习技术的发展，实体识别在自然语言处理领域得到了深入研究，而实体识别与重复数据的检测十分类似，于是有学者将 NLP 领域的实体识别技术迁移到数据库领域的重复数据检测中[123]，其思想是将一条记录的每个属性进行嵌入，然后将嵌入后的向量输入神经网络中计算两条记录之间的相似度，进一步判断两条记录是否重复。

除了重复数据的检测与消除，还有众多其他错误类型，例如离群点、错误标签、不一致数据、缺失数据等。对于这些错误类型，传统的修复方法通常是采用规则、外部知识库等方式。然而这些方法存在一定局限性，如知识的缺少、规则的不准确等。人工智能技术兴起之后，基于人工智能的数据修复方法逐渐被提出，有效地解决了传统方法的局限性。人工智能赋能的数据修复方法可以分为两大类：引入外部知识和学习数据集上下文。前者是通过主动学习、众包算法等技术，将外部知识引入修复任务中，进一步提高修复的准确率；后者是通过学习数据集内数据的上下文，推断错误数据的修复值。对于第一类修复方式，众多主动学习的模型相继被提出，提高了数据修复工作的准确性。一种比较经典的模型是 GDR 模型[124]，该模型首先使用某些算法对一个错误值自动生成若干可能的修复值，并分别计算其置信度，然后根据收益排序优先推荐给用户收益较大的修复，由用户决定是否采用。而用户的决定将作为机器学习模型的输入对模型进行训练，该模型将作为数据修复结果生成的一个辅助手段。文献［121］提出了一种交互式的数据迭代清洗框架 ActiveClean，在每次迭代中，ActiveClean 会提供一个建议的清洗样本，用户可以对样本使用数据值的转换和过滤操作，ActiveClean 会根据用户的选择增量地更新模型。为了进一步利用人类智慧以及人类经验，众多基于众包算法的数据清洗方法被提出，例如，文献［3］提出了一种缺失值选择算法来选择适合众包填充的缺失值，然后根据不同的属性类型提出三种缺失值填充方法，从众包中选择正确值；文献［123］利用数据集中的属性构造一个贝叶斯网络，然后通过贝叶斯推理推断出缺失的属性值，将少量的信息性任务外包给人们，以此提高贝叶斯推理的准确性。对于第二类修复方式，众多基于经典的机器学习算法如决策树、朴素贝叶斯、贝叶斯网络、聚类等的方法相继被提出。随着神经网络的应用，也有学者提出了基于神经网络的方法。近几年，随着迁移学习和表征学习的研究逐渐深入，文献［124］提出了 Baran，一种使用表征学习和迁移学习的基于上下文的修复方法。该方法集成多种错误修复模型，使之以相同的方式进行预训练和更新，模型可以学习数据的上下文特征，采用一种两阶段的方式对错误数据进行修复。随着概率图模型的提出与应用，有学者提出使用因子图这种概率图模型将否定约束、统计量等多种错误检测信号考虑在内对数据进行修复的模型［36］。该模型将数据集中的每个单元与一个随机变量相关联，将多种信号作为因子图中的因子，生成描述随机变量的概率图模型。模型建立后，使用一种弱监督学习的方式获取模型参数。对于识别为不确定的或异常的单元，使用 Gibbs 抽样来估计它的值，每个单元的修复值即为其对应随机变量的最大后验概率估计值。

　　总之，随着人们的理解逐渐深入，越来越多的基于人工智能的方法与思想被提出，众多应用在其他领域的思想被引入数据清洗任务，为数据清洗任务注入了新的活力，解决了众多以前没有解决的问题。人工智能技术在数据清洗的各个阶段的研究都大大推动了数据清洗的发展。

7.6　数据清洗工具与系统介绍

7.6.1　基于规则约束的数据清洗工具

1. 规则约束

　　规则约束是指导数据清洗的一种指标，它可以反映属性或属性组之间互相依存和制约的关系，所有的干净数据都需要满足这些约束条件。常用的规则约束还有条件函数依赖（CFD）［125］、否定约束（DC）［126］、编辑规则［127］ 等。

　　（1）条件函数依赖（CFD）［125］

　　给定一个关系 R 的实例 D 和一个 R 上的条件函数依赖（$\psi : X \rightarrow Y, T_p$），其中 T_p 是 ψ 的模式表。对于任意的两个元组 t_1、$t_2 \in D$，如果 t_1 与 t_2 满足模式表 T_p，并且若 $t_1[X] =$

$t_2[X]$，可推断出 $t_1[Y]=t_2[Y]$，那么则称 D 满足条件函数依赖 ψ。反之，如果 $t_1[X]=t_2[X]$，但是 $t_1[Y]\neq t_2[Y]$，则说明 D 违反条件函数依赖 ψ。

（2）否定约束（DC）[126]

给定一个关系表 R，任意元组 $t_1,t_2,\cdots,t_n\in R$，$\neg(P_1\wedge\cdots\wedge P_m)$，其中 P_i 的格式为 $v_1\theta v_2$ 或者 $v_1\theta c(v_1,v_2\in t_i$，$c$ 为常数，$\theta\in\{=,<,>,?=,\leqslant,\geqslant\})$。对于一个 R 上的实例 D，如果对于 D 中的元组，至少使得一个 P_i 是错误的，那么实例 D 满足否定约束 ϕ，记为 $I|=\phi$；如果对于 D 中的元组，每一个 P_i 都是正确的，那么说明实例 D 中存在错误。

（3）编辑规则[127]

编辑规则在关系表和主数据之间建立匹配关系，若关系表中的属性值和与其匹配到的主数据中的属性值不相等，就可以判断关系表中的数据存在错误。编辑规则的形式为

$$\psi:((X,X_m)\rightarrow(B,B_m),t_p[X_p])$$

式中，X 和 X_m 分别是属性集 R 和 R_m 的子集，并且 $|X|=|X_m|$；属性 $B\in R\setminus X$，属性 $B_m\in R_m$；t_p 指明了属性集 X_p 上的取值要求，划定了编辑规则的执行范围。编辑规则的语义是，如果存在关系表中的元组 t 和主数据中的元组 t_m 满足 $t[X_p]$ 符合 $t_p[X_p]$，且 $t[X]=t_m[X_m]$，那么 $t[B]$ 的值应为 $t_m[B_m]$。若 $t[B]\neq t_m[B_m]$，那么就可以判断 $t[B]$ 中存在错误。

2. 约束的挖掘

约束挖掘的目的是挖掘出数据库中的重要约束，这些发现的约束代表了领域知识，可以用来验证数据库设计和评估数据质量。除了发现知识外，还可以使用从现有数据中发现的约束来验证数据库中定义的约束是否正确且完整，以及检查现有数据库的数据语义。

（1）挖掘函数依赖（FD）

函数依赖的挖掘主要分为自顶向下的方法和自底向上的方法。自顶向下方法从生成候选 FD 开始。这些方法首先根据一个属性格生成候选属性格，然后测试它们的满意程度，然后利用满意的属性格裁剪较低层次的候选属性格，以减少搜索空间[128]。自底向上方法通过比较关系的元组来找到一致集或差异集。然后，这些集合被用来推导关系满足的 FD。这些方法的特点是它们不根据满足关系来检查候选 FD，而是根据计算的一致

集或差集来检查候选 FD[129]。

（2）挖掘条件函数依赖（CFD）

文献［130］提出了一种逐层发现 CFD 的算法。候选 DF 是从属性格中派生出来的。该算法的原理是基于属性分区的性质。分区 $P(Y)$ 的等价类中的所有元组在 Y 上具有相同的值。如果 $P(XA)$ 中的等价类 c 等于 $P(X)$ 中的等价类，则 c 的元组在 A 上具有相同的值。

给出一个候选 FD：$X{\rightarrow}A$，将 X 分为子集 Q 和 W，Q 称为条件集，W 称为变量集。该算法假设 $P(Q)$、$P(X)$ 和 $P(XA)$ 的分区。然后计算一个 UX 集，以包含 $P(X)$ 中至少有 1 元组（支持）且等于或包含在 $P(XA)$ 中的一个等价类中的所有等价类。最后，如果 $P(Q)$ 中存在一个等价类 z，使得 z 中的元组包含在 U_x 中，说明找到一个 CFD 的模式元组。如果 z 不是 $P(XA)$ 的等价类，模式元组写作$<z[Q],-|->$，否则写作$<z[Q],-|z[A]>$。

（3）挖掘否定约束（DC）

文献［131］提出了算法 Hydra 来发现否定约束。算法的框架如图 7-11 所示。

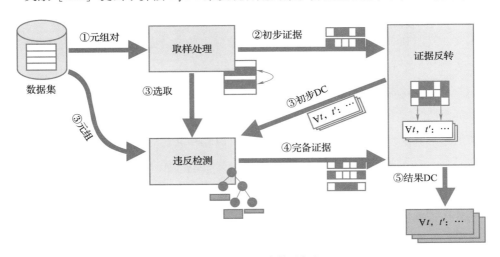

图 7-11　否定约束算法框架

Hydra 接受一个关系表和一个谓词空间作为输入，即可以出现在该表的数据中心的谓词集。首先，Hydra 从关系实例中为初步的数据中心取样元组对（步骤①）。对于每个元组对，计算一个证据，它捕获谓词空间中被元组对违反的所有谓词。由于重复证据

（来自冗余元组对）并不提供关于 DC 的新信息，Hydra 的目标是最大化样本中非冗余元组对的数量。由于其集中采样阶段，该算法仅从数据集中所有元组对中的一小部分获得相对完整的证据集。

然后，使用一种新的、高效的证据反演算法（步骤②），将这些初步证据用于计算初步的 DC。当然，样本中没有包含的元组对可能会违反初步的 DC。因此，Hydra 采用了一种高效的方案来确定所有违反初始 DC 的元组对（步骤③）。特别是，Hydra 试图避免由于谓词在多个 DC 中重复出现而产生的重复工作。此外，特定的检查操作符检测违反元组对，而不比较所有元组对。

最后，将初始证据与违反元组对的证据合并（步骤④）。从这个完整的证据集，证据反演现在可以计算最终的 DC 集（步骤⑤），其方法与之前步骤②中的初步证据完全相同。

3. 基于规则约束的数据清洗

基于规则约束的数据清洗即给定包含脏数据的关系表 I 和 I 中的一组规则约束 Σ，修改关系表或者约束后使得 I′ 满足 Σ' 中的所有规则约束。

对数据进行清洗的算法分为局部清洗算法和全局清洗算法，它们的区别在于：局部清洗算法在检测和清洗错误数据时仅考虑当前检测出冲突的完整性约束，而全局清洗算法综合考虑若干个有联系的完整性约束。

（1）局部清洗算法

局部清洗算法中较为经典的是由 Bohannon 等人[132] 在 2005 年提出的，该算法利用等价类消除函数依赖冲突和包含依赖冲突，NADEEF 系统[133] 就利用了这种思想。

当元组 t_1 和 t_2 在函数依赖 $X \rightarrow Y$ 上存在冲突时，仅凭函数依赖无法判断 $t_1[X]$、$t_2[X]$、$t_1[Y]$ 和 $t_2[Y]$ 中哪个值是错误的。Bohannon 等人的算法仅支持修改 Y 属性集：所有在 X 属性集上取值相同的元组会被加入相同的等价类 eqA 中，其中 $A \in Y$，而 eqA 中所有的元组在属性 A 上均会取相同的值。

对于包含依赖 $R_1[A] \in R_2[B]$，其中 A 和 B 分别是关系表 R_1 和 R_2 中的属性，若 $t_1 \in R_1$ 不满足该包含依赖，那么可以把 $t_1[A]$ 修改成 R_2 中与其相似的元组 t_2 在属性 B 上的取值，也可以把 R_2 中某些元组在属性 B 上的取值修改成 $t_1[A]$。在这两种情况下，$t_1[A]$ 和 $t_2[B]$ 均会划分到相同的等价类。若 $R_2[B]$ 中不存在与 $t_1[A]$ 较为相似的值，即元组的清洗代价大大超过了元组插入的代价，这时会在 R_2 中插入一个新的元组使得 t_1 满足包含依赖。这个新的元组在属性 B 上取值为 $t_1[A]$，在其他属性上均取空值。

上述算法可以通过扩展来解决条件函数依赖上的冲突。在此基础上，Kolahi 等人[134] 提出的算法除了支持把一个属性值修改成另一个属性值，还支持在没有足够的信息时把一个属性值修改成一个变量以消除冲突，该算法应用在 LLUNATIC 系统[135] 中。Beskales 等人[136] 提出的算法通过用户定义的强制约束来指定清洗过程中不允许变动的属性值，以此得到更符合用户预期的清洗结果。

BIGDANSING 系统[137] 扩展了该等价类的思想以解决分布式数据清洗问题。当得到等价类 eqA 后，BIGDANSING 系统设计了两组 mapreduce 函数。第 1 组 map 函数的键值对表示为〈〈等价类号，属性值〉，计数器〉，用于统计每个等价类中每个属性值的个数，第 2 组 map 函数的键值对表示为〈等价类号，〈属性值，计数器〉〉，用于把同一等价类的统计结果聚在一起，出现频率最高的属性值就选定为该等价类的目标值。

（2）全局清洗算法

全局清洗算法是由 Chu 等人[138] 在 2013 年提出的。该算法解决的是否定约束上的冲突问题，但其思路可以扩展到其他完整性约束上。全局清洗算法的系统架构如图 7-12 所示。

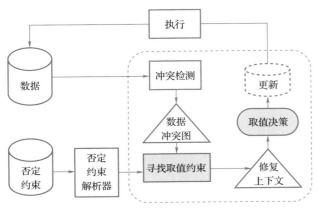

图 7-12　全局清洗算法的系统架构

寻找取值约束即寻找 $t[A]$ 取值方面的约束条件，也就是文献［139］中给出的修复上下文这一概念。修复上下文包含两个部分：修复内容和修复表达式。其中修复表达式包含了与修复内容相关的赋值和约束。举例来说，假设关系表 I 上存在否定约束，$\neg(I(X,A),I(X',A'),(X=X'),(A\neq A')$。该否定约束与函数依赖 $X \rightarrow A$ 表达相同的约束条件。因此，若存在元组 t' 使得 $t[X]=t'[X]$ 而 $t[A]=t'[A]$，数据冲突图中 $t[X]$、$t'[X]$、$t[A]$ 和 $t'[A]$ 就包含在同一个超边内，修复上下文中的修复内容是 $t[A]$ 和 $t'[A]$，而修复表达式为 $t[A]=t'[A]$，若 $t[A]$ 和 $t'[A]$ 还包含在其他的超边里，其对应的约束条件也会被加入 $t[A]$ 的修复上下文中。

当获得 $t[A]$ 的修复上下文后，取值决策模块用于确定 $t[A]$ 的最终赋值。由于修复表达式中可能会存在冲突，比如"$t[A]>6$"和"$t[A]<4$"这两个修复表达式可能会同时存在于 $t[A]$ 的修复上下文中，因此取值决策模块的第 1 步操作就是获得最大的不存在冲突的修复表达式集合。接下来，该模块根据这些修复表达式计算 $t[A]$ 的最佳赋值策略，该赋值可以满足所有的修复表达式，同时使得清洗代价最小。

（3）数据与约束统一清洗算法

上述算法均假设给出的完整性约束是正确的，但是随着数据的集成和业务规则的变化，约束也可能随着时间的推移而发生变化，若使用过时或错误的约束来清洗关系表，不但无法正确地修复错误数据，还可能把正确数据修改错误。因此，学术界提出了数据和约束统一清洗的模型。

Chiang 等人[139] 提出的 URM 模型利用了最小描述长度原则，即给定一组函数依赖 Σ，找到一个模型 M，它可以利用最小的描述长度来表示关系表 I。模型 M 的描述长度 $\mathrm{DL}(M)=L(M)+L(I\,|\,M)$。其中 $L(M)$ 是模型 M 的长度，$L(I\,|\,M)$ 是给定模型 M 后关系表 I 的长度。给定函数依赖 $X \rightarrow Y$，$L(M)=|X \cup Y|\cdot S$，$L(I\,|\,M)=|X \cup Y|\cdot E$。其中，$|X \cup Y|$ 表示函数依赖中包含的属性个数，S 表示模型 M 中的签名个数，E 表示关系表 I 中不能用签名表示的元组个数。在数据清洗方面，URM 模型以元组模式为单位来修复数据，元组模式 $p \in \Pi XY(t)$ 表示元组 t 在函数依赖 $X \rightarrow Y$ 相关属性上的投影。URM 模型还定义了核心元组模式和异常元组模式，分别表示出现频率高于和低于指定阈值的元组模式，异常元组模式会被修改成和它足够相似且对应清洗代价最小的核心元组模式。由于核心元组模式就是模型 M 中的签名，因此这个过程可

以降低描述长度。在约束修复方面，URM 支持在函数依赖的左端 X 增加属性，以增强约束的满足条件。完整性约束的修改可以增加核心元组模式的个数，降低异常元组模式的个数，因此也可以降低模型描述长度。对于原始数据表中的冲突，URM 中定义了代价模型来衡量数据清洗和约束清洗的代价，并选择清洗代价较小的修复方式。

Volkovs 等人[140] 提出了持续数据清洗算法以应对数据和约束会发生变化的动态环境，如图 7-13 所示。

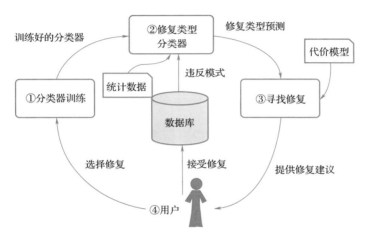

图 7-13　持续数据清洗框架

该算法首先利用用户的清洗记录训练一个分类器，该分类器后续在接收冲突后可以决定通过何种清洗策略来消除冲突：修改数据、修改约束还是同时修改。确定清洗策略后，该算法利用代价模型计算出一组代价较小的清洗措施，并交由用户做最终判断，用户的决定可以用来修正分类器。在动态数据环境中，该算法可以通过统计信息捕获数据分布和约束的变化，以支持分类器进行正确的策略分类。

7.6.2　基于众包的数据清洗工具

众包是一种分布式的问题解决和生产模式，公司或个人可以将任务外包给大众网络来完成[141-146]，其他的参与者只需要通过网络登录这些众包平台即可接受和完成这些任务。比起传统的专业人士，调动众包平台上的参与者可以显著地节约开销，由于这个优势，目前很多传统领域也开始借助众包的群体智慧来解决问题。众包的多样性、广泛性和较少的代价特点使其近几年迅速的应用到了各个领域的研究工作中。

基于众包的数据清洗已有了一定的成果，多是集中在实体识别、模式匹配等方面。总体思想是利用机器算法先将实体/属性分成可能匹配的对或集合，然后发送到众包平台让参与者来确认每个对或集合中的记录是否匹配，再对返回的回答进行一定的结果优化后得出最终结论。目前应用比较广泛的数据清洗系统是 Tong 等人[147] 提出的 Crowd-Cleaner，可以对互联网上的多种版本的数据进行数据清洗，它的特点是利用众包来发现劣质数据再通过众包来清洗。

由于众包平台上参与者的可信度各不相同，考虑到众包反馈结果的准确性，我们根据获得的众包反馈结果是否加入初始训练集进行再次训练这一特点，将基于众包的主动学习算法分为直接主动学习算法和交互主动学习算法。

1. 直接主动学习算法

直接法的基本思想是只采用初始训练集对于机器学习模型进行训练，训练一次后再采用对应的信息价值评估策略选择众包元组。由于算法在每次训练记录集时挑选最有价值的元组集送往众包，而最有价值的记录集中通常包含大部分机器学习模型最不确定的元组，因此在初始训练集一定的情况下，机器学习模型标记越来越少、越来越精确的元组集，准确度通常会越来越高。直接主动学习模型如图 7-14 所示。

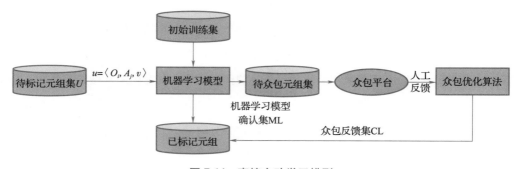

图 7-14　直接主动学习模型

总体来说，直接主动学习算法采用以下步骤。

1）学习模型初始化。 首先确定研究对象三元组 $u = \langle O_i, A_j, v \rangle$ 表示 O_i 元组在属性 A_j 中的一个修复值 v，对于每个属性 A，都要训练对应的 M，这些分量的训练器可以构

成总的训练器 M。对于给定的三元组 $\langle O_i, A_j, v\rangle$，对应的训练器 M_j 用来预测这个修复值的正确性。在这个阶段，利用初始数据集中的少量记录对各个分类训练器进行训练，从而得到初始的训练模型。

2）选择待众包元组。在这个阶段，利用初始机器学习模型对待标记元组进行检测，对每个待标记元组 $\langle O_i, A_j, v\rangle$ 以及相应的分类器，给出其预测结果以及信息价值度，其中的预测结果可以作为当次的输出，而信息价值度则是选择人工标注数据的标准。在这个阶段，主要利用分类器给出的待标记元组的信息价值度来挑选需要进行标记的元组。

3）众包反馈。在这个阶段，众包平台上的参与者对机器学习模型中选择出来的待标记元组进行标记，对于每一个待标记元组 $u=\langle O_i, A_j, v\rangle$，给出反馈 $R \in \{确认, 拒绝\}$。针对同一个记录的多个反馈，采用众包优化算法选出最可能的真值进行返回，机器学习模型将根据返回值进行重新训练，并去除那些已经标记的元组。由于之前挑选元组时已经挑选出不确定性较高的数据，之后数据的不确定性会降低，整个模型的不确定性随之越来越低，增强模型本身的准确率。

4）结果反馈。重复步骤 1~3，直到模型本身达到一定的正确率或者所有数据元组均被标记。利用已有模型产生最终结果，并反馈数据正确率。

该算法由于在训练机器学习模型时只考虑了初始训练集，因此只适用于一些初始训练集中的信息量就已经非常有效的情况以及对精度要求非常高以致训练集的元组只能是正确元组的情况。该方法可以在等待众包平台反馈时输出目前的中间结果，可以让用户先看到一部分清洗后的情况。但是由于初始训练集的数量有限，其精度依赖于初始训练集的构成，精确度提升有限。

2. 交互主动学习算法

交互主动学习算法将众包标记过的元组增加到训练集，对机器学习模型进行重新训练，用重新训练后更加精确的机器学习模型对剩余的待标记元组进行标记。在交互式学习的过程中，机器学习模型不断筛选待众包元组，然后将新得到的众包反馈作为新增的训练集对自身进行重新训练，在众包反馈的准确率和效率有保证的情况下，这种方法能通过提高机器学习模型标记精度的方式提高修复结果的准确率。交互主动学习模型如图 7-15 所示。

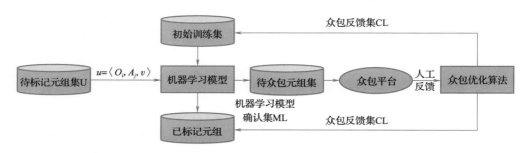

图 7-15　交互主动学习模型

目前来说，交互主动学习算法主要分为 4 步：

1）学习模型初始化。这一阶段和直接主动模型一致。

2）选择待众包记录。在这一阶段，首先使用机器学习模型对于待标记元组集进行预测，对每个待标记元组 $\langle O_i, A_j, v \rangle$，以及相应的分类器，给出其预测结果以及信息价值度，其中的预测结果可以作为当次的输出，而信息价值度则是选择人工标注数据的标准。对于其中信息价值最大的 n 个元组组成待众包元组集。

3）结果反馈和学习模型重训练。在这个阶段，众包平台上的参与者对机器学习模型筛选出来的元组进行标记，通过优化算法整合众包平台上的反馈，得出最优结果，在下一轮迭代中将众包反馈结果加入初始训练集中进行训练。

4）重复步骤 **1~3**，直到模型本身达到一定的正确率或者所有数据元组均被标记。利用已有模型产生最终结果，并反馈数据正确率。

该算法由于每次将众包反馈的结果加入初始训练集中进行重新训练，当众包反馈的精确度可以保证时，更多的训练元组的加入将使机器学习模型对剩余待标记元组的标记更加准确。然而，当众包的反馈不够准确时，可能导致机器学习模型的精确度有所下降。另外，该算法由于每次要等待众包反馈的结果进行重训练，总体的等待时间比直接主动学习算法所需时间要长。因此，该算法比直接主动学习算法更适用于众包反馈质量高且可利用的时间充足的场景。

7.6.3　基于知识库的数据清洗工具

数据清洗想要解决的问题包括但不限于：数据的完整性、数据的唯一性、数据的权威性、数据的合法性、数据的一致性等。而传统的数据清洗工具主要依靠数据的完整性约束（也可以称其为数据的约束规则）并基于统计方法和机器学习方法进行自动的数据清洗工作。然而传统的方法中缺少了人工的主动参与，因此领域中提出基于知识库系统（结合众包）的数据清洗方法。基于知识库的数据清洗虽然主要依靠基于规则的数据清洗，但知识库中存储的规则知识都是通过了人工众包的检验过滤得到的，相比于传统的单一基于完整性约束的清洗方法，基于知识库的数据清洗方法能够学习脏数据的模式并且存储其用于错误数据的匹配工作，并且能够借助人工的主动参与对知识库的完整性进行补充，进而提高利用规则清洗的效率。在介绍基于知识库的清洗方法前，首先介绍其中主要使用的多种规则。知识库中存储的规则可以被分为四类：编辑规则[150-151]、修复规则[148-149]、Sherlock 规则[152] 以及探测规则[153-154]。

1. 编辑规则

编辑规则在关系表和主数据之间建立匹配关系，若关系表中的属性值和与其匹配到的主数据中的属性值不相等，就可以判断关系表中的数据存在错误。其定义为

$$\varphi:((X,X_m)\to(B,B_m),t_p[X_p])$$

式中，X 和 X_m 分别是属性集 R 和 R_m 的子集，属性 B 属于 $R-X$，属性 B_m 属于 R_m，t_p 指明了属性集 X_p 上的取值要求，划定了编辑规则的执行范围。编辑规则的语义是，如果存在关系表中的元组和主数据中的元组满足两个元组在同一个属性集上的值相同，则主数据中的元组的另一个属性应当与关系表中的另一个依赖属性值相同，否则说明关系表中的元组在该依赖属性上存在错误。

2. 修复规则

针对编辑规则中缺乏负面语义的问题，修复规则添加了对错误属性值的发现。

$$\varphi:((X,t_p[X]),(B,T_p^-[B]))\to t_p^+[B]$$

修复规则的语义是，如果数据表中的元组在属性集上的值等于主数据中元组在该属性上的值，而其另一个依赖属性上的值是错误属性值，则应当将其修复为正确的属性值。

3. Sherlock 规则

Sherlock 规则通过在关系表和主数据之间建立匹配关系来清洗关系表。

$$\varphi:((X,X_m),(B,B_m^-,B_m^+),\approx)$$

Sherlock 规则的语义是，如果关系表中的元组与主数据中的元组满足错误属性值的

匹配关系，则可以判断关系表中的元组在依赖属性值上是错误的，且正确的值应当为设定的值。因此，利用 Sherlock 规则中的关系表与主数据建立的联系就可以检测原始关系表中的错误。

4. 探测规则

探测规则通过在关系表和知识库之间建立匹配关系来清洗关系表。探测规则是一个有向图，规则中的节点代表关系表中的属性列和知识库中的类型之间的匹配关系，节点之间的边代表了两个节点的属性之间的关系。探测规则中有三种类型的节点，分别是证据节点、正面节点和负面节点。它的语义是，如果知识库中存在一些实例可以和元组满足证据节点以及负面节点关于对应边中指明的匹配关系，则其属性列中的值就是错误的，且正确的值可以从正面节点中获得。

基于对上述四类匹配规则的描述，可以将其语义进行对比，对比结果如图 7-16 所示。

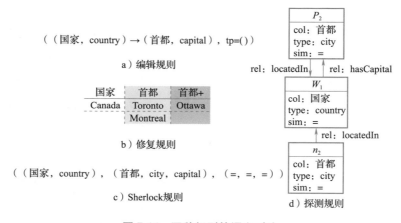

图 7-16 四种规则的语义对比

可以发现，四种规则对于多种情况的匹配能力是逐渐增强的，但是相应地也使用了越来越多参数来保存描述规则的信息。

明确了知识规则的表示形式化定义后，可以利用上述规则设计基于知识库的数据清洗工具。目前领域内提供文档清晰且全面的方法就是 KATARA 框架[155-156]，框架如图 7-17 所示。

KATARA 有三个模块，分别是模式发现、模式验证和数据注释。模式发现模块发现

图 7-17　KATARA 框架图

表和知识库之间的表模式。模式验证模块允许用户选择最佳的表模式。使用选定的表模式，数据注释模块与知识库和人群交互，以注释数据。它还为错误的元组生成可能的修复。而且，被群众证实的新事实也被用来充实知识库。

1. 模式发现

KATARA 首先发现包含列类型以及表和知识库之间关系的表模式。表模式表示为一个带标签的图，其中一个节点表示一个属性及其相关类型。两个节点之间的有向边表示两个属性之间的关系。请注意，关系模式可能不容易与本体对齐，原因包括模糊的命名约定。KATARA 使用一种基于实例的方法来发现表到知识库的映射。这种方法不需要有意义的列标签。对于表 T 的每个列 A_i 和元组 T 的每个值 $t[A_i]$，将该值映射到知识库中其类型可以被后续提取。为此，KATARA 设计一种 SPARQL 查询，返回标签为 $t[A_i]$ 的实体的类型和超类型。两个值之间的关系以类似的方式检索。为了对列 A_i 的候选类型进行排序，KATARA 使用 tf-idf 的规范化版本。此外，为了避免列举所有候选项，KATARA 依赖于问题的秩联接公式的提前终止。

2. 模式验证

基于已有数据和参考知识库的复杂性，候选表模式的数量可以从几个到几十个不等。如果候选表模式的数量很少，只需将它们可视化，以便用户为手边的表选择正确的表模式。KATARA 假设用户可以轻松地理解表相对于引用知识库的元组。相反，如果候选表模式很大，KATARA 还提出了将表模式分解为较小模式的方法，然后用这些小的模式来表达更简单的问题，众所周知，群体工作者擅长回答这些问题。

3. 数据注释

给定一个表格模式，KATARA 用以下三个标签之一来标注每个元组。

1） 通过知识库进行验证。如果在模式中的所有属性上将一个元组与知识库匹配，那么这个元组在语义上是正确的。

2） 由知识库和人群共同验证。如果一个元组知识库 K 只有部分匹配，那么要么知识库是不完整的，要么这个元组就是错误的。为了找到答案，要求人群验证未覆盖的数据。

3） 错误的元组。对于人群确认的错误元组，KATARA 从知识库中提取信息，并将其加入，生成一组可能的元组修复。

数据注释的过程结合了知识库系统和众包，过程分为两步：

1） 利用知识进行检验。对模式表中的每个元组 t，KATARA 描述一个 SPARQL 查询语句去检查元组 t 是否被知识库 K 完全覆盖。如果其被完全覆盖，则 KATARA 标注其为通过知识库检验的正确元组。否则进入众包检验过程；

2） 利用众包进行检验。对于未能通过知识库 K 检验的节点和边，KATARA 向众包平台询问节点与边之间是否存在连接关系，若存在连接关系，则 KATARA 将其标记为通过双重检验的正确元组。否则将其标记为错误的元组。

一般来说，对一个错误可能进行的修复的数量是很大的。大多数自动修复算法将最小化作为指导原则，在使元组符合模式的多个修复中进行选择。直觉上，更改次数较少的修复比更改次数较多的修复更可取，因为更改次数较少的修复保留了来自原始实例的更多值。因此，KATARA 根据变化的数量，按升序对可能的修复进行排序。

7.6.4 基于学习模型的数据清洗工具

基于学习模型的数据清洗工具通常利用已有的数据集中所存在的信息，如部分元组所包含的样本异常状态标签信息等，对数据清洗学习模型进行训练。训练过程使模型最终得到收敛，在此基础上，基于学习模型的数据清洗工具使用完成学习的清洗模型对原有数据集或新加入的各个元组中的单元格进行异常检测、异常修复等数据清洗工作。

对于机器学习领域而言，学习模型可大致分为无监督学习、半监督学习及监督学习三类方法。诸多数据清洗任务往往出现数据量大、设备状况不一等问题，导致收集到的数据出现数值缺失、错误等情况。此外还需考虑数据标注过程造成的高成本问题，因此会有相当一部分数据缺乏正常/异常状态的检测标签。在这种情况下，监督学习方法会面临较大的应用局限，而无监督学习或利用有限标签进行的半监督学习并建立异常检测分类模型的方法具有十分重要的应用价值。

在实际应用场景中，大多数数据清理任务都需要人工参与监督。在没有任何人工监督的情况下，无监督的异常检测方法只能检测客观的数据错误类型，例如错误的单词拼写、错误的日期格式等，这些错误相对简单，即使不具备相关领域相应知识的人也能很直观地找出这类错误，而很多样本异常的原因是与专业领域知识相关的。因此，无监督方法不足以准确检测各种真实数据中存在的所有错误，基于半监督学习的数据清洗工具有着较为广泛的应用场景。

由 Mohammad Mahdavi 所设计的 Raha 数据清洗工具可以实现异常检测功能，其主要优点在于无须用户进行配置（Configuration-Free Error Detection System），通过交互式、迭代式地选取数据集中的若干个元组并让用户为其进行标注，Raha 利用获得的标签对建立于数据集各个属性上的分类器进行学习，从而为每个属性建立一个学习模型，并在训练结束后各个分类器为各自所在列中所包含的各个单元格进行正常/异常状态标签的异常检测。其具体运行流程为，首先通过为许多不同的检测各种类型数据错误的各个异常检测算法进行有限数量的配置，并利用这些异常检测算法为各个单元格进行异常检测，可以为每个元组的每个单元格生成一个特征向量以包含不同检测算法的检测结果信息。利用这些特征向量，采用新的采样及分类方法，可以有效地选择出最具代表性的元组进行训练。此外，通过使用迁移学习的方法可以利用历史数据过滤掉不相关的异常检测算法及其配置，从而提高运行效率。在实验中，Raha 可以在每个数据集上以不超过 20 个元组正常/异常标签信息的开销实现分类器即数据清洗学习模型的收敛。Raha 的工作流程如图 7-18 所示。

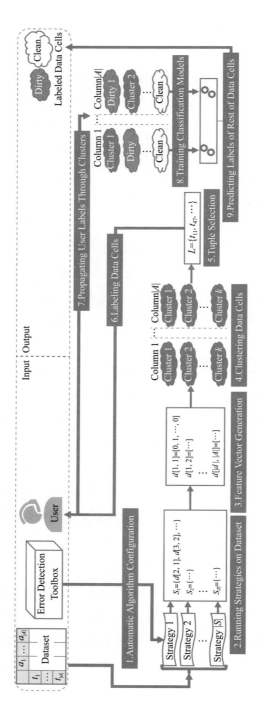

图7-18　Raha工作流程图

此外，许多较为先进的数据清洗异常检测算法都采用了半监督学习的方式，如 Metadata driven 以及 HoloDetect。Metadata driven 利用异常检测工具的输出以及元数据特征来检测数据中存在的异常，HoloDetect 通过学习综合生成的带标签的训练数据进行异常检测。这两种方法需要用户提供一套正确且完备的完整性规则或参数，或者同时提供两类信息，Metadata driven 需要用户对底层的异常检测器进行准确的参数配置，HoloDetect 利用用户提供的数据约束构建表示数据的模型。

7.6.5　基于可视化的数据清洗工具

数据可视化工作对于向以视觉为导向的人解释数据是非常重要的。自动数据可视化的中心任务是，给定一个数据集，通过转换数据和确定正确的可视化类型，将其数据间存在的关系可视化[157-161]。数据清理本身就是一个探索性和可视化的过程。可视化可以帮助分析人员发现那些数据中容易被忽视的错误或令人惊讶的关系。通常，对于人工来说可视化的工具可能很乏味，因此，需要动态地可视化和清理数据，防止用户忽略其中的关键信息。当前的一些解决方案通过允许用户通过有限的交互集指定数据清理转换来解决这个问题，这些交互集可以直接操作清理系统本身预定义的可视化。

数据可视化在数据驱动的决策制定中至关重要。但是，由脏数据生成的糟糕的可视化常常会误导用户理解数据并做出错误的决策[162-164]。所以，目前数据可视化在影响当今数据驱动企业的战略和运营策略决策方面扮演着重要角色。数据可视化自然适合于提供海量数据的良好概述，并使用户更容易解释数据分析的结果。

一个简单的数据可视化流程如图 7-19 所示。

图 7-19　数据可视化流程

1）数据导入：数据导入是从所需的数据源检索所需的数据。

2）数据准备：数据准备是通过标准化值、更正错误条目和插值缺失值等方式，为导入的数据进行可视化准备。

3）数据处理：数据处理是选择要可视化的数据，可能还包括其他常见操作，如连接和分组。

4）映射：映射是将从上述过程中获得的数据映射到几何图元及其属性。

5）渲染：渲染是将上述几何数据转换为视觉表示。

基于以上的步骤，目前主要有三个研究方向，分别是可视化规范、高效可视化和可视化推荐问题[165-169]。一般来说，数据可视化由三部分组成：数据、标记以及它们之间的映射。对数据可视化方法进行分类的常用策略基于其表达能力。显然，一种方法的层次越低，它的表达能力就越强。高级方法通过提供合理的默认值和添加更多的约束来封装一些低级细节。理解不同级别的可视化规范方法的另一个维度是通过其可访问性：方法级别越高，越容易使用。

目前，常有的数据可视化工具有 VisClean 系统[170]，它通过交互式和可视化感知的数据清理逐步可视化数据，并提高数据质量。VisClean 具有两个重要特征，即易于使用和较为廉价的数据清理。

对于 VisClean 来说，它由以下几部分组成。

1）可视化查询。一个类似 SQL 的可视化查询被用来可视化条形图/饼状图。给定关系数据集 D 上的一个查询 Q，它将生成一个可视化，标记为 Q（D）。

2）数据错误的可视化。VisClean 中定义了四种可能影响可视化质量：元级副本（引用同一实体的元组）、属性级重复、缺失值、离群值。

3）复合问题。在实践中，如果没有足够的上下文，用户很难精确地回答单个问题。因此，交互式数据清理系统通常会向用户提供更多的信息，而不仅仅是一个数据错误，所以 VisClean 通过图模型来整体组织单个问题。

4）ERG 图。有的错误和可能的修复被建模为一个无向加权图。每个顶点是一个元组，并且可能有一个标签，这意味着元组有一个离群值，空心表示一个缺失值。每条边具有一个权值，表示这两个点由一定概率的元组级重复。CQG（符合问题图）就是 ERG 的一个子图。

Arachnid 也是比较常见的可视化清理工具[171-172]。它建立在现有的广义选择和直接操作的基础上，以引入一个模型，将用户定义的常见可视化类型上基于鼠标的交互转换为一组增强的数据清理转换。它具有以下优点。

1）全面的可视化选择：当前数据清理过程的即时性要求用户能够全面地选择任何

被认为是错误的可视化数据并且允许用户立即对表或严格定义的条形图进行清理。Tableau Prep 在两者中提供了基本的基于点击的选择，一次只能生成单个列数据的柱状图。这些方法阻止用户可以根据可视化过程中注意到的异常情况自由地探索和选择数据。Arachnid 提供了从数据到视觉编码通道的直观映射，以便让用户直接与一组更全面的可视化值或记录进行交互。它首先将可视化元素的每个组件分类为值类型。由于这种抽象，Arachnid 可以在用户选择的任意两列之间的条形图中支持多维数据选择。Arachnid 还支持对其他常见类型的可视化的类似抽象，包括散点图、框图和表，并且可以在以后的工作中扩展到其他类型。

2）作为清洁规范的广义交互作用。基于视觉选择的框架，Arachnid 允许用户根据语义自由修改值。在柱状图的情况下，只要所涉及的组件具有相同的类型，就可以修改或使用每个组件来修改其他值。可以通过方向拖动或在其上方拖动另一个数值（如散点图上的一个点）来修改条的顶部（代表一个数值）。类似地，可以通过拖放其他数值来修改工具条主体所表示的数值组。像 Tableau Prep 一样，文本标签也可以拖到另一个标签上进行重复数据删除。虽然这意味着 Arachnid 支持与当前分离字符串和重复删除拼写错误的方法相同的交互，但探索数据和直接修改值成为一个迅速的过程。Arachnid 建立在 Excel 支持的交互基础上，允许用户为任何值、记录或列的可视选择编写脚本。

7.7 | 本讲小结

本讲介绍了数据质量评估管理方法的相关概念和发展历程，对数据清洗技术以及清洗工具进行了深入探究，着重介绍了数据清洗中尤为重要的持续改进的清洗模型，总结了数据管理技术中涉及的数据清洗工具类别，归纳了目前的数据可用性理论与近似计算算法，并阐述了各类方法的适用领域和局限之处。

目前数据质量评估管理技术的研究形成了以数据质量表达机理、数据质量判定、数据错误检测与修复、劣质容忍的近似计算为主线的理论和技术成果。随着对数据质量管理理论不断深入挖掘，数据管理技术更加丰富，成效也更加显著。通过建立数据质量管理体系，明确在数据产生、存储、应用整个生命周期中数据管理的要求，实现了数据质量管理在全生命周期中的有效性。这些管理技术增强了数据对于真实情况的代表性，提高了数据资产的价值，满足了人们对于信息价值的追求。

参考文献

［1］ RAMASAMY A，CHOWDHURY S. Big data quality dimensions：A systematic literature review ［J］. Journal of Information Systems and Technology Management，2020，17.

［2］ SIDI F，PANAHY P，AFFENDEY L S，et al. Data quality：A survey of data quality dimensions ［C］//International Conference on Information Retrieval & Knowledge Management. Cambridge：IEEE，2012：300-304.

［3］ 全国信息技术标准化技术委员会. 信息技术 数据质量评价指标：GB/T 36344-2018 ［S］. 北京：中国标准出版社，2018.

［4］ WANG R Y，REDDY M P，KON H B. Toward quality data：An attribute-based approach ［J］. Decision Support Systems，1995，13 (3-4)：349-372.

［5］ YANG Q. Research on data quality assessment methodology ［J］. Computer Engineering and Applications，2004.

［6］ PARSSIAN A，JACOB S V S. Assessing data quality for information products：Impact of selection，projection，and cartesian product ［J］. Management Science，2004，50 (7)：967-982.

［7］ DEY D，KUMAR S. Reassessing Data Quality for Information Products ［J］. Management Science，2010，56 (12)：2316-2322.

［8］ 徐敏，徐勇. 基于单一属性分布的数据质量评估模型 ［J］. 统计与决策，2013 (11)：5.

［9］ 颜宏文，陈鹏. 基于云模型的电网统计数据质量评估方法研究 ［J］. 计算机应用与软件，2014，31 (12)：4.

［10］ 陈建明，韩建民. 面向微聚集技术的k-匿名数据质量评估模型 ［J］. 计算机应用研究，2010 (6)：4.

［11］ 滕东兴，曾志荣，杨海燕，等. 一种面向关系型数据的可视质量分析方法 ［J］. 软件学报，2013，24 (4)：15.

［12］ 丁小欧，王宏志，张笑影，等. 数据质量多种性质的关联关系研究 ［J］. 软件学报，2016 (7)：19.

［13］ 李安然. 面向特定任务的大规模数据集质量高效评估 ［D］. 北京：中国科学技术大学.

［14］ BOHANNON P，FAN W W，GEERTS F，et al. Anastasios kementsietsidis：Conditional functional dependencies for data cleaning［C］//2007 IEEE 23rd International Conference on Data Engineering. Cambridge：IEEE, 2007：746-755.

[15] FAN W F, GEERTS F, LAKSHMANAN L V S, et al. Discovering conditional functional dependencies［J］. IEEE Trans. on Knowledge and Data Engineering, 2011, 23（5）：683-698.

[16] BRAVO L, FAN WF, MA S. Extending dependencies with conditions［C］//Proceedings of the 33rd International Conference on Very Large Data Bases. Vienna：VLDB Endowment, 2007：243-254.

[17] BRAVO L, FAN WF, GEERTS F, et al. Increasing the expressivity of conditional functional ependencies without extra complexity［C］//2008 IEEE 24th International Conference on Data Engineering. Cambridge：IEEE, 2008：516-525.

[18] FAN W F, MA S, HU Y, et al. Propagating functional dependencies with conditions［J］. Proceedings of the VLDB Endowment, 2008, 1（1）：391-407.

[19] BRAVO L, FAN W F, MA S. Extending dependencies with conditions［C］//Proceedings of the 33rd International Conference on Very Large Data Bases. Vienna：VLDB Endowment, 2007：243-254.

[20] Fan W F. Dependencies revisited for improving data quality［C］//Proceedings of the Twenty-Seventh ACM SIGMOD-SIGACT-SIGART Symposium on Principles of Database Systems. New York：ACM, 2008：159-170.

[21] LIU X M, LI J Z. Discovering extended conditional functional dependencies［J］. Journal of Computer Research and Development, 2015, 52（1）：130-140.

[22] SUN J Z, LI J Z. Micro functionial depenency and reasonning［J］. Chinese Journal of Computers, To Appear（in Chinese with English abstract）.

[23] CHU X, ILYAS F I, PAPOTTI P. Discovering denial constraints［J］. Proceedings of the VLDB Endowment, 2013, 6（13）：1498-1509.

[24] BLEIFUß T, KRUSE S, NAUMANN F. Efficient denial constraint discovery with hydra［J］. Proceedings of the VLDB Endowment, 2017, 11（3）：311-323.

[25] LIVSHITS E, HEIDARI A, ILYAS I F, et al. Approximate denial constraints［J］. Proceedings of the VLDB Endowment, 2020, 13（10）：1682-1695.

[26] GOLAB L, KARLOFF H J, KORN F, et al. Sequential dependencies［J］. Proceedings of the VLDB Endowment, 2009, 2（1）：574-585.

[27] SONG S X, ZHANG A Q, WANG J M, et al. SCREEN: Stream data cleaning under speed constraints [C]//Proceedings of the 2015 ACM SIGMOD International Conference on Management of Data. New York: ACM, 2015: 827-841.

[28] KOUDAS N, SAHA A, SRIVASTAVA D, et al. Metric functional dependencies [C]//2009 IEEE 25th International Conference on Data Engineering. Cambridge: IEEE, 2009: 1275-1278.

[29] KORN F, MUTHUKRISHNAN S, ZHU Y. Checks and balances: Monitoring data quality problems in network traffic databases [C]//Proceedings of the 29th international conference on Very large data bases. Berlin: VLDB Endowment, 2003, 29: 536-547.

[30] XIONG H, PANDEY G, STEINBACH M, et al. Enhancing data analysis with noise removal [J]. IEEE Transactions on Knowledge and Data Engineering, 2006, 18 (3): 304-319.

[31] PAPENBROCK T, KRUSE S, QUIANÉ-RUIZ J A, et al. Divide & conquer-based inclusion dependency discovery [J]. Proceedings of the VLDB Endowment, 2015, 8 (7): 774-785.

[32] ABEDJAN Z, SCHULZE P, NAUMANN F. DFD: Efficient functional dependency discovery [C]//Proceedings of the 23rd ACM International Conference on Conference on Information and Knowledge Management. New York: ACM, 2014: 945-958.

[33] FAN W F, GEERTS F. Relative information completeness [C]//ACM SIGMOD-SIGACT-SIGART symposium on Principles of database systems. New York: ACM, 2009: 97-106.

[34] MA S, FAN W F, BRAVO L. Extending inclusion dependencies with conditions [J]. Theoretical Computer Science, 2014, 515: 64-95.

[35] KIM W, CHOI B J, HONG E K, et al. A taxonomy of dirty data [J]. Data mining and knowledge discovery, 2003, 7 (1): 81-99.

[36] FAN W F, GEERTS F, WIJSEN J. Determining the currency of data [J]. ACM Transactions on Database Systems, 2012, 37 (4): 1-36.

[37] LI L L, LI J Z. Rule-based method for entity resolution [J]. IEEE Transactions on Knowledge and Data Engineering, 2015, 27 (1): 250-263.

[38] CAO Y, FAN W F, YU W Y. Determining the relative accuracy of attributes [C]//Proceedings of the 2013 ACM SIGMOD International Conference on Management of Data. New York: ACM, 2013: 565-576.

[39] CHENG R, CHEN J, XIE X. Cleaning uncertain data with quality guarantees [J]. Proceedings of the VLDB Endowment, 2008, 1 (1): 722-735.

[40] MIAO D J, LI J Z, LIU X. On complexity of sampling query feedback restricted database repair of functional dependency violations [J]. Theoretical Computer Science, 2016, 609: 594-605.

[41] MIAO D J, LI J Z, LIU X M, et al. Vertex cover in conflict graphs: Complexity and a near optimal approximation [C]//Proceedings of the 9th International Conference on Combinatorial Optimization and Applications. Berlin: Springer, 2015: 395-408.

[42] G"ORZ Q. An Economics-driven decision model for data quality improvement: A contribution to data currency [C]//17th Americas Conference on Information Systems. Augsburg: Universität Augsburg, 2011: 1-8.

[43] HEINRICH B, KLIER M. Assessing data currency: A probabilistic approach [J]. Journal of Information Science, 2011, 37 (1): 86-100.

[44] HEINRICH B, KLIER M, KAISER M. A procedure to develop metrics for currency and its application in CRM [J]. Journal of Data and Information Quality, 2009, 1 (1): 1-28.

[45] CAPPIELLO C, FRANCALANCI C, PERNICI B. A model of data currency in multi-channelfinancial architectures [C]//Proceedings of the 7th international conference on information quality. New York: ACM, 2002: 106-118.

[46] CAPPIELLO C, FRANCALANCI C, PERNICI B. Time related factors of data accuracy, completeness, and currency in multi-channel information systems [C]//Proceedings of Forum for short contributions at the 15th Conference on Advanced Information System Engineering. Berlin: Springer, 2003: 1-11.

[47] HEINRICH B, HRISTOVA D. A fuzzy metric for currency in the context of big data [C]//Proceedings of the 22nd European Conference on Information Systems. Atlanta: AIS, 2014: 1-15.

[48] 李默涵, 李建中, 程思瑶. 一种基于不确定规则的数据时效性判定方法 [J]. 软件学报, 2014, 25 (2): 147-156.

[49] 刘永楠, 邹兆年, 李建中. 数据完整性的评估方法 [J]. 计算机研究与发展, 2013, 50 (1): 230-238.

[50] LIU Y N, LI J Z, ZOU Z N. Determining the completeness of data [J]. Journal of Computer Science and Technology, to appear.

[51] EMRAN N A. Data completeness measures [M]//ABRAHAM A, MUDA A K, CHOO Y H. Pattern analysis, intelligent security and the internet of things. Berlin: Springer Publishing Company, 2015: 117-130.

[52] RAZNIEWSKI S, NUTT W. Assessing the completeness of geographical data [C]//Big Data, Berlin: Springer, 2013: 228-237.

[53] ENDLER G, BAUMGÄRTEL P, WAHL A M, et al. ForCE: Is estimation of data completeness through time series forecasts feasible [C]//Advances in Databases and Information Systems. Berlin: Springer, 2015: 261-274.

[54] EMRAN N A, EMBURY S, MISSIER P, et al. Measuring data completeness for microbial genomics database [C]//Intelligent Information and Database Systems. Berlin: Springer, 2013: 186-195.

[55] ZHANG Y, WANG H, GAO H, et al. Efficient accuracy evaluation for multi-modal sensed data [J]. Journal of Combinatorial Optimization, 2016, 32 (4): 1068-1088.

[56] ZHANG Y, WANG H Z, YANG Z S, et al. Relative accuracy evaluation [J]. PLoS ONE, 2014, 9 (8): e103853.

[57] LI L I, LI J Z, GAO H. Evaluating entity-description conflict on duplicated data [J]. Journal of Combinatorial Optimization, 2016, 31 (2): 918-941.

[58] ALTWAIJRY H, MEHROTRA S, KALASHNIKOV DV. QuERy: A framework for integrating entity resolution with query processing [J]. Proceedings of the VLDB Endowment, 2015, 9 (3): 120-131.

[59] REZIG EK, DRAGUT EC, OUZZANI M, et al. Query-time record linkage and fusion over web databases [C]//2015 IEEE 31st International Conference on Data Engineering. Cambridge: IEEE, 2015: 42-53.

[60] LIU X L, WANG H Z, LI J Z, et al. Similarity join algorithm based on entity [J]. Ruan Jian Xue Bao/Journal of Software, 2015, 26 (6): 1421-1437.

[61] RAZNIEWSKI S, KORN F, NUTT W, et al. Identifying the extent of completeness of query answers over partially complete databases [C]//Proceedings of the 2015 ACM SIGMOD International Conference on Management of Data. New York: ACM, 2015: 561-576.

[62] SAVKOVIC O, MIRZA P, TOMASI A, et al. Complete approximations of incomplete queries [J]. Proceedings of the VLDB Endowment, 2013, 6 (12): 1378-1381.

[63] BHARUKA R, KUMAR P S. Finding skylines for incomplete data [C]//Proceedings of the Twenty-Fourth Australasian Database Conference. Adelaide: Australian Computer Society Incorporated, 2013, 137: 109-117.

［64］ LOFI C, ELMAARRY K, BALKE W T. Skyline queries over incomplete data-error models for focused crowd-sourcing ［C］//Proceedings of the Conceptual Modeling. Berlin: Springer-Verlag, 2013: 298-312.

［65］ LOFI C, EL MAARRY K, BALKE W T. Skyline queries in crowd-enabled databases ［C］//Proceedings of the 16th International Conference on Extending Database Technology. New York: ACM, 2013: 465-476.

［66］ MIAO X, GAO Y, CHEN L, et al. On efficient k-skyband query processing over incomplete data ［C］//Proceedings of the Database Systems for Advanced Applications. Berlin: Springer Verlag, 2013: 424-439.

［67］ GAO Y, MIAO X, CUI H, et al. Processingk-skyband, constrained skyline, and group-by skyline queries on incomplete data ［J］. Expert Systems with Applications, 2014, 41 (10): 4959-4974.

［68］ AREFIN M S, MORIMOTO Y. Skyline sets queries from databases with missing values ［C］//2012 22nd International Conference on Computer Theory and Applications (ICCTA). Cambridge: IEEE, 2012: 24-29.

［69］ MARKUS E, PATRICK R, FLORIAN W, et al. Handling of null values in preference database queries ［C］//Proceedings of the 6th Multidisciplinary Workshop on Advances in Preference Handling. Palo Alto: AAAI Press, 2012.

［70］ KOLAITIS P G, PEMA E, TAN W C. Efficient querying of inconsistent databases with binary integer programming ［J］. Proceedings of the VLDB Endowment, 2013, 6 (6): 397-408.

［71］ BERTOSSI L E, KOLAHI S, LAKSHMANAN LVS. Data cleaning and query answering with matching dependencies and matching functions ［C］//Proceedings of the 14th International Conference on Database Theory. New York: ACM, 2011: 268-279.

［72］ WANG J, KRISHNAN S, FRANKLIN MJ, et al. A sample-and-clean framework for fast and accurate query processing on dirty data ［C］//Proceedings of the 2014 ACM SIGMOD International Conference on Management of Data. New York: ACM, 2014: 469-480.

［73］ XU C, XIA F, SHARAF MA, et al. AQUAS: A quality-aware scheduler for NoSQL data stores ［C］//2014 IEEE 30th International Conference on Data Engineering. Cambridge: IEEE, 2014: 1210-1213.

［74］ CHEN Y C, LI J Z, LUO J Z. ITCI: An information theory based classification algorithm for incomplete data ［C］//WAIM 2014. Berlin: Springer, 2014: 167-179.

[75] LIU X L, LI J Z. Consistent estimation of query result in inconsistent data [J]. Chinese Journal of Computers, 2015, 38 (9): 1727-1738.

[76] RAZNIEWSKI S, NUTT W. Completeness of queries over incomplete databases [C]//Proceedings of the 21st ACM international conference on Information and knowledge management. New York: ACM, 2011: 749-760.

[77] SAVKOVIĆ O, PARAMITA M, PARAMONOV S, et al. MAGIK: Managing completeness of data [C]//Proceedings of the 21st ACM International Conference on Information and Knowledge Management. New York: ACM, 2012: 2725-2727.

[78] SAVKOVIC O, MIRZA P, TOMASI A, et al. Complete approximations of incomplete queries [J]. Proceedings of the VLDB Endowment, 2013, 6 (12): 1378-1381.

[79] NUTT W, RAZNIEWSKI S. Completeness of queries over SQL databases [C]//Proceedings of the 21st ACM international conference on Information and knowledge management. New York: ACM, 2012: 902-911.

[80] NUTT W, RAZNIEWSKI S, VEGLIACH G. Incomplete databases: Missing records and missing values [C]//Proceedings of the Database Systems for Advanced Applications. Berlin: Springer Verlag, 2012: 298-310.

[81] DARARI F, NUTT W, PIRRÒ G, et al. Completeness statements about RDF data sources and their use for query answering [C]//Proceedings of the Semantic Web (ISWC 2013). Berlin: Springer Verlag, 2013: 66-83.

[82] DARARI F, PRASOJO RE, NUTT W. CORNER: A completeness reasoner for SPARQL queries over RDF data sources [C]//Proceedings of the Semantic Web: ESWC 2014 Satellite Events. Berlin: Springer, 2014: 310-314.

[83] PARAMONOV S. Query completeness—A logic programming approach [R]. Bolzano: Free University of Bozen, 2013.

[84] NUTT W, PARAMONOV S, SAVKOVIC O. An ASP approach to query completeness reasoning [J]. Theory and Practice of Logic Programming, 2013, 13 (4-5): 1-10.

[85] NUTT W, PARAMONOV S, SAVKOVIC O. Implementing query completeness reasoning [C]//Proceedings of the 24th ACM International Conference on Information and Knowledge Management. New York: ACM Press, 2015: 733-742.

[86] CAO Y, DENG T, FAN W, et al. On the data complexity of relative information completeness.

Information Systems, 2014, 45: 18-34.

[87] RAZNIEWSKI S, MONTALI M, NUTT W. Verification of query completeness over processes [C] //Proceedings of the Business Process Management. Berlin: Springer Verlag, 2013: 155-170.

[88] MARENGO E, NUTT W, SAVKOVIC O. Towards a theory of query stability in business processes [C]//Proceedings of the 8th Alberto Mendelzon Workshop on Foundations of Data Management. Cartagena de Indias: CEUR-WS. org, 2014.

[89] SAVKOVIC O, MARENGO E, NUTT W. Query stability in data-aware business processes [R]. Bolzano: Bozen Free University of Bozen-Bolzano, 2015.

[90] SAVKOVIC O, MARENGO E, NUTT W. Query stability in monotonic data-aware business proces-ses [C]//19th International Conference on Database Theory (ICDT 2016). Dagstuhl: Schloss Dag-stuhl--Leibniz-Zentrum fuer Informatik, 2016, 48: 16: 1-16: 18.

[91] SAVKOVIC O, MIRZA P, TOMASI A, et al. Complete approximations of incomplete queries [J]. Proceedings of the VLDB Endowment, 2013, 6 (12): 1378-1381.

[92] KRISHNAN S, WANG J N, WU E, et al. ActiveClean: Interactive data cleaning for statistical modeling [J]. Proceedings of the VLDB Endowment, 2016, 9 (12): 948-959.

[93] CHEN Y, WANG H Z. Capture missing values based on crowdsourcing [C]//Proceedings of the 9th International Conference on Wireless Algorithms, Systems, and Applications-Volume 8491 (WASA2014). Berlin: Springer Verlag, 2014: 783-792.

[94] CHEN Y, WANG H Z, LU W B, et al. Effective bayesian-network-based missing value imputation enhanced by crowdsourcing [J]. Knowledge-Based Systems, 2020, 190 (C): 13.

[95] MAHDAVI M, ABEDJAN Z. Baran: Effective error correction via a unified context representation and transfer learning [J]. Proceedings of the VLDB Endowment, 2020, 13 (12): 1948-1961.

[96] CHAI C, CAO L, LI G, et al. Human-in-the-loop outlier detection [C]//Proceedings of the 2020 ACM SIGMOD International Conference on Management of Data. New York: ACM, 2020: 19-33.

[97] NEUTATZ F, MAHDAVI M, ABEDJAN Z. ED2: A case for active learning in error detection [C] //Proceedings of the 28th ACM International Conference on Information and Knowledge Manage-ment. New York: ACM, 2019: 2249-2252.

[98] CHU X, ILYAS I F, PAPOTTI P. Holistic data cleaning: Putting violations into context [C]// 2013 IEEE 29th International Conference on Data Engineering (ICDE). Cambridge: IEEE, 2013: 458-469.

[99] GEERTS F, MECCA G, PAPOTTI P, et al. The LLUNATIC data-cleaning framework [J]. Proceedings of the VLDB Endowment, 2013, 6 (9)：625-636.

[100] YAKOUT M, ELMAGARMID A K, NEVILLE J, et al. Guided data repair [J]. Proceedings of the VLDB Endowment, 2011, 4 (5)：1223-1226.

[101] JIAN H, VELTRI E, SANTORO D, et al. Interactive and deterministic data cleaning [C]//Proceedings of the 2016 International Conference on Management of Data. New York：ACM, 2016：893-907.

[102] REZIG E K, OUZZANI M, ELMAGARMID A K, et al. Towards an end-to-end human-centric data cleaning framework [C]//Proceedings of the Workshop on Human-In-the-Loop Data Analytics. New York：ACM, 2019：1-7.

[103] 郝爽, 李国良, 冯建华, 等. 结构化数据清洗技术综述 [J]. 清华大学学报：自然科学版, 2018, 58 (12)：1037-1050.

[104] 杨东华, 李宁宁, 王宏志, 等. 基于任务合并的并行大数据清洗过程优化 [J]. 计算机学报, 2016, 39 (1)：97-108.

[105] 严英杰, 盛戈皞, 陈玉峰, 等. 基于时间序列分析的输变电设备状态大数据清洗方法 [J]. 电力系统自动化, 2015, 39 (7)：138-144.

[106] NAN T. Big data cleaning [C]//Web Technologies and Applications. Berlin：Springer, 2014：13-24.

[107] WANG H, LI M, BU Y, et al. Cleanix：A parallel big data cleaning system [J]. ACM SIGMOD Record, 2016, 44 (4)：35-40.

[108] WANG T, KE H, ZHENG X, et al. Big data cleaning based on mobile edge computing in industrial sensor-cloud [J]. IEEE Transactions on Industrial Informatics, 2019, 16 (2)：1321-1329.

[109] 王沐贤, 丁小欧, 王宏志, 等. 基于相关性的多维时序数据异常溯源方法 [J]. 计算机科学与探索, 2021, 15 (11)：2142-2150.

[110] SOLÉ M, MUNTÉS-MULERO V, RANA A I, et al. Survey on models and techniques for root-cause analysis [J]. arXiv preprint, 2017, arXiv：1701. 08546.

[111] BUCHANAN B G, SHORTLIFFE E H. Rule-based expert systems：The MYCIN experiments of the stanford heuristic programming project [M]. Boston：Addison-Wesley Longman Publishing Company Incorporated, 1984.

[112] CIAMPOLINI A, TORRONI P. Using abductive logic agents for modeling the judicial evaluation

of criminal evidence [J]. Applied Artificial Intelligence, 2004, 18 (3-4): 251-275.

[113] YE F, ZHANG Z, CHAKRABARTY K, et al. Board-level functional fault diagnosis using multiker-nel support vector machines and incremental learning [J]. IEEE Transactions on Computer-Aided Design of Integrated Circuits and Systems, 2014, 33 (2): 279-290.

[114] YAN H, BRESLAU L, GE Z, et al. G-RCA: A generic root cause analysis platform for service quality management in large IP networks [J]. IEEE/ACM Transactions on Networking, 2012, 20 (6): 1734-1747.

[115] DUTTA C B, BISWAS U. Failure diagnosis in real time stochastic discrete event systems [J]. Engineering Science and Technology, an International Journal, 2015, 18 (4): 616-633.

[116] MAJDARA A, WAKABAYASHI T. A new approach for computer-aided fault tree generation [C] //2009 3rd Annual IEEE Systems Conference. Cambridge: IEEE, 2009: 308-312.

[117] BENNACER L, AMIRAT Y, CHIBANI A, et al. Self-diagnosis technique for virtual private net-works combining bayesian networks and case-based reasoning [J]. IEEE Transactions on Automa-tion Science and Engineering, 2015, 12 (1): 354-366.

[118] STEFANO D C, SANSONE C, VENTO M. To reject or not to reject: That is the question—an an-swer in case of neural classifiers [J]. IEEE Transactions on Systems, Man, and Cybernetics, 2020, 30 (1): 84-94.

[119] LE K H, PAPOTTI P. User-driven error detection for time series with events [C]//2020 IEEE 36th International Conference on Data Engineering (ICDE). Cambridge: IEEE, 2020: 745-757.

[120] Wang P, He Y Y. Uni-Detect: A unified approach to automated error detection in tables [C]// Proceedings of the 2019 International Conference on Management of Data (SIGMOD'19). New York: ACM, 2019: 811-828.

[121] KRISHNAN S, WANG J N, WU E, et al. ActiveClean: Interactive data cleaning for statistical modeling [J]. Proceedings of VLDB Endowment, 2016, 9 (12): 948-959.

[122] CHEN Y, WANG H Z. Capture missing values based on crowd sourcing [C]//Proceedings of the 9th International Conference on Wireless Algorithms, Systems, and Applications-Volume 8491 (WASA2014). Berlin: Springer Verlag, 2014: 783-792.

[123] CHEN Y, WANG H Z, Lu W B, et al. Effective bayesian-network-based missing value imputa-tion enhanced by crowdsourcing [J]. Knowledge-Based Systems, 2020, 190 (C): 13.

[124] MAHDAVI M, ABEDJAN Z. Baran: Effective error correction via a unified context representation

and transfer learning [J]. Proceedings of the VLDB Endowment, 2020, 13 (12): 1948-1961.

[125] FAN W F, GEERTS F, JIA X B, et al. Conditional functional dependencies for capturing data inconsistencies [J]. ACM Transactions on Database Systems (TODS), 2008, 33 (2): 1-48.

[126] CHU X, ILYAS I F, PAPOTTI P. Discovering denial constraints [J]. PVLDB, 2013, 6 (13): 1498-1509.

[127] FAN W, LI J, MA S, et al. Towards certain fixes with editing rules and master data [J]. Proceedings of the VLDB Endowment, 2010, 3 (1-2): 173-184.

[128] Huhtala Y, Karkkainen J, Porkka P, et al. Tane: An efficient algorithm for discovering functional and approximate dependencies [J]. The Computer Journal, 1999, 42 (2): 100-111.

[129] MANNILA H, RÄIHÄ K J. Dependency inference [C]//Proceedings of the 13th International Conference on Very Large Data Bases. San Francisco: Morgan Kaufmann Publishers Incorporated, 1987: 155-158.

[130] CHIANG F, MILLER R J. Discovering data quality rules [J]. Proceedings of VLDB Endowment, 2008, 1 (1): 1166-1177.

[131] BLEIFU T, KRUSE S, NAUMANN F. Efficient denial constraint discovery with hydra [J]. Proceedings of the VLDB Endowment, 2017, 11 (3): 311-323.

[132] BOHANNON P, FAN W F, FLASTER M, et al. A cost-based model and effective heuristic for repairing constraints by value modification [C]//2005 ACM SIGMOD International Conference on Management of Data. Baltimore. New York: ACM, 2005: 143-154.

[133] EBAID A, ELMAGARMID A, ILYAS I F, et al. NADEEF: A generalized data cleaning system [J]. Proceedings of the VLDB Endowment, 2013, 6 (12): 1218-1221.

[134] KOLAHI S, LAKSHMANAN L V S. On approximating optimum repairs for functional dependency violations [C]//Proceedings of the 12th International Conference on Database Theory. New York: ACM, 2009: 53-62.

[135] GEERTS F, MECCA G, PAPOTTI P, et al. The LLUNATIC data-cleaning framework [J]. Proceedings of the VLDB Endowment, 2013, 6 (9): 625-636.

[136] BESKALES G, ILYASIF, GOLAB L. Sampling the repairs of functional dependency violations under hard constraints [J]. Proceedings of the VLDB Endowment, 2010, 3 (1-2): 197-207.

[137] KHAYYAT Z, ILYAS I F, JINDAL A, et al. BIGDANSING: A system for big data cleansing [C]//2015 ACM SIGMOD International Conference on Management of Data. New York: ACM,

2015：1215-1230.

[138] CHU X, ILYAS I F, PAPOTTI P. Holistic data cleaning：Putting violations into context [C]// 2013 IEEE 29th International Conference on Data Engineering (ICDE). Cambridge：IEEE, 2013：458-469.

[139] CHIANG F, MILLER R J. A unified model for data and constraint repair [C]//2011 IEEE 27th International Conference on Data Engineering. Cambridge：IEEE, 2011：446-457.

[140] VOLKOVS M, CHIANG F, SZLICHTA J, et al. Continuous data cleaning [C]//2014 IEEE 30th International Conference on Data Engineering. Cambridge：IEEE, 2014：244-255.

[141] Mudgal S, Li H, Rekatsinas T, et al. Deep learning for entity matching：A design space exploration [C]//Proceedings of the ACM SIGMOD International Conference on Management of Data. New York：ACM, 2018：19-34.

[142] 叶晨，王宏志，高宏，等. 面向众包数据清洗的主动学习技术 [J]. 软件学报，2020, 31（4）：1162-1172.

[143] BEYGELZIMER A, DASGUPTA S, LANGFORD J. Importance weighted active learning [C]// Proceedings of the 26th Annual International Conference on Machine Learning. New York：ACM, 2009：49-56.

[144] BEYGELZIMER A, LANGFORD J, TONG Z, et al. Agnostic active learning without constraints [C]//Advances in Neural Information Processing Systems. Cambridge：MIT Press, 2010：199-207.

[145] DASGUPTA S, MONTELEONI C, HSU D J. A general agnostic active learning algorithm [C]// Advances in Neural Information Processing Systems. Cambridge：MIT Press, 2007：353-360.

[146] SETTLES B. Active learning literature survey [R]. Madison：University of Wisconsin-Madison, 2009.

[147] CHU X, MORCOS J, ILYAS I F, et al. KATARA：A data cleaning system powered by knowledge bases and crowdsourcing [C]//Proceedings of the 2015 ACM SIGMOD International Conference on Management of Data. New York：ACM, 2015：1247-1261.

[148] WANG J N, TANG N. Towards dependable data repairing with fixing rules [C]//2014 ACM SIGMOD International Conference on Management of Data. New York：ACM, 2014：457-468.

[149] WANG J N, TANG N. Dependable data repairing with fixing rules [J]. Journal of Data and Information Quality (JDIQ), 2017, 8 (3-4)：1-34.

[150] FAN W F, LI J Z, MA S, et al. Towards certain fixes with editing rules and master data [J]. Proceedings of the VLDB Endowment, 2010, 3 (1-2): 173-184.

[151] FAN W F, LI J Z, MA S, et al. Towards certain fixes with editing rules and master data [J]. Proceedings of the VLDB Endowment, 2012, 21 (2): 213-238.

[152] INTERLANDI M, TANG N. Proof positive and negative in data cleaning [C]//IEEE 31st International Conference on Data Engineering. Cambridge: IEEE, 2015: 18-29.

[153] HAO S, TANG N, LI G L, et al. Cleaning relations using knowledge bases [C]//IEEE 33rd International Conference on Data Engineering. Cambridge: IEEE, 2017: 933-944.

[154] HAO S, TANG N, LI G L, et al. Distilling relations using knowledge bases [J]. Proceedings of the VLDB Endowment, 2018, 27 (4): 497-519.

[155] CHU X, MORCOS J, ILYAS I F, et al. KATARA: Reliable data cleaning with knowledge bases and crowdsourcing [J]. Proceedings of the VLDB Endowment, 2015, 8 (12): 1952-1955.

[156] CHU X, MORCOS J, ILYAS I F, et al. KATARA: A data cleaning system powered by knowledge bases and crowdsourcing [C]//Proceedings of the 2015 ACM SIGMOD international conference on management of data. New York: ACM, 2015: 1247-1261.

[157] LUO Y, QIN X, TANG N, et al. DeepEye: Towards automatic data visualization [C]//2018 IEEE 34th International Conference on Data Engineering (ICDE). Cambridge: IEEE, 2018: 101-112.

[158] WU E, PSALLIDAS F, MIAO Z, et al. Combining design and performance in a data visualization management system [C]//Conference on Innovative Data Systems Research. Chaminade: cidrdb. org, 2017.

[159] SIDDIQUI T, LEE J, KIM A, et al. Fast-forwarding to desired visualizations with zenvisage [C]//Conference on Innovative Data Systems Research. Chaminade: cidrdb. org, 2017.

[160] VARTAK M, RAHMAN S, MADDEN S R, et al. SeeDB: Efficient data-driven visualization recommendations to support visual analytics [J]. Proceedings of the VLDB Endowment, 2015, 8 (13): 2182-2193.

[161] SIDDIQUI T, KIM A, LEE J, et al. Effortless data exploration with zenvisage [J]. Proceedings of the VLDB Endowment, 2016, 10 (4): 457-468.

[162] HEER J, AGRAWALA M, WILLETT W. Generalized selection via interactive query relaxation [C]//Proceedings of the SIGCHI Conference on Human Factors in Computing Systems. New

York: ACM, 2008: 959-968.

[163] ABEDJAN Z, CHU X, DENG D, et al. Detecting data errors: Where are we and what needs to be done? [J]. Proceedings of the VLDB Endowment, 2016, 9 (12): 993-1004.

[164] BOSTOCK M, OGIEVETSKY V, HEER J. D^3 Data-Driven Documents [J]. Visualization & Computer Graphics IEEE Transactions on, 2011, 17 (12): 2301-2309.

[165] QIN X, LUO Y, TANG N, et al. Making data visualization more efficient and effective: A survey [J]. Proceedings of the VLDB Endowment, 2020, 29 (1): 93-117.

[166] SATYANARAYAN A, MORITZ D, WONGSUPHASAWAT K, et al. Vega-Lite: A grammar of interactive graphics [J]. IEEE Transactions on Visualization & Computer Graphics, 2017, 23 (1): 341-350.

[167] HANRAHAN P. VizQL: A language for query, analysis and visualization [C]//Proceedings of the 2006 ACM SIGMOD international conference on Management of data. New York: ACM, 2006: 721.

[168] NEUMANN T, MÜHLBAUER T, KEMPER A. Fast serializable multi-version concurrency control for main-memory database systems [C]//Proceedings of the 2015 ACM SIGMOD International Conference on Management of Data. New York: ACM, 2015: 677-689.

[169] LUO Y Y, CHAI C L, QIN X D, et al. Progressive visualization by interactive cleaning [J]. Proceedings of the VLDB Endowment, 2020, 13 (12): 2821-2824.

[170] LUO Y, CHAI C, QIN X, et al. VisClean: Interactive cleaning for progressive visualization [J]. Proceedings of the VLDB Endowment, 2020, 13 (12): 2821-2824.

[171] SHOU C L, SHUKLA A. Arachnid: Generalized visual data cleaning [C]//Proceedings of the 2019 International Conference on Management of Data. New York: ACM, 2019: 1850-1852.

[172] XIAO H, BIGGIO B, BROWN G, et al. Is feature selection secure against training data poisoning? [C]//Proceedings of the 32nd International Conference on International Conference on Machine Learning. Lille: JMLR. org, 2015, 37: 1689-1698.

第 8 讲
数据安全与隐私

本讲概览

数据隐私安全是数据库领域长久以来关注的问题。近年来，各个国家和地区相继出台了多部法律法规予以保障，使得隐私计算成为焦点。因此本讲将从数据生命周期中的采集、存储与共享三个阶段着手，简述隐私计算在这三个领域的研究脉络，剖析其中的经典技术实例。除此之外的经典数据库安全问题，如访问控制、数据审计等，虽然在全生命周期的安全保障上也发挥了重要作用，并在近年来结合区块链等技术焕发了新的生机，但本讲对此不再展开介绍。

8.1 | 数据隐私安全概述

本节将首先介绍数据的隐私安全，然后从数据全生命周期角度对数据隐私安全进行分类。

8.1.1 数据隐私安全

近年来，我国数字经济蓬勃发展。数据资源正是其中的核心引擎。2020 年，中共中央、国务院发布《关于构建更加完善的要素市场化配置体制机制的意见》，首次将数据列为与土地、劳动力、资本、技术同等地位的生产要素。2022 年 1 月，国务院办公厅印发《要素市场化配置综合改革试点总体方案》，提出探索"原始数据不出域、数据可用不可见"的新型交易范式，实现数据使用的"可控可计量"，推动完善分级分类的数据安全保护制度。

根据发展数字经济的政策指导，北京、深圳和上海等地先后成立大数据交易所，探索数据流通的基础设施建设。2021 年 3 月 31 日，北京国际大数据交易所（以下简称"北数所"）正式成立，成为国内首家基于新型交易范式建立的数据流通枢纽。北数所提供数据、算法和算力三类产品，它就像一家大型超市，既有"生鲜区"提供数据原材料，又有"食品百货区"提供各类数据成品，还有"加工区"提供计算服务。例如北数所的"企业普惠金融数字画像"应用，结合某银行北京分行自有数据，提供精准的小微企业数字画像服务，该服务仅交易计算结果而不交换数据。

隐私计算为实现上述交易中的数据"可用不可见"的目标提供了有力支撑。数据安全流转是数据交易的底线。我国《中华人民共和国数据安全法》与《中华人民共和国个人信息保护法》分别于 2021 年 9 月与 2021 年 11 月开始施行，为数据的合规使用提供法律准绳。例如，为保护数据隐私安全，数据交易所通常先审查数据提供商的数据源是否合法，是否对预发布的数据进行适当的脱敏处理，数据库领域针对这些问题早有研究，并涌现了匿名化等多种隐私计算方法，这些隐私计算方法成为大数据交易与数据要素流通服务的基础技术。

数据库的隐私计算技术不仅能支撑我国对数据要素发展的长远规划，也是国际数据库领域近年来的热门研究方向。加拿大统计局指出，借助隐私计算技术，可以在遵循隐私政策的前提下充分挖掘数据价值。国际工业界与学术界也对隐私计算技术展开了多方面研究，从应用程序（App）采集用户信息到 DNA 数据共享，从可信硬件到密码学工具库，从专用算法到应用系统，均在数据库的隐私计算领域做出了颇具意义的探索尝试。

8.1.2　数据隐私安全分类

中国信息通信研究院在 2021 年发布的《隐私保护计算与合规应用研究报告》与《隐私计算白皮书》中提出，隐私计算是面向数据采集、传输、存储、处理、共享、销毁等全生命周期的隐私保护的计算理论和方法，可以在不泄露数据提供方的原始数据的前提下，完成对数据的分析计算。隐私计算是一套在数据所有权、管理权和使用权分离时，计算隐私度量、隐私泄露代价、隐私保护与隐私分析复杂性的可计算模型与公理化系统。

隐私计算契合我国面向全生命周期的数据治理需求。"十四五"规划指出要做好数据采集、传输、存储、处理、共享、销毁等全生命周期管理（如图 8-1 所示），并明确指出我国大数据产业发展的四个制约因素之一为安全机制不完善，敏感数据泄露、违法跨境数据流动等隐患依然存在。而隐私计算包含同态加密、差分隐私和安全多方计算等多种技术方案，可以提供不同的隐私安全保护。其保护的对象可以是原始数据、计算结果，也可以是训练模型等。根据数据

图 8-1　数据全生命周期

生命周期中不同阶段产生的不同的隐私保护需求，可以选择不同的隐私技术方案。

8.2 面向数据采集的隐私保护

数据收集是数据驱动任务中重要的一步，随着隐私安全问题逐渐受到关注，各国的法律法规加强了对数据收集的限制。数据拥有方在发布数据的过程中使用隐私保护方法可以保护原始数据的隐私信息不被泄露。本节首先介绍数据采集的隐私保护历史，然后将数据发布的隐私保护方法分为数据脱敏和差分隐私两类，分别展开进行介绍。

8.2.1 数据采集隐私保护概述

数据采集的隐私保护技术的发展历程如图 8-2 所示。最早关注发布结果中的隐私安全问题的是 20 世纪 80 年代的统计数据库领域[1]。统计数据库是用于统计分析的数据库。为保证数据安全，统计数据库仅面向聚合数据而非对单条数据做查询，因此一般仅支持求和、计数和求均值等聚合查询。然而结合多个聚合结果，仍然有可能推断出其中涉及的个体数据信息。加利福尼亚大学的霍默教授在研究中发现，通过分析 DNA 数据，可判断出某人是否参与了 Genome-Wide-Association 基因数据公开项目[2]。随后美国国立卫生研究院（NIH）就移除了公开的 dbGaP 数据集的所有聚合结果。因此，该时期的一些研究工作通过向聚合结果中添加噪声以实现隐私保护。

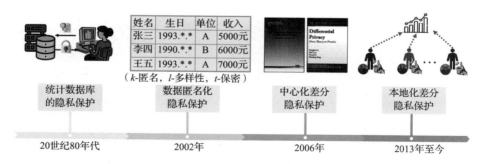

图 8-2 数据采集的隐私保护技术的发展历程

21 世纪我们进入大数据时代，越来越多的服务平台，如医疗机构、银行、电商和社交媒体等，通过收集大量用户数据来进行分析建模，从而提升平台的服务质量。随着数据挖掘的火热发展，各行各业对于数据集的需求也"水涨船高"。然而各个平台或机构收集的数据往往涉及敏感的个人隐私，因此多个国家和地区均对数据保护相关法律法规进行了完善和更新。1998 年与 1999 年，英国和美国分别实施了《数据保护法案》与《互联网个人隐私保护政策》。我国也在 2000 年 9 月实施的《互联网信息服务管理办法》中规定电信网络和个人信息的安全受法律保护。受制于这一时期的法律法规，各类平台或机构显然不能直接发布原始数据，因此如何避免从数据集中推断出个人信息成为数据发布中需要解决的隐私安全问题。

为满足数据挖掘对原始数据的需求以及法律法规与隐私安全的约束，数据需要在预发布前进行脱敏处理。最简单直接的脱敏方式是将数据去标识符（Identifier）后再发布，即去掉如个人的身份证号码、姓名等可以唯一识别个体身份信息的标识符。然而这种方法仍然存在还原标识（Re-identified）的风险。2002 年，卡内基梅隆大学的斯威尼教授就还原出了一份公开医疗数据集中 87% 的记录对应的个体[3]。此外，美国互联网公司 AOL 曾公开一批用户的搜索记录数据集，虽然去除了其中用户的标识信息，然而《纽约时报》通过通讯录信息仍还原出了其中部分用户的标识信息[4]。

从 2003 年开始，陆续出现了一系列基于数据泛化、抑制和扰动等手段的隐私保护方法，例如 k-匿名（k-anonymity）[5]、l-多样性（l-diversity）[6]、t-保密（t-closeness）[7]等，用以实现数据脱敏。较前述的简单方式，匿名化方法能有效加大隐私保护力度，此类技术的核心思想是增强数据的不可区分性。以 k-匿名为例，其指的是数据集中任一条数据都难以和其他 k-1 条数据区分开。可以通过数据抑制，即将一些属性或部分属性值变为星号，或通过数据泛化，即将精确值变为一段数据范围等手段，实现 k-匿名。保护隐私的数据发布技术多种多样，根据发布次数不同，有针对单次发布和多次发布的技术；根据发布数据类型不同，有针对图数据、空间数据等类型的技术。

然而这些数据发布技术并非万无一失，总是存在一些难以抵御的攻击。因此，2006 年，哈佛大学德沃克教授延续了统计数据库中隐私保护的思路，提出了差分隐私（Differential Privacy，DP）技术[8]。该技术有以下三个优点：①支持更通用的计算函数。20 世纪 80 年代的统计数据库仅支持简单的聚合查询，而差分隐私将其拓展至通用函数；②能够抵御更强的攻击。其安全模型假设攻击者拥有更多信息；③更严谨的数学模型。该技术可以从统计学意义上给出隐私安全的保证。此外，该技术通过添加噪声的方式保证添加或删除任意一条数据不会对查询结果造成很大的影响。

添加噪声的大小与给定的参数 ϵ 以及数据本身的灵敏度有关。一个满足 ϵ-差分隐私的随机算法 M 是指，对于两个相邻数据集 D 与 D'，M 任意可能的输出 o，算法 M 满足 $\Pr[M(D)=o] \leqslant e^{\epsilon} \cdot \Pr[M(D')=o]$，其中 ϵ 称为差分隐私的隐私预算（Privacy Budget）。经过随机化算法处理后，两个相邻数据集输出相同结果的概率非常接近，从而使差分攻击无效。随机性是差分隐私技术的核心，可以通过对输出结果添加随机噪声实现，常见的噪声有拉普拉斯噪声与高斯噪声等。

差分隐私技术近年来发展得如火如荼，并衍生出本地化差分隐私（Local Differential Privacy，LDP）、Rényi DP 等变种，以及置乱模型（Shuffle Model）等优化技术。本地化差分隐私产生自移动互联网时代，作用于移动端设备进行数据发布的阶段[9]。前文介绍的 ϵ-差分隐私中均假设存在可信第三方为数据添加噪声。该可信第三方可以查看所有数据，并保证公布的结果不泄露单一数据。然而在现实应用中，往往不存在符合这些条件的第三方。例如一些生活服务 App 会收集用户的地理位置信息，然而这些 App 是不完全受用户信任的。因此本地化差分隐私作为一种无需可信第三方的隐私保护机制逐渐兴起。不同于差分隐私作用于整个数据集，本地化差分隐私以每一条数据为单位独立添加噪声，例如用户可以对自己的地理位置添加噪声后再发送给各类 App。

8.2.2　匿名化隐私保护

为了助力机器学习研究，许多公司会面向公众和学者发布开源数据集，其中会包含一些个人的隐私信息，公司需要在数据发布前对其进行脱敏，使得数据集中涉及个人隐私的信息不能被识别，同时最大限度保留数据的价值。

为了确定需要进行脱敏的属性集，研究人员将数据属性分为四类，分别是显式标识符、准标识符、敏感属性和非敏感属性，显式标识符指能够唯一确定一条用户记录的数据，如身份证号等，准标识符指结合一定外部信息可以以较高概率确定一条用户记录的数据，如年龄、居住地等，敏感属性指需要保护的信息，非敏感属性指可以直接进行发布的数据。

k-匿名是一种比较常用的数据脱敏方法，该方法通过数据抑制和数据泛化，使得数据满足 k-匿名[5]，即由准标识符组成的数据元组都至少出现 k 次。为了避免同质攻击和背景知识攻击，l-多样性[6] 规定在数据表中任意一组等价类中至少出现 l 个不同的敏感属性。在 l-多样性的基础上，t-保密[7] 规定等价类与整张表在敏感属性分布的距离上不超过阈值 t。k-匿名、l-多样性、t-保密对数据的隐私保护程度不同，t-保密对数据隐私保护程度最高，隐私保护程度越高，数据可用性越低。

本小节以 k-匿名为例，介绍匿名化隐私保护方法，k-匿名定义如下。

定义 8.1　k-匿名（k-Anonymity）　对于数据表 D 中的每行数据 $r_1 \in D$，存在至少 k-1 行 $r_2, \cdots, r_k \in D$，使得 $\Pi_{\mathrm{qi}(D)} r_1 = \Pi_{\mathrm{qi}(D)} r_2 = \cdots = \Pi_{\mathrm{qi}(D)} r_k$，则称数据表 D 满足 k-匿名，其中 $\mathrm{qi}(D)$ 为 D 的准标识符，$\mathrm{Pi}_{\mathrm{qi}(D)} r$ 为数据 r 在准标识符上的投影。

k-匿名问题指找到一种泛化方法 t，使得 $t(D)$ 满足 k-匿名。最优化 k-匿名指在被抑制的数据数量最少的情况下达到 k-匿名，目前最优化 k-匿名问题被证明为 NP-难问题[10]，许多方法采用近似算法解决最优化 k-匿名问题。斯威尼提出的 Datafly 算法[11] 可以近似解决该问题，该算法主要分为两个阶段，检查是否满足 k-匿名和数据泛化。其核心思想是检查表是否满足 k-匿名，如不满足，则选取取值个数最多的准标识符进行一个层级的泛化，再迭代进行检查，直到数据表满足 k-匿名或无法进一步泛化。

该算法的伪代码见算法 8-1，该算法首先根据数据表 PT 在准标识符 QI 上的投影生成频次表 freq，然后判断频率表 freq 中是否存在多于 k 个频次小于 k 的元组，寻找频次表中出现不同值最多的属性 A_j，根据输入的泛化方式 DGH_{A_j} 对其进行泛化，直到不满足上述条件。随后，对 freq 进行抑制，删除 freq 中频次小于 k 的元组，并根据频次表 freq 生成对应的数据表 MGT 并返回。

算法 8-1　Datafly 算法

输入：数据表 PT，准标识符 $\mathrm{QI} = (A_1, \cdots, A_n)$，约束 k，泛化方式 DGH_{A_i}，$i = 1, \cdots, n$。

输出：根据约束 k 生成最小泛化表 MGT。

1: freq←根据 PT[QI] 生成频次表

2: **while** freq 中存在多于 k 个频次小于 k 的元组 **do**

3:　　确定 freq 中出现不同值最多的属性 A_j

4:　　对 A_j 进行泛化

5: 对 freq 中频次小于 k 的元组进行抑制

6: MGT←根据 freq 生成数据表

7: **return** MGT

示例　假设数据表 PT 如图 8-3a 所示，其中准标识符为籍贯、出生日期、性别，敏感属性为学历，通过 Datafly 方法进行 $k=2$ 的 k-匿名。首先根据准标识符生成频次表，如图 8-3b 所示，选取不同值出现次数最多的属性——出生日期，对其进行泛化，如图 8-3c 所示，随后再次检查，不存在多于 k 个频次小于 k 的元组，对频次小于 k 的元组进行抑制，根据频次表生成 k-匿名后的表 MGT 返回，如图 8-3d 所示。

籍贯	出生日期	性别	学历
北京	1965-9-20	男	本科
北京	1965-2-14	男	本科
河北	1968-3-14	女	硕士
天津	1966-8-1	女	硕士
天津	1966-11-1	女	大专

a）

籍贯	出生日期	性别	频次
北京	1965-9-20	男	1
北京	1965-2-14	男	1
河北	1968-3-14	女	1
天津	1966-8-1	女	1
天津	1966-11-1	女	1

b）

籍贯	出生日期	性别	频次
北京	1965-*-*	男	2
河北	1968-*-*	女	1
天津	1966-*-*	女	2

c）

籍贯	出生日期	性别	学历
北京	1965-*-*	男	本科
北京	1965-*-*	男	本科
天津	1666-*-*	女	硕士
天津	1966-*-*	女	大专

d）

图 8-3　k-匿名示例

复杂度分析　该算法基于贪心算法，会检查数据表是否满足要求，对数据表相应属性进行泛化，直到满足要求，单次检查复杂度为 $O(|\mathrm{PT}|)$，最差时间复杂度为 $O(|\mathrm{PT}| * \sum |\mathrm{DGH}_{A_i}|)$。

尽管 k-匿名对准标识符进行了泛化和抑制，但该方法可能受到同质攻击（Homogeneity Attack）和背景知识攻击（Background Knowledge Attack）[6]。同质攻击指的是某一敏感属性值的所有记录均拥有相同的准标识符，使得攻击者无须区分准标识符即可获得敏感属性。背景知识攻击指的是攻击者拥有的其他数据，可以关联一个或多个准标识符，减少敏感属性的可能取值范围，从而猜测目标的敏感属性。l-多样性和 t-保密对匿名性要求更加严格，可以避免上述两种攻击，但它们的数据可用性更低，实现难度也更高。

8.2.3　差分隐私保护

差分隐私是一类基于扰动的隐私保护方法，通过向查询结果中添加噪声，在保留数据可用性的同时，避免用户隐私泄露。首先对差分攻击进行介绍，差分攻击指的是攻击者针对两个相差一条数据的数据集，分别进行查询，通过比较结果获取相差记录中的敏感信息。如图 8-4 所示，数据库中包含人员的具体工资，公开查询接口允许用户查询多个人员的平均工资，但不允许单独对某个人员的工资进行查询。攻击者可以发动差分攻击，进行两次查询，通过查询 1 和查询 2 的结果计算出编号 F 的员工工资。

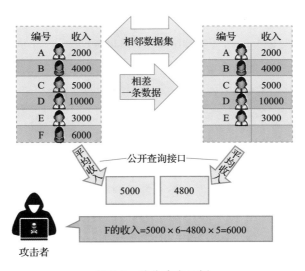

图 8-4　差分攻击示例

德沃克（Dwork）等人[8] 在 2006 年提出差分隐私（Differential Privacy）的概念，向用户的隐私数据的查询结果添加噪声，从而避免差分攻击，为隐私泄漏提供了一个标准的数学定义。差分隐私根据应用场景可以分为中心化差分隐私和本地化差分隐私，在中心化差分隐私中，中心服务器作为可信第三方或数据拥有方，向用户提供查询结果，在数据库上进行查询后，在查询结果中添加噪声，该方法输出的结果可用性较高。首先给出中心化差分隐私的定义如下。

定义 8.2　中心化差分隐私（Differential Privacy）　M 满足 (ϵ, δ)-差分隐私，如果

对于所有可能结果 $o \in O$，对于任意两个相邻数据集 D 和 D'，满足

$$\Pr[M(D)=o] \leq e^{\epsilon} \cdot \Pr[M(D')=o] + \delta$$

其中，ϵ 和 δ 为正实数，ϵ 表示隐私预算（Privacy Budget），当 $\delta=0$ 时满足 ϵ-中心化差分隐私。

本地化差分隐私最早由卡西维斯瓦纳坦等人[12]在 2011 年提出，与中心化差分隐私不同的是，其不再需要可信第三方作为中心服务器，用户在本地向隐私数据直接添加噪声，满足 (ϵ,δ)-本地差分隐私后再发送给中心服务器。由于每个用户的数据都添加了噪声，算法的准确性会比中心化差分隐私差很多，例如对于简单的 n 个实数值求和，差分隐私模型的噪声是 $O(1)$，而在本地差分隐私模型中达到了 $\Omega(\sqrt{n})$[13]。下面给出本地化差分隐私的定义。

定义 8.3　本地化差分隐私（Local Differential Privacy）　M 满足 (ϵ,δ)-本地化差分隐私，如果对于所有可能结果 $o \in O$，对于任意两条数据 t 和 t'，满足

$$\Pr[M(t)=o] \leq e^{\epsilon} \cdot \Pr[M(t')=o] + \delta$$

其中，ϵ 和 δ 为正实数，ϵ 表示隐私预算（Privacy Budget），当 $\delta=0$ 时满足 ϵ-本地化差分隐私。

目前有多种实现差分隐私的机制，如拉普拉斯机制[8]、随机响应机制[14]、指数机制[15]等，依赖于简单的加噪算法以及差分隐私的合成定理[16]，如顺序组合（Sequential Composition）、并行组合（Parallel Composition）、后续处理（Postprocessing），已经可以应对一些基本的查询。目前最为常用的是拉普拉斯机制，如图 8-5a 所示，在单次查询中，为了使数据 $f(x)$ 满足 ϵ-差分隐私，需要添加噪声 $\mathrm{Lap}\left(0, \dfrac{\Delta f}{\epsilon}\right)$，其中 ϵ 为隐私预算，Δf 为隐私灵敏度，$\Delta f = \max |f(x) - f(y)|$，在中心化差分隐私中，$x$ 和 y 为相邻数据集，在本地化差分隐私中，x 和 y 为任意两条数据。

示例　如图 8-5b 所示的数据，$f(\cdot)$ 表示对输入数据计算平均值，设定隐私预算 $\epsilon=1$，对 $f(\cdot)$ 添加噪声使其满足 ϵ-中心化差分隐私，计算灵敏度 $\Delta f = \max |f(x) - f(y)| = 0.5$。对于数据集 $D = \{5,3,2,2,3\}$，计算其平均值 $f(D) = 3$，对其添加拉普拉斯噪声得到 $\widetilde{f}(D) = f(D) + \mathrm{Lap}(0, \Delta f / \epsilon) = 3 - 0.3 = 2.7$。对于数据集 $D' = \{3,2,2,3\}$，对其添加拉普拉斯噪声得到 $\widetilde{f}(D') = f(D') + \mathrm{Lap}(0, \Delta f / \epsilon) = 2.5 + 0.2 = 2.7$。对于输出 $o = 2.7$，

$\Pr\left[\widetilde{f}(D)=2.7\right]\leqslant e^{\epsilon}\cdot\Pr\left[\widetilde{f}(D')=2.7\right]$，攻击者无法通过差分攻击来获取隐私数据。

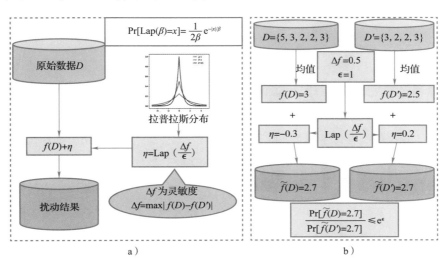

图 8-5 差分隐私示例

差分隐私的应用范围较为广泛，如基于差分隐私的深度学习[17] 等，已经成为现代隐私保护技术的重要标准，相比于其他隐私保护方法，差分隐私的时间复杂度较低，仅需对结果添加噪声，时间复杂度为 $O(1)$，其缺点在于无法用于精确计算，并且在多次查询场景中，对于数据的隐私保护力度会下降。

8.3 | 面向数据存储的密态处理

如今人们已经习惯于使用各类便捷的云服务：将文档、视频等存放在云盘，将手机、平板电脑等移动设备上的数据传至云端。云服务一方面有助于节省设备本地存储空间，另一方面便于多个设备间同步数据。然而，苹果 iCloud 服务泄露用户照片的事件引起轩然大波，其他云服务也频频发生隐私泄露事件，令人不禁担心交给云服务的数据能否得到安全保护。这一问题关注数据在存储阶段中的隐私安全保护，主要涉及密态数据处理的相关技术。本节首先简述密态数据处理的发展历史，然后以保序加密为例，最后按数据类型分别对关系数据模型与空间数据模型的密态数据处理展开介绍。

8.3.1 密态数据处理概述

前文所提出的云服务安全问题源自数据库领域的数据即服务（Data as a Service，DaaS），也称为外包数据库（Outsource Database），其旨在让第三方服务提供商向用户提供数据管理服务，从而减少用户部署数据库时在硬件、软件以及人员等方面的开销。21世纪初，云计算的兴起使用户可以将数据外包给云服务商。然而，云服务导致数据不再完全受控于数据拥有者，存储于云服务器的数据可能会遭到恶意攻击，甚至云服务提供商本身也未必可信，这都会带来数据隐私泄露的风险。数据库领域也随之出现了一系列聚焦于外包数据库隐私安全保护的研究工作。具体地，在云服务场景下，为了保护数据隐私安全，用户需要将数据加密后存储在云端。而云端为了向用户提供一定的数据管理服务，则需要基于密态数据进行一定的计算，这个过程称为密态数据处理。图 8-6 展示了密态数据处理技术的发展历程。

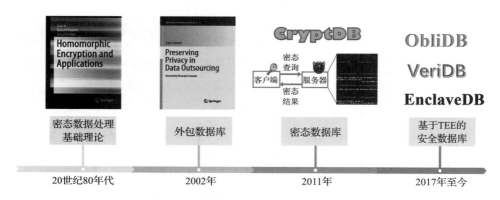

图 8-6　密态数据处理技术的发展历程

密态数据处理技术关注数据的加密以及如何在加密后的数据上进行各种类型的操作，因此各种加密技术便成为密态数据处理的安全基础。密态数据处理的安全基础理论最早可以追溯到 20 世纪 80 年代同态加密（Homomorphic Encryption，HE）技术的提出，此后又出现了保序加密（Order-Preserving Encryption，OPE）、可搜索加密（Searchable Encryption，SE）等技术。同态加密允许对密文进行特定的代数运算，并且解密后的结果与明文进行相同运算后的结果一致，因此可基于密文进行查询计算而无须解密数据。保序加密是指一种密文保持明文顺序的加密方式，可以基于密文进行比较排序。可搜索加密是指对数据文件加密后仍能对其进行检索的一类技术，可实现将加密文档存储在第三方的同时，提供关键词检索、近似检索等功能。

21 世纪初的外包数据库研究聚焦于关系型密态数据的查询处理技术，例如结合保序加密技术构建选择、投影与连接等关系运算符[18]，实现对 SQL 查询的支持。后续研究也扩展到更丰富的数据类型，如在空间数据上基于同态加密技术设计安全 k 近邻查询等方法[19]；在半结构化数据和图数据上也均有相关研究。此外还有工作关注验证外包数据库的完整性、完备性等系统特性[20-21]。

2011 年，麻省理工学院研发了支持不同加密等级的密态数据处理系统 CryptDB[22]。该系统聚焦于关系型数据处理，可以对接 MySQL 系统。CryptDB 结合保序加密、同态加密等多种加密技术，通过感知 SQL 查询动态调整加密层级，从而提供更加灵活的多粒度隐私安全保护。

近年，以可信执行环境（Trusted Execution Environment，TEE）为代表的新型硬件技术也为密态数据处理系统注入新的活力。TEE 可以从硬件和操作系统层面为数据和程序提供一个隔离的运行环境，避免不可信的操作系统或应用程序窃取或篡改数据。其代表性技术主要有 ARM 的 TrustZone 与 Intel 的 SGX。

基于 TEE 技术，2018 年提出的 EncalveDB 密态数据库将整个内存数据库放在 Enclave 中运行，从而保证该数据库的安全性[23]。2019 年，ObliDB 结合 SGX 技术与 ORAM 技术构建了保护数据访问模式的数据查询系统[24]。2021 年推出的 VeriDB 系统则利用 SGX 技术构建低吞吐的可验证数据库系统[25]。此外 TEE 还可与差分隐私、安全多方计算等多种技术结合。软硬件结合正在成为隐私计算的重要发展趋势之一。

如前文所述，保序加密等各种加密算法是密态数据处理的核心技术，也是云服务器能够在加密后的数据上进行各种操作的关键所在。而保序加密和同态加密则是密态数据处理中最常见的两种加密方式。本小节将以保序加密为例说明其算法原理，并对同态加密进行简要介绍。

保序加密　保序加密指的是数据在加密后，密文仍保留明文的顺序信息。换言之，云服务器可以直接在密文数据上进行比较操作而无须将数据解密。目前已有的保序加密算法包括基于分桶的[18]、基于多项式函数的[26]、基于 B-tree 索引的[27] 等。本小节将具体介绍 Hacigümüş 等人提出的基于分桶的保序加密算法，如下所示。

定义 8.4　基于分桶的保序加密　给定基于分桶的保序加密算法 E_b，对于明文空间上的任意两个值 v_i, v_j，若 $v_i < v_j$，则有 $E_b(v_i) \leqslant E_b(v_j)$。

加密算法　基于分桶的保序加密算法的核心思想是先将每个属性的整个域映射到若干个"桶"，再将每个"桶"映射到不同的随机值。算法伪代码见算法 8-2。具体地，首先该算法对于关系表中的每个属性 A_i 对应的域 $\mathrm{Dom}(A_i)$ 使用分割函数 $\mathcal{P}_{A_i}$（如区间等宽分割）将其分割成若干个互不相交的"桶" $p_{A_i}^1, p_{A_i}^2, \cdots, p_{A_i}^{k_i}$。再构造标识函数 $\mathcal{J}_i$ 将每个"桶" $p_{A_i}^x$ 映射到一个随机值 $\mathcal{J}_{A_i}(p_{A_i}^x) = q_x$，并满足对于任意的两个"桶" $p_{A_i}^x$，$p_{A_i}^y$，若 $p_{A_i}^x . \mathrm{high} < p_{A_i}^y . \mathrm{low}$，有 $q_x < q_y$（$p_{A_i}^x . \mathrm{high}$ 和 $p_{A_i}^y . \mathrm{low}$ 分别对应 $p_{A_i}^x$ 的上界和 $p_{A_i}^y$ 的下界）。由此我们可以定义保序映射函数 $\mathcal{M}_{A_i}(v) = \mathcal{J}_{A_i}(p_{A_i}^v)$（$p_{A_i}^v$ 是值 v 对应的"桶"），满足对于任意的 $v_x, v_y \in \mathrm{Dom}(A_i)$，若 $v_x < v_y$，则有 $\mathcal{M}_{A_i}(v_x) \leqslant \mathcal{M}_{A_i}(v_y)$。因此，该算法返回的加密后的数据表 $R^S(e, A_1^S, A_2^S, \cdots, A_n^S)$ 中保留了原数据表每个属性对应元素之间的顺序关系。

算法 8.2　基于分桶的保序加密算法

输入：明文关系表 $R(A_1, A_2, \cdots, A_n)$，区间分割函数 $\mathcal{P}_{A_1}$，$\mathcal{P}_{A_2}$，$\cdots$，$\mathcal{P}_{A_n}$，对称加密算法 E。

输出：加密后的关系表 $R^S(e, A_1^S, A_2^S, \cdots, A_n^S)$。

1: **for** 关系表的每个属性 A_i **do**

2: 划分 A_i 的域 $\mathcal{P}_{A_i}(\mathrm{Dom}(A_i)) = \{p_{A_i}^1, p_{A_i}^2, \cdots, p_{A_i}^{k_i}\}$

3: 构造保序标识函数 $\mathcal{J}_{A_i}(p_x) = q_x$

4: 定义保序映射函数 $\mathcal{M}_{A_i}(v) = \mathcal{J}(p_v)$

5: **for** R 中的每个元组 $(a_1^j, a_2^j, \cdots, a_n^j)$ **do**

6: 　$r_j^S = (E(a_1^j, a_2^j, \cdots, a_n^j), \mathcal{M}_{A_1}(a_1^j), \mathcal{M}_{A_2}(a_2^j), \cdots, \mathcal{M}_{A_n}(a_n^j))$

7: **return** $R^S = \{r_1^S, r_2^S, \cdots, r_{|R|}^S\}$

解密算法　相对于加密算法，解密算法的过程较为简单。只需要用对称加密算法的密钥对 R^S 的列 e 进行解密即可。

示例　图 8-7 为对数据表 R 进行保序加密的示例。具体地，以属性 A_1 为例，首先

使用分割函数 $\mathcal{P}_{A_1}$ 将 A_1 的域 $[0,1000]$ 等分为 4 个"桶",再使用保序标识函数 $\mathcal{J}_{A_1}$ 将 4 个桶分别映射到 1、2、4、7 四个随机值。因此,表 R 中 A_1 属性 4 个值分别映射桶 $p_{A_1}^1$、$p_{A_1}^4$、$p_{A_1}^2$、$p_{A_1}^4$,再利用 $\mathcal{J}_{A_1}$ 映射到 A_1^S 的 4 个值分别为 1、7、2、7。

R		R^S			$\mathcal{M}_{A_1}$	
A_1	A_2	e	A_1^S	A_2^S	$\mathcal{P}_{A_1}$	$\mathcal{J}_{A_1}$
14	18	$E(14, 18)$	1	17	$p_{A_1}^1$: $[0, 250)$	1
823	26	$E(823, 26)$	7	41	$p_{A_1}^2$: $[250, 500)$	2
316	23	$E(316, 23)$	2	37	$p_{A_1}^3$: $[500, 750)$	4
833	19	$E(833, 19)$	7	21	$p_{A_1}^4$: $[750, 1000)$	7

图 8-7　基于分桶的保序加密算法示例

复杂度分析　这里假设该算法使用的分割函数为区间等宽分割,则算法 8-2 中第 2~4 行的时间复杂度为 $O(k_i)$,构造所有保序映射函数的时间复杂度(第 1~5 行)为 $O\left(n\sum_{i=1}^{n}k_i\right)$。此外,对数据表 R 加密(第 6~7 行)的时间复杂度为 $O(n\cdot|R|)$。由于通常情况下 $|R| \gg \sum_{i=1}^{n}k_i$,所以该算法的时间复杂度为 $O(n\cdot|R|)$。

同态加密　同态加密是一种可以在密文上进行运算的加密模式,具体又可以分为部分同态加密和全同态加密。部分同态加密指的是只允许在密文上进行某一种同态运算的加密方式,包括加法同态加密和乘法同态加密;全同态加密指的是允许在密文上进行任意多次同态加法运算和同态乘法运算的加密方式。

同态加密技术目前也已经发展出了各种不同的加密体系,如 RSA、ElGamal 等乘法同态加密体系[28-29],Paillier 等加法同态加密体系[30],以及 Gentry、BGV 等全同态加密体系[31-32]。此外,同态加密技术也有很多的开源实现,如 IBM 公司的 HElib 和微软公司的 Microsoft SEAL 等。

8.3.2　面向关系模型的密态数据处理

基于保序加密算法,可以在关系型数据上实现各种查询操作,包括筛选、连接、聚合、排序以及集合的交、并、差等。其中,连接查询是最经典的关系型数据查询操作之一,在数据库领域受到广泛的研究。本小节将以等值连接查询为例,说明如何使用保序加密算法实现关系型数据上的查询操作[18]。首先给出基于密态数据处理的等值连接查询定义如下。

定义 8.5 **基于密态数据的等值连接** R^s，T^s 是数据表 R，T 经过保序加密得到的加密数据表并被存储在云服务器上，基于密态数据的等值连接查询要求在云服务器端不解密 R^s、T^s 的情况下完成用户发起的等值连接查询 $R \bowtie_c T$。

使用 8.3.1 节所介绍的分桶保序加密算法，可以完成基于密态数据的等值连接操作。算法的核心思想是用户将基于明文的查询 $Q = R \bowtie_C T$ 重写为基于密文的查询 $Q^s = R^s \bowtie_{C^s} T^s$，再将 Q^s 发送给云服务器执行密文上的查询并返回结果 res^s，需要注意的是，用户在对 res^s 解密后得到的是最终结果的超集，所以还要进行进一步的筛选，从而得到最终的连接查询结果。

该算法的伪代码见算法 8-3，其核心是构建在 R^s、T^s 上所执行连接操作的连接条件 C^s。具体地，首先找到 $R.A_i$ 和 $T.A_j$ 所对应的所有交集不为空的"桶"的组合 φ，如算法 8-3 中第 1~4 行所示。注意到，对于 $\forall r \in R \bowtie S$，一定有 $(\mathcal{M}_{R.A_i}(r.a_i), \mathcal{M}_{T.A_j}(r.a_j)) \in \varphi$。因此，可以构建 R^s 和 T^s 的连接条件 C^s，如算法 8-3 中第 5 行所示。之后用户将 C^s 发送给云服务器在加密后的数据表上进行连接查询得到结果 $\mathrm{res}^s = R^s \bowtie_{C^s} T^s$ 并将其返回给用户。用户需要对 res^s 解密得到 $D(\mathrm{res}^s)$，显然 $D(\mathrm{res}^s)$ 中还包含了不满足连接条件 C 的元组，因此还需要进行筛选操作得到最终结果，即 $\sigma_C(D(\mathrm{res}^s))$。

算法 8-3　基于分桶保序加密的等值连接算法

输入：加密后的数据表 R^s、T^s，连接条件 $C = (R.A_i = T.A_j)$，分割函数 $\mathcal{P}_{R.A_i}$、$\mathcal{P}_{T.A_j}$，标识函数 $\mathcal{J}_{R.A_i}$、$\mathcal{J}_{T.A_j}$，对称加密算法的解密函数 D。

输出：$R \bowtie_C T$。

1: $\varphi \leftarrow \varnothing$

2: **for** $p_{R.A_i}^k \in \mathcal{P}_{R.A_i}(R.A_i)$, $p_{T.A_j}^l \in \mathcal{P}_{T.A_j}(T.A_j)$ **do**

3: 　　**if** $p_{R.A_i}^k \cap p_{T.A_j}^l \neq \varnothing$ **do**

4: 　　　　$\varphi \leftarrow \varphi \cup (\mathcal{J}_{R.A_i}(p_{R.A_i}^k), \mathcal{J}_{T.A_j}(p_{T.A_j}^l))$

5: $C^s \leftarrow \bigvee_{(q_k, q_l) \in \varphi} (R^s.A_i^s = q_k \wedge T^s.A_j^s = q_l)$

6: $\mathrm{res}^s \leftarrow R^s \underset{C^s}{\bowtie^s} T^s$

7: **return** $\sigma_c(D(\mathrm{res}^s))$

示例　图 8-8 为数据表 R（定义见图 8-7）和数据表 T 基于分桶保序加密进行等值连接的算法示例，即求 $R \bowtie_{R.A_1 = T.A_3} T$。首先求得 $\mathcal{P}_{R.A_1}(R.A_1)$ 和 $\mathcal{P}_{T.A_3}(T.A_3)$ 中所有交集不为空的 "桶" 的组合，如图 8-8e 所示。例如，$p_{A_1}^1$ 和 $p_{A_3}^1$、$p_{A_3}^2$ 都有交集，因此将其对应的标识符组合（1，11）、（1，24）添加到 C^s 中。之后将 C^s 作为连接条件在 R^s 和 T^s 上进行连接操作，如图 8-8c 所示。显然，该表的部分元组（加粗标记）并不符合连接条件，因此用户在对云服务器返回的结果解密后要再进行筛选操作得到最终结果如图 8-8f 所示。

A_3	A_4
14	97
14	85
823	91
823	86

a）T

e	A_3^s	A_4^s
$E(14, 97)$	11	110
$E(14, 85)$	11	109
$E(823, 91)$	88	110
$E(823, 86)$	88	109

b）T^s

$R.e$	$T.e$	$R.A_1^s$	$R.A_2^s$	$T.A_3^s$	$T.A_4^s$
$E(14, 18)$	$E(14, 97)$	1	17	11	110
$E(14, 18)$	$E(14, 85)$	1	17	11	109
$E(823, 26)$	$E(823, 91)$	7	21	88	110
$E(823, 26)$	$E(823, 86)$	7	21	88	109
$E(833,49)$	**$E(823,91)$**	**7**	**61**	**88**	**110**
$E(833,49)$	**$E(823,86)$**	**7**	**61**	**88**	**109**

c）$R^s \bowtie_{C^s}^s T^s$

$\mathcal{P}_{A_3}$	$\mathcal{J}_{A_3}$
$p_{A_3}^1$：$[0, 200)$	11
$p_{A_3}^2$：$[200, 400)$	24
$p_{A_3}^3$：$[400, 600)$	49
$p_{A_3}^4$：$[600, 800)$	71
$p_{A_3}^5$：$[800, 1000)$	88

d）$\mathcal{M}_{A_3}$

φ	φ
(1, 11)	(4, 49)
(1, 24)	(4, 71)
(2, 24)	(7, 71)
(2, 49)	(7, 88)

e）C^s

$R.A_1$	$R.A_2$	$T.A_3$	$T.A_4$
14	18	14	97
14	18	14	85
823	26	823	91
823	26	823	86

f）$R \bowtie S$

图 8-8　基于分桶保序加密的等值连接算法示例

复杂度分析　首先，假设分割函数 $\mathcal{P}_{R.A_i}$、$\mathcal{P}_{T.A_j}$ 会把数据分别分成 k_i^R 个和 k_j^T 个 "桶"，则算法 8-3 中第 1～5 行的时间复杂度为 $O(k_i^R k_j^T)$。接下来考虑最差情况，即 R 和 T 的连接结果等于两者的笛卡儿积，此时云服务器端（第 6 行）和用户端（第 7 行）执行查询操作的时间复杂度均为 $O(|R| \cdot |T|)$。由于通常情况下 $|R| \gg k_i^R$ 且 $|T| \gg k_j^T$，所以该算法的时间复杂度为 $O(|R| \cdot |T|)$。

8.3.3 面向空间模型的密态数据处理

空间数据服务在日常生活中有着广泛的应用。在空间数据服务提供者转移到云平台之后，如何在云服务场景下借助密态数据保护数据隐私成为研究者们关注的问题。Wong 等人[19] 提出的 SCONEDB 聚焦于密态数据库上的 kNN 查询，并能够抵御多种攻击类型，其架构如图 8-9 所示。

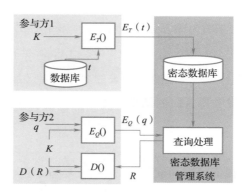

图 8-9　面向空间模型的密态数据处理

其中，参与方 1 是数据库的拥有者，而参与方 2 希望能够在参与方 1 的数据库中执行查询，两参与方协商得到相同的密钥 K，但使用不同的加解密函数。参与方 1 作为服务提供者，将自己的数据库加密之后上传到运行在云平台的密态数据库管理系统（EDBMS）中并处理来自参与方 2 的查询请求。在该架构下，参与方 1 的数据以及参与方 2 的查询都在本地加密之后发送给 EDBMS，因此 EDBMS 在执行查询过程中既不知道真实数据也不知道真实查询，只能得到一些加密后的查询结果，并返回给参与方 2，由参与方 2 在本地解密后得到真实结果。

在 SCONEDB 提出之前，一种简单的实现密态数据上实现 kNN 查询的方法是使用距离可恢复加密（DPT[32]）。该加密方案下，加密后的坐标数据之间的距离与加密前相同，可以直接用加密后的数据计算距离得到 kNN 查询结果。但该方法无法防范已知样本攻击[33]，已知样本攻击即攻击者知道 EDBMS 中的部分数据的明文但不知道其对应的密文数据的场景[34]。而 SCONEDB 通过提出一种非对称标量积保持加密（Asymmetric Scalar-Product-Preserving Encryption，ASPE）的方法，能够有效抵御已知样本攻击，并能拓展到防范已知输入输出攻击[33]，已知输入输出攻击即攻击者既知道部分明文数据也知道对应的密文数据的场景。

ASPE 中，数据拥有方与查询方虽然拥有相同的密钥但使用不同的加密函数，并且保证查询者的任意查询点 q 与数据拥有方的数据库 DB 中任意一点的标量积与加密前相同，且数据拥有方的数据库 DB 中的任意两点加密后的标量积与加密前不同，即

$$\forall\, p_i \in \mathrm{DB},\ \forall\, q, p_i \cdot q = E(p_i, K) \cdot E(q, K)$$

$$\forall\, p_i, p_j \in \mathrm{DB}, i \neq j, p_i \cdot p_j \neq E(p_i, K) \cdot E(p_j, K)$$

ASPE 的具体实现包括密钥 K、数据拥有方的加密函数 E_T、查询方的加密函数 E_Q、距离比较算子 A_e 以及查询方解密函数 D。

- K 由两方协商生成 $(d+1) \times (d+1)$ 的不可逆矩阵 M 充当，其中 d 为数据点的维度数。

- E_T 对数据拥有方输入的每个点 p 生成一个 $d+1$ 维的点 $\hat{p} = (p^T, -0.5\|p\|^2)^T$，并进一步计算得到加密后的点 $p' = M^T\hat{p}$。

- E_Q 首先生成一个随机数 $r > 0$，并生成一个 $d+1$ 维的点 $\hat{q} = r(q^T, 1)^T$，最后计算得到加密后的点 $q' = M^{-1}\hat{q}$

- A_e 通过判断 $(p_1' - p_2') \cdot q' > 0$，来比较密态数据库中的任意两点 p_1'、p_2' 哪个离加密后的查询点 q' 更近。

- D 通过计算 $p = \pi_d M^{T^{-1}} p'$ 将密态数据库返回的加密点 p' 解密，其中 $\pi_d = (I_d, 0)$，I_d 为 d 维单位矩阵。

借助 ASPE，各参与方可以通过如图 8-9 所示的架构执行 kNN 查询。首先由两方协商出密钥 K，数据拥有方生成加密函数 E_T，查询方生成加密函数 E_Q，数据拥有方将本地数据依次加密后上传到位于云平台的密态数据库管理系统中，查询方将加密后的查询点也发送给管理系统，由系统完成距离比较操作，并找出最近的 k 个加密后的点返回给查询者，查询者用解密函数 D 解密得到最终结果。

面向空间数据类型的密态数据处理在上述工作之后继续发展，衍生出了一系列安全性以及查询性能更好的工作，如 Yao 等人[35] 指出了上述查询过程仍存在安全性问题，Xue 等人[36] 提出了在密态数据库场景下执行 kNN 查询的高效方法。

8.4 面向数据共享的联邦计算

数据共享能充分挖掘数据要素价值，然而近年来各国出台的隐私保护相关法律法规加剧了数据孤岛问题。联邦计算正是破除数据孤岛问题的出路之一。本节首先介绍联邦计算的发展历史，然后介绍其技术基础安全多方计算，并根据数据类型分别介绍面向关系型数据和空间型数据的数据联邦。

8.4.1 数据联邦计算概述

近年来，随着人们对数据隐私的日益关注，各国均出台了相关法律来规范数据的管理和使用。2018 年 5 月 28 日，欧盟正式出台《通用数据保护条例》（General Data Protection Regulation，GDPR），该条例对企业收集、使用和共享用户数据做出了详尽的要求与说明，因此也被冠以"史上最严"的称号。2021 年，亚马逊就因违反该条例被处以单笔高达 7.46 亿欧元的罚单，这也成为 GDPR 生效以来单笔金额最高的罚款纪录。在美国，加利福尼亚州的《消费者隐私法》（California Consumer Priacy Act，CCPA）于 2020 年 1 月正式生效；我国也在 2021 年相继施行了《中华人民共和国数据安全法》与《中华人民共和国个人信息保护法》两部数据隐私安全相关的法律。

各国保护数据隐私的措施日益严格，加剧了长久以来存在的"数据孤岛"问题。为破除数据孤岛、加强数据共享，联邦计算这一概念应运而生。联邦计算指的是多个数据拥有方在原始数据不出本地的前提下，联合进行查询分析的一种计算范式。根据计算任务类型，联邦计算可以分为面向数据库查询任务的数据联邦与面向机器学习任务的联邦学习。联邦计算需要结合秘密共享、混淆电路等技术达到保护隐私安全的目的。下文将回顾联邦计算所需的隐私安全基础。图 8-10 展示了联邦计算的隐私安全技术的发展历程。

20 世纪 80 年代，姚期智最早提出安全多方计算的概念[37]，这种计算方法旨在不泄露多方原始数据的条件下，共同完成给定的计算任务。安全多方计算可以通过经典的"百万富翁问题"进行具体的阐述：有两个百万富翁互相好奇究竟谁更富有，但同时又

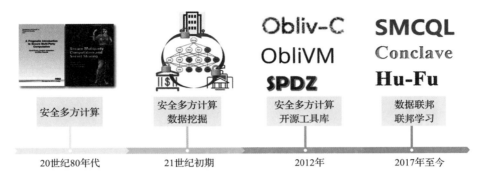

图 8-10　联邦计算的隐私安全技术的发展历程

不想透露自己具体拥有多少财富，那么他们如何完成财富的比较呢？这一计算任务可由萨莫尔教授提出的秘密共享、姚期智院士提出的姚氏混淆电路等协议实现[37-38]。

21 世纪初期，如何在数据挖掘过程中保护隐私安全的问题引起了来自数据挖掘和安全多方计算两个领域的学者的关注，基于安全多方计算的频繁模式挖掘、决策树分类和 K-means 聚类等方法[39-40] 被提出。这一时期的研究主要受限于安全多方计算技术的发展状态，以算法设计与理论分析为主，缺乏实践验证。因此，安全多方计算的后续研究转向了以落地应用为目标的通用工具库的构建以及高效专用协议的设计。

通用工具库是指面向通用安全多方计算构建的系统。2012 年以后涌现出一批安全多方计算开源的工具库，如 ABY 工具库，实现了布尔电路与算术电路，支持丰富的运算[41]。后续出现了结合多种安全协议的工具库，如开源工具库 SPDZ，其中包含了多种混淆电路与秘密共享协议的实现[42]。2017 年开始出现面向开发的工具库。马里兰大学开发的 ObliVM 为用户提供高层封装的类面向对象开发语言，可以将用户输入的程序编译为电路并执行[43]。随后，2018 年面世的基于 C 语言开发的 Obliv-C 系统在性能表现上更胜一筹[44]。此类面向开发的工具库大大降低了非专业人员使用混淆电路的开发门槛，例如对于矩阵分解问题，原本需要 5 名博士研究生耗时近 4 个月才能解决，而使用开源工具库后，仅需 1 名硕士研究生耗时 1 天即可解决。

安全多方计算在提升专用协议的性能上也取得了突破性进展。专用协议是指针对某一类求解目标设计的安全协议。例如，针对隐私保护集合求交（Private Set Intersection, PSI）这一问题，可以设计出在性能方面比通用协议高出多个数量级的安全协议。其中，面向电路的隐私保护集合求交协议（circuit-based PSI protocol）允许在该协议之后接入任意的安全多方计算函数，同时要求各参与方不能泄露交集之外的任何额外信息，如输入集合的大小等。因此，该类协议在数据库连接-聚合操作、数据对齐等问题上能够发挥重要作用[45]。

2017 年开始掀起新一轮联邦计算的研究。如上所述，得益于安全多方计算的技术突破，学者们能够相对容易地将安全多方计算技术引入数据库系统，从而支持多方自治场景下保护隐私安全的数据查询，这一研究方向也被称为数据联邦（Data Federation）。近年来，学术界已经涌现了一系列在数据联邦上的探索性系统工作。例如，美国西北大学数据库团队于 2017 年研发的 SMCQL 系统是早期结合安全多方计算技术构建的数据联邦系统[46]。该系统使用 ObliVM 将 SQL 执行计划编译为混淆电路执行，能够联合两个参与方的关系型数据库执行安全的 SQL 查询，并且不泄露除查询结果之外的任何其他数据。于 2018 年提出的 Conclave 系统则将数据联邦扩展到大数据处理引擎 Spark 上[47]，并借助了较为成熟的商业安全多方计算库 Sharemind[48]，能够联合三个参与方进行联合查询。以上系统均基于半诚实的安全模型，即参与者均遵守协议执行。而之后的 Senate系统则考虑如何在恶意模型下构建数据联邦系统[49]。恶意模型下的参与者可能违背协议成为恶意攻击者，Senate 系统能够抵挡恶意攻击者且支持多个参与者。以上工作主要面向关系型数据。于 2022 年发布的虎符（Hu-Fu）系统进一步丰富了数据联邦系统支持的数据类型[50]，该系统聚焦于时空型数据，其底层能够对接多个时空大数据计算系统，如 PostGIS、SpatialLite 与 GeoMesa 等。

安全多方计算是联邦计算的技术基础，最早来源于前文提到的由姚期智院士提出的"百万富翁问题"。因此安全多方计算旨在不泄露多方私有输入的前提下，共同完成目标函数的计算。

安全多方计算的安全性体现在保护除最终结果外的所有信息，从而达到与存在完全可信第三方时同样的效果，如图 8-11 所示。在此介绍两种常见的攻击模型：半诚实模型与恶意模型。半诚实模型（The Semi-Honest Model）是指参与者在协议执行时按照协议规定的流程执行，但是可能会被恶意攻击者监听获取到在协议执行过程中的自己的输入输出以及在协议执行过程中获得的信息。恶意模型（The Malicious Model）是指在协议执行时，攻击者可以利用通过在其控制下的参与方进行不合法的输入或恶意篡改输入等方法分析诚实的参与者的隐私信息。还可以通过提前终止和拒绝参与等方式造成协议的终止。

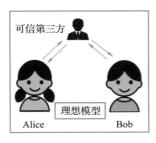

图 8-11　安全多方计算的安全性

安全多方计算技术在给定攻击模型下设计协议，已有包含混淆电路、秘密共享、不经意传输等多种技术，本小节介绍半诚实模型下的秘密共享求和技术。首先给出安全多方求和问题的定义如下。

定义 8-6　安全多方求和问题（Secure Multiparty Summation）　对于参与协议的 n 个数据拥有方 $s_1, s_2, \cdots, s_n$，其中，每个数据拥有方 s_i 持有一个数值 β_i，安全多方求和问题指的是在不将任意一个 β_i 泄露给其他数据拥有方 $s_j (j \neq i)$ 的前提下，计算出 $\beta = \sum_{i=1}^{n} \beta_i$。

有基于 Shamir 门限秘密共享的求和算法可以解决该问题[38]。该算法主要分为 3 个阶段：秘密分发、本地计算与结果重构。其核心思想是各方首先将自己的秘密值划分为多个共享份额并发送给其他参与方，每个参与方在本地对共享份额进行求和，最后收集参与方的份额并重建出求和结果。

算法 8-4 为该算法的伪代码，具体而言，该算法将首先随机生成 n 个互不相同的元素 $X = x_1, x_2, \cdots, x_n$。随后，每个数据拥有方 s_i 可在本地随机生成一个 $n-1$ 次多项式 $P_i(x) = \left(\sum_{k=1}^{n-1} \mu_{ik} x^k \right) + \beta_i$。其中，$\mu_{ik}$ 表示该多项式中 x^k 的系数，该多项式的常数项即为数据拥有方 s_i 持有的数值 β_i。在生成此多项式后，各数据拥有方 s_i 可将元素 $x_1, x_2, \cdots, x_n$ 代入多项式 $P_i(x)$ 中得到 n 份秘密 $P_i(x_1), P_i(x_2), \cdots, P_i(x_n)$。通过这种方式，数值 β_i 就以秘密的形式分散在了 $P_i(x_1), P_i(x_2), \cdots, P_i(x_n)$ 之中，记作 $[[\beta_i]] = \{ P_i(x_1), P_i(x_2), \cdots, P_i(x_n) \}$。数据拥有方 s_i 可将秘密 $P_i(x_i)$ 保存在自己手中，而将秘密 $P_i(x_j)$ 发送给数据拥有方 $s_j (j \neq i)$。数据拥有方 s_i 收集到其他数据拥有方 s_j 发送的所有秘密

$P_j(x_i)(j\neq i)$ 后，其可在本地对这些秘密进行累加得到 $\sigma(x_i)=\sum_{j=1}^{n}P_j(x_i)$。这些累加后的秘密 $\sigma(x_i)$ 共同组成了新的多项式 $\sigma(x)=\sum_{k=1}^{n-1}z_kx^k+\sum_{i=1}^{n}\beta_i$，其中，新多项式的系数 $z_k=\sum_{i=1}^{n}\mu_{ik}$ 通过 $x_1,x_2,\cdots,x_n$ 与 $\sigma(x_1),\sigma(x_2),\cdots,\sigma(x_n)$，可采用多项式插值的方式计算，如式8.1。

$$\beta=\sum_{i=1}^{n}\sigma(x_i)\prod_{j=1,j\neq i}^{n}\frac{x_j}{x_j-x_i} \tag{8.1}$$

算法8-4　基于秘密共享的安全多方加法算法

输入：数据拥有方 $s_1,s_2,\cdots,s_n$ 的数据 $\beta_1,\beta_2,\cdots,\beta_n$。

输出：各方求和结果 β。

1: 随机生成 $x_1,x_2,\cdots,x_n$

2: **for** 数据拥有方 s_i **do**

3:　　随机生成多项式 $P_i(x)=\beta_i+\mu_{i1}x+\mu_{i2}x^2+\cdots+\mu_{in-1}x^{n-1}$

4:　　计算子秘密 $P_i(x_j)$ 并将其发送给 $s_j(1\leq j\leq n)$

5: **for** 数据拥有方 s_i **do**

6:　　计算秘密 $\sigma(x_i)\leftarrow\sum_{j=1}^{n}P_j(x_i)$

7: 汇总所有 $\sigma(x_i)$，根据公式(2)解得最终结果 β

8: **return** β

示例　基于秘密共享的三方求和流程如图8-12所示。三个数据拥有方分别拥有秘密值 $\beta_1=2$、$\beta_2=5$、$\beta_3=15$。首先随机生成三个随机值 $x_1=1$、$x_2=10$、$x_3=100$ 并发送给各参与方。每个参与方随机生成多项式，并代入计算。拥有方 β_1 多项式为 $P_1(x)=x^2+x+2$ 代入计算得 $P_1(x_1)=4$，$P_1(x_2)=112$，$P_1(x_3)=10102$，拥有方 β_2 多项式为 $P_2(x)=x^2-x+5$ 代入计算得 $P_2(x_1)=5$，$P_2(x_2)=95$，$P_2(x_3)=9905$，拥有方 β_3 多项式为 $P_3(x)=-x^2+2x+15$ 代入计算得 $P_3(x_1)=16$，$P_3(x_2)=-65$，$P_3(x_3)=-9785$，接着三方分

别会收集到 $\sum_i P_i(x_1) = 25$，$\sum_i P_i(x_2) = 142$，$\sum_i P_i(x_3) = 10222$。最后根据多项式差值公式，我们得出 $\beta = 22$。

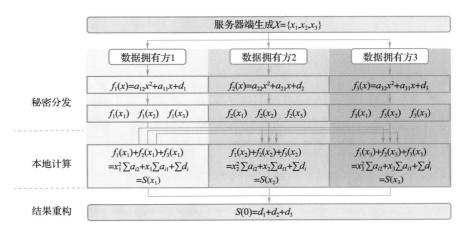

图 8-12　基于秘密共享的三方求和流程

复杂度分析　该秘密共享求和算法基于多项式进行秘密分发与重建，这两个步骤的时间复杂度均为 $O(n^2)$。在本地计算阶段，各数据拥有方对其本地持有的秘密做运算需要 $O(n)$ 的时间。因此，该算法时间复杂度为 $O(n^2)$。而算法需要 n 个数据拥有方之间两两进行通信，且仅需常数次通信即可完成，故该算法通信成本为 $O(n^2)$。

8.4.2　面向关系模型的数据联邦

关系数据模型是数据库领域的基础模型，基于此构建的关系型数据库在数据管理中有广泛的应用。面向关系模型的数据联邦是联邦计算领域的一类重要研究，其中各参与方均拥有关系型数据库，目标是在保护各方数据隐私安全前提下联合完成关系型 SQL 查询。

定义 8.7　面向关系模型的数据联邦查询　查询针对的关系型数据库 D 分散在参与协议的 n 个数据拥有方中，每个数据拥有方拥有本地数据库 $D_1, D_2, \cdots, D_n$。数据联邦查询 $Query(D)$ 等价于对 n 个参与方数据库合并成的整体数据库的查询。

在数据联邦中各个数据拥有方互不信任，无法将数据汇总到某个数据拥有方统一计算。因此在数据联邦查询中需要使用安全多方计算技术，在各个数据拥有方不泄漏自身原始数据的条件下完成查询的执行，如图 8-13 所示。

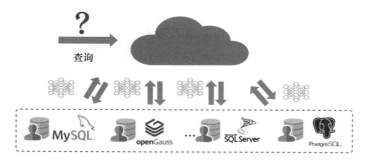

图 8-13　关系模型数据联邦架构图

目前已有的面向关系模型的数据联邦有 SMCQL、Conclave[46-47] 等。现有的数据联邦系统在查询性能上还有较大发展空间，因此在保证数据安全的前提下提升查询效率是当前数据联邦研究的重点。相较数据库上的明文计算，安全多方计算会带来巨大的额外开销，因此数据联邦性能优化的关键在于减少查询执行计划中的安全计算。减少安全计算可以通过两种方式完成，一是优化单个安全操作（如连接操作、聚合操作等），减少其中安全计算的开销；二是优化查询的安全执行计划，在保证安全的前提下尽可能用明文操作替代安全操作。下文将对 SMCQL 和 Conclave 系统进行介绍，并以 SMCQL 的切片优化和 Conclave 的上推下推优化为例，说明数据联邦中的性能优化技术。

SMCQL 是最早的面向关系模型的数据联邦，由美国西北大学数据库团队于 2017 年研发。该系统使用 ObliVM 将 SQL 执行计划编译为混淆电路执行，能够联合两个参与方的关系型数据库执行安全的 SQL 查询，并且不泄露除查询结果之外的任何其他数据。SMCQL 系统把数据表每一列的访问权限划分为公开（Public）和私有（Private），不同权限对应不同的共享安全需求。公开列的值默认可以共享，仅涉及公开列数据的查询运算可以直接采用传统数据库的方式明文进行。如果查询中的运算过程涉及私有列则需要在保证原始私有数据不离开本地的前提下展开查询操作。

SMCQL 在进行安全连接操作时使用嵌套循环连接的方式，在混淆电路下进行这一过程代价很高，因此 SMCQL 中使用切片（Slice）的启发式方法优化安全连接操作。当进行连接操作时，若连接操作涉及的属性为公开属性，那么可以在公开属性上对关系进行切片以减少安全连接所需开销。该算法的伪代码见算法 8-5。

算法 8-5 切片优化的 SMCQL 安全连接算法
输入：关系 R_1、R_2（分别位于两个参与方），连接条件 θ。
输出：安全连接结果 result。
1: 两个参与方利用 θ 上的公开属性分别将 R_1、R_2 分组，分组结果为 $r_{11}, r_{12}, \cdots, r_{1n}$ 和 r_{21},$r_{22}, \cdots, r_{2n}$
2: for $i \leftarrow 1$ **to** n **do**
3:   计算 r_{1i} 和 r_{2i} 的安全连接，并将结果加入 result 中
4: return result

示例 进行安全连接操作 $R_1(a,b,c) \bowtie R_2(a,b,d)$，连接条件为 $R_1.a = R_2.a$、$R_1.b = R_2.b$。在关系 R_1 和 R_2 中属性 a 为公开属性，属性 b 为私有属性。进行切片优化时，需要将 R_1 和 R_2 中的元组按照属性 a 分组，属性 a 相同的元组归为一组，之后可以将整个关系表的嵌套循环连接转换为组内的嵌套循环连接，如图 8-14 所示。虽然这一优化增加了本地计算的时间开销，但分组显著减小了用于安全计算的混淆电路规模，进而减少了查询过程中的时间和通信量。

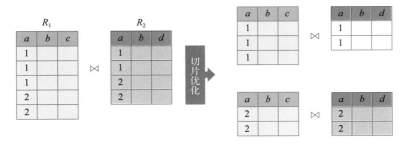

图 8-14 SMCQL 中的切片优化

复杂度分析 以两个关系 R_1 和 R_2 的连接为例，在采用切片优化前进行嵌套循环需要的比较次数为 $O(|R_1| \cdot |R_2|)$。假设进行切片优化将关系 R_1 切分为 n 个组，分别为 $r_{11}, r_{12}, \cdots, r_{1n}$。同理，关系 R_2 也被切分为 $r_{21}, r_{22}, \cdots, r_{2n}$。那么切分优化后的比较次数为 $O\left(\sum_{i=0}^{n} |r_{1i}| \cdot |r_{2i}| \right)$。

波士顿大学 SAIL 实验室于 2018 年主导开发了 Conclave 查询编译系统[47]，该系统通过将扩展性良好但无安全保护的大数据处理系统（Spark）与安全但效率低下的安全多方计算库（Sharemind[48] 和 Obliv-C[44]）相结合，并采用了多种安全执行计划的优化策略，在大数据处理场景下有较好的表现。为了生成安全执行计划，Conclave 将关系查询转换为由关系和基本关系操作组成的有向无环图（Directed Acyclic Graph，DAG）。DAG 图中上方的关系为输入关系，下方的关系为输出关系。

Conclave 最初生成的安全执行计划将所有运算流程在安全计算环境下执行，这一执行计划效率十分低下。因此 Conclave 使用下推（Push Down）、上推（Push Up）和混合协议（Hybrid Protocol）等优化策略缩小安全计算的执行范围，进而减少执行过程中的开销。下文对下推和上推操作进行简要介绍。

下推操作 若某一操作的输入均来自同一数据拥有方，则可在该拥有方本地直接明文计算这一操作。Conclave 利用上述性质，从输入关系开始将安全多方计算的上边界尽可能向下推移，增加本地明文计算的操作个数，直至遇到无法本地明文计算的操作为止。如图 8-15 所示，下推操作可以将参与方相同的安全运算转化为本地运算。

上推操作 有一部分运算可以通过输出数据反推出输入数据，这样的运算称为可逆运算，例如对关系的属性列进行标量乘法就是可逆运算。由于可逆运算的输出一定会泄漏其输入信息，因此完成可逆运算无须使用安全多方计算。如图 8-15 所示，Conclave 利用可逆运算的性质，从输出关系开始尝试将安全计算的下边界向上推移，将得到最终结果的操作改为在本地明文进行。通过下推和上推操作可以将安全多方计算的范围尽量局限在中间，减少了查询过程中的开销。

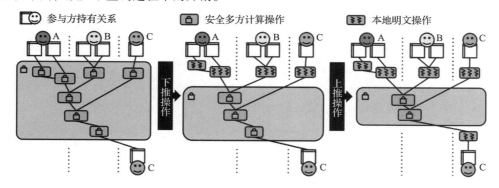

图 8-15　Conclave 中的下推和上推操作

8.4.3　面向空间模型的数据联邦

空间数据具有广泛的应用价值，因此面向空间数据类型的数据联邦是联邦计算领域的一类重要研究，其中各参与方均拥有空间数据库，目标是在保护各方数据隐私安全前提下联合完成空间数据查询。本小节以经典空间查询 k 近邻查询（k-Nearest Neighbor Query）为例，介绍空间数据联邦研究工作。

定义 8.8　面向空间数据类型的数据联邦查询　查询针对的空间数据库 D 分散在参与协议的 n 个数据拥有方中，每个数据方拥有本地空间数据库 $D_1, D_2, \cdots, D_n$。在面向空间数据的数据联邦查询 Query(D) 等价于对 n 个参与方空间数据库合并成的整体空间数据库的查询。其中，空间数据库 D_i 含二维空间坐标和非敏感信息，查询的筛选条件由二维空间坐标提供，查询结果由某些记录的非敏感信息组成。

在数据联邦中各个数据拥有方互不信任，各方的空间数据信息属于敏感信息，不能泄露给查询者和其他的数据拥有方。在查询时某些中间结果虽然不直接包含空间数据但也可以推断出某些敏感信息，比如在计算 k 近邻查询的时候根据各数据拥有方中的点与查询点的距离有可能推断出具体的空间坐标。因此这些中间结果也属于空间查询过程。

定义 8.9　数据联邦 k 近邻查询问题　对于参与协议的 n 个数据拥有方 $D_1, D_2, \cdots, D_n$，其中，每个数据拥有方 D_i 持有若干二维空间坐标信息，数据联邦 k 近邻查询问题指在不将任意一个二维空间坐标信息泄露给其他数据拥有方 $D_j(j \neq i)$ 的前提下，对于给定正整数 k 和任意二维坐标点 P，计算出 KNN$(k, P) = r_1, r_2, \cdots, r_k$。其中 $r_1, r_2, \cdots, r_k$ 是数据拥有方的 $D_1, D_2, \cdots, D_n$ 合成的空间数据库中距离点 P 最近的 k 个点。

已有数据联邦系统虎符的 k 近邻查询算法可以解决该问题[50]。本小节介绍该算法的简化版本，主要分为两个阶段：本地计算与安全多方求和。算法核心思想是将 k 近邻查询问题转化为求解点 P 的第 k 大半径这一等价问题，最后根据第 k 大半径将所需要的 k 个点 $r_1, r_2, \cdots, r_k$ 返回给查询方。

算法 8-6 为该算法的伪代码，具体而言，该算法将首先根据数据规模设置求解第 k 大半径的初始边界 $l = 0$、$r = r_{\max}$。然后开始二分查找第 k 大半径的真实值，每次二分的过程中，会将二分查询的 m 分发给各个数据拥有方 D_i 进行范围查询 $\mathrm{RC}(m,D_i)$，之后会将各方的查询结果进行安全多方求和得到 $Q_m = \sum_i \mathrm{RC}(m,D_i)$。之后，会根据 Q_m 的大小调整边界，若 $Q_m < k$，则说明二分查询的边界范围过小，移动二分查询的左端点 $l = m$；若 $Q_m < k$，则说明二分查询的边界范围过大，移动二分查询的右端点 $r = m$；若 $Q_m = k$，则说明已经查询到第 k 大半径的近似值，终止二分。最终，当二分查询结束时，利用所得的第 k 大半径查询得到 k 近邻查询所需要的 k 个点 $r_1, r_2, \cdots, r_k$。

算法 8-6　数据联邦场景下求解点 P 的第 k 大半径

输入：数据拥有方 $D_1, D_2, \cdots, D_n$。

输出：所求得第 k 大半径 rad。

1: 确定二分查找第 k 大半径的初始边界 $l = 0$、$r = r_{\max}$

2: **while** $r - l < \varepsilon$ **do** 在左右边界小于一定阈值时停止迭代

3: 　　$m = \dfrac{l+r}{2}$

4: 　　将 m 分发给各个数据拥有方进行范围查询，并进行安全多方求和，其结果为 Q_m

5: 　　根据 Q_m 的大小调整边界 l 和 r

6: 　　若 $Q_m = k$ 则直接 **return** m

7: **return** r

　　示例　拥有方 1 所持数据为 $D_1 = \{(2,-1),(3,-1),(2,3),(3,1),(3,2)\}$，拥有方 2 持有的数据为 $D_2 = \{(-1,0),(-2,0),(-3,-2),(-3,-3)\}$，拥有方 3 持有的空间数据为 $D_3 = \{(-1,-3),(2,-3),(3,-3),(3,4)\}$，选取的查询点为 $P(0,0)$，k 取 3，如图 8-16a 所示。首先设置初始的二分边界为 $l = 0$、$r = 8$，此时的二分查找半径为 $m = (l+r)/2 = 4$。分发给各方查询后，安全求和总共可查询到 10 个点。此时查询的点数多于所需要的 k，调整二分查找右端点 $r = m = 4$，新的查找半径为 $m = (l+r)/2 = 2$。此时分发给各方查询后，安全求和总共可查询到 2 个点。

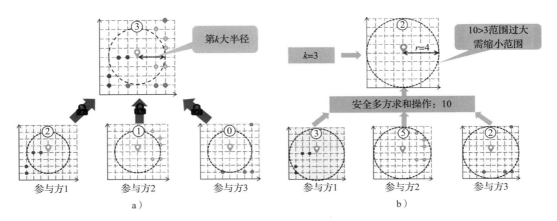

a）　　　　　　　　　　　　　　　b）

图 8-16　联邦 k 近邻查询实例示意图

此时查询的点数少于所需要的 k，调整二分查找左端点 $l=m=2$，新的查找半径为 $m=(l+r)/2=3$，如图 8-17 所示。此时分发给各方查询后，安全求和总共可查询到 3 个点。此时查询的点数等于所需要的 k。最终返回以 3 为查找半径的 k 个点，即 $\{(-1,0),(-2,0),(2,-1)\}$ 为所求答案。

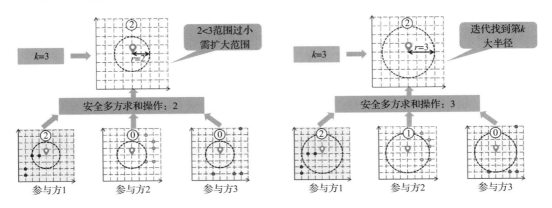

图 8-17　另一个联邦 k 近邻查询实例示意图

复杂度分析　该秘密共享求和算法基于二分法和安全多方求和，若记安全多方求和所需要的时间复杂度为 $O(f(n))$。在本地计算阶段，各数据拥有方对其本地持有的秘密进行范围查询需要 $O(q(n))$ 的时间。因此，该算法时间复杂度为 $O(\log n(f(n)+g(n)))$。因为安全多方求和的需要该算法需要 n 个数据拥有方之间两两进行通信，且仅需常数次通信即可完成，故该算法通信成本为 $O(n^2)$。

8.5 本讲小结

本讲面向数据全生命周期的隐私保护需求，从数据库视角出发，选择数据采集、存储和共享三个阶段，简要介绍了隐私计算技术的发展动向，剖析了涉及的一些经典技术。然而就数据库隐私计算的宏观发展而言，未来还有以下方向值得深入思考与探讨。

隐私与性能的平衡　近年来，尽管一些新型隐私安全技术在性能上已经有了突飞猛进的提升，但仍不足以适用于工业界的大规模落地应用。因此，根据不同的应用场景，需要确定不同等级的隐私安全保护级别，并设计对应的技术方案以在隐私安全与性能之间寻得平衡。

全周期保护的流程　各种隐私安全技术方案在设计时所针对的隐私保护目标具有一定局限性，有些技术专注于保护计算过程中的数据安全，而有些技术则致力于保护数据采集或发布阶段的数据隐私。因此需要结合多种技术方案，构建数据生命全周期的隐私安全保护流程。

技术与法规的桥梁　本讲从技术层面浅谈了数据隐私安全发展的一些动态。在应用层面，保护数据隐私安全需要以国家出台的相关法律法规为准绳。然而技术与法规之间还存在一定距离，如何判定技术方案是否合规还需要在二者之间搭建起桥梁。

参考文献

［1］ BBCK L L. A security machanism for statistical database［J］. ACM Transactions on Database Systems（TODS），1980，5（3）：316-338.

［2］ HOMER N，SZELINGER S，REDMAN M，et al. Resolving individuals contributing trace amounts of DNA to highly complex mixtures using high-density SNP genotyping microarrays［J］. PLoS genetics，2008，4（8）：e1000167.

［3］ SWEENEY L. Uniqueness of simple demographics in the US population［J］. LIDAP-WP4，2000.

［4］ BARBARO M，ZELLER T，HANSELL S. A face is exposed for AOL searcher no. 4417749［J］. New York Times，2006，9（2008）：8.

［5］ SWEENEY L. K-anonymity：A model for protecting privacy［J］. International Journal of uncertainty， fuzziness and knowledge-based systems, 2002, 10 (5): 557-570.

［6］ MACHANAVAJJHALA A, KIFER D, GEHRKE J, et al. l-diversity: Privacy beyond k-anonymity ［J］. ACM Transactions on Knowledge Discovery from Data (TKDD), 2007, 1 (1): 3.

［7］ LI N, LI T, VENKATASUBRAMANIAN S. t-closeness: Privacy beyond k-anonymity and l-diversity ［C］//The Proceedings of the 2007 IEEE 23rd international conference on data engineering. Cambridge: IEEE, 2006: 106-115.

［8］ DWORK C. Differential privacy ［C］//Encyclopedia of Cryptography and Security. Berlin: Springer, 2011: 338-340.

［9］ CORMODE G, JHA S, KULKARNI T, et al. Privacy at scale: Local differential privacy in practice ［C］//The Proceedings of the Special Interest Group on Management Of Data. New York: ACM, 2018: 1655-1658.

［10］ MEYERSON A, WILLIAMS R. On the complexity of optimal k-anonymity ［C］//Proceedings of the twenty-third ACM SIGMOD-SIGACT-SIGART symposium on Principles of database systems. New York: ACM, 2004: 223-228.

［11］ SWEENEY L. Achieving k-anonymity privacy protection using generalization and suppression ［J］. International Journal of Uncertainty, Fuzziness and Knowledge-Based Systems, 2002, 10 (05): 571-588.

［12］ KASIVISWANATHANSP, LEE HK, NISSIM K, et al. What can we learn privately? ［J］. SIAM Journal on Computing, 2011, 40 (3): 793-826.

［13］ CHAN T H H, SHI E, SONG D. Optimal lower bound for differentially private multi-party aggregation ［C］//The Proceedings of the European Symposium on Algorithms. Berlin: Springer, 2012: 277-288.

［14］ RIZVI S J, HARITSA J R. Maintaining data privacy in association rule mining ［C］//The Proceedings of the International Conference on Very Large Date Bases' 02: Proceedings of the 28th International Conference on Very Large Databases. Morgan Kaufmann, 2002: 682-693.

［15］ MCSHERRY F, TALWAR K. Mechanism design via differential privacy ［C］//The Proceedings of the 48th Annual IEEE Symposium on Foundations of Computer Science (FOCS' O7). Cambridge: IEEE, 2007: 94-103.

［16］ KAIROUZ P, OH S, VISWANATH P. The composition theorem for differential privacy ［C］//Proceedings of the 32nd International Conference on International Conference on Machine Learning. Cambridge：MIT Press，2015：1376-1385.

[17] ABADI M，CHU A，GOODFELLOW I，et al. Deep learning with differential privacy ［C］//The Proceedings of the 2016 ACM SIGSAC conference on computer and communications security. New York：ACM，2016：308-318.

[18] HACIGUMUS H，IYER B R，LI C，et al. Executing SQL over encrypted data in the database-service-provider model ［C］//Proceedings of the 2002 ACM SIGMOD international conference on Management of data. New York：ACM，2002：216-227.

[19] WONG W K，CHEUNG D W，KAO B，et al. Secure knn computation on encrypted databases ［C］//The Proceedings of the Special Interest Group on Management of Data. New York：ACM，2009：139-152.

[20] LI F，HADJIELEFTHERIOU M，KOLLIOS G，et al. Dynamic authenticated index structures for outsourced databases ［C］//The Proceedings of the Special Interest Group on Management Of Data. New York：ACM，2006：121-132.

[21] XIE M，WANG H，YIN J，et al. Integrity auditing of outsourced data ［C］//The Proceedings of the International Conference on Very Large Date Bases. New York：ACM，2007：782-793.

[22] POPA R A，REDFIELD C M S，ZELDOVICH N，et al. Cryptdb：Protecting confidentiality with encrypted query processing ［C］//The Proceedings of the International Conference on Very Large Date Bases. New York：ACM，2011：85-100.

[23] PRIEBE C，VASWANI K，COSTA M. Enclavedb：A secure database using SGX ［C］//The Proceedings of the International Conference on Very Large Date Bases. Cambridge：IEEE，2018：264-278.

[24] ESKANDARIAN S，ZAHARIA M. Oblidb：Oblivious query processing for secure databases ［J］. Proceedings of the VLDB Endowment，2019，13（2）：169-183.

[25] ZHOU W，CAI Y，PENG Y，et al. Veridb：An sgx-based verifiable database ［C］//The Proceedings of the Special Interest Group on Management Of Data. New York：ACM，2021：2182-2194.

[26] CHUNG S S. Anti-tamper databases：Querying encrypted databases ［M］. Cleveland：Case Western Reserve University，2006.

[27] DAMIANI E，DI VIMERCATI S D C，JAJODIA S，et al. Balancing confidentiality and efficiency

in untrusted relational dbmss [C]//The Proceedings of the ISCA 17th International Conference on Parallel and Distributed Computing Systems. New York: ACM, 2003: 93-102.

[28] RIVEST R L, SHAMIR A, ADLEMAN L M. A method for obtaining digital signatures and public-key cryptosystems [J]. Communications of the ACM, 1978, 21 (2): 120-126.

[29] GAMAL T E. A public key cryptosystem and a signature scheme based on discrete logarithms [J]. IEEE Transactions on Information Theory, 1985, 31 (4): 469-472.

[30] PAILLIER P. Public-key cryptosystems based on composite degree residuosity classes [C]//The Proceedings of the International conference on the theory and applications of cryptographic techniques. Berlin: Springer, 1999: 223-238.

[31] GENTRY C. A fully homomorphic encryption scheme: volume 20 [M]. Stanford: Stanford university, 2009.

[32] BRAKERSKI Z, GENTRY C, VAIKUNTANATHAN V. (Leveled) fully homomorphic encryption without bootstrapping [C]//Proceedings of the 3rd Innovations in Theoretical Computer Science Conference. New York: ACM, 2012: 309-325.

[33] OLIVEIRA S R M, ZAIANE O R. Privacy preserving clustering by data transformation [J]. Journal of Information and Data Management, 2010, 1 (1): 37-51.

[34] LIU K, GIANNELLA C, KARGUPTA H. An attacker's view of distance preserving maps for privacy preserving data mining [C]//The Proceedings of the European Conference on Principles of Data Mining and Knowledge Discovery. Berlin: Springer, 2006: 297-308.

[35] YAO B, LI F, XIAO X. Secure nearest neighbor revisited [C]//The Proceedings of the International Conference on Data Engineering. Cambridge: IEEE, 2013: 733-744.

[36] XUE W, LI H, PENG Y, et al. Secure k nearest neighbors query for high-dimensional vectors in outsourced environments [J]. IEEE Transactions on Big Data, 2018, 4 (4): 586-599.

[37] YAO A C. How to generate and exchange secrets [C]//The Proceedings of the 27th IEEE Symposium on Foundations of Computer Science. Cambridge: IEEE, 1986: 162-167.

[38] SHAMIR A. How to share a secret [J]. Communications of the ACM. 1979, 22 (11): 612-613.

[39] LINDELL Y, PINKAS B. Privacy preserving data mining [J]. ACM SIGMOD Record, 2000, 29 (2): 439-450.

[40] VAIDYA J, CLIFTON C. Privacy preserving association rule mining in vertically partitioned data

[C]//Proceedings of the eighth ACM SIGKDD international conference on Knowledge discovery and data mining. New York: ACM, 2002: 639-644.

[41] DEMMLER D, SCHNEIDER T, ZOHNER M. ABY: A Framework for Efficient Mixed-Protocol Secure Two-Party Computation [C]//Proceedings of the Symposium on Network and Distributed System Security. Cambridge: IEEE, 2015: 1-15.

[42] KELLER M. MP-SPDZ: A versatile framework for multi-party computation [C]//Proceedings of the 2020 ACM SIGSAC Conference on Computer and Communications Security. New York: ACM, 2020: 1575-1590.

[43] LIU C, WANG X, NAYAK K, et al. Oblivm: A Programming Framework for Secure Computation [C]//The Proceedings of the IEEE Symposium on Security and Privacy. Cambridge: IEEE, 2015: 359-376.

[44] ZAHUR S, EVANS D. Obliv-C: A Language for Extensible Data-Oblivious Computation [J]. IACR Cryptology ePrint Archive, 2015: 1153.

[45] WANG Y, YI K. Secure Yannakakis: Join-aggregate queries over private data [C]//The Proceedings of the Special Interest Group on Management Of Data. New York: ACM, 2021: 1969-1981.

[46] BATER J, ELLIOTT G, EGGEN C, et al. SMCQL: Secure query processing for private data networks [J] Proceedings of the VLDB Endowment, 2017, 10 (6): 673-684.

[47] VOLGUSHEV N, SCHWARZKOPF M, GETCHELL B, et al. Conclave: Secure multi-party computation on big data [C]//Proceedings of the Fourteenth EuroSys Conference 2019. New York: ACM, 2019: 1-18.

[48] BOGDANOV D, LAUR S, WILLEMSON J. Sharemind: A framework for fast privacy-preserving computations [C]//European Symposium on Research in Computer Security. Berlin: Springer, 2008: 192-206.

[49] PODDAR R, KALRAS, YANAI A, et al. Senate: A maliciously-secure MPC platform for collaborative analytics [C]//The Proceedings of the USENIX. Berkeley: USENIX Association, 2021: 2129-2146.

[50] TONG Y, PAN X, ZENG Y, et al. Hu-Fu: Efficient and secure spatial queries over data federation [J]. Proceedings of the VLDB Endowment, 2022, 15 (6): 1159-1172.

第 9 讲
新硬件驱动的数据管理

本讲概览

数据库在基础硬件和上层软件之间起到了"承上启下"的作用，向下发挥硬件算力，向上支撑上层应用。底层硬件技术决定了数据存取、并发处理等处理性能的物理极限，而上层软件系统也需要通过优化数据库架构和算法的设计，以提高软硬件契合度、最大化硬件利用效率。以 NVM、高性能处理器和硬件加速器、RDMA 高性能网络为代表的新硬件技术，将改变传统的数据管理系统的底层载体支撑，数据管理系统将向混合存储环境、异构计算架构和高性能互联网络逐步演进。本讲深入分析并给出面向新硬件的数据库的技术挑战和发展趋势，主要包括基于 NVM 的新型存储和索引管理、CPU 和 GPU 混合异构计算、基于 RDMA 的分布式优化和调度等。

9.1 新硬件驱动的数据管理概述

9.1.1 经典硬件：数据库系统的底层设施

磁盘作为一种大容量、低成本的外部存储器，是传统数据管理系统（如 Oracle Database、MySQL、PostgreSQL 等）使用的主要存储介质，其在很长时间内深刻影响了数据库技术的发展。磁盘的基本特点是通过磁头按块寻址，并且 I/O 极为耗时，这也是数据库查询执行的主要性能瓶颈。这使得传统数据库中的数据结构和算法主要面向块设计，在执行查询时也以减少 I/O 为优化目标，如常用的数据库索引 B 树、面向 I/O 的火山查询优化器等。随着闪存技术的不断快速发展，使用闪存作为底层存储介质的 SSD 越来越普及，单位比特的价格也不断降低。SSD 属于半导体类存储器件，由于其具有低延迟和高吞吐等特性，被广泛地用于各种数据管理系统，作为底层的持久化存储介质，也出现了专门针对 SSD 特性设计与优化的数据库索引。亦有部分数据管理系统直接将内存作为主要的数据存储介质（如 TimesTen、VoltDB 等）。内存支持按字节随机寻址，故此类系统使用的数据结构和算法与基于磁盘的系统存在显著区别，其无须顾及磁盘的块寻址特性，而一般需要考虑到处理器中缓存的存在，在进行查询优化时也以优化缓存的利用效率及 CPU 执行时间为主。受制于内存的容量和易失性，此类系统并未成为主流。

数据管理与分析系统的计算能力也与底层处理器技术息息相关。根据摩尔定律，集成电路中的晶体管数量大约每 18 个月增加一倍，处理器主频随之提升。数据管理与分析系统通常无须做出任何改变，就可以透明地享受处理器主频提升带来的计算能力提升。然而，近年来，由于工艺与功耗方面的限制，摩尔定律的指数趋势已经显著放缓甚至被预测即将终止。处理器技术的发展已从注重纵向扩展逐步转向注重横向扩展，从追求更高的单核主频演变为关注多核能力，多核、众核技术已成为主流。多数传统的数据管理与分析系统已针对多核或众核 CPU 架构专门做出优化，通过并行技术提升了数据处理能力，甚至出现了专门为众核 CPU 架构设计的数据管理与分析系统。

在基于以太网构建的分布式数据管理与分析系统中，对于分布式事务的处理和高可用性的支持涉及大量的网络数据传输，例如需要通过网络维护数据在分布式环境中的多个副本，而有限的数据传输能力和 TCP/IP 栈的 CPU 开销严重影响了分布式数据处理的性能与系统的可扩展性，网络 I/O 成为主要的系统性能瓶颈之一。

9.1.2　新硬件带来的发展机遇

近年来，存储、处理器和网络技术取得显著进展，例如非易失性存储器（Non-Volatile Memory，NVM）、高性能处理器和硬件加速器、支持远程直接数据存取（Remote Direct Memory Access，RDMA）的网络等新硬件技术，正在极大地改变数据管理系统依赖的底层环境，给数据管理与分析技术的发展带来新的机遇与挑战。在存储层面，非易失、按字节存取的 NVM 的出现，使得内存和外存之间的界限变得模糊，对数据管理分析系统的存储层次结构和索引设计产生深刻影响；在计算层面，众核高性能处理器和各类硬件加速器（例如 GPU、FPGA、AI 芯片等）广泛用于数据处理的加速；在传输层面，支持 RDMA 的高性能网络极大改善了服务器间跨节点的数据访问性能，克服了分布式系统固有的网络瓶颈。

NVM 是体现出非易失性的字节可寻址的存储器的统称，基于其实现的技术又分为相变存储器（Phase Change Memory，PCM）、忆阻器 Memristor、自旋转移矩磁随机存储器（Spin-transfer Torque Magnetic Random Access Memory，STT-MRAM）、3D-XPoint。另一个关键的技术是 NVDIMM（Non-Volatile Dual In-line Momory Module），这是一种实现字节数据非易失性的技术，通过集成 DRAM 和超级电容组成的一种内存器件。当系统发生断电的现象的时候，NVDIMM 会借用超级电容将 DRAM 中的数据刷新到闪存中，从而实现数据的持久存储。

　　随着现代处理器技术的发展，现在的 GPU 一般具备强大的并行处理能力和可编程的流水线，可以处理原本由 CPU 处理的通用任务。这种 GPU 也有了新的名字 GPGPU（General Purpose Computing on Graphics Processing Unit），即通用图形处理器。得益于超大规模的并行处理能力，GPGPU 在面对 SIMD 任务时，表现出远超 CPU 的处理性能。除了使用 GPU 作为协处理器来实现硬件加速以外，同样具备大规模并行处理能力和复杂运算能力的 FPGA（Field Programmable Gate Array）也是一种高性能的硬件加速器。FPGA 除了集成丰富的逻辑资源和存储资源（Block RAM），还配备大量的 DSP 资源，可用于复杂的算术运算。与 GPU 相比，FPGA 没有取指令和指令译码的过程，而是直接通过电路实现相应的功能，因此具有更低的功耗。同时，FPGA 不仅支持数据并行而且可以流水线并行，在面对流水式计算任务时，FPGA 具有更高的吞吐率和更低的延迟。此外，FPGA 采用更加低层次的硬件描述语言来编程，因而对硬件资源的利用率更高。相关学者已经在利用 FPGA 对数据库进行加速方面做了一定的研究。

　　RDMA 是一种基于高速网络的操作原语，支持应用程序以访问内存的方式在机器之间进行通信。RDMA 的基本思想是提供一套直接联系底层网卡硬件和软件逻辑的编程接口，使得应用程序可以把具有访存语义的操作直接发送至其他机器完成特定操作。这种编程模式与传统的网络栈形成鲜明对比，避免了层层堆叠的网络栈软件引入的高时延，实现了一种端到端的高效通信机制。RDMA 技术可以提供高带宽、低时延的网络通信。其核心优势在于简化的软件层网络栈设计以及高性能的用户态网卡驱动设计。以 Ethernet 为代表的传统计算机网络的端节点通常采用内核态的协议栈设计，如 TCP/IP。这样的网络栈为上层应用提供标准的套接字接口，把待发送的数据进行多层协议的封装，最后通过内核态的网卡驱动将封装好的网络包发送出去。接收方通过网卡驱动收到网络包后，也需要从多层协议封装中逐层提取出需要的数据，并通过多级缓冲机制并进行批处理后传递给用户态应用。典型地，传统网络栈包括应用层、传输层、网络层和链路层，层与层之间都有缓冲和队列等机制对数据进行批处理，因而不可避免地导致由上下文切换和数据拷贝产生的处理延迟，最终限制了整个网络的性能。而 RDMA 的设计将大部分协议栈实现于用户态，使用户态的应用可以直接与网卡互动。相较于 TCP/IP 中多层的协议封装，RDMA 在用户态几乎没有协议封装，而最终链路层的封装也由网卡完成。队列的接口相比于传统的套接字接口，具有更灵活的操作，与网卡的硬件机制有着更明确的对应关系。网卡通过 DMA 机制直接访问应用的内存，避免了数据拷贝的开销。RDMA 的出现克服了分布式系统中网络传输的固有瓶颈，给分布式数据管理系统的设计与研究带来新的发展机遇。

9.2 | 数据库相关新硬件概述

9.2.1　以 NVM 为代表的新型存储介质

为了满足数据密集型应用程序日益增长的需求，内存设计人员一直在致力于设计和开发更加优秀的内存系统，而其中容量、性能、能耗和可扩展性是设计人员在内存设计过程中必须要考虑的关键因素。

（1）容量　由于连接到互联网中的终端设备以及设备上的传感器数量不断增长，不同格式、不同种类的数据的总量正在呈指数级增长。而对于集成电路，人们至今仍在使用一条著名的经验法则——摩尔定律，来估计其规模和性能的发展速度。即便根据摩尔定律对传统集成电路的性能进行最乐观的估计，其速度也是远远落后于各类数据的总量的增长速度的。据数据显示，到 2020 年的数据总量是 2009 年的 40 多倍。事实上，随着社交网络、视频回放和事务处理的日益普及，应用程序产生的数据仍会变得越来越密集，因此需要大量内存来存储和处理这些活动生成的数据。

（2）性能　有效地处理生成的数据已经成为一个主要的经济和社会问题。更好的数据分析意味着更好的结果、过程和决策。它可以帮助产生新的想法和解决方案，或更准确地预测未来的事件（天气预报、疾病传播等）。已经有学者花费了大量精力为海量数据的在线和离线操作提供更强的处理能力。然而，从内存性能的角度来分析，这给内存层次结构的设计带来了很大的压力。

（3）能耗　除了性能和容量，在设计存储系统时，能耗使用效率也是一个重要的指标。事实上，计划于 2020 年实施的百万兆次级计算系统最具挑战性的技术创新之一就是功耗的管理和优化。美国的数据中心每年会消耗占总比例 1.5% 以上的能源，并且这一比例预计还将每年增长 18%。而这种能耗的很大一部分来自存储系统。据估计，存储系统的能耗占数据中心总能耗的 20%~40%。也有其他学者对内存的能耗问题进行

了其他研究，例如，一个动态随机访问存储器（DRAM）主存子系统的能耗能占到一个
HPC（高性能计算）节点总能耗的 30%~50%，这个比例取决于 DRAM 的容量和配置。

（4）可扩展性　DRAM 技术在尺寸、容量和性能方面都经历了很多很大的改进。
然而，许多研究预测 DRAM 的规模增长趋势将在未来 5 到 10 年趋于稳定。DRAM 单元
的尺寸需要足够大以保证可靠的传感，但这与缩小尺寸的趋势背道而驰。因此，高密度
内存会带来指数级的成本增长（例如，在 2008 年，使用 1 个 8GB 内存的成本为 212 美
元/GB，而 2×4GB 内存的成本为 50 美元/GB，4×2GB 内存的成本为 15 美元/GB）。由
于 DRAM 需要定期刷新，在此期间即使没有读写操作也会产生功耗，这种能耗功率已
被证明在峰值功率的 19%~31%之间。同时，其他一些由于尺寸减小而带来的干扰问题
和可靠性问题，也给未来的 DRAM 设计带来了巨大的困难。因此，对于一些基于充电
的内存技术，如 DRAM 和闪存技术，增加它们的缩放比例变得越来越困难。

非易失性内存的概念是指当电流丢失和失去电能供应后，所存储的信息仍然存在不
会消失的计算机存储器件。依据此定义，广义上说，只读存储器件（Read-only Memory）、
闪存存储器（Flash Memory）亦属于非易失性存储器件的范围。本书中所指的非易失性
存储器件，特指可字节寻址的，并且具备非易失性的内存设备，其具有存储密度高、静
态功耗低以及可靠性高等显著优点。NVM 有希望彻底改变内存层次结构的格局。近年
来，NVM 技术正在得到越来越广泛的关注，并且目前已经有多种 NVM 技术得到了广泛
的研究，包括 PRAM/PCM 技术、ReRAM 技术、STT-RAM 技术以及 FeRAM 技术等，这
些技术已经趋于成熟，并且得到了大规模商用。

虽然 NVM 的新特性使其与数据库系统特别相关，但是与此同时也提出了新的架构
挑战。传统的基于磁盘的体系结构和一些内存数据库系统都不能充分利用 NVM，除非
对它们的设计进行重大修改。受 NVM 技术影响最大的两个组件是日志/恢复和存储，大
部分基于 NVM 技术的数据库研究的重点放在了这两部分。基于 NVM 的多样化存储层次结
构将导致对缓存替换、数据分布、数据迁移、元数据管理、查询执行计划、故障恢复等方
面的新需求的产生，这些都要求学者们探索相应的设计策略，以更好地适应新的环境。

9.2.2　以 GPU、FPGA 为代表的新型计算硬件

图形处理器（Graphics Processing Unit，GPU）以其超高的计算性能和超大的数据处

理带宽广受数据库厂商青睐。从提出 GPU 的概念以来，GPU 就逐渐在图形处理领域占据重要地位，被普遍用于 2D 和 3D 图形的渲染。

从工作流程上来看，GPU 进行图形处理时主要包括：

①顶点处理：读取 3D 图形外观的顶点数据并确定其形状和位置关系，然后建立 3D 图形的骨架。

②光栅化处理：把生成图形上的点、线转化成对应像素点。

③纹理贴图：在顶点处理生成的 3D 物体轮廓上进行纹理映射，完成对不同表面的贴图。

④像素处理：在光栅化处理过程中完成对像素的计算，确定像素的最终属性。

之后可编程管道的出现使程序员能够对"着色器"进行自定义操作，在着色器语言和可编程 GPU 的支持下，开发人员和研究人员可以应用 GPU 解决与图形无关的问题。

GPU 与 CPU 的架构差距很大，因为其最初设计是为了能够在屏幕上显示数百万个像素的图像，即 GPU 需要并行处理几百万个任务，而 CPU 主要通过串行架构完成单任务。因此，GPU 具有与 CPU 不同的体系结构和处理模式，在 GPU 中减少了对缓存的需求，并且不需要进行复杂的控制，所以将大部分晶体管用于设计、组成专用电路和流水线，所以单块 GPU 上可能拥有数千个并发计算核心。CPU 近年来已经遇到瓶颈，而 GPU 仍能保持着近似摩尔定律的性能提升。以英特尔公司的显卡的单精度浮点数计算峰值为例，2018 年，Quadro CV100 为 14.8TFLOPS（每秒运行 14.8 兆次单精度浮点数运算），2020 年的 RTX 3090 已达到 36TFLOPS。基于 GPU 的数据库可以实现数量级的加速，拥有更高的性价比。以 Tesla V100 为例，只需 8 块互联就可以媲美 160 台双 CPU 的服务器性能。

现场可编辑逻辑门阵列（Field Programmable Gate Array，FPGA）是一种可编程芯片，在流水线的并行计算以及响应延时等方面优于通用处理器。因此目前数据库领域已经开始应用 FPGA 和 CPU 的协同异构加速架构。FPGA 是克服了原有可编程器件的缺点的产物，具有非常高的灵活性。它弥补了专用集成电路的应用范围狭窄的不足，还解决了原有门电路的编程次数有限的问题。随着 FPGA 的发展，其内部可配置的逻辑资源数量逐渐增多，因此应用范围不断扩大，从最初的智能应用于数字电路设计验证，到如今广泛应用于数据加速和自动控制等领域。

FPGA 是基于逻辑单元阵列概念设计出来的，它的基本机构包括可编程的输入/输出单元、可配置的逻辑模块、嵌入式 RAM、时钟模块、低层内嵌功能单元、布线资源等。FPGA 的内嵌 RAM 中存储有小型查找表，其中的每个查找表都连接到一个触发器的输入端，进而通过触发器来驱动输入输出或者其他的逻辑电路，由此实现了具有组合逻辑功能和时序逻辑功能的基本逻辑单元模块。

最早应用 FPGA 的 Schlegel. P 等人[1] 实现了一个用于模糊分类的加速器，为 FPGA 应用于数据加速领域起到了里程碑式的作用。FPGA 的灵活度比 GPU 更高，通常应用于规模较小但是又对高性能数据处理有需求的场景中，目前使用 FPGA 进行加速计算的应用领域包括数据库、深度学习、科学计算等。

为了满足用户的数据处理需求，数据库加速要保障在一个给定的时间阈值内对数据进行有效处理，一种有效的方式就是提高芯片的并行度。在进行异构平台的数据库设计时要考虑以下两个问题。

（1）可移植性 基于 GPU 的硬件设计往往是利用高级编程语言进行的（C/C++，Python 等），需要考虑不同计算机的系统架构、指令集和系统调用等因素，一般可移植性较高，编程较为容易。而基于 FPGA 的硬件设计往往要考虑到更底层的电路设计工作，在不同电路上需要进行针对性的优化，可移植性较难，但更加灵活。

（2）应用需求 设计数据库时要考虑不同的模式，例如 OLTP 要求数据的正确性和数据库的连续运行，对系统稳定性要求较高。而 OLAP 主要对大量的数据进行分析挖掘，因此需求主要是计算能力。

不同的加速芯片的特点见表 9-1。

表 9-1　基于不同芯片的异构平台对比

加速芯片	集成度	响应延时	性能	灵活性
GPU	低	高	高	低
FPGA	高	低	低	高

目前主流的 GPU 数据库有 MapD、Kinetica、BlazingDB 等，MapD 率先于 2013 年使用 GPU 进行数据处理，通常以毫秒级别处理完成数十亿行的数据；Kinetica 则允许用户使用机器学习和可视化技术等方法更快速的分析海量数据。基于 FPGA 的数据库主要为 DoppioDB 和 Ibex 等，Ibex 以存储引擎的方式与 MySQL 结合，基于哈希表对中间数据进

行维护，并在 FPGA 上进行过滤和聚合操作，适用于大规模过滤和聚合操作的场景。目前 GPU 数据库已经在金融、电信等行业广泛应用，在可预期的未来，其将因其特有的优势成为主流的标准库服务。

9.2.3　支持 RDMA 的高性能网络

分布式架构下，传统的 TCP/IP 通信技术在数据包处理的过程中，要经过系统内核及其他软件层，需要占用大量的内存总线带宽与 CPU 资源。RDMA 通过网络把数据直接传入计算机的存储区，将数据从一个系统快速移动到远程系统的内存中，消除了外部存储器复制和文本交换操作，因而能解放内存带宽和 CPU 周期用于改进应用系统性能。通过将 RDMA 协议固化于硬件（即网卡）上，以及支持零拷贝和内核旁路这两种途径，能够实现高性能的远程直接数据存取的目标。

零拷贝（Zero-copy）即应用程序能够直接执行数据传输，在不涉及网络软件栈的情况下。数据能够被直接发送到缓冲区或者能够直接从缓冲区里接收，而不需要被复制到网络层。

内核旁路（Kernel bypass）即应用程序可以直接在用户态执行数据传输，不需要在内核态与用户态之间做上下文切换。指的是数据传输流程可以绕过内核，即在用户层就可以把数据准备好并通知硬件准备发送和接收。避免了系统调用和上下文切换的开销。

下面简单介绍 RDMA 的具体工作流程。RDMA 技术中，通信的基本单元是一对工作队列（Queue Pair，QP），而不是节点。对于每个节点来说，每个进程都可以使用若干个 QP，而每个本地 QP 可以"关联"一个远端的 QP。任何通信过程都要有收发两端，QP 就是一个发送工作队列（Send Queue，SQ）和一个接收工作队列（Receive Queue，RQ）的组合。工作队列中包含的工作队列元素（Work Queue Element，WQE）中包含了应用程序需要硬件进行数据传输任务的说明。硬件完成传输任务后，将相应的完成队列元素（Completion Queue Element，CQE）写入完成队列（Completion Queue，CQ），以向应用程序反馈任务执行情况。

RDMA 中基本的数据传输操作是读和写，与传统通信过程中通信双方 CPU 都需要参与的发送–接收过程不同，RDMA 的读写是本端主动读取和写入远端内存的行为，除了准备阶段，远端 CPU 不需要参与，也不感知何时有数据读取、写入或何时接收完毕，因此 RDMA 的读写是一种单端操作。在准备阶段中，本端和远端 CPU 通过发送-接收传输操作秘钥和数据缓存地址。一旦远端的 CPU 把内存授权给本端使用，它便不再会参与数据收发的过程，这就解放了远端 CPU，也降低了通信的时延。图 9-1 描述了在两端完成准备阶段并交换信息后，RDMA 写操作的流程。

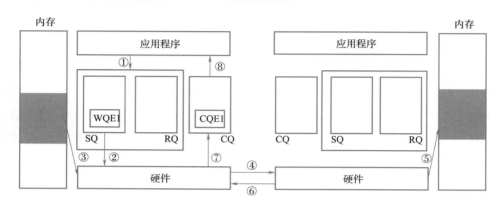

图 9-1　RDMA 写操作流程

①本端下发写请求的 WQE，包含本端源地址 src_addr、数据长度 len、远端目标地址 dst_addr、操作秘钥 key；

②本端硬件从 SQ 队列中取得 WQE，获取任务说明；

③本端硬件从内存 src_addr 地址取得长度为 len 的数据并组装成数据报文；

④本端网卡将数据报文通过物理链路发送给接收端网卡；

⑤远端硬件检查秘钥无误后，将数据写至 dst_addr 地址对应的物理页中；

⑥远端硬件向本端硬件返回操作结果；

⑦本端硬件根据远端的反馈结果上报工作完成 CQE，放置到 CQ 中，反馈操作成功或失败；

⑧本端应用程序查看 CQE 获取工作完成情况。

RDMA 读操作的过程与写操作的过程类似，这里省略，需要注意读操作所请求的数据，是在远端回复的报文中携带的。

目前 RDMA 技术的协议主要有三种，分别是 InfiniBand（IB）、RDMA over Converged Ethernet（RoCE）和 internet Wide Area RDMA Protocol（iWARP）。三种协议都符合

RDMA 标准，使用相同的上层接口，在不同层次上有一些差别。IB 协议从物理层保证可靠传输，因此需要支持该协议的网卡和交换机。RoCE 协议基于以太网实现 RDMA 技术，iWARP 协议在 TCP/IP 的基础上实现 RDMA 技术，两者使用以太网交换机，但需要支持 iWARP 或者 RoCE 的网卡。

支持 RDMA 的高性能网络避免了 CPU 在内存和 I/O 设备间频繁进行数据交换的开销，能够极大地改善服务器间跨节点的数据访问性能，克服分布式系统固有的网络瓶颈。一些数据管理系统已经在其内部引入了 RDMA 网络，用于加速分布式查询与事务处理。

9.3　基于新硬件的存储与索引

9.3.1　NVM 作为字节寻址存储堆

在内存中映射一个持久化的数据结构这一概念，一直在业界备受关注：数据结构直接出现在运行程序的地址空间中，并可以随时使用，从而允许快速访问规模大、结构复杂的持久化数据结构，而不是从文件中串行读取字节并在内存中构建数据结构。

许多系统已经在编程语言中集成了持久数据结构模块，它们面临着一个共同的挑战：由于易失性内存和持久性大容量存储（即磁盘）之间的性能和接口差异，需要复杂的缓冲区管理和反序列化机制支持。而 NVM 技术的出现，为持久化数据结构系统提供了一个新的选择。而传统的持久化数据结构系统的实现方式并不适用于这些新的内存技术，甚至会浪费这些内存的性能优势，因此，需要对内核和应用程序管理存储访问的方式进行重大的重新设计。基于 NVM 的字节寻址的持久性堆，应运而生。近年来，相关技术的研究有了很大的发展，出现了一些代表性的工作，下面介绍两项代表性研究成果：NV-heap[2] 和 HEAPO[3]。

（1）NV-heap　NV-heap 是一个基于 NVM 的持久化对象系统的实现方式，在基于 NVM 存储的计算机存储系统中，NV-heap 面向操作系统中的 NVM 内存分配和映射模块，向编程人员提供了一套简单原语（如对象指令、指针、内存分配和原子部分），从而使得开发人员能够更加容易地构建快速、健壮和灵活的持久化对象。NV-heap 避免了常见情况下操作系统访问操作上的额外开销，并保护开发人员免受使用 NVM 进行开发中的几个常见错误的影响。最终实现最大限度利用 NVM 硬件性能的目标。NV-heap 系统具有以下几个优点。

①指针安全：最大限度避免了误用指针导致的内存分配错误；

②灵活的 ACID 事务：NV-heap 允许并发修改，并对应用和系统崩溃具备鲁棒性；

③相似的接口：NV-heap 的编程接口与传统的易失性数据结构开发接口相似；

④高性能：避免了访问底层的易失性存储介质，实现了高性能访问；

⑤可扩展性：NV-heap 具有非常大的扩展空间，可以容纳数 GB 甚至数 TB 的数据结构。

（2）HEAPO　HEAPO 也是一个轻量灵活的持久性堆，在之前方法的基础上，进一步减少了冗余元数据和系统调用开销，并更加充分地利用了设备访问延迟短以及字节寻址能力强的优势。HEAPO 的主要设计特点如下。

①为持久性堆开发的本地管理层：HEAPO 为持久化对象定义了自己的元数据，从而避免了离散地保存内核和磁盘上的元数据所带来的数据冗余，并消除了元数据同步的开销。

②全局命名空间和局部命名空间缓存：HEAPO 使用了基于三叉树的内存友好的目录结构，维护全局命名空间，并通过现有的目录结构定义局部的轻量级命名空间。

③可扩展对象：在 HEAPO 中，不需要将持久性对象分配给连续的地址空间，因此可以通过直接从持久性堆分配额外的页来扩展对象，这使得持久堆段的使用效率大大提高。

④静态绑定：HEAPO 中的虚拟地址空间的一部分被预留给一个持久性堆，所有进程共享一个全局持久性堆，所有持久化对象都与其虚拟地址静态绑定，从而实现对象共享和指针解析通用。

9.3.2　NVM 作为文件系统

数据处理对时间的要求越来越高，需要新的内存计算解决方案来克服存储和内存之间巨大的性能差距所带来的性能损失。其中，文件系统是存储系统中最基本的基础设施，因此开发内存文件系统可以极大地使涉及数据处理的应用程序受益。基于易失性内存（如 DRAM）的内存文件系统的研究日渐趋于成熟，而 NVM 技术的崛起，提供了实现内存文件系统的另一种可能，以 NVM 为代表的非易失性内存，可以直接连接到内存总线，并提供快速的字节寻址数据访问。但是，传统 I/O 堆栈的设计会对内存中的文件系统造成不必要的工作负载和性能损失。因此，需要重新研究与重新设计文件系统，才能有效地利用内存的优势，这是一个非常重要的问题，也是系统设计者面临的一个极具挑战性的问题。目前的代表性工作有 PRAMFS[4] 和 SIMFS[5] 等。

（1）**PRAMFS**　针对基于磁盘的文件系统的几个缺点，如系统开发较为复杂，由磁盘和 RAM 的差异带来的其他问题等，PRAMFS 应运而生，PRAMFS 适合应用于基于快速 I/O 内存的存储系统，当应用于 NVM 系统时，该文件系统是持久性的。PRAMFS 在架构方面包含如下设计特点。

①所有文件都启用了直接 I/O：PRAMFS 部署在 Linux 操作系统中，所有文件都启用了直接 I/O 的读写方式。同时，PRAMFS 中的文件 I/O 总是同步的，而且进行传输时不需要阻塞当前进程。

②PRAMFS 支持就地执行：使用系统内置的 Xip 模块，成功取代了之前在用户空间和内核空间之间进行内存到内存的数据传输方式，变成了直接对内存进行读写操作，同时，由于消除了备份的需要，Xip 还可以缩短程序的启动时间。

③PRAMFS 是写保护的：首先，相关页表条目全部被标记为只读，对文件系统进行写操作时会暂时将受影响的页面标记为可写，写操作在保持锁的情况下执行，之后再次将页表条目标记为只读。该特性防止了由于错误写入带来的文件系统的损坏。

④PRAMFS 支持扩展属性、访问控制列表、安全标签和冻结等其他技术。

（2）**SIMFS**　SIMFS 是一种高性能持久性内存文件系统，它使用了一个全新的框架，即“文件虚拟地址空间”，在这个框架中，每个打开的文件都有自己的连续虚拟地址空间，该地址空间由一个专门用于文件的分层页表组织。文件系统可以利用硬件内存管理单元通过文件的虚拟地址空间定位文件数据的物理位置。打开文件的虚拟地址被嵌入调用进程的地址空间中，嵌入之后，可以使用虚拟地址直接访问数据页，并在不中断的情况下读取文件数据。文件的地址空间之间没有冲突，因为每个文件都被合并到了一个专用的虚拟地址空间中。SIMFS 能够利用 CPU 中的内存映射硬件来以极高的吞吐量访问文件数据。SIMFS 可以被应用在内核空间或者用户空间，使用了一种伪文件写入技术（PFW）来有效地实现一致性。SIMFS 为应用程序操作提供了一种称为“文件内执行"的方法，避免了传统方法可能会导致的缓冲区与文件之间的数据拷贝的巨大开销，使应用程序直接管理文件系统中的文件，而无须将数据复制到任何缓冲区，并减少系统调用的数量，从而实现比传统方法更高的效率。

　　基于 NVM 开发的文件系统，具有远远强于传统方法的高性能，能够实现高吞吐量的文件数据访问，并能够提供强大的安全性和一致性保证，对于具有 NVM 的计算机系统，这些文件系统可以发挥非常优秀的性能。无论是以持久化内存堆的方式还是以文件系统的方式使用 NVM，都可以成为数据处理技术的基本构件。但是，它们只能提供原子性的低级保证。一些高级特性（如事务语义、非易失数据结构等）也需要在上层数据管理系统中进行相应的修改和改进。

9.3.3　基于 NVM 的多层存储架构

　　数据库管理系统（DBMS）的体系结构设计基于目标存储层次结构。传统的面向磁盘的系统使用两级层次结构，快速易失性内存用于缓存，而速度较慢、耐用的设备用于主存储。因此，这些系统需要缓冲池和复杂的并发控制方案来掩盖磁盘延迟。将此与假设所有数据都可以驻留在 DRAM 中的主存储器 DBMS 进行比较，因此不需要这些组件。但新兴的非易失性存储器（NVM）技术要求我们重新思考这种二分法。这种存储设备的写入速度比 DRAM 稍慢，但所有写入都是持久的，即使在断电后也是如此。这些设备有望减小以数据为中心的应用程序的处理器性能和 DRAM 存储容量限制之间的差异。

　　最近，研究人员为 DRAM-NVM-SSD 层次结构设计了新型三层缓冲区管理器 Hymem。Hymem 采用了一系列针对 NVM 的优化，还采用了一种由四个决定组成的数据迁移策略：DRAM 接纳、DRAM 逐出、NVM 接纳和 NVM 逐出。最初，新分配的 16KB 页面驻留在 SSD 上。当事务请求该页面时，Hymem 急切地将整个页面交给 DRAM。DRAM 驱逐是回收空间的下一个决定。接下来，它必须决定该页面是否必须被允许进入 NVM 缓冲区（如果该缓冲区中还没有该页面）。Hymem 试图找出 warm 的页面。它维护一个最近考虑的页面队列，以做出 NVM 准入决定，并且承认最近被拒的页面。每次考虑进入页面时，Hymem 都会检查页面是否在进入队列中。如果在，它将从队列中移除，并被允许进入 NVM 缓冲区；否则，它会被添加到队列并直接移动到 SSD，从而绕过 NVM 缓冲区。最后，Hymem 使用时钟算法将页面从 NVM 缓冲区中移出。

9.3.4　基于 NVM 的数据库索引

除了提高存储层面的数据管理和分析支持外，索引也是高效组织数据以加速上层数据处理性能的关键技术。基于 B 树、R 树的传统索引和相关优化技术针对磁盘的块存储设计，而 NVM 和磁盘之间存在显著差异，现有索引在 NVM 存储环境中通常不再适用。有必要针对 NVM 研究专门的索引结构，目前的代表性工作有 CAWBT[6]、BzTree[7]、TLBTree[8] 等。

（1）**CAWBT**　CAWBT 是最小的一种 B+树结构索引，比基本的 B+树具有更强的性能，并设计用于 NVM。为了最大化 I/O 性能，它根据缓存行的大小调整原子操作的大小，以此来优化插入和搜索操作。为了保持一致性，索引中节点的重要部分存储在 NVM 中，其余部分存储在 DRAM 中。它将原子写操作的大小定义为缓存行的大小，以此使得 NVM 中的每个节点的重要部分是具有一致性的，并增加 NVM 中一个节点的数据大小。我们进一步使用最小的日志记录和恢复机制，以确保所有的数据是一致的，即使在操作分割之后，完成这个操作仍需要多个超过缓存行大小的原子写操作。

（2）**BzTree**　BzTree 是一种为 NVM 设计的无锁存 B 树索引结构，它使用了一种持久化的多字比较和交换操作（PMwCAS）作为核心构建块。和其他索引结构相比它具有以下几个重要优势：①BzTree 是无锁存的，在执行操作时，要么自动更新所有新值，要么在不暴露中间状态的情况下使操作失败，实现起来很简单；②BzTree 具有很强的性能，实验证明，它的吞吐量能够达到对比方法的两倍以上；③BzTree 不需要任何特殊的恢复代码，恢复几乎是瞬时的，只涉及回滚故障期间正在执行中的相关 PMwCAS 操作；④BzTree 索引结构能够在易失性内存和非易失性内存上无缝运行，PMwCAS 保证在更新成功之后，数据能够在 NVM 上实现持久化，大大降低了代码维护的成本。

（3）**TLBTree**　TLBTree（二层 B+树）是一种用于 NVM 的读写优化的树形索引。在 B+树中，所有操作必须要经过顶层才能到达底层，因此，顶层会被频繁读取，应该是搜索友好的，而由于树索引必须要将数据写入底层，对于底层的写操作更为频繁，因此有必要应用一定的写优化技术。基于上述特点，TLBTree 被设计成了一个读优化层和写优化层分开的结构，在树形索引的顶层中，嵌入了一些读优化方法，而在树形索引的底层中，使用了写优化的结构来组织。通过这种机制，TLBTree 可以减轻 NVM 上索引的读写权衡。此外，由于不同的底层节点可能有不同的写频率，底层可以包含不同的写优化子索引。同时，底层能够有效支持无日志的节点拆分，随着插入的新纪录水平增长，并且使用相互联系的分类指标，当分类指标达到一个阈值时，顶层将会被重建。

9.4 | 基于新硬件的查询处理与优化

9.4.1 NVM 友好的查询优化

传统的查询算法和数据结构在底层存储环境中的基本假设在 NVM 存储环境中是不成立的。因此，传统的算法和数据结构难以在 NVM 存储环境中取得理想的效果。

在之前的研究中，减少面向 NVM 的写操作是一个主要策略。为了优化 NVM 写，研究学者提出了多种技术，包括不必要的写避免[9]、写取消和写暂停策略[10]，死写预测策略[11]，启用缓存一致性的刷新策略[12]，PCM 感知的交换算法[13]。

通过这些针对驱动程序、闪存转换层和内存控制器的底层优化，可以直接使查询算法受益，但也可以从更高级别进行查询优化。在这个级别上，有两种方法来控制或减少 NVM 写操作：一种是利用额外的缓存[14-15] 和 DRAM 的帮助减轻 NVM 写请求；另一种方法是利用低开销的 NVM 读和即时计算替换开销昂贵的 NVM 写入[16-17]。为了进一步减少 NVM 的写操作，甚至可以适当地放宽对数据结构或算法的部分约束[18-19]。

下面介绍几项代表性技术：DASCA[11]、额外缓存技术[14-15]、写入替换技术[16]。

（1）DASCA DASCA 是一种基于 STT-RAM 的缓存架构，它能够有效降低 STT-RAM 最后一级缓存的写能耗，而不需要额外的 SRAM 缓存，也不需要进行任何设备级别的修改。一个学者利用了一个观察结果，提出了"死写"的概念：对最后一级缓存的大量写操作，事实上可以绕过而且不会导致额外的缓存丢失。

在此基础上，该学者首先提出了一种新的死写分类方法，由到达时死写、死值写和关闭写组成，作为消除冗余写的理论模型。DASCA 就是在这个理论模型的基础上，提出的一个死写预测器，它使用了最先进的死块预测器，来决定是否绕过写操作，只有预测器预计不会导致额外的缓存失败时，才会绕过对缓存的写操作，能够预测并绕过死写，从而提高了内存的写入效率。

（2）额外缓存技术 额外缓存技术指利用额外的缓存空间，在 DRAM 的辅助下减小 NVM 写入压力的技术。这里介绍其在 PCM 上的两个工作：写高效的 PCM 感知排序，PCM 感知的哈希连接和分组。

写高效的 PCM 感知排序使用了一个小的 DRAM 缓冲区来利用有效的数据结构来缓解 PCM 写入。算法分为两个部分，第一部分是从磁盘中采样数据构造一个直方图，从而将内存中的数据分成桶状，第二部分是将快速排序和计数排序分别应用到不同的桶上，以便在 PCM 上产生最小的写操作。

另一个学者针对数据库的另外主要操作符：哈希连接和分组，进行了重做和优化，使得其能够应用在基于 PCM 的计算机系统上，在不影响执行时间的情况下大幅度提高写性能，同时提出了新技术下的写操作的估计方法，用于集成到查询优化器中。

（3）写入替换技术　写入替换技术指的是使用低开销的 NVM 读和即时计算等操作来替换昂贵的 NVM 写入操作的技术。我们介绍一个代表性的工作：一致和持久化的数据结构（CDDS）。该系统使用单级非易失性可字节寻址内存（NVBM）层次结构，使用 CDDS 来存储数据，从而允许在不修改处理器的情况下在 NVM 上创建无日志系统。该学者构建的 CDDS 已经更新到可应用的版本。CDDS 可以从一个一致的状态自动移动到下一个一致的状态，而不需要额外写操作。而故障恢复会将数据结构恢复到最新的一致版本。同时，该工作还实现了使用现有处理器创建能够实现持久性和一致性的原语。

未来，如何设计、组织和操作限制写的算法和数据结构是一个紧迫的问题。然而，需要注意的是，对于 NVM 的非对称读写成本，主要的性能瓶颈已经从磁盘的顺序读写和随机读写的比例转换为 NVM 读和写的比例。因此，以往的代价模型不可避免地无法准确刻画 NVM 的访问模式。

9.4.2　基于 GPU 等新计算硬件的查询优化

随着通用图形处理器（General-Purpose Computing On Graphics Processing Unit，GPG-PU）计算技术的流行和数据量的快速增长，使用 GPU 进行查询优化成为数据库方向的研究热点。

目前的一些研究成果已经能够在数据库中运用 GPU 的并行计算能力，在查询任务间能够协同进行 GPU 资源管理，支持并发的查询操作，提高其资源利用率，同时这种架构能够支持细粒度的查询并行。目前基于 GPU 的数据库查询优化设计主要集中在减少 GPU 延迟和细粒度协同处理以优化哈希连接。一方面要考虑到负载均衡问题，也即在实际应用动态的根据系统的计算资源调整数据库的数据划分比例，以避免出现内存不足、GPU 空间不足等问题。另一方面则要在数据预取机制上进行优化，以便 GPU 尽可能地从缓存中获取数据。

在重写查询条件方面，文献［20］介绍了 GPUCC 编译器，用以执行各种通用的和 CUDA 特定的优化，以生成高性能代码。该文提出了 3 种技术：循环展开与函数内联、内存推断、直线标量优化。

（1）循环展开和函数内联　因为在 GPU 上进行跳转或者进行函数调用的代价远比 CPU 上更加高昂，因此 GPUCC 提供了循环展开和函数内联功能，其为标量替换聚合（SROA）提供了更多机会。

（2）内存推断　了解内存访问空间可以让 GPUCC 更快加载和存储 CUDA C/C++标准编译后生成的虚拟 ISA 格式文件（PTX），CUDA C/C++将内存空间指定为变量类型限定符，其只用于变量声明，因此 GPUCC 可以识别由指针派生的空间，也即共享空间只有一个变量声明，减少数据重复。

（3）直线标量优化　简化执行整数或指针运算的部分冗余表达式：GPUCC 从指针算法中提取常量偏移，从而使得寻址模式为 var+偏移量的模式；全局重新关联；将代码中的冗余简化为已经计算过的表达式。例如已经保存了 $b×n$，那么 $(b+1)×n$ 可以分解为 $b×n+n$，将乘法运算转化为加法运算。

在重写查询连接方面，文献［21］针对 OLAP 中事实表与多个维表之间星形连接执行代价较高的问题，提出了一种在 CPU-GPU 平台上进行优化的方法。基于向量连接的 OLAP 查询处理方法主要包括 3 个处理阶段。

①维映射：将 SQL 命令分解到相关的维表上的 SELECT 操作。

②星形连接：迭代存储与事实表对应的外键列和维映射生成的维向量的多表连接的结果。

③聚集运算：将动态字典进行压缩，聚集 GROUP BY 属性字典表的属性并映射到多维数组。

在 GPU 平台下进行优化时，需要在共享层执行向量索引方位，降低响应延迟。

CoGaDB[22] 中也实现了星形连接查询优化，其用布尔代数将星形连接生成的维向量结果合并以减少后续的数据量。它针对 OLAP 中最常见的 PK-FK 连接问题，先将 PK 排序，然后给每个工作线程组（warp）分配一定数量的 FK 值，warp 用二分法找到 PK 中的匹配值。

在减少算子方面，文献 [23] 针对目前人工调节算子分配时出现缓存颠簸的问题，提出了一种基于数据驱动的算子分配优化策略：先找到数据的所在位置，才决定是否放置算子。在 CPU-GPU 平台架构下，只有当某算子所需求的数据已经被存放在 GPU 上时，才会分配该算子，进而 GPU 对算子进行运算。该文献将 GPU 的显存分为两部分：存储中间数据结构的堆栈空间以及管理算子输入输出数据的高速缓冲区，二者通过集中控制并发查询占用的资源，解决缓存颠簸和数据反复迁移的问题。

我们可以从传统数据库中得到经验，未经优化的和最优化的查询计划之间的性能差异是可能达到较高数量级的。虽然上面的几种异构平台查询优化算法能够较为显著地提高数据库性能，但是考虑到异构平台的环境特点、查询优化时的连接顺序问题、PCI-E 总线瓶颈问题、无法确切估计查询规模等难题，异构查询优化问题变得更加困难。目前，基于人工智能的异构查询优化是研究热点，有望在 GPU 数据库的查询优化问题中发挥关键作用。

9.4.3　基于 GPU 等新计算硬件的高性能查询处理

高性能查询处理可以在多种架构的平台上被执行，比如说单核 CPU 平台、CPU-GPU 异构平台等。而高性能查询处理中又包括查询计算、并行计算和数据迁移等，想要增强查询处理的性能的重点，则需要允许能够对复杂形势的数据进行并行计算，因为随着 GIS 和对地观测等获取空间数据的技术的进步，传统并行计算在应对类型多样的空间查询处理和分析方面面临严峻的挑战，遇到了支持数据类型单一的困难。

在空间数据索引方面，文献 [24] 中针对多个时间段内进行跨越多个地理区域的查询计算成本较高并且响应速度较慢的问题，提出了一种新的索引方案 STIG（Spatio-Temporal Indexing using GPU），旨在利用 GPU 支持数据的时空查询。STIG 是 KD 树的推广，STIG 树由中间节点和一组叶块组成，用于将数据记录存储在连续的内存位置。在 CPU 上使用串行算法构造 STIG 树，然后将其传输到 GPU 进行查询处理。STIG 上的空间查询执行（如图 9-2 所示）包括两个步骤：①识别满足搜索条件的叶节点；②检查已识别节点中的所有数据点，以确定最终结果。STIG 过程每次进行一个查询。然而，在并行化一棵树搜索时，要实现高度并行并不容易，尤其是当算法访问树的更高层时。

因此，STIG 为这一步在 GPU 上采用了数据并行解决方案，其中所有叶块都被传输到 GPU，并以蛮力方式扫描。文献［25］则是在 GPU 上实现了四叉树索引，其相较于 STIG，查询并发度更高切支持动态更新。

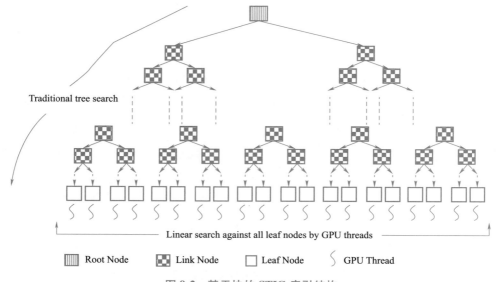

图 9-2　基于块的 STIG 索引结构

在 GPU 的空间查询方面，文献［26］提出了一种对 GPU 友好的全新几何模型，它将空间中的所有元素（点、线、面的组合）统一表示成一种名为"Canvas"的空间数据对象，并且针对该空间数据对象设计了一个空间代数，重新定义了包含 Canvas 对象中的 5 种基本空间算子：形变（Geometric Transfer）、值变（Value Transfer）、选取（Mask）、相交（Blend）和分解（Dissect）。因此所有的空间查询都可以转化成 Canvas 对象上的空间代数几何运算，这种方法主要利用了 GPU 擅长处理二维图像数据的特点，能够实现空间数据的范围选择、距离选择、形状选择、空间连接、聚集函数和近邻查询等功能。

在近邻搜索方面，文献［27］针对 kNN 搜索仅适用于度量空间或者低维数据的问题，提出了一种新的基于 GPU 的穷举算法来解决 kNN 查询。该算法主要是通过 GPU 合并 I/O 操作，以最小化内存访问量，其中包含如图 9-3 所示的两个步骤，第一步需要通过枢轴来减少搜索范围，每次处理都需要选定枢轴元素，之后将所有不小于枢轴元素的元素去除，然后进行迭代，最终保留不少于 K 个元素；第二步使用一组堆作为辅助结构来返回 k 个最终结果。并且该文还扩展了该算法以能够适用于多 GPU 平台。

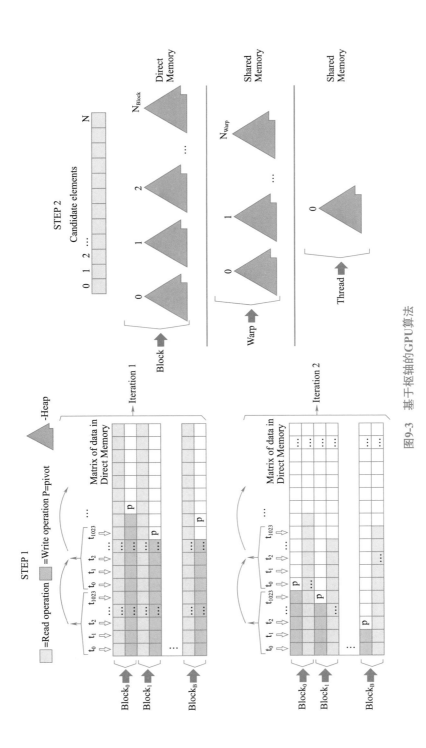

图9-3　基于枢轴的GPU算法

在异构存储体系下，对于 GPU 数据的存储管理、压缩和索引是高性能查询处理的关键。一方面，要充分利用 GPU 对于并行计算的良好支持来降低查询响应延时以及提高数据吞吐量；另一方面，考虑到 PCI-E 总线上的性能瓶颈，要尽可能利用硬盘的大存储空间特点、可持久存储设备以避免高频率的数据迁移，最终提高数据的处理总量和可用性。因此，基于 GPU 等新计算硬件的高性能查询处理还需要解决索引、并行连接、近邻搜索等问题。

9.5 基于新硬件的持久化与事务处理

9.5.1 基于 NVM 的日志与持久化技术

根据 NVM 的特性设计高性能的日志和持久化机制来同时保证 NVM 文件系统的元数据和数据的一致性，实现系统崩溃后数据的快速恢复，以及提供应用程序级别的数据一致性保护，从而提高应用程序的整体性能，具有重要的价值。

非易失内存技术的发展使得基于非易失内存的文件系统成为当前的研究热点，在基于非易失内存的文件系统的研究中，一致性问题仍然是重点研究内容。当前，具有代表性的 NVM 文件系统有 BPFS、SCMFS 和 Aerie 等。

BPFS 的数据组织形式是树形结构。树的每个节点都是大小为 4KB 的页面，内部节点是索引信息，叶节点是实际的数据，文件的索引节点存放着文件大小和根指针等元数据信息。BPFS 利用了 NVM 字节可寻址的特性，提出了 3 种更新策略：就地更新、就地追加写和部分写时复制技术（Short-Circuit Shadow Paging，SCSP）。其中，部分写时复制技术基于传统的写时复制技术，结合 NVM 的字节寻址、就地修改的特性，只对部分数据块进行拷贝和持久化，解决了传统写时复制技术中从修改处到文件系统根的冗余拷贝的问题，从而大幅减少了数据拷贝带来的开销。SCSP 保证了文件系统的一致性和可靠性，但是需要通过修改硬件来提供支持，可移植性不好。另外，当更新操作覆盖到文件系统树的大部分区域时，SCSP 仍然会导致写放大，影响系统性能。SCSP 虽然优化了传统的写时复制技术，但是也带来了一定的问题。

SCMFS 通过修改操作系统的内存管理模块来管理非易失内存设备，是建立在系统内核地址空间之上的。SCMFS 把文件映射到一块连续的虚拟地址空间中，通过这种管理方式可以使文件系统的管理更方便、简单，因为对每个文件来说，只需要管理一个文件大小和起始地址。SCMFS 的文件组织结构与传统的文件系统类似，SCMFS 通过采用空间预分配机制对文件进行空间的分配，可以避免频繁调用内存管理函数，从而降低分配空间带来的开销。在一致性方面，SCMFS 没有为元数据和数据提供任何一致性保证。

Aerie 允许上层应用直接访问 NVM 设备，并且允许应用程序自己定义访问 NVM 文件系统的接口，从而消除了传统访问方式中冗余的内核开销。Aerie 提供了一个用户类型的库 libFS 使得文件系统的元数据和数据能够被直接访问，Aerie 把文件系统分成了用户库 libFS 和文件系统服务（File System Service，TFS）两部分，libFS 提供文件系统访问接口。TFS 对元数据使用 redo 日志来进行更新，把新的元数据拷贝到日志中并且持久化，元数据写回后使用 wlflush 进行刷新。当发生系统崩溃时，通过日志中记录的元数据来进行系统恢复。TFS 只对元数据进行了一致性保护，没有对数据进行一致性保护。

9.5.2　众核、异构环境下的并发控制

传统并发控制技术主要基于两阶段加锁（Two Phase Locking，2PL）或者时间戳序（Timestamp Ordering，T/O）。2PL 将事务的锁控制分为获取与释放两个阶段，其他基于 2PL 的并发控制策略，主要在死锁检测或死锁避免上进行改进。T/O 并发控制策略利用事务的时间戳可以有效地解决不同事务的冲突操作，不同策略间的区别主要在于冲突解决的粒度以及冲突解决的时机。然而，随着众核处理器的出现，丰富的硬件环境带来的高并行性使得事务的高度竞争与频繁中止成为新的瓶颈。研究表明[28]，在众核环境下，传统并发控制技术出现明显的性能下降。此外，GPU 以及 FPGA 等硬件以其不同于通用 CPU 的特殊数据处理优势，被逐渐应用于数据库中，同时出现了 Q100 等针对数据库事务处理的专用处理器[29]，异构环境下的事务并发控制需要考虑新硬件的利用与协调。本小节关注众核、异构环境下提出的新型并发控制技术。

自适应并发控制（Adaptive Concurrency Control，ACC）框架支持 2PL、乐观并发控制（Optimistic Concurrency Control，OCC）等多种并发策略。ACC 对数据进行动态集群，并在每个集群中选择最佳并发策略，以克服单个并发策略无法适应工作负载动态变化的问题。其中，以下 4 个关键点是 ACC 需要解决的：①如何实现最小化跨

分区事务的数据分区；②如何在给定工作负载配置文件的每个分区内选择最合适的并发策略；③如何协调一组混合并发策略；④如何在确保事务正确性的同时进行并发策略的转换或者分区的合并。具体的工作流程是，首先利用分片并发控制策略 H-Store[30] 处理可分区的工作负载，当跨分区的事务超过阈值时，对分区进行合并以消除跨分区协调的代价。由于每个最终的分区中所有数据都由单个线程进行处理，合并的分区个数具有上限。因此，当无法消除跨分区事务时，在低竞争分区，ACC 采取具有采用消除等待策略以避免死锁的 2PL，而对于高竞争分区，ACC 选择使用 OCC 进行并发控制。为了进一步简化并发策略的共存，ACC 提出了一种面向数据的混合并发控制策略，针对每一条数据记录采用一种策略。因此，在一条记录上不需要考虑多种并发策略的协调。

QueCC[31] 提出了一种面向队列、无控制、面向多 Socket、多核架构的并发框架。与其他控制策略相比，QueCC 在运行过程中体现出最小的冲突，并且在提供可序列化保证的同时不要求事务之间进行协调。QueCC 将一组批处理事务的并发分为计划和执行两个不相交的阶段，从而削弱了在事务实际执行过程中对并发控制的需要并消除了执行引起的中止。其中，事务的执行队列是为不相交的数据逻辑分区动态创建的，任何线程都可以动态处理任何队列。

详细的 QueCC 协议可以描述如下。QueCC 运行一组具有预定义优先级的计划器线程，在计划阶段，每个计划器都会收到一组事务，将事务分解为一组读/写操作（或片段），并将这些操作按本地选择的串行顺序放入队列中。每个队列都为不相交的数据分区保存操作，计划器的目标是将操作分配到一组大小几乎相等的队列中。在每个计划器中，可以任意合并或拆分队列以对队列进行负载均衡。其中，跨计划器队列只能按照每个计划器的严格优先级顺序进行组合。只要保持执行优先级不变性，任何执行线程都可以在没有任何协调的情况下任意处理任何剩余的队列。根据动态定义队列的方式，来自同一事务的独立操作可能由多个执行线程并行处理，而执行器之间没有任何同步；这利用了事务间和事务内的并行性。处理完所有队列后，批处理就完成了，并且所有事务都被提交，为了确保持久性和可恢复性，重新创建执行队列所需的所有参数都会被记录下来。

GalOP[32] 使用 GPU 加速相同类型的事务并发。即使 OLTP 工作负载由大量并发事务组成,许多事务仍然执行相同的逻辑;也就是说,并发运行的许多事务都是相同事务类型的实例[33]。因此,GalOP 的一般思想是,主导事务(即占总负载很大比例的类型)被发送到 GPU 进行批处理,而其他(非主导)事务则在 CPU 上分批执行。GalOP 根据事务的参数选择将事务放入 CPU 立即执行或进入队列推迟到以后以批处理模式执行。当队列中批处理事务个数超过给定值,当前批处理的事务参数和最新数据副本被转移到 GPU,并调用执行事务批处理的 GPU 内核。一旦 GPU 批处理完成,结果(即输出参数)以及来自 GPU 的更新将被复制回 CPU。在该过程中,较大的 CPU 内存中保存所有表的主副本,而只有批事务所需的表的次要副本保存在 GPU,且不同于 CPU 内存中多版本控制的表,GPU 表只存储单版本以减少 GPU 内存开销。该版本控制方法可以支持 CPU 和 GPU 上事务的高效协同执行以及主副本之间有效的同步。

9.5.3　基于 RDMA 的分布式事务

对于大量关键应用程序,即使需要可伸缩性[34],也不可能放弃事务机制。在传统的网络环境中,有限的带宽、高延迟和开销导致分布式事务不可扩展。利用 RDMA 的高性能网络将消除网络带宽和 CPU 开销这两个限制因素。Oracle RAC[35] 有 RDMA 支持,包括使用 RDMA 的原子和原语。然而,RAC 并没有直接将 RDMA 的优势用于事务处理。此外,IBM pureScale[36] 使用 RDMA 为数据库提供高可用性,但也依赖于集中式管理器来协调分布式事务。为了避免由 RDMA 造成的 CPU 消息开销,一些数据库组件的设计及其数据结构必须进行改变。同样,事务协议也需要重新设计,以避免固有的瓶颈产生。

快速远程内存(Fast Remote Memory,FaRM)是一个分布式计算平台,它使用主存进行数据存储[37]。FaRM 利用 RDMA 单边读写,将远程内存作为一个共享的全局内存空间。应用程序可以在这个空间中分配、读、写和释放对象,而对象的物理位置是透明的。FaRM 为应用程序提供了一个可串行化事务的接口。一组对全局共享内存的操作被作为一个事务。读操作会读取一个给定其地址和大小的对象,读操作使用 RDMA 将数据读入本地缓冲区。若要更新对象,事务必须首先读取该对象,然后执行写操作。写操作创建本地缓冲区的副本并修改对象数据。每个读写操作都在事务的读集和写集上进行更新,以反映迄今为止事务的所有操作。应用程序通过提交事务使写操作可见和持久化。在提交时，事务的启动端充当协调器。协调器向写集中的所有节点发送"准备"消息，以对修改的数据对象进行加锁。在收到所有参与者的确认后，协调器将向读集中的所有节点发送"验证"消息，以验证读取的版本是否是最新的。如果验证成功，协调器将向所有参与者发送"提交"消息。FaRM 中的事务可能会由于验证失败或无法接收到对消息的回复而中止。

尽管 RDMA 能够加速全局共享内存的读写速度，但在分布式事务中加锁依然会造成很大开销。FaRM 提出可以和事务进行串行化的无锁读操作。一个无锁操作的前后边界由启动函数和结束函数的调用所标识。启动函数读取对象头，检查对象是否已解锁，并读取版本号。结束函数验证版本号是否被更改，从而保证此事物中所有读操作的一致性。

NAM-DB 是基于 RDMA 设计的数据库，它的架构从逻辑上解耦了计算节点和存储节点，并利用快照隔离（SI）进行并发控制：在事务执行阶段，计算节点先从存储节点获取读时间戳 rts，随后使用 RDMA 将远端数据读入本地，并在本地建立更新读集和写集，事务执行完成后进入提交阶段。在提交阶段，计算节点从存储节点获取提交时间戳 cts，并使用 RDMA 原子操作对其加 1。接着，检查写集中每条记录在存储节点中对应记录头的版本号和锁标志位。若版本号与本地读集版本号相等且未加锁，则对其加锁并验证成功。当写集中所有记录通过验证后，将本地记录更新至内存节点，修改记录头的版本号为 cts 并解锁。最后，计算节点将提交时间戳和事务执行结果（提交或终止）发送至存储节点的链表。存储节点的时间戳管理器不断扫描链表并将最新的提交时间戳更新为读时间戳。

NAM-DB 在存储节点提供多版本数据库记录的方案。如图 9-4 所示，记录的最新版本称为当前版本，存储在专用存储区域中，每当事务更新记录（即需要安装新版本）时，当前版本移动到旧版本缓冲区，并安装当前版本。因此，总是可以使用一个 RDMA 请求来读取最新版本。旧版本缓冲区由两个固定大小的循环缓冲区组成，分别存储记录头与数据负载。头部分的大小通常比数据部分要小得多。这样查找特定版本时，只需要读取所有的标头，而不需要读取有效负载。缓冲区中最老的版本会被不断地复制到溢出区域。

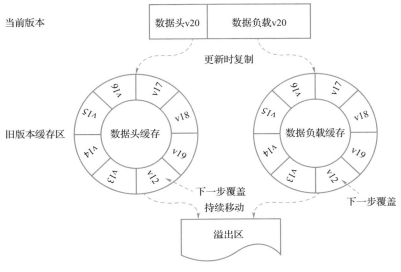

图 9-4　版本控制与记录存储结构

9.6 | 基于新硬件的数据库系统架构

9.6.1　多级存储架构

根据不同种类的 NVM 的特点以及访问需求的差异，以合适的方式将其融入存储架构是最基础的问题。无论是高吞吐的事务处理还是数据密集型计算，都需要高性能存储环境的支撑，融入 NVM 的新型存储环境有望跨越 CPU 与外存之间的性能鸿沟，消除计算机系统中制约上层软件设计的 I/O 瓶颈。

将 NVM 融入现有存储体系的策略主要有两种：替换与混合。如图 9-5 所示，由于不同的 NVM 在访问延迟、耐久性等方面各具特点，理论上可以出现在传统存储体系的任何层级中。

替换

（1）替换片上缓存　STT-RAM 的高写耐受性使其适合替换片上缓存。但是相比于 SRAM，STT-RAM 仍然存在写延迟高和写功耗高的劣势，一些适用于 SRAM 的经典技术的有效性也因此受到一定的影响。如果将 STT-RAM 作为最后一级缓存（Last Level

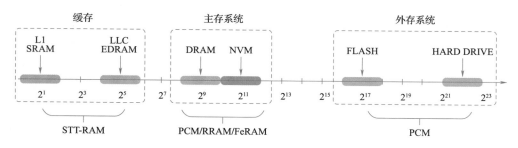

图 9-5 存储层级示意图

Cache，LLC），其写延迟会对传统预取技术的有效性产生明显的影响。针对此，为关键路径上的访问请求分配较高的优先级，可以避免较长的等待时间，从而有效控制写延迟对系统性能的影响。同时，系统整体性能受写请求频率、访问冲突以及缓存容量等多个因素的共同影响，因此需要在局部和全局进行全面权衡。于是，请求优先级（RP）和局部-全局预取控制（HLGPC）等技术被提出。实验结果表明，通过组合应用上述技术，在四核系统中获得了 6.5%~11% 的系统性能提升，并节省了 4.8%~7.3% 的能耗。

（2）替换外存　用 NVM 直接替换外存，也是在存储体系中使用 NVM 的主要方式之一。为低速块级外存设计的软件系统是限制与 NVM 进行高速 I/O 的关键问题，同时，一些对于块级设备行之有效的假设和设计策略也需要被重新考量。中断驱动的异步 I/O 访问模式一直以来都是一种非常有效的面向磁盘的数据读写方式，其不但缩短了宝贵的 CPU 周期，而且提供了重新排列和融合多路 I/O 的机会以提高块级设备读写性能。但是按位访问的 NVM 的高速 I/O 能力，使得异步读写以及 I/O 调度所能获得的收益逐渐消失。对于高速 NVM 设备，异步 I/O 中高优先级的中断不但会消耗大量的 CPU 资源、增加单请求响应延时，同时，中断引发的进程切换以及随之带来的缓存抖动等问题还将极大地影响系统的整体性能，而基于轮询的同步 I/O 则能使 NVM 获得更高的收益。面向 NVM 的同步 I/O 模式对于上层软件的设计也是值得借鉴的，虽然需要在软件层面进行一定的调整，这是因为诸如缓存和预取等一些经典的策略在同步 I/O 模式下将失去以往的作用。需要指出的是，即使是针对高速的 NVM 设备，当存在大规模数据读写以及较高的硬件延迟时，异步 I/O 访问模式依然高效。因此，有效地混合异步和同步 I/O，是提高 NVM 存储环境下系统读写能力的重要途径，值得进一步探索。写延迟对于数据库事务提交的性能影响是非常显著的，因此上述研究对于上层软件系统的高效执行是非常重要的技术支撑。

直接替换方案是否真正可行，取决于未来量产的 NVM 能否在关键性能指标上全面地超越传统存储介质。因此，还有一些研究者提出了基于 NVM 与传统存储介质混合的存储构成技术方案。线性平行和主从层级是两种主要的混合模式：对于线性平行模式，DRAM 和 NVM 同时作为主存，统一编址；而对于主从层级模式，一般是 DRAM 作为 NVM 的缓存，相当于在原有的存储层级中新增了一层，进而可以扩展为多层。与混合存储组织方式相关的研究涉及数据分布、数据迁移、磨损均衡、缓存管理、元数据管理等诸多技术。这两种混合内存结构各有优劣，平行结构可以避免冗余且编程简单；而层次结构可根据不同层级的访问特征为冷热不同的数据提供更有效的访问，也可以利用缓存中的副本缩短数据访问时间。混合的技术思路为 NVM 和传统存储介质的融合在性能、使用寿命、能耗和容量上找到了平衡点。未来会不会出现由 NVM 构筑的统一内外存存储环境，取决于 NVM 技术的最终发展趋势和产业化水平。其间，需要不断重新审视传统的针对数据访问行之有效的经典假设和技术，并设计全新的算法来适配新的存储环境，特别是像 I/O 密集型的数据库技术领域。

9.6.2　异构计算架构

查询处理是数据管理中的核心操作，异构计算架构（CPU+GPU）提供的高度并行性和可定制能力使得现有的查询处理和优化机制难以应用。研究异构环境下的协同查询处理技术、查询优化技术、混合查询执行计划生成技术等具有重要意义，特别需要研究数据处理操作在 CPU 和 GPU 之间的自动调度以发挥芯片最大算力。

GDBMS（GPU Accelerated Database Management System）即使用 GPU 加速数据处理的数据库管理系统。主要可以将 GDBMS 分为 3 类。

①在传统的数据库基础上，将特定的算子转移到 GPU 上以加速数据处理，该类数据库有以 PostgreSQL 为基础的 PG-Storm 系统和 DB2BUL 等。该类数据库的特点是由传统数据库而来的，因此具有完善的周边工具以及一定程度上的与 OLTP 系统集成的能力。

②使用 GPU 完成绝大多数的数据处理和计算，可以处理 10TB 以上的数据量，其中有 BlazingDB。

③内存型 GDBMS 将数据驻留在内存中，以便发挥 GPU 的性能，但由于存储容量和 PCI-E 总线瓶颈限制，一般处理的数据集大小在 1TB 到 10TB 之间，包括 OmniSci（原 MapD）、Kinetica 等。

文献［38］中介绍了 MapD 平台，即现在的 OmniSci 平台。MapD（OmniSci）通过将数据分区，对分区数据执行粒度更精细的核函数执行，不但实现了超过 GPU 显存容量的查询技术，而且有效提高了数据并发度，实现分块数据流水化处理的效果。OmniSci（MapD）与 Kinetica 数据库均借助 GPU 优秀的高速并发处理和图形化渲染两大优势，以接近实时的处理速度进行时空大数据量查询和可视化，取得了极佳的用户体验。根据 OmniSci（MapD）最新的白皮书介绍[39]，在 10 亿行出租车时空数据查询分析中，性能超过 PostgreSQL 达 22~7238 倍，更是比 Spark 快 1884~43000 倍。

文献［40］提出了 MultiQx-GPU 系统用以管理 GPU 内存，该系统主要采用了分治的思想。当系统发出查询（例如 SELECT）时，数据被分割成多个数据块，这些数据块被发送到 GPU，并在 GPU 上单独处理。一旦一个区块被完全传输到 GPU，内核就会为这个区块启动。所有数据元素的内核执行完成后，已处理区块的结果从 GPU 全局内存复制回主内存，并存储在主内存中，直到所有区块的结果返回。对每个块重复这个过程，之前的块及其结果占用的内存被覆盖或提前释放，以便在 GPU 内存中为新块留出足够的空间。当所有区块的执行完成时，流程结束。最后将所有部分结果合并到主存储器中。

分治方法可分为串行处理和异步处理。在串行处理中，数据块被传输到 GPU，对该数据执行查询，结果被传输回 CPU。然后，传输和处理下一个块。图 9-6 展示了传输一个数据块并对其执行操作的过程。可以看出，当整个数据块传输到 GPU 后才进行处理时，会花费大量时间等待传输，而 GPU 仍然处于空闲状态。如图 9-7 所示，异步处理将数据传输与执行重叠，因此在执行 GPU 内核时仍会发生数据传输。在最糟糕的情况下，当完全没有重叠发生时，性能也会与连续传输和处理块时一样。因此，在经验下通常选择异步处理数据，因为即使在最坏的情况下，其速度也能与串行处理相当。

执行
传输

图 9-6　分治法的串行处理

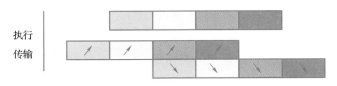

图 9-7　分治法的异步处理

　　文献［41］针对 GPU 与慢速存储之间的速度差异，提出了一个可扩展的 GPU 加速 OLAP 系统 HippogriffDB，它通过压缩和优化的数据传输路径来解决带宽差异。HippogriffDB 以压缩格式存储表，并使用 GPU 进行解压缩，用 GPU 周期换取改进的 I/O 带宽。为了提高数据传输效率，HippogriffDB 引入了一种对等、多线程的数据传输机制，直接将数据从 SSD 传输到 GPU。HippogriffDB 采用基于块的查询执行模型，该模型使用基于流的方法提供可伸缩性。该模型通过算子融合和双缓冲机制提高了内核效率。HippogriffDB 使用 SSD 与 GPU 进行直接的压缩数据传输以提高整体性能。在实验中，HippogriffDB 的性能比 YDB 高出一个数量级，比 MonetDB 高出 2 个数量级。

　　文献［42］总结了 GDBMS 的一般原则，认为 GDBMS 应包含 7 个共有结构：SQL 解析和逻辑优化层、物理优化层、算子层、数据访问层、数据并发原语层、数据管理策略层和数据存储层。其中主要功能在 SQL 编译、查询优化、查询计划执行、存储管理系统 4 个方面。在实现以上功能的过程中，都要考虑到在异构平台中发挥 GPU 的性能以及解决 GPU 与其他硬件的差异的问题，因此 GDBMS 发展面对与传统的数据库完全不同的挑战，需要重新设计针对异构平台的算法以提升性能。

9.6.3　分布式架构

　　RDMA 技术的出现改变了传统分布式数据库的架构，它既不是传统意义上的共享内存系统（因为没有缓存一致性协议），也不是一个纯粹的信息系统（因为数据可以直接通过 RDMA 读写）。为了充分发挥高速网络的性能，进一步扩展分布式数据库，数据库的组件与底层架构必须进行改变。下面介绍一些基于 RDMA 设计的分布式数据库系统。

　　NAM-DB 是一种可以基于 RDMA 网络技术进行扩展的分布式数据库系统。其将计算服务器中的事务执行与存储在存储服务器中的事务状态的管理严格分离。NAM-DB 中的表结构使用存储键值对的哈希表，便于计算服务器通过单边 RDMA 操作执行所有的表操作。通过范围划分将哈希表分为多个表并分别存储在多个存储服务器中。NAM-DB 还为存储服务器设计了索引、内存管理、垃圾回收以及数据持久化等功能。

Crail 是一个用于分布式数据处理的高性能 I/O 开源框架,可支持各类应用程序和工作负载[43]。Crail I/O 体系结构的主干是 Crail 存储器,这是一个高性能的多层数据存储器,可用于分析工作负载中的数据。Crail 模块位于 Crail 存储器上层,实现高级 I/O 操作,通常针对特定的数据处理框架进行定制。Crail 存储器将数据分配到不同的层中,存储层由存储介质与通过网络访问数据的 RDMA 协议所定义。存储器向上提供异步的读写接口,与 RDMA 的异步硬件接口相匹配。存储器还支持在文件写入过程中自定义分配存储块的细粒度控制。应用程序可以指定存储文件数据的首选物理存储节点或节点集,同时也能指定存储层。不同于以本地存储资源优先的垂直分层,在没有专门指定的情况下,Crail 使用水平分层,通过低延迟的 RDMA 网络,使整个集群优先使用性能较高的存储层。Crail 模块提供了与数据处理层直接连接的接口,实现了洗牌(shuffle)、广播、HDFS 适配器等功能。

TH-DPMS 是一个基于 RDMA 和持久性内存的分布式存储系统[44]。图 9-8 为系统的层次结构。TH-DPMS 的核心是持久性分布式共享内存(persistent Distributed Shared Memory,pDSM),其通过 RDMA 网卡连接不同节点的持久性内存。在内存层之上,使用传统 API 构建传统存储系统以支持现有应用程序;同时,一些新兴应用程序可以利用内存接口直接与之进行交互。从下而上,pDSM 首先设计了 RDMA 的通信原语 iRDMA,包括使用 RDMA 的高带宽传输、基于定制 RPC 的低延迟消息传递以及远端数据持久化。使用 iRDMA,pDSM 可以将不同的持久性内存服务器组织成一个统一的地址空间。pDSM 的空间分为堆空间与对象空间两类。堆空间使用持久且一致的分配器进行管理,以满足细粒度的空间分配请求(例如为元数据和分配空间);相反,对象空间存储粗粒度的数据(例如文件数据)。复制系统对堆空间和对象空间进行复制。堆空间中的小型项目通过操作日志同步到远程节点,以避免访问瓶颈;较大的数据对象,由客户端通过主副本复制协议直接镜像到其他副本。最后,pDSM 集成了分布式事务系统,因此应用程序可以通过使用事务接口以 ACID 保证更新数据。

NAM-DB 基于 RDMA 对分布式计算和存储服务器进行重新设计,这使得 NAM 体系结构消除了传统分布式数据库的存储服务器瓶颈,但其只针对非常特定的应用程序。

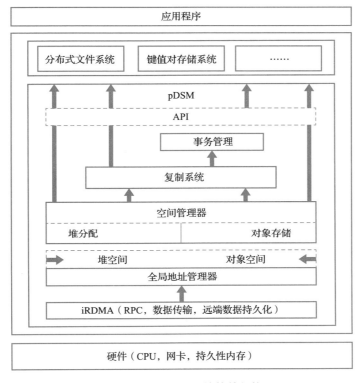

图 9-8　TH-DPMS 的软件架构

Crail 作为一个分布式数据 I/O 框架，在高性能的多层数据存储器上提供接口与模块进行高级 I/O 操作。TH-DPMS 的核心是 pDSM 通用层，它通过 RDMA 连接不同存储节点的持久性内存，组成一个全局共享地址空间，支持高效空间管理、复制和事务。在 pDSM 的基础上，TH-DPMS 为分布式文件系统、键值存储以及高级应用程序提供接口。

9.7 | 未来发展方向

从数据管理软件的发展历史来看，近半个世纪以来，从存储介质层面，数据库经历了磁盘数据库、闪存数据库、内存数据库的发展轨迹，这反映了数据管理软件随底层存储介质变化的趋势。Shore-MT[45]、MapD[46] 等基于众核处理器设计的系统的出现，也反映出数据管理技术随处理器共同演化的趋势。以高性能处理器和硬件加速器、NVM、

RDMA 高性能网络为代表的新硬件技术，将改变传统的数据管理系统的底层载体支撑，数据管理系统将向异构计算架构、混合存储环境和高性能互联网络逐步演进。此类新硬件驱动的数据管理，已成为研究热点且取得一定研究进展，但仍存在以下未完全解决的问题。

1）基于 NVM 的新型存储和索引管理：NVM 的非易失、字节级访问等特点为数据库架构带来了新的挑战和机会，传统的基于页面的存储机制可能不再适应新型 NVM 设备，在混合存储（RAM、NVM、Disk）下的存储和索引管理，是未来重要的研究方向。

2）CPU 和 GPU 混合异构计算：查询处理是数据管理中的核心操作，异构计算架构（CPU+GPU）提供的高度并行性和可定制能力使得现有的查询处理和优化机制难以应用。研究异构环境下的协同查询处理技术、查询优化技术、混合查询执行计划生成技术等具有重要意义，特别需要研究数据处理操作在 CPU 和 GPU 之间的自动调度以发挥芯片的最大算力。

3）基于 RDMA 的分布式优化和调度：RDMA 可以通过单边读写卸载 CPU 压力，需要研究基于 RDMA 的分布式优化技术，包括 CPU 的卸载、可编程网卡的 I/O 卸载，以综合考虑网络 I/O 和磁盘 I/O 的分布式优化模型。

9.8 本讲小结

随着数据量和计算量的快速增长以及新型硬件技术的快速发展，传统的数据库系统软件已经出现了不能完美适用的情况，而且不能发挥出硬件技术发展带来的全部性能。可以预想到，未来的研究工作将在学术界、工业界等已有的数据库系统软件基础上，探索软硬件协同技术与新型硬件适应技术等，在开发更能适应当下的数据库系统软件的同时减少开发工作中的不必要的损耗。总而言之，硬件技术的不断发展带动了数据库系统软件的性能提升。相应地，从另一方面讲，数据库系统软件必须要不断更新、改变，才能充分发挥硬件的潜在性能。

参考文献

[1] SCHLEGEL P，EICHHORN K，BRAND H J，et al. Accelerated fuzzy pattern classification with

ASICs［C］//Sixth Annual IEEE International ASIC Conference and Exhibit. IEEE, 1993：250-253.

［2］COBURN J, CAULFIELD A M, AKEL A, et al. NV-Heaps：Making Persistent Objects Fast and Safe with Next-Generation, Non-Volatile Memories［C］//. Sixteenth International Conference on Architectural Support for Programming Languages & Operating Systems. ACM, 2011, 46（3）：105-118.

［3］HWANG T, JUNG J, WON Y. Heapo：Heap-based persistent object store［J］. ACM Transactions on Storage（TOS）. 2014, 11（1）：1-21.

［4］PRAMFS Team（2016）Protected and persistent RAM file system［EB/OL］. http：//pRamfs. SourceForge. net. Accessed 16 Mar 2018.

［5］SHA E H M, CHEN X, ZHUGE Q, et al. A new design of in-memory file system based on file virtual address framework［J］. IEEE Transactions on Computers, 2016, 65（10）：2959-2972.

［6］LEE D, LEE S, WON Y. Cawbt：Nvm-based b+ tree index structure using cache line sized atomic write［J］. IEICE TRANSACTIONS on Information and Systems, 2019, 102（12）：2441-2450.

［7］ARULRAJ J, LEVANDOSKI J, MINHAS U F, et al. Bztree：A high-performance latch-free range index for non-volatile memory［J］. Proceedings of the International Conference on Very Large Date Bases Endowment, 2018, 11（5）：553-565.

［8］LUO Y, JIN P, ZHANG Q, et al. TLBtree：A read/write-optimized tree index for non-volatile memory［C］//2021 IEEE 37th International Conference on Data Engineering（International Conference on Data Engineering）. IEEE, 2021：1889-1894.

［9］BISHNOI R, OBORIL F, EBRAHIMI M, et al. Avoiding unnecessary write operations in STT-MRAM for low power implementation［C］//Fifteenth International Symposium on Quality Electronic Design. IEEE, 2014：548-553.

［10］QURESHI M K, FRANCESCHINI M M, Lastras-Montano L A. Improving read performance of phase change memories via write cancellation and write pausing［C］//HPCA-16 2010 The Sixteenth International Symposium on High-Performance Computer Architecture. IEEE, 2010：1-11.

［11］AHN J, YOO S, CHOI K. DASCA：Dead write prediction assisted STT-RAM cache architecture ［C］//2014 IEEE 20th International Symposium on High Performance Computer Architecture（HPCA）. IEEE, 2014：25-36.

［12］LI J, SHI L, XUE C J, et al. Cache coherence enabled adaptive refresh for volatile STT-RAM ［C］//2013 Design, Automation & Test in Europe Conference & Exhibition（DATE）. IEEE,

2013：1247-1250.

［13］ FERREIRA A P, ZHOU M, BOCK S, et al. Increasing PCM main memory lifetime ［C］//2010 Design, Automation & Test in Europe Conference & Exhibition（DATE 2010）. IEEE, 2010：914-919.

［14］ VAMSIKRISHNA M V, SU Z, TAN K L. A write efficient PCM-aware sort ［C］//International Conference on Database and Expert Systems Applications. Springer, Berlin, Heidelberg, 2012：86-100.

［15］ GARG V, SINGH A, HARITSA J R. Towards Making Database Systems PCM-Compliant ［C］// Database and Expert Systems Applications. Springer, Cham, 2015：269-284.

［16］ VENKATARAMAN S, TOLIA N, RANGANATHAN P, et al. Consistent and Durable Data Structures for ｛Non-Volatile｝｛Byte-Addressable｝ Memory ［C］//9th USENIX Conference on File and Storage Technologies（FAST 11）. 2011.

［17］ CHEN S, GIBBONS P B, NATH S. Rethinking Database Algorithms for Phase Change Memory ［C］//Cidr. 2011, 11：9-12.

［18］ VIGLAS S D. Adapting the B+-tree for asymmetric I/O ［C］//East European Conference on Advances in Databases and Information Systems. Springer, Berlin, Heidelberg, 2012：399-412.

［19］ CHI P, LEE W C, XIE Y. Making B+-tree efficient in PCM-based main memory ［C］//Proceedings of the 2014 international symposium on Low power electronics and design. 2014：69-74.

［20］ WU J, BELEVICH A, BENDERSKY E, et al. gpucc: an open-source GPGPU compiler ［C］//. Proceedings of the 2016 International Symposium on Code Generation and Optimization. 2016：105-116.

［21］ 刘专, 韩瑞琛, 张延松, 等. 面向多核 CPU 和 GPU 平台的数据库星形连接优化 ［J］. 计算机应用, 2021, 41（3）：611.

［22］ BREß S. The design and implementation of CoGaDB: A column-oriented GPU-accelerated DBMS ［J］. Datenbank-Spektrum, 2014, 14（3）：199-209.

［23］ BREß S, FUNKE H, TEUBNER J. Robust query processing in co-processor-accelerated databases ［C］//. Proceedings of the 2016 International Conference on Management of Data. 2016：1891-1906.

［24］ DORAISWAMY H, VO H T, SILVA C T, et al. A GPU-based index to support interactive spatio-temporal queries over historical data ［C］//. 2016 IEEE 32nd International Conference on Data

Engineering（International Conference on Data Engineering）. IEEE, 2016: 1086-1097.

[25] NOURI Z, TU Y C. GPU-based parallel indexing for concurrent spatial query processing [C]//. Proceedings of the 30th International Conference on Scientific and Statistical Database Management. 2018: 1-12.

[26] DORAISWAMY H, FREIRE J. A gpu-friendly geometric data model and algebra for spatial queries [C]//. Proceedings of the 2020 ACM Special Interest Group on Management Of Data. ACM, international conference on management of data. 2020: 1875-1885.

[27] BARRIENTOS R J, RIQUELME J A, HERNÁNDEZ-GARCÍA R, et al. Fast kNN query processing over a multi-node GPU environment. [J]. The Journal of Supercomputing, 2022, 78（2）: 3045-3071.

[28] YU X, BEZERRA G, PAVLO A, et al. Staring into the abyss: An evaluation of concurrency control with one thousand cores [J]. 2014.

[29] SADOGHI M, BLANAS S. Transaction processing on modern hardware [J]. Synthesis Lectures on Data Management, 2019, 14（2）: 1-138.

[30] KALLMAN R, KIMURA H, NATKINS J, et al. H-store: a high-performance, distributed main memory transaction processing system [J]. Proceedings of the International Conference on Very Large Date Bases Endowment, 2008, 1（2）: 1496-1499.

[31] QADAH T M, SADOGHI M. QueCC: A queue-oriented, control-free concurrency architecture [C]//Proceedings of the 19th International Middleware Conference. 2018: 13-25.

[32] BOESCHEN N, BINNIG C. GalOP: Towards a GPU-accelerated OLTP DBMS [C]//Proceedings of the 17th International Workshop on Data Management on New Hardware（DaMoN 2021）. 2021: 1-3.

[33] REHRMANN R, BINNIG C, BÖHM A, et al. OLTPshare: The case for sharing in OLTP workloads [J]. Proceedings of the International Conference on Very Large Date Bases Endowment, 2018, 11（12）: 1769-1780.

[34] KRUEGER J, KIM C, GRUND M, et al. Fast updates on read-optimized databases using multi-core CPUs [J]. arXiv preprint arXiv: 1109. 6885, 2011.

[35] Delivering Application Performance with Oracle's InfiniBand Technology [EB/OL]. https://www. oracle. com/technetwork/server-storage/networking/documentation/o12-020-1653901. pdf, 2012.

[36] BARSHAI V, CHAN Y, LU H, et al. Delivering continuity and extreme capacity with the IBM DB2 pureScale feature [M]. IBM Redbooks, 2012.

[37] DRAGOJEVIĆ A, NARAYANAN D, CASTRO M, et al. {FaRM}: Fast Remote Memory [C]// 11th USENIX Symposium on Networked Systems Design and Implementation (NSDI 14). 2014: 401-414.

[38] ROOT C, MOSTAK T. MapD: A GPU-powered big data analytics and visualization platform [M]. ACM SIGGRAPH 2016 Talks. 2016: 1-2.

[39] OmniSci. Omnisci Technical White Paper: GPU-Accelerated Analytics-Big Data Analytics at Speed and Scal. 2020. https://www.omnisci.com/platform.

[40] WANG K, ZHANG K, YUAN Y, et al. Concurrent analytical query processing with GPUs [J]. Proceedings of the International Conference on Very Large Date Bases Endowment, 2014, 7 (11): 1011-1022.

[41] LI J, TSENG H W, LIN C, et al. Hippogriffdb: Balancing i/o and gpu bandwidth in big data analytics [J]. Proceedings of the International Conference on Very Large Date Bases Endowment, 2016, 9 (14): 1647-1658.

[42] BREß S, Heimel M, Siegmund N, et al. Gpu-accelerated database systems: Survey and open challenges [M]. Transactions on Large-Scale Data-and Knowledge-Centered Systems XV. Springer, Berlin, Heidelberg, 2014: 1-35.

[43] STUEDI P, TRIVEDI A, PFEFFERLE J, et al. Crail: A High-Performance I/O Architecture for Distributed Data Processing [J]. IEEE Data Eng. Bull. , 2017, 40 (1): 38-49.

[44] SHU J, CHEN Y, WANG Q, et al. Th-dpms: Design and implementation of an rdma-enabled distributed persistent memory storage system [J]. ACM Transactions on Storage (TOS), 2020, 16 (4): 1-31.

[45] JOHNSON R, PANDIS I, HARDAVELLAS N, et al. Shore-MT: a scalable storage manager for the multicore era [C]//Proceedings of the 12th International Conference on Extending Database Technology: Advances in Database Technology. 2009: 24-35.

[46] ROOT C, MOSTAK T. MapD: A GPU-powered big data analytics and visualization platform [M]// ACM SIGGRAPH 2016 Talks. 2016: 1-2.

第 10 讲
数据库系统智能化

本讲概览

在大数据和云计算快速发展的背景下，数据库服务的数量剧增，这对数据库查询优化、索引推荐、故障诊断、参数调优等提出了更高的要求。传统的依赖于启发式算法或者人工干预的数据库系统已经难以满足其需求。

机器学习通过从历史数据和行为中分析、学习找到更好的设计方案，可以替代很多繁杂的手工工作。因此机器学习技术已经被广泛运用到多个科研和生产领域，为传统数据库系统带来了新的机遇。在 2015 年的 ACM SIGMOD 会议上，Ré 等人[1] 最早明确提出关于机器学习与数据库系统结合的思考，由此开始了对智能化数据库系统的研究。

智能数据库系统是指数据库系统具有智能化，借鉴机器学习技术，可以实现包括数据库的自优化、自管理、自监控、自诊断、自恢复等在内的多维度的高度自治功能。从功能角度看，智能数据库系统也被称为自治数据库系统；从技术角度看，智能数据库系统也可被称为 AI 赋能的数据库系统。

10.1 | 智能化数据库系统概述

10.1.1 智能化数据库系统研究动机

随着数据库系统 MySQL、Oracle 等在行业中的广泛应用，传统的数据库算法已经趋于完善。但大数据时代对数据库系统提出了更高的要求，数据量增大、数据的类型模式不断增多、查询工作负载复杂多变要求数据库系统有更高的处理效率，同时也要具备快速、准确地响应工作负载动态变化的能力，而现有的数据库系统往往不能满足这些要求。

有学者采用资源解耦方法对 PostgreSQL 系统进行性能测试[2]，发现在 PostgreSQL 系统执行随机生成的 50 个 TPCH 查询的时间中，CPU 约占 68%，磁盘约占 19%，内存约占 13%。由此可见，CPU 现已成为数据库系统的主要性能瓶颈，而以优化 I/O 为主的传统数据库系统的优化方法已不再适用于大数据场景下的系统需求，传统数据库系统的性能优化进入了瓶颈期，需要寻求新的优化途径。

在人工智能领域蓬勃发展的背景下，机器学习技术为数据库系统注入了新的生命力。新的加速算法、深度学习和强化学习等机器学习技术的发展为数据库系统带来了更大的优化空间。比如在数据库系统参数配置方面，传统数据库系统通过数据库管理员（DBA）静态地调整配置参数以适应不同的查询处理需求。但是在大数据时代下，快速变化、繁杂多变的查询工作负载已超出 DBA 的应对能力，导致数据库系统不能随查询工作负载的变化而做出快速响应。机器学习善于从大量训练数据中学习经验，并快速给出预测结果[3]。因此可以借助机器学习从 DBA 长期进行参数调优、查询优化的经验中，学习数据库参数配置的能力，面对快速变化的工作负载，动态地为数据库系统推荐最佳的系统配置。

机器学习的核心思想是利用神经网络强大的学习能力，通过调整神经元之间的连接来拟合复杂的映射关系。这类方法适用于存在大量训练数据且传统方法难以解决的问题。数据库有很多复杂的组件，并有大量的数据，这使得机器学习与数据库系统的结合天然适配。

此外，面向机器学习的现代硬件加速器异军突起，如众核处理器、高性能处理器、GPU 处理器等迭代更新速度越来越快，预计到 2025 年，GPU 的性能可以再提高 1000 倍[4]。现代硬件加速器主要用于加速机器学习的并行和迭代算法，具有高并发、多线程、计算速度快的优点。然而对于传统数据库系统来说，其所使用的经典单线程优化算法在现代硬件加速器上运行时，并不能改善现有的性能。数据库系统若要实现更大的性能优化，拥有更高效的处理能力，应该依托于新的加速硬件，同时在优化算法中采用机器学习的相关技术，来改善当前数据库系统的性能瓶颈。

面对传统数据库系统的性能瓶颈以及人工智能技术和现代硬件加速器提供的机遇，机器学习与数据库系统的有机结合，成为大家普遍关注的研究热点，智能化数据库系统应运而生。智能化数据库系统借助机器学习算法的性能优势，利用现代加速硬件的特性，提高了数据库系统的查询处理效率，极大改善了数据库系统的性能瓶颈，能为大数据背景下的用户服务提供更好的支持。同时，智能化数据库系统有很好的易用性，面对繁杂的工作负载能够更加智能地动态调整数据库系统的配置参数，可以更好地满足不同用户的不同应用需求。

10.1.2　自治数据库系统架构

传统的数据库管理系统需要依赖管理员的经验和决策来调优，研究人员发现，利用机器学习等人工智能技术，可以使数据库脱离人工干预，智能、自动地动态调整数据库系统的配置和优化。因此基于人工智能技术的自治数据库管理系统（self-driving DBMS）

成为近年来的研究热点。

早期的数据库自治研究都集中在单点的领域，例如研究自主物理设计[5]、索引推荐[6-8]、数据划分[9-10] 等，或是提供工具调节参数[11-12]，这些研究可以被划分为自适应（self-adaptive）和自调优（self-tuning）数据库。而真正的自治数据库系统应该能够关注全局，从整体视角来自主调度调优，而不是为系统中的每一个组件都设计独立的调优工具[13]。自治 DBMS 可以支持的优化主要有：①数据库的物理设计（如添加或删除索引、选择行/列存储方式等）；②数据组织形式的变更（数据分片等）；③DBMS 运行时的行为（如增加或删除计算节点、参数调优等）。

Pavlo 教授指出，一个真正的自治数据库应该具有以下 3 方面能力[13]：

1）能够自主制定决策来优化指定的目标（如吞吐率、效率、成本），同时也需要能自主决定使用多少资源来实施该决策。

2）能够自主决定何时部署优化决策。

3）能够自主从行为效果中学习并改善其决策的能力。

上述操作都应该摆脱人工的干预，由数据库独立自主完成。基于上述分析，Pavlo 教授的团队提出了第一个自治数据库管理系统 Peloton，其架构如图 10-1 所示。

上述架构中，核心的部件包括工作负载监视器、工作负载分类器、工作负载预测。具体介绍如下。

1）工作负载监视器（Workload Monitor）：工作负载监视器负责收集所有查询运行的相关信息，除了 SQL 语句之外，还有数据操作量、资源使用等都会被记录。此外，还会定期收集数据库系统随时间流的硬件指标，比如 CPU、内存、I/O 使用率等。

2）工作负载分类器（Workload Classification）：该部件基于 DBSCAN 将查询聚类，将类似的语句聚成一簇训练模型。聚类的目的是降低 DBMS 管理的预测模型数量，并且降低预测应用行为的复杂度。

3）工作负载预测：预测模块使得系统可以识别周期性的 workload 和数据增长的趋势，提前做好配置优化以提供更好的服务性能。每当 DBMS 执行完一个查询，系统就对该查询的聚类中心做标识，并按照固定的统计区间去记录该类查询的请求次数。Peloton 使用这些数据来训练预测模型并估计未来请求的数量，同时也会为其他 DBMS 或 OS 的指标构建类似的模型。

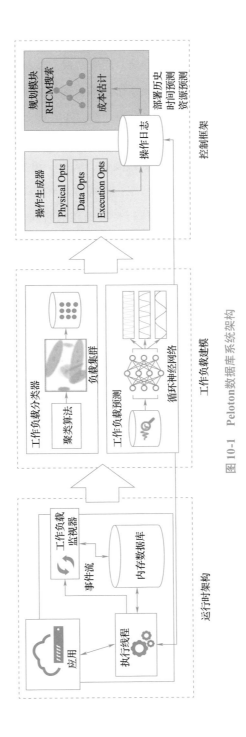

图 10-1　Peloton数据库系统架构

4) 操作管理模块：该模块中的 action generator 用于收集潜在可能提升性能的操作，并把这些操作应用前后的系统状态一并存储。后续会根据预测到的查询从这些历史操作记录搜索相似的场景，并得到潜在的优化操作。基于这些收集到的优化操作，DBMS 需要根据预测到的 workload 选择相应的优化措施，然后在实例上真正执行这些操作。该过程基于控制理论，是一个类似强化学习的过程：在每个时间点上，系统估计出 workload，然后找到可以优化当前性能的一系列操作。从这一组操作中选择第一个操作执行，然后等待该操作完全生效后，再执行下一个操作。在 Peloton 中，这些操作以树状结构存储，树的每一层表示 DBMS 可以执行相应操作的时间。系统根据不同操作的代价-收益信息选择执行顺序。

10.2 查询处理智能优化

10.2.1 自然语言到 SQL 自动转换

SQL 是对数据库数据进行操作查询的一种结构化查询语句，其以高度非过程化以及简单灵活著称，对于程序员来说非常的简单易学。然而随着数据库应用的领域不断扩展，必然会有更多的非相关技术人员接触和使用数据库，求助于数据库管理人员来查询数据必然会增加时间成本。所以如果能够实现自然语言转换为 SQL 查询语句，那么几乎所有人都可以直接从数据库获取到想要的数据，这将极大地提高所有用户获得数据的效率。

自然语言转换为 SQL 语句，简称为 NL2SQL，从技术上来看，就是将用户输入的自然语言进行处理分析，然后转换为计算机能够识别、理解、运行的一种语义表示，这需要用到语义解析相关的技术。语义解析涉及计算机语言、机器学习、语言学等多个领域，是一门交叉学科，同时也是自然语言处理的核心任务之一。NL2SQL 具有非常悠久的历史，几乎在数据库诞生之时就已经有人在研究如何为数据库系统设计一个面向自然语言的查询接口，以使数据库的使用成本进一步降低。

1. 基于序列的 SQL 生成方法

NL2SQL 是自然语言处理的一个子问题，目前基于人工智能的自然语言处理取得了非常良好的效果。基于序列的生成方法是将输入的自然语言查询语句当作序列处理，目前深度学习领域有一种名为 Seq2Seq 的模型，指输入序列处理后输出序列的模型，该类型的模型非常适合处理语言转化翻译等问题。NL2SQL 本质上也是一种翻译过程，因而目前基于深度学习的 Seq2Seq 模型广泛应用在该问题上[14]。

机器想要了解自然语言中的含义，需要将自然语言中的字词转化为机器可以理解的数据结构，并且从中提取出特征，这样的过程称为编码。目前基于人工智能的自然语言处理取得了非常良好的效果，特别是基于深度学习的方法。一般来说，机器首先需要对输入的文本进行分词，分好的词排列在一起构成了文本序列，通过编码过程将每一个词映射为一个向量表示，这个过程也称为词嵌入。将编码后的词向量输入神经网络进行学习训练，最终得到想要的输出结果[15]。

循环神经网络（RNN）是一种神经网络，它的网络结构存在记忆功能，可以保存上一次的输出结果，这就使得它非常适合处理序列化的数据。传统的 RNN 不能很好地把握文本序列中相隔较远的两个词之间的依赖关系，因此 LSTM（长短期记忆模型）在 RNN 基础上加入了门控制机制，可以控制较远距离的依赖关系以及选择遗忘部分不需要的信息。在 LSTM 的基础上，序列到序列（Seq2Seq）模型被提出来。Seq2Seq 模型指输入序列经过处理后输出新的序列，该模型主要处理两个过程，首先是理解输入序列的语义，其次是根据理解的语义重新编写序列，输入与输出的序列长度不一定要相同，因此 Seq2Seq 模型非常适合处理机器翻译问题，NL2SQL 问题本质上也是一种翻译，从人能理解的自然语言翻译为机器可以理解的查询语句。

基于深度学习模型的 NL2SQL 处理流程主要分为 5 个部分[2]：

1）数据集准备。 深度学习是一种高度依赖数据的方法，最终结果的好坏极大程度上与训练数据集的特征吻合。目前针对 NL2SQL 问题的数据集非常多，例如 WikiSQL 数据集是目前该领域规模最大的基于单表查询的数据集，Spider 数据集是规模最大的基于多表查询的数据集，除此之外还有中文 NL2SQL 数据集等。这些数据集包括训练集、测试集与验证集，自然语言查询语句与表名作为输入，SQL 语句作为输出。

2）预处理。 该过程是为了帮助机器更好的理解文本含义而进行的处理，对于中文文本而言主要包括语序检查、错字纠正、使用分词工具进行分词，经过这些处理后文本会转化为原子级别的 Token 序列。

3）词嵌入。 该过程就是将自然语言转化为机器可以理解的形式的过程，将预处理后的 Token 序列进行编码，将文本中的词映射为向量形式。

4）训练深度学习模型。将处理好的词向量输入神经网络中进行训练，通过基于梯度的优化方法使得模型达到收敛，输出的序列就是想要的结果。这一过程也就是机器通过学习理解文本中的语义，然后重新组合成序列的过程。

5）模型评估。根据模型输出的序列（目标 SQL）同验证集结果比较计算出精准度，来对模型效果评估。

目前基于深度学习的 NL2SQL 在部分数据集上的准确率已经超过了 90%，近些年来有很多优秀的模型用于解决 NL2SQL，例如 Google 推出的 Transformer 模型、BERT 模型等。其中 BERT 模型一经发布便引起了巨大反响，因为其出色的语义分析能力使其刷新了 NLP 领域的 11 个问题的指标，甚至在部分领域能够超越人的处理能力。近些年来，NL2SQL 领域有越来越多的系统是基于 BERT 模型实现的，准确率也在不断提升。

2. 基于固定模板的 SQL 生成方法

基于固定模板的生成方式能够将较为复杂的自然语言模式映射到预先指定的查询句式中去。早期，人工智能还没有广泛应用在自然语言处理上时，该方法较多地使用在自然语言查询等问题中。

此类系统开发过程中面临的主要挑战与人类语言本身密切相关，具有模糊性和复杂性[16]。克服此问题的一种非常常见的方法是定义受控语言（Controller Language，CL）。受控语言是自然语言的子集，包括必须遵循的某些词汇和语法规则。用户的输入必须是严格控制的，满足受控语言的要求，很显然这种做法并不利于表达完整的语义，同时对于用户来说具有一定的学习成本。之后一些系统在此基础上进行改进，尽量避免使用受控语言。通过过滤重复识别的关键概念、识别关键概念之间的关系、为潜在关系排名等方法生成转化为查询语言所需要的知识储备，根据制定好的模板生成目标查询。

3. 基于框架–细节的分阶段 SQL 生成方法

基于框架–细节的分阶段生成方法分为两个阶段：首先将自然语言查询转化为中间表达，再将这些中间表达转化为 SQL 语句。目前有一种名为 NChiqi[17] 的自然语言查询系统采用的就是这种思路，对于输入的自然语言查询语句进行自顶向下的分析的策略，将其转化的语义信息以树的结构存储建成语义群，接下来依托语义信息生成 SQL 语句。在此基础上还有很多改进的方法，例如首先对自然语言查询进行分类，对于不同类别的查询制定专门的转化规则以便于更好地理解上下文关系。

自然语言的表达是非常丰富的，这也导致了其在某些情况下具有很强的二义性，单单是人也有很多时候会理解错误自然语言的语义，这也是为什么机器很难准确把握住自然语言的含义，而机器可以理解的编程语言等都在消除歧义方面做了很多工作。为了解决这个问题，可以引入人机交互的机制，当系统判断用户的输入具有歧义时，向用户请求消除歧义，例如将接下来产生的可能选项反馈给用户进行选择。NaLIR[18] 系统正是引入了这一机制的自然语言转 SQL 语句的系统，通过这种方式降低了用户的负担，利于使用。

然而基于这种方式的 NL2SQL 的不足之处在于无法处理一些复杂多变的自然语言描述，处理方式仍旧是依赖于实现定义好的模板规则，这并不利于系统的迁移，泛用性较低[19]。

4. 基于语法的层级式 SQL 生成方法

基于语法的层级式生成方法依旧是分阶段处理自然语言查询的，该方法会预设一组语法规则，这些语法规则可以用来限制用户的输入行为，生成格式规范的自然语言查询。从自然语言映射到一阶逻辑表示，之后再映射到目标 SQL 语句。

如同编译器处理编程语言一样，该类系统预设一种文法规则约束并解析自然语言，例如 TR Discover[20] 系统使用基于特征的上下文无关文法（FCFG）来解析自然语言问题。其中 FCFG 由非终结节点上的短语结构规则和叶节点上的词汇条目组成，大部分短语结构规则是领域独立的，允许语法移植到新领域。FCFG 词典中的每个条目都包含各种特定于域的特征，这些特征用于将解析器计算的解析次数限制为单个明确的解析，消除歧义依赖于非终端句法节点上特征的统一。自然语言被转化为一阶逻辑表达之后，依赖中间逻辑解析器将中间结果解析为树状结构，之后按照一定规则解析树，从而生成目标 SQL 语句。

该方法仍然较为依赖于固定的数据库格式以及预设的查询模板，系统预设的文法规则对于用户而言仍然具有一定的学习成本，并且由于设计及实现较为依赖于领域知识与表结构，系统很难移植到其他领域。

10.2.2　查询负载预测

现在数据驱动应用程序的数据库管理系统越来越复杂，数据库管理员需要大量的时间，但仍然很难使这些系统达到最优性能。许多数据库管理员在调优上花费将近 25% 的时间[21]，据估计，人工成本占数据库管理系统成本的 50%[22]，所以数据库智能调优的重要性不言而喻。自主的数据库管理系统可以进行智能调优，确定自己在哪些方面应该在没有人为干预的情况下进行优化。

数据库管理系统进行优化时，需要根据工作负载对资源进行合理的配置以提高数据库的性能，自主的数据库管理系统需要对未来的工作负载需求进行预测从而及时做出适当的优化。对目标应用程序的工作负载需求进行预测有两种方式：一种是对查询的资源利用率进行建模，另一种是对工作负载本身进行建模。但是基于查询的资源利用率进行建模从而预测工作负载的方法，当数据库的物理设计和硬件资源发生变化时，就需要建立新的预测模型。因此，对工作负载本身建模具有更强的泛化性能。

建模工作负载本身的模型。 工作负载中常常包含了很多个不同的查询。Lin Ma 等人[23]为了降低工作负载中查询的复杂度，先将具体查询映射成模板，然后对模板进行聚类，并且采取的是预测未来查询的预期到达率的方式。也有一些方法将工作负载建模为具有固定比例的不同类型事务的混合体。或者使用隐马尔可夫模型[24-25]或回归分析[26-27]来预测工作负载将如何随时间变化。早期的工作使用预定义的事务类型和到达率来建模数据库工作负载[28-29]。总之，面对不同的情景，需要关注查询的方向也不同。

工作负载预测是为了和具体的数据库调优相结合以便加快查询速度提升数据库的性能，例如在分布式环境下将工作负载预测与智能数据部署的问题相结合。在分布式环境下针对复杂查询的自适应数据部署中，对未来的工作负载进行预测是为了更加及时地调整数据的分布，最终达到缩短查询时间的目的。调整数据的分布需要工作负载中查询的到达时间以及查询中含有的连接谓词、范围谓词等谓词信息，所以预测模型得到的结果需要包含这部分信息。在此预设工作负载分析及预测模型分为 3 个模块，分别是预处理模块、聚类模块和预测模块。

在预处理阶段，预处理器将具体的 SQL 查询转化为模板，然后记录每个模板的到达率历史记录。并记录一定的时间间隔内到达的每个模板的查询次数，越是时间久远的数据，合并时间间隔越大，例如合并连续的 24 个小时的数据为一天的数据。

在聚类阶段，根据语义信息（例如查询过程中参与连接的表）到达率等将模板分组，进一步减少计算压力。主要思想是根据模板与集群中心的距离来分类模板属于哪个集群，共分为 3 个步骤。

1）将集群中所有模板的到达率历史、谓词信息等取均值得到集群中心。对于每个新模板，首先检查其到达率历史、谓词信息与任何集群中心之间的相似分数是否大于阈值。如果有相似分数大于阈值的集群，把该模板分配给具有最大相似分数的集群，然后更新该集群的中心。如果该模板与所有集群中心之间的相似分数均小于阈值或者是第一个查询，则以该模板为唯一成员创建新集群。

2）检查以前的模板与它们所属集群中心的相似性。如果模板的相似度不再大于阈值，将其从以前集群中删除，然后重复步骤 1）以找到新的集群位置。有时，将模板从一个集群移动到另一个集群会导致两个集群中的其他模板移动。所以，要设定更新周期，延迟修改集群。如果在一段较长的时间内没有收到其中的查询，将删除该模板。

3）计算集群中心之间的相似性，并合并两个得分大于阈值的集群。预测模块则是预测具体场景下的调优需要的具体信息。

10.2.3　智能索引推荐

索引是数据库配置中重要的一部分，合适的索引可以通过降低 I/O 成本加快查询速度，提高数据库的性能。在传统情况下，数据库的索引由人工来配置。当数据的规模变得越来越大，人工为数据库选择合适的索引变得越来越困难。人工智能的引入为数据库的索引推荐提供了新的思路。

人工为数据库选择索引时常常基于经验和规范，能力不同，选择的索引的质量也存在不同，这意味着人工选择索引的质量无法得到保障。同时，由于用户需求的多样性，需要为每个用户定制索引，当数据特点或查询特点发生改变时还需要人工监督并调整，这将耗费大量的人力。

近年来人们用人工智能的技术为数据库赋能，大大加速了数据库的发展。人工智能与数据库索引的选择相结合形成了智能索引推荐技术。

学习型索引。众所周知，在合适的列上建立索引可以更快地得到查询结果。传统的方式是由数据库架构师根据自己的经验来设计索引，但是受经验和人力本身能力的影响，数据库架构师只能探索有限的设计空间。在大型数据库上，列的组合空间非常大，在其中选取合适的组合非常耗时且不能保证索引的质量。所以，人们将强化学习等学习性的工作引入索引推荐中构建自动化索引推荐系统。学习型索引不仅可以减小索引的大小还可以提高索引的查询性能[30-32]。

面对大规模的数据库，索引集的候选搜索空间相当大，这时穷举搜索的效率异常低下。基于强化学习的索引选择方法可以利用决策的反馈来改进决策以更有效地对候选空间进行搜索，从而提升决策的质量即提高推荐的索引集的质量。Zahra Sadri 等人[33] 将强化学习与集群数据库的索引推荐相结合，为集群数据库中的副本推荐索引。他们使用深度神经网络进行学习，将工作负载的处理成本和负载平衡作为奖励，最终输出一组索引配置。

树结构在数据库索引中非常常见。关系型数据库中的索引分为聚簇索引和二级索引。它们都是 B+树的结构，不同的是，在聚簇索引中，B+树的叶节点存储的是数据，而二级索引中 B+树的叶节点存放的是主键值。每张表的聚簇索引只能有一个，但是二级索引可以有多个。Jialin Ding 等人[30] 提出的学习型索引 ALEX，在存储布局上构建了一棵与 B+树类似的树，与 B+树不同的是它允许不同的节点以不同的速率增长和收缩。ALEX 可以处理同时包含点查询（Point Lookup）、范围查询、插入、删除更新和删除的工作负载。

展望未来。将人工智能的技术应用到数据库索引推荐的问题中，仍然面临一些挑战[34]：①如何选择合适的机器学习模型；②如何评估选择的模型是否有效；③如何获得用于模型的训练数据，训练数据需要涵盖多种场景；④训练得到的模型是否具有足够的可迁移性，适用于多种场景；⑤如何对工作负载进行建模，以预测未来的工作负载提前进行索引的配置。

10.3 基于学习的查询优化

查询优化是数据库系统中的一个经典问题，目标是为查询生成最高效的执行计划。传统的查询优化过程大多基于代价，即预估每个可能的查询计划的代价从而找到最优的查询计划交给查询引擎执行。影响查询代价的因素主要有 3 个方面：数据库系统执行查询时的 I/O 代价、CPU 代价和内存代价。其中磁盘访问的 I/O 代价是查询效率的主要影响因素，它主要取决于满足查询的数据总量，即基数或选择度。综上所述，传统的查询优化步骤首先需要枚举计划空间，然后估计查询中每个操作的基数，最后结合预先设定的代价模型来估计所有备选计划的代价，并选择代价最低的作为最终查询计划。

结合上述查询优化过程，目前利用人工智能技术来实现智能化的查询优化过程宏观上可将工作分为两大类。第一类工作保留传统查询优化的流程，利用人工智能技术优化其中每个组件，研究智能化的基数估计、智能化的代价模型，这类工作将于 10.3.1 小节中讨论。而第二类工作将查询优化视为一个整体过程，使用查询的执行时间作为反馈，研究智能查询优化器，这类工作将于 10.3.2 小节中讨论。

10.3.1　智能代价估计

本小节中介绍基于人工智能技术优化代价估计过程。传统的基于统计的基数估计的方法存在很大误差，近期的研究工作表明，利用机器学习技术可以实现高效、准确、可靠的基数估计方法。由于机器学习方法所具有的能力，许多学者使用基于机器学习模型来捕获数据的分布性和相关性，大体上可分为查询驱动的基数估计方法和数据驱动的基数估计方法。查询驱动的基数估计方法只利用查询语句本身建模，这种方法仅从查询语句本身抽取特征，不需要基数估计时访问数据表，也不需要知道查询的具体执行方式但是对工作负载及数据敏感，一旦工作负载发生变化就需要重新训练，稳定性不强。数据驱动的基数估计方法直接从数据中学习数据的分布而不受工作负载的影响，但同样受到数据的影响，一旦发生数据更新就需要重新训练。

1. 查询驱动的代价估计方法

查询驱动的基数估计方法的主要思想是从查询语句出发，将基数估计问题转化为一个有监督学习问题。传统线性的机器学习算法存在包括对高维数据抽象能力不足等诸多缺点，而最新的基于查询的技术估计方法提出一个多集合卷积神经网络，该网络由多个卷积神经网络组成，能够分别学习关系表数据，查询条件和连接条件之间的关系。模型的输入是带有真实选择度标签的查询语句集合，输出是学习得到的一个从查询映射到选择度的函数表示。

Kipf A 等人[35] 提出的 MSCN 模型如图 10-2 所示，在设计上使用多个卷积神经网络堆叠成最终的网络，每个网络分别学习与关系表数据、连接条件，查询条件之间的关系。将查询语句与网络结构对应拆分成数据表、连接谓词和选择谓词 3 个集合并分别编码，使用编码后的查询语句和真实选择度标签训练网络。

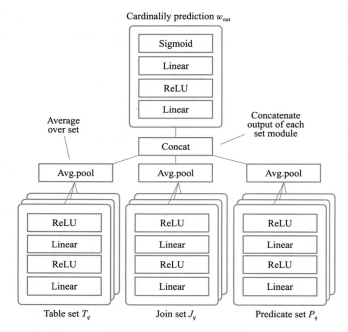

图 10-2　MSCN 模型框架

Dutt 等人[36] 提出的 LW-XGB/NN 模型如图 10-3 所示，介绍了一种轻量级的选择度估计方法。它们的特征向量由范围特征和 CE 特征两部分组成，范围特征对查询涉及的范围谓词进行编码，CE 特征对启发式估计规则（例如假设所有列都是独立的）进行编码。LW-NN 和 LW-XGB 模型分别使用神经网络和梯度增强树进行回归。

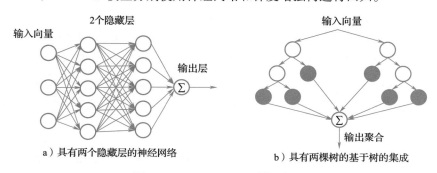

图 10-3　LW-XGB/NN 模型框架

Ziniu Wu 等人提出的 UAE-Q 模型应用深度自回归模型学习映射函数[37]。该模型应用 Gumbel-Sotfmax 技巧提出了可微渐进抽样方法，使深度自动回归模型能够从查询中学习到映射函数。

由于查询驱动的方法本质是回归问题，基础的回归模型均可应用。除了特征表示方案和模型设计之外，这类方法还存在一些难点和性能瓶颈。

1）训练集收集耗时过长，生成训练查询语句的开销包括模型支持的查询表达式的数量和每个查询表达式所需的训练语句的数量再乘以每条训练语句生成真正选择度标签的成本。

2）支持的查询模式有限，训练语料库通常只能覆盖一个有限的查询模式集合。

3）对于增量更新策略的研究，数据变化时完整地重新训练模型需要相当高的计算成本，数据库的模式发生变化时，网络的输入数据编码结构也需要改变。神经网络增量训练可能会过度适应最新的数据而忘记过去学习到的东西。

总体上来说，查询驱动的基数估计方法的优点在于，解决了多表连接估计的问题，利用回归模型本身的特点解决多表连接的估计问题思路简单，同时模型也相对简单，而且使用简单的回归模型也可以达到不错的效果。该方法的局限在于，收集训练数据的开销始终存在，应用场景也受到限制，模型只能对训练过的同类型查询做出预测。在数据变化时需要重新训练，泛化能力不强，重新训练模型会带来相当大的计算成本。

另外，查询驱动的技术估计方法不需要预先分类，特征也不仅仅局限于数值型的值，所有的查询中存在的信息都可以通过独热编码和数值归一化表示出来，对于涉及表的数量较多的大查询也具有一定的泛化能力。但实验结果显示，它对于复杂谓词的学习依然很困难。此外，数据库查询多属于声明性语言不包含具体的物理操作，所以单纯依赖查询进行基数估计有着严重的性能提升瓶颈。

2. 数据驱动的代价估计方法

数据驱动的基数估计方法并不需要使用带有真实选择度标签的工作负载进行集合训练，而是直接从原始数据学习并对数据的联合分布进行拟合，从而学习到一些有关数据分布的重要特征，如不同属性之间的相关性以及单属性的数据分布等。其本质就是学习到一个能够最好拟合联合分布的函数。其基本思想与传统的基数估计方法如直方图、采样很像，都是从原始数据中学习一个小型的有损的概要，以求更快地分析数据。

图 10-4 展示了基于数据驱动的基数估计方法的一般工作流程。在训练阶段，数据驱动模型会对数据的联合分布进行学习并建模，以期望捕捉一些数据分布相关的重要特征。在推理阶段，一个查询语句会被分解成一个或多个对模型的请求，并将模型的推理结果合并到最终的基数估计结果中。为了应对数据更新的问题，基于数据驱动动的基数估计方法需要更新或重新训练数据联合分布模型。

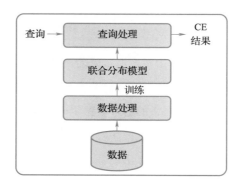

图 10-4　数据驱动基数估计方法的一般工作流程[38]

数据驱动的基数估计方法的主要研究内容和难点落足于如何在不依赖任何假设（一般来说是独立一致性假设）的前提下，从数据中尽可能详细地学习不同属性间依赖关系的表达（包括属性之间和表之间的依赖关系）。其中依赖关系的学习可以被划分为两个层次[39]：

①单表中多个属性之间的依赖关系；

②不同表多个属性间的依赖关系。

后者对依赖关系的学习方案目前还并不成熟，大致思路是将多表连接成单表，再使用单表的方法学习其各个属性间的依赖关系。

总体来说，数据驱动的基数估计方法的核心就是试图捕获不同属性之间的依赖关系并将其建模成一个可以拟合数据联合分布的函数或模型。其现有的方法主要基于以下模型：多维直方图、自回归模型（Autoregressive Model）、和积网络（Sum-product Network）、草图（Sketch）。多维直方图在传统的基数估计方法中有所涉及，本小节会简要介绍后 3 种模型的应用。

（1）基于自回归模型的代价估计

使用自回归模型实现数据驱动的基数估计的基本思想是使用乘法法则，将数据的联合分布分解为多个条件分布的乘积，并通过深度自回归模型建模数据的固定顺序的条件分布。

$$P(A_1,A_2,\cdots,A_n)=P(A_1)P(A_2\mid A_1)\cdots P(A_n\mid A_1,A_2,\cdots,A_{n-1})$$

具体工作流程如图 10-5 所示，训练一个自回归网络，训练集是一组 n 维元组，使用最大似然方法进行训练，得到的是 n 个点密度向量，每一个概率密度向量是输入元组对应维度所有不同取值的概率[40]。训练好的自回归模型得到的是每一维度上各个取值的点密度，可以解决点查询问题，对于范围查询，结合渐进抽样策略可以较好地解决。

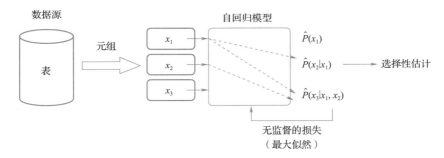

图 10-5　自回归网络模型框架[40]

利用自回归模型进行基数估计任务可以很好地利用自回归性质（利用上一时刻的随机变量描述下一时刻的随机变量），简化了概率图模型对联合分布的因式分解形式，并且可以抛弃所有假设，这使得模型能够更为精准地拟合数据的联合分布。但是对于范围查询应用渐进抽样的策略，会大大降低预测的效率。

（2）基于和积网络的代价估计

Hilprecht 等人[41] 基于和积网络解决选择度估计问题，和积网络模型是对概率图模型的改进，其关键思想是递归的将表拆分成不同的行簇（通过求和节点来连接）或列簇（对列簇做独立性假设并通过积节点来连接）将联合分布拆解成若干个一维分布的一次多项式和。它并不是用一个训练好的模型来代替原始数据。相反，它扩展了一个类似于索引的数据库用来加速查询并提供额外的查询功能。

具体的方法是先计算列与列之间的相关性系数，当某一列属性与其他列属性的相关性系数都小于一个阈值时，就认为这一列是独立的并将其按列拆分。如果没有这样的列，则将数据表按行计算向量相似性进行聚簇，再按列根据独立性进行拆分，并迭代此过程。通过构建直方图的方式来描述这些和积节点的分布。这样做的优点在于，底层用直方图表示，遍历叶节点就可以得到叶子直方图的选择度值，向上传播时也只需要做有限的加法和乘法，查询速度非常快。并且相对来说更容易更新，因为模型不是训练得到的，但是更新方法仍然是遍历整个树更新节点。它的缺点在于分解效果过于依赖数据，数据相关性非常高或者阈值设置的较低时，对原始数据的拆分会过于细致，这样虽然准确率得到很大提高，但是估计的效率会变得很差。并且固定的拆分阈值无法兼顾相关性强的数据和相关性弱的数据。图 10-6 展示了一个和积网络的例子。

c_id	c_age	c_region
1	80	EU
2	70	EU
3	60	ASIA
4	20	EU
...	...	...
998	20	ASIA
998	25	EU
999	30	ASIA
1000	70	ASIA

a）Example Table

c_age	c_region
80	EU
70	EU
60	ASIA
20	EU
...	...
20	ASIA
25	EU
30	ASIA
70	ASIA

b）Learning with Row/Column Clustering

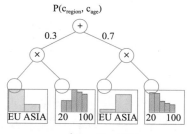

c）Resulting SPN

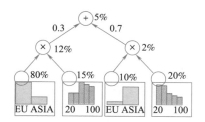

d）Probability of European Customers younger than 30

图 10-6　应用和积网络实例[41]

在图 10-6 中，为了估计有多少来自欧洲且年龄小于 30 岁的客户，我们计算了相应彩色区域叶节点中欧洲客户的概率（80%和10%），以及灰色区域叶节点中年龄小于 30 岁的客户的概率（15%和20%）。然后在上面的乘积节点级别将这些概率相乘，分别得到 12% 和 2% 的概率。最后，在根级（和节点），由于必须考虑簇的权重，从而导致 12%×0.3+2%×0.7＝5%。乘以表中的行数，得到大约 50 名 30 岁以下的欧洲客户[4]。

（3）基于草图的代价估计

草图这类方法主要用于估计数据集合中不同元素的个数，也就是严格定义中的基数（不同值个数）估计。一个简单的方法是使用一个容量为全局元素的位图（Bitmap），先将位图的所有位置初始化为零，之后扫描全表，将遇到的元组记为 1，最后扫描位图就可以得到基数。这种方法估计精确，但是需要的位图可能很大，而且全表扫描的代价也是不能接受的。所以单纯使用位图的方法是不可行的，但是位图在现行的方法中依然扮演着举足轻重的角色。

一些学者借鉴草图的思想，并将其用在数据库的查询优化中，也取得了不错的效果。例如希望统计某个元素出现的频率但是不需要精确的计数，就可以使用 Count-Min 这种草图来解决这个问题。其基本思路为创建一个数组用于计数，将每个元素初始化为 0，对于一个新元素使用哈希函数将其散列到对应的桶中，该桶的计数加 1。当需要查询某个元素的出现频率则直接取对应的桶中数值即可。考虑到使用哈希函数会有冲突，即不同的元素散列到同一个数组的位置索引，这样频率的统计都会偏大。可以使用多个数组和多个哈希函数来重复计算，之后在多个数组中取最小值即可。改进后的算法相比于之前的算法冲突减少了，但是还是会有冲突出现，得到的结果依旧是理论上界。

在基数估计中，一般用草图将属性建模为向量或矩阵，以计算一个值上的不同个数或元组的频率。Rusu 和 Dobra[42] 总结了如何使用草图来估计连接结果的大小。基本思想是在连接属性上构建草图，表现形式为一个向量或矩阵，暂时忽略其他所有属性，根据两个连接属性的向量或矩阵的乘法估计连接大小。但是这些方法只支持等值连接和单列连接。

Yesdaulet 等人[43] 提出的方法就是基于草图构造一个查询优化器 COMPASS 来实现基数估计，具体的思路为，将查询的执行分为两个阶段，将基数估计放在查询语句执行的过程中计算。第一个阶段是在得到的查询语句中提取选择谓词和连接属性，在经过选择谓词过滤的元组中，需要在连接的属性上构建草图。第二阶段是根据构建出的草图计算基数用于枚举查询计划。

COMPASS 使用的草图为 Fast-AGMS[44]，在单表单属性上构建草图时，通过一个哈希函数将该列的所有属性散列到多个桶中，再经过一个随机的变化函数确定存的值是 +1 或者-1。这样做的好处是，从直观上来说，数值偏向于出现频率更高的元素。相比于另一种悲观的基数估计[45]，则是将列中的每一个值散列到桶之中后都对桶中的值加 1。用这样得到的结果进行估计一定是偏大的，是查询基数的理论上界。

对于连接的估计 COMPASS 会分别在连接的两个表对应的列上构建草图，并保证它们使用的哈希函数和变换函数相同，这样对应的值就会被存放在对应的桶里。直接将对应的桶中的数字相乘再累加求和就得到两张数据表做连接的估计基数。但是这样会出现一个问题，当用 3 张表做连接时，假设另外两张表中的某一列属性都与同一张表的两列属性连接，如果简单的分别计算两个属性的基数就会忽略该表中这两列属性之间的相关性，最终得到的值依旧会偏大。为了解决这个问题，COMPASS 提出了草图合并和草图分割两个方法，用于构建多维草图来适应这种情况。

草图分割策略是将该表的两列连接属性一起构造一个二维的草图，在这张二维草图中蕴含这两列的相关信息。二维草图的长和宽分别对应两列属性散列之后的桶的个数。每来一个新的元组，就首先分别根据两列的哈希函数确定该元组存放的桶的坐标，再将元组对应列与两个变化函数的值相乘作为存放的值加到对应的桶中，经过证明，这个方法是一个无偏估计方法。以此类推，如果一张表和 3 个不同表做连接就为这张表构建一个三维的草图计算。但是在查询较为复杂时，在枚举所有查询计划时涉及的连接组合可能较多。在这种情况下为每个连接分别计算草图所产生的代价是不能容忍的。所以就提出了另一种策略——草图合并。

草图合并的核心思想是通过一维的草图来构建二维的草图，具体方法为，还是相同的情况，将交点的表中的连列连接属性分别使用哈希函数分桶，得到两张一维的草图后合并成二维，将对应位置的值存为两个草图对应位置中绝对值较小的值。这样，在查询时只需要存储一维的草图而高维的草图则可以通过草图合并的方法构造。

10.3.2 智能查询优化器

一些情况下，准确的基数估计可能不会产生更好的查询计划，比如对于连接操作，连接类型的选择（哈希连接、归并连接等）不能简化为基数估计问题。此前，学者们曾提出对查询计划几种不同粒度的建模方法，从粗粒度的计划级模型到细粒度的运算符级模型以及混合模型，即在查询优化过程中有选择地组合计划级模型和运算符级模型各自的优点[46]。最近也有学者提出自适应学习的 Neo 模型[47]，展现了良好的性能。下面会对它们进行介绍。

1. 计划级模型（Plan-level Model）

在计划级建模方法中，使用单个预测模型来预测查询的性能，需要输入一些查询计划的特征值来构建计划级模型。这组特征值包含查询优化器的估计值，例如计划执行成本，查询计划中每个运算符类型的出现次数等。在这类建模方法中，使用的机器学习模型是 SVM 或 KCCA。计划级建模方法的主要缺陷是由于特征值仅表示查询计划及其执行的有限信息，因此不同的查询可能映射到非常相似的特征值，导致建模不准确。

2. 运算符级模型（Operator-level Modeling）

与使用单一预测模型的计划级方法不同，运算符级技术通过有选择地组合一组模型用于端到端的查询计划代价估计。运算符级性能预测以自下而上的方式工作：每个查询运算符使用其预测模型和特征值来生成其开始时间和运行时间的估计。然后，此运算符生成的估计值被反馈给父运算符，父运算符同时将它们用于自己的性能预测。在这类建模方法中，使用的机器学习模型是 MLR。这类建模方法的一个关键问题是查询计划中较低级别中的预测错误会传播到较高级别，因此可能会显著降低最终预测的准确性。

3. 混合模型（Hybrid Modeling）

在混合建模中，是将运算符和计划级别的技术结合起来，以获得准确且普遍适用的查询计划代价估计解决方案的。对于运算符级预测精度较低的查询，让建模不准确的查询子计划学习计划级模型，并将这两类模型组合起来预测整个查询计划的性能。然而，混合建模在某些情况下可能无法提高动态工作负载的预测精度。例如，某些不可预见查询的预测错误可能不是来自公共子计划，因此，来自训练数据的计划级模型不能减少错误。此外，公共子计划实际上可能是预测错误的来源，但计划排序策略可能不会选择为它们建立计划级模型。

4. 自适应模型（Adaptive Modeling）

Marcus 等人也提出了自适应的机器学习代价估计模型 Neo。Neo 的设计模糊了传统查询优化器主要组件之间的界限：基数估计、成本模型和计划搜索算法。Neo 没有明确地估计基数或依赖传统的成本模型。它将这两个功能组合在一个价值网络中，这是一个深度神经网络，它将部分查询计划映射为预测该部分计划可能产生的最佳预期运行时间。在价值网络的指导下，Neo 在查询计划空间上执行简单的搜索以做出决策。

Neo 的系统模型如图 10-7 所示。Neo 分两个阶段运行：初始阶段，从专家优化器收集专业知识；运行阶段，处理查询。在初始阶段，Neo 从传统的查询优化器（如 PostgreSQL）中获得经验，使用此优化器为示例工作负载中的每个查询创建查询执行计划。这些查询执行计划及其延迟被添加到 Neo 的经验中（一组计划-延迟对），作为模型训练阶段的起点。根据收集到的经验，Neo 建立了一个初始的价值模型，用于预测给定部分或完整计划的最终执行时间。在运行阶段，Neo 使用价值模型在查询计划空间（比如连接顺序、连接运算符和索引的选择）上搜索，并发现具有最小预测执行时间（价值）的计划。一旦为特定查询选择了最终的查询执行计划，它就会被发送到底层执行引擎，该引擎处理查询并将结果返回给用户。此外，Neo 记录该查询执行计划的最终执行延迟，将该计划-延迟对添加到其经验中。然后，Neo 根据这一经验重新训练价值模型，不断改进其估值。

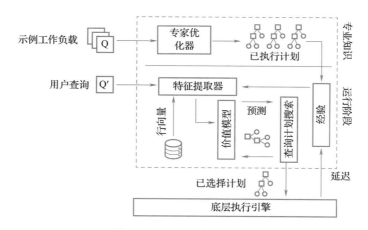

图 10-7　Neo 系统模型框架

对于用户发送的每个查询，都会重复这个过程——搜索和模型再培训。Neo 的体系结构旨在创建一个纠正性反馈回路：当 Neo 的价值模型引导 Neo 找到一个预测表现良好的查询执行计划，若随后该计划执行过程中产生的延迟很高时，Neo 的价值模型将学习预测表现不佳的计划的更高成本。因此，Neo 不太可能在未来选择与表现不佳的计划具有类似性质的计划，这使 Neo 的价值模型变得更加准确，能有效地从错误中吸取教训，最终实现性能良好的查询优化模型。

10.4 数据库系统自诊断

10.4.1　慢查询的识别与重写

慢查询（Slow Query）指的是超过指定运行时间的 SQL 查询语句，宏观的表现是 SQL 语句在数据库上执行的时间很长。慢查询的出现会导致数据库系统的性能下降，特别是在 OLTP 应用场景下，需要执行大量的 SQL 查询语句，慢查询的出现不仅大幅降低了用户的使用体验，也会非常消耗数据库和系统的性能[15]。

1. 慢查询出现的原因

一条 SQL 查询语句执行的整个过程包括很多部分，可以将执行查询语句看作一个任务，那么它包括 I/O、SQL 解析、生成查询执行计划和执行等子任务，每一个子任务的执行都会消耗一定的时间。慢查询出现的原因可以从其子任务中分析[48]。

（1）基础设备层面

数据库应用大多是由客户端发送 SQL 语句到服务器端，服务器端执行后将结果返回给客户端。在大多数应用场景中，客户端与服务器端的交互属于网络通信，如果网络环境不稳定而导致了丢包或者重传，在客户端就会感觉到查询执行很慢。

I/O 也是影响数据库性能的一项重要因素，数据库中的数据存储在磁盘中，无论是对数据的读取还是操作都涉及磁盘的 I/O。某些情况下，例如任务繁重而导致磁盘 I/O 使用率很高时，就会影响到数据库对磁盘读取的速度。此外，不合适的 I/O 调度算法可能使得数据库的磁盘操作不能得到及时响应，从而导致慢查询。

基础设备层面的问题好比是计算机的硬件问题，同样的软件安装在性能更好的硬件上可能会取得较好的效果，要想从基础设备层面来解决慢查询问题，可以通过优化网络环境、优化 I/O 调度算法或是更换性能更好的硬件设施来实现。

（2）数据库层面

基础设备层面的原因与数据库系统本身无关，将系统安装在合适的设备上后系统的性能便会大大提升。接下来将要分析的是数据库层面的原因。

1）SQL 语句结构问题

索引使用不当。在关系数据库中，索引是一种单独的、物理的对数据库表中一列或多列的值进行排序的存储结构，它相当于一本书的目录，可以帮助数据库系统快速找到目标数据，合理的使用索引会使得查询执行速度大大提升。查询所涉及的表或者列没有建立索引，执行时会进行全表扫描，这可能导致速度缓慢。然而有些时刻目标表或者列上已经建立的索引，但在执行时索引可能不生效。导致索引不生效的原因有很多，例如在 MySQL 数据库中发生数据隐式类型转换，会导致原本的索引不能够正常使用；查询的条件中，带索引与不带索引的列参与的条件语句使用 or 连接在一起；like 通配符的使用；查询条件不满足联合索引的最左匹配原则；索引字段进行一些运算或使用一些符号等都可能导致已建立的索引失效，从而导致执行时间长。可以通过正确建立索引，合理合规使用索引来提高查询执行速度。

Limit 深度分页问题。Limit 主要用于查询之后显示返回的前几条或者中间某几行数据，Limit 至多接收两个整数作为参数，第一个参数表示偏移量，第二个参数表示返回记录的最大行数。如果我们所给的 SQL 查询涉及的表元组很多，Limit 所给的偏移量非常大，就会导致执行速度很慢。例如语句 "SELECT sid FROM STU WHERE age<23 LIMIT 1000, 1;" 在执行时，执行器会扫描 1000+1 条数据，然后将前面的 1000 条扔掉，这无疑是一种冗余，因为处理了过多无用数据。面对 Limit 深度分页问题，可以通过限制 id 的方法进行缓解，记录上一页中的最大 id，然后根据这个最大 id 进行分页查询。除此之外，还可以通过延迟关联的方法，即通过子查询查询出当前页的 id，然后再根据当前页 id 回表查询所需字段。

单表数据量过大。当一个表数据量达到了千万级别或者更高时，即使建立了索引，效果也不会很明显。因为为大量数据建立的索引结构本身也会非常庞大，在执行查询时，索引结构本身的 I/O 开销就会很大。正常情况下，一棵 3 层的 B+树理论上可以存放 2000 万条记录，当数据量进一步增加，索引结构会更加复杂，查询性能也会因此降低。所以当出现单表数据量非常大的情况时，可以采用分布式数据库的思想对单表分片存储，相应地还需要配套的一致性协议来保证数据的安全性、一致性。

连接表过多或子查询过多。子查询的加入会导致整个查询语句的复杂度大大提升，在实际应用中往往会将子查询改写为多表连接来提高执行效率。然而过多的连接操作也会导致性能下降，连接操作本质是关系的笛卡儿积，这会产生较多的中间结果，如果参与连接的表本身数据量很大，内存不足以容纳时，甚至需要在磁盘上创建临时表来存储，这种行为很显然是低效率的。所以在查询数据时要尽量避免过多的表连接与子查询。

IN 操作包含元素过多。IN 操作符可以使得 WHERE 子句中规定多个值，理论上没有上限，但如果编写 SQL 语句时不注意限制，可能导致该查询一次扫描非常多的数据，严重影响查询执行效率。如果 IN 操作需要包括较多的元素时，可以适当进行分组以避免一次查询过多元素。

排序数据量过大。可以通过 ORDER BY 为某些字段进行排序以达到有序的结果，数据库系统一般提供有排序缓存用于字段排序，但缓存空间不能无限大，如果需要排序的数据量过大，就需要生成临时文件存储在磁盘中，这个过程会产生大量的 I/O 开销，无疑会增加执行时间，相同的情况也会在使用 GROUP BY 时出现。为了提升执行效率，可以尽量避免对数据量大的字段排序，或者是通过给字段构建索引来加速排序。

2）数据库系统问题

并发问题。并发可以提高系统的吞吐量，可以提高 CPU 与磁盘的利用率，可以减少事务的平均响应时间。但是并发执行可能会导致丢失修改、不可重复读和读脏数据的问题，为了满足事务的基本性质，目前的关系数据库引入了封锁机制，为了保证事务的隔离性，当一个事务处理一个数据时可以给数据上锁，其他事务需要等待锁解除后才能处理该数据。封锁机制的引入同时也可能导致饥饿、活锁、死锁问题，尽管现在数据库已经有更多先进的协议缓解以上问题以保证数据的安全稳定，然而当并发的更新同一数据时，等待解锁的过程是不可避免的，对于 OLTP 业务高并发大流量地访问情况，等待解锁消耗的时间是非常长的。例如每年的"双十一"购物节，各大电商平台的交易量非常庞大，可能有几十万用户对同一件商品提交订单，如果采用普通的封锁机制必然会导致漫长的等待，使用户体验极差。实际应用中可以采用动静分离、流量削峰、数据校验的方法来优化高并发的查询，通过扩大缓存避免向服务器频繁发送请求以减少网络开销，引用一些适当的交互或者是应用端的有界队列进行限流控制，同时设置专门的数据校验以防止出现数据不一致的情况。

2. 慢查询的解决思路

针对慢查询的发生原因，目前主要有 3 种思路来解决，分别是分库分表、索引优化还有 SQL 重写。

（1）分库分表

分库分表主要解决的是数据量过大导致的数据库性能降低的问题，采用了分布式数据库的思想，将数据很大的表拆分成若干较小的数据表，将独立的数据库拆分成若干数据库，使得单个数据库与表的数据量变小，从而大大缩短单次查询的执行时间[49]。对于表的切分又叫做分片，分为水平分片与垂直分片，水平分片是指按一定条件把全局关系的所有元组划分成若干不相交的子集，每个子集为关系的一个片段，可以理解为对关系进行了选择操作；垂直分片则是相当于对关系进行投影操作把一个全局关系的属性集分成若干子集。对于数据库而言，分库是指按照业务来对数据进行分片，尽量做到专库专用，按照业务需求将数据划分到不同的数据库中。分库分表在减小单表数据量的同时也会带来很多问题，例如数据一致性问题、跨数据库的连接查询性能问题以及维护的复杂性问题。

（2）索引优化

索引优化是指通过优化索引的使用方式来达到加速查询的效果，下面将列出一些常见的索引优化策略。

1）优先对用于搜索、排序或分组的列创建索引，因为出现 ORDER BY 或 GROUP BY 子句中的列往往需要进行排序，索引可以大大降低排序的开销。

2）为基数大的列创建索引，对基数大的表进行全表扫描是一件非常耗时的事，通过索引可以极大提高查询效率。

3）索引列的类型尽量小，因为数据类型越小，所构建的索引结构也就越小，同时查询执行操作也就越快。

4）对字符串前缀进行索引。字符串长度较大时，为整体构建索引开销会很大，可以在二级索引的记录中只保存字符串的前面部分，通过这种方式可以进行模糊定位，缩小了查找范围。

5）尽量避免重复和冗余的索引。索引结构本身会占据一定空间，索引越多占用空间就会越大，同时索引也会增加增删改数据的执行效率。

（3）SQL 重写

SQL 重写是指将 SQL 查询转换为等效形式，从而可以高效地执行在数据库中，例如将嵌套查询转化为连接查询[50]。SQL 重写是一个 NP-hard 问题，现有的很多方法采用启发式方法来重写查询，预先制定一些重写规则对查询语句进行改进，表 10-1 列举了一些常见的重写规则[51]。

表 10-1　常见的一些重写规则

序号	规则	描述	例子	
			原查询	重写后的查询
R1	移除聚合函数	移除冗余的聚合函数	select min(distinct a) from t;	select min(a) from t;
R2	生成临时表	为不访问外部查询的子查询创建一个临时表	select * from t1 where a1 < any(select a2 from t2 where a2>10);	with t as (select a2 a from t2 where a2>10) select t1.* from t1,t where a1<a;
R3	子查询转连接	如果子查询与外部查询相关，则将其改为连接	select t1.* from t1 where a1 in (select a2 from t2 where a2<2);	select t1.* from t1 semi join t2 on a1=a2 and a2<2;
R4	分割查询	如果谓词包含 AND/OR，将查询拆分为子查询	select * from t where (c1='f'and c2>5) or c2>8;	select * from t where (c1='f'and c2>5) union all select * from t where c2>8;
R5	谓词标准化	将谓词中的表达式转化为一般形态	select * from t where (c2>18 or c1='f') and (c2>18 or c2>15);	select * from t where (c1='f'and c2>15) or c2>18;
R6	简化谓词	将 IN 转化为 =	··· t1.c in (10,20,30);	··· t1.c=10 or t1.c=20 or t1.c=30;
R7	外连接转内连接	将外连接转化为内连接	select * from t1 left join t2 on t1.a=t2.a where t2.a is not null;	select * from t1,t2 where t1.a=t2.a and t2.a is not null;

3. 基于人工智能方法的 SQL 重写

SQL 重写是查询优化中的一个基本问题，当数据库系统运行过程中出现了慢查询，如果是 SQL 语句本身的问题，就需要对 SQL 语句重写。可能对于许多数据库用户而言，他们并没有能力写出高质量的 SQL 查询，这时 SQL 重写可以帮助优化 SQL 查询的质量[2]。

目前常见的 SQL 重写主要采用了基于规则的启发式方法，启发式方法有两个主要限制。首先，重写过程需要使用许多重写规则，应用不同重写规则的顺序显着影响查询性能。然而，所有可能的重写顺序的搜索空间会随着查询运算符和规则的数量呈指数增长，并且很难找到最佳的重写顺序。现有方法使用预定义的顺序来重写查询，很可能无法达到最优解。其次，不同应用场景对应的查询适用不同的重写规则。现有方法适用于单一场景，很难适应新的应用场景，同时又很难有效评估重写的好坏程度。

近些年，人工智能技术得到了广泛的研究，机器学习在越来越多的领域得到应用并取得突破性进展，基于人工智能的 SQL 重写是智能化数据库系统的功能之一。针对基于启发式方法的 SQL 重写所存在的问题，目前机器学习可以从两个方面来进行优化[50]。

（1）规则选择

对于同一条查询语句，选择不同的规则以及顺序所带来的性能提升是不同的，机器学习的引入为挑选最优的规则与执行顺序带来了极大的便利。目前通过机器学习化的研究，重写规则的选择已经取得了一定的进展。选择最优的重写顺序非常复杂，可以借助计算机强大的算力来提取出其中的规律，有一种方法是通过强化学习模型来选择出最合适的规则，强化学习是智能体（Agent）以"试错"的方式进行学习，通过与环境进行交互获得的奖赏（Reward）指导行为，目标是使智能体获得最大的奖赏。在每一步中，智能体评估不同规则的执行成本，不断调整并最终选择出执行成本最低的规则。目前清华大学的李国良教授团队采用基于蒙特卡洛树算法的 SQL 重写技术，取得了非常良好的效果。

（2）规则生成

重写规则是高度依赖应用场景的，因为不同场景下的查询语句的结构特点可能有很大的差距，例如 OLAP 业务中的查询语句相比 OLTP 业务普遍会更加复杂，所以往往会出现一个场景的重写规则完全无法适用于新的场景。使用人力发现规则与应用场景的关联是非常困难的，所以不妨将这烦琐的工作交给机器自行学习。我们可以将不同应用场景的重写规则进行收集，使用 LSTM（长短期记忆）模型在规则集合上进行训练，学习查询、编译器、硬件特征与相应规则之间的相关性。然后对于一个新场景，LSTM 模型可以捕获门单元内的特征并预测正确的重写规则。

人工智能的飞速发展，机器学习算法的不断改进以及日新月异的硬件设备，为数据库领域不断注入新鲜血液。传统数据库中面临的许多难题如今可以借助机器学习来解决，数据库系统发展的瓶颈有望得到突破。

10.4.2　实时故障检测与恢复

高可靠性是数据库的一项重要需求。造成数据库系统崩溃的主要因素有许多，因此，让数据库系统长期保持安全、平稳的运行是一个非常艰难的工作。传统数据库系统通过以下两个方式来提高数据库的可靠性：第一种是通过设置基于规则的监视器，并在超过阈值时发布警告，不过这种阈值只依赖于 DBA 的经验，无法保证准确地避免意外状况的发生；第二种是定时对数据库的数据进行备份，虽然这种方法能够恢复丢失或发生错误的数据，但是恢复的代价是很大的。为了克服这些普通数据库在可靠性上产生的困难，一些数据库已经引入了人工智能技术，可以自动监测、检查数据库系统运行时出现的问题并快速修复。

基于人工智能的数据库的实时故障检测与恢复主要分为自诊断和自恢复两部分[15]。

自诊断是指数据库能够自动诊断自身的状态。一方面，监测的效率关乎企业在故障中可挽回的经济损失，所以自诊断应该具备实时监控数据库可能发生的硬件错误和软件错误的能力。例如，2018 年，YouTube 曾出现过服务器宕机事件，但因为系统未能及时进行修复，直接造成了超过一小时的服务暂停。另一方面，自诊断也需要在对数据库的影响最小化的情况下采集到足够的信息。一旦各类管理程序的信息采集过于频繁，就很容易导致管理程序抢占大量资源，反而影响了数据库运行时的效率和可靠性。所以，分布式数据库系统中通常只保留与数据库恢复高度相关的管理程序，包括检查点、自动数据清理机制等。

自恢复是指在数据库系统出现问题时，数据库系统可以自行修复至上一个健康状态。首先，数据库系统从完成部署到提供服务的所有阶段中均存在着许多软硬件隐患，如 I/O 错误、CPU 错误以及在服务器压力过大时出现的锁表、阻塞和大量的慢查询等现象，我们必须选择正确的还原与备份方法处理相应问题。例如，Oracle 通常会通过 RMAN 管理工具对各种故障进行评估，并对各个级别的故障提出对应的恢复策略，比如遇到严重故障，就需要及时还原到过去时间点上的备份。其次，由于自恢复通常都和硬件直接相关，所以自恢复技术需要在各种规格的数据库中都具有及时、精确的恢复能力。

在自诊断方面，轩辕数据库[52]通过监测数据库的系统运行情况，进行数据库配置，以防止数据库系统的失效或者快速实现故障转移：首先，它自动获取数据的访问次数、更新情况等统计信息和数据在集群中的分布；然后，它自动监测数据库的工作情况，比如每秒批处理申请请求的规模、用户连接数量等；最后，轩辕数据库通过机器学习算法对这些统计信息进行分析，并改变系统参数，同时针对异常情况发出警告。轩辕数据库的自诊断还包含了一种检测并修复数据库系统的异常情况的策略，即便某个数据库节点发生意外，自诊断仍然能够提供帮助。当数据库发生数据访问错误、内存溢出或违反某些完整性约束等问题时，数据库系统就能够自动检测出问题的根本原因，并及时停止相关的工作。而且，通过总结问题的产生条件和解决办法，轩辕数据库还能够把诊断经验以运维说明书的形式发表出来，让用户进一步地学习和管理数据库。

在自修复方面，轩辕数据库系统可以智能地把多个操作隔离开，避免某个操作发生问题后影响到系统的其他操作。此外，它使用 CNN 模型自动检测耗时远超过优化器预估时间的查询，并自动对其进行处理。为了提高数据库系统的可靠性，轩辕数据库系统还实现了数据的自动迁移。因此，即使分布式数据库系统的节点崩溃或负荷严重倾斜，它也能够以最小化的开销来完成实时数据迁移。

10.5 数据库系统自调节

随着大数据时代的到来，数据库系统在两个方面面临挑战：首先，数据量持续增大期望单个查询任务具有更快的处理速度；其次，查询负载的快速变化及其多样性使得基于 DBA 经验的数据库配置和查询优化偏好不能实时地调整为最佳运行时状态。同时，数据库系统具有成百个可调参数，面对工作负载的频繁变化，大量烦琐的参数配置已经超出 DBA 的能力，这使得数据库系统面对快速而又多样性的变化缺乏实时响应能力。

在数据库领域，参数的调优是长久以来的研究问题，同时也是难题。参数配置主要面临着以下几个难题：①参数名称不标准，不同的数据库系统在同一个参数上可能具有不同的名称；②参数功能不独立，改变一个参数会影响其他参数的配置性能；③参数调优适用范围不具通用性，在一个应用上优化好的参数，在另一个系统上一般不适用。

优化 DBMS 的参数对系统性能提升至关重要。DBMS 的默认配置通常差强人意，随着数据库系统的发展，现代 DBMS 拥有大量参数。数据库系统和应用程序的规模不断增大，复杂性不断上升，使得自调节机制的重要性不断提升。

10.5.1　问题定义

给定待优化数据库系统、系统的工作环境和优化过程中的资源约束，参数优化问题的目标是通过调节该系统的可配置参数，来优化系统的性能指标[53]。具体来说，该问题包含待优化数据库系统、工作环境、优化约束、配置参数和系统性能 5 个概念，下面分别进行定义。

1）待优化数据库系统（System Under Tune）　记为 S，待优化数据库系统是需要进行参数优化的数据库系统，通常具有大量的可配置参数。

2）工作环境（Environment）　数据库系统部署和使用的不同方式被称为工作环境。数据库的工作环境主要包括 3 个因素：①工作负载（Workload）；②硬件配置（Hardware）；③软件版本（Version）。上述 3 个因素分别对应的是系统运行的输入、系统的硬件配置和软件的版本状态。其中，工作负载是指数据库系统需要完成的业务或查询任务，例如，需要执行的事务集合、需要完成的查询请求等。在参数优化问题中，优化人员通常无法事先了解工作负载的内部细节，仅可以通过实验的方法测量数据库系统在该工作负载下的性能，而不进一步考虑其内部结构。

3）优化约束（Constraint）　由于待优化数据库系统通常会成为承载企业实际应用的系统，需要快速上线并长期运行，因此对参数优化过程有着较为严格的限制和约束，其中最常见的约束条件是优化时间。

4）配置参数（Configuration）　为了提高性能和灵活性，待优化数据库系统通常会提供大量的参数，鼓励使用者根据不同的工作环境进行个性化配置，以获得最佳的系统性能体验。

5）系统性能（Performance）　数据库的系统性能用来度量待优化系统优化效果的指标，常见的性能指标包括响应时间、吞吐量、每秒处理的事务数量等。系统性能通常与系统需要完成的业务相关，由用户与系统设计人员共同确定，并具有可测量、可量化、可比较等重要特征。

10.5.2 运行状态自感知

1. 自监控（Self-monitoring）

1）基本的信息：首先，对于数据统计信息收集，它自动监视数据属性（例如访问频率、修改情况等）以及数据在数据库集群中的分布情况；其次，对于系统统计，它自动监视数据库系统的状态（例如每秒批处理请求的数量、用户连接的数量、网络收发器的效率）。

2）额外的信息：数据库可以自动监控数据库状态（如读/写块、并发状态、工作事务）。检测操作规则，如根本原因分析规则，它可以监视整个生命周期中的数据库状态（例如数据一致性、数据库运行状况）。需要通过增量式的更新监控信息来最小化自监控的开销。此外，通过总结故障转移条件和采用的解决方案，数据库可以将经验以运维说明书的形式发布出来，帮助人们更好的理解和监督。数据库一般有数百个状态信息（KPI），如果没有很好的采集机制，可能会影响数据库性能。因此，如何监控这些信息而不影响数据库性能就是研究的难点。

2. 自监控信息的应用

监控得到的信息（如数据统计信息、系统统计信息、负载统计信息等）可用在自配置、自优化、自诊断和自修复当中。我们可以利用机器学习算法对这些指标进行分析，调整系统参数，并对异常事件进行预警；对于工作负载统计，它监视用户工作负载的性能，并分析工作负载的变化情况。利用工作负载特性，数据库可以预测未来的状态并相应地调整自身状态。

混合业务的兴起增加了数据库管理的复杂度，大量不同的负载类型往往对应着不同的服务，如银行系统中不仅要提供交易、转账等事务型业务，也需要进行用户数据审计、数据分析等分析型业务。不同服务的融合导致数据库实例不能再仅仅为某一类负载提供服务，如 OLTP、OLAP 等，而要求能够支撑多种业务类型（如 HTAP）。这类复合业务对数据库的存储、处理和数据管理等各个方面都有了更高的要求。

在工业界，亚马逊开发了 OtterTune 系统[54]，通过机器学习技术实现基于负载特性的自动参数配置。OtterTune 尝试从其他负载的变化曲面中学到知识。数据仓库存有很多旧负载的变化曲面，它们根据曾经在数据库运行过的负载并基于采样得到。每当来了一个新负载，新负载利用执行情况映射到最相似的旧负载。将加噪声的旧负载变化曲面作为初始变化曲面，然后再通过采样和更新变化曲面方法最终找到最佳参数配置。以其他负载的变化曲面作为初始变化曲面，减少开始时大量采样参数操作，有效提升了参数调整的速度。Oracle 公司也于 2017 年发布了"无人驾驶"的数据库，可以根据负载自动调优并合理分配资源。Pavlo 等人设计了 Peloton 系统，它基于负载选择数据库各个层次需要执行的操作，如数据布局采取行存或列存、对数据分配地址、对旋钮的配置等，而且该系统还实现了对于负载的预测，以更好地分配资源。

对于工作负载匹配这项工作来说，提取负载特征来反映与参数之间的关联是非常重要的。OtterTune 从两个方面进行了特征选择：第一种是逻辑特征，包括查询语句和数据库 schema 的特征；第二种是数据库内部状态，即负载在执行时的状态变化量，如读/写页数和查询缓存利用率等，对于这些特征，OtterTune 首先利用因子分析（Factor Analysis）[55] 过滤无关特征，再利用简单的无监督学习方法 K-means[56]，选择 K 个与参数关系最密切的特征，作为调参模型的真实输入。

10.5.3　关键特征参数选择

在参数优化问题中，由于参数空间巨大且复杂，收集训练样本费时费力，获取大量的有标签样本是非常困难的。因此，进行有效的参数选择以及选用合适的机器学习模型是至关重要的。尽管数据库系统中存在数百个配置参数，但并不是每个配置参数都会对系统性能产生显著影响。为了避免时间和精力被浪费在调整那些可能对性能没有影响或影响较小的参数上，识别影响最大的参数对数据库参数优化任务是至关重要的。目前，最常用的方法是根据专家经验来选择参数，同时也有一些研究人员尝试使用 Lasso[57] 和方差分析（Analysis of Variance，ANOVA）等机器学习或其他技术来排序或识别与性能相关性较强的重要参数。例如，OtterTune 使用 Lasso 来筛选与系统整体性能相关性最强的参数，并确定参数的重要性顺序。

SARD[12] 是一种基于 Plackett&Burman 统计设计方法的数据库参数排序统计方法。SARD 将查询工作负载和配置参数的数量作为输入，仅需要进行线性数量的实验，就可以获得数据库参数对 DBMS 性能产生影响大小的排序列表。

Lima 等人[58] 则采用了一种包裹式特征选择方法——递归特征消除（Recursive Feature Elimination，RFE），通过有监督学习方法来评估参数子集的质量，迭代地减少数据库参数集。该监督学习算法在这个过程中扮演两个角色：①通过评估预测的性能指标来评估一组参数的质量；②利用线性回归（给变量赋权）或决策树（计算每个变量的基尼系数）等方法，对参数的重要性进行排序。并在此基础上进行性能预测模型构建，根据数据库和工作负载参数的值对性能指标进行预测。构建性能预测模型采用了 3 种不同的机器学习模型：梯度提升机（Gradient Boosting Machine，GBM）、随机森林（Random Forest，RF）和决策树（Decision Tree，DT），这些非线性模型也可以评估参数子集的质量。实验结果表明用参数子集训练的模型比用整个参数集训练的模型更准确，证明了进行参数选择的必要性。

Siegmund 等人[59] 通过结合机器学习和抽样启发方法，为可配置系统生成性能影响模型。Nair 等人[60] 针对建立精确性能模型所需成本高的问题，提出了一种基于排序的性能预测模型，实验结果表明这种精度较差的模型可用于对配置进行排序，并进一步确定最优参数配置。Ha 等人[61] 提出了一种结合深度前馈神经网络和 L1 正则化的系统性能预测方法 DeepPerf，可以对具有二进制和/或数值型参数的系统性能进行预测。性能预测方案能够实现对不同配置的系统性能预测，从而进一步实现性能优化等数据库系统管理任务。

10.5.4　基于学习的系统参数调优

1. 基于机器学习的方法

随着机器学习技术的不断发展与成熟，目前机器学习已经作为一种基础服务技术，在许多领域中进行应用，并具备了一定的解决实际问题的能力。因此，许多研究人员试图通过机器学习技术来解决传统数据库参数优化方法中的不足与限制。传统的参数优化方法通常需要大量专家知识去制定有效的规则和建立可靠的模型，或者通过不断采样对参数空间进行搜索的方式寻找最优参数配置。不同于上述的传统参数优化方法，机器学习可以通过在大量数据中学习获取输入空间到输出空间的映射关系，从而能对任意输入的输出进行较为准确的预测。

针对某个数据库系统，基于机器学习的参数优化方法首先需要对不同配置参数取值下的系统性能进行采样，然后基于训练样本构建性能预测模型，最后基于性能预测模型，采用某种搜索算法寻找最优配置。

iTuned[62] 是一个基于机器学习方法自动识别最优数据库参数配置的工具，通过两个步骤搜索参数空间：①通过拉丁超立方体采样（Latin Hypercube Sampling，LHS）在备份环境中选择初始样本；②iTuned 基于上一步获取的样本构建了基于高斯过程模型的性能曲面，并根据预期改进函数选择下一个采样点，在该采样点对应的参数配置下再次进行实验，得到实验结果后更新性能曲面。之后不断循环迭代，直到取得满意的性能值后终止这一过程。在这一过程中，基于高斯过程模型的性能曲面将与实际性能曲面不断接近，iTuned 也可以尽快寻找到最佳参数配置。

与 iTuned 类似，OtterTune 也提出了一种自动数据库参数优化策略，它的创新之处在于可以利用以前参数优化的经验，并结合新的样本来优化数据库参数。为了实现这一目标，OtterTune 综合使用了有监督和无监督的机器学习方法。整个流程包括 3 个阶段：①工作负载特性描述（删除冗余度量指标）；②重要参数识别；③自动调优。在第一阶段中，OtterTune 首先利用因子分析将高维度量数据降维成为低维度量数据，然后使用 K-means 将低维数据聚类成有意义的分组。通过这两种降维技术能够有效地去除冗余度量指标，并进一步使用这些内部运行时度量对工作负载的行为进行描述，以便识别数据储存库中相似的工作负载。这使得 OtterTune 能够利用从以前的调优会话中收集到的信息，帮助在新的应用程序下搜索表现良好的参数配置。在第二阶段中，OtterTune 选择对目标性能影响最大的重要参数集。减少调优参数的数量能够有效降低需要考虑的参数配置的总数，从而减少机器学习算法的搜索空间。因此，本阶段使用 Lasso 来筛选与系统整体性能相关性最强的参数，并确定参数的重要性顺序。在第三阶段中，OtterTune 的目标是推荐性能最优的配置。OtterTune 首先根据所选指标的性能度量，将数据储存库中最相似的工作负载与当前工作负载进行匹配，最后使用高斯过程回归推荐具有最佳性能的参数配置。数据储存库中保存了之前工作负载下的样本及对应的性能曲面，在新的调优任务中可以使用加噪声的旧性能曲面作为初始性能曲面，再通过与 iTuned 一样的采样更新迭代方式寻找最优参数配置。这种方式可以缓解对大量初始样本的需求，并且有效提升搜索寻优的效率。

Ishihara 等人[63] 提出的参数调优系统也是采用高斯过程回归来寻找最优的 DBMS 参数配置，并应用于工作中的数据库管理系统。

针对云数据库缓冲池调优问题，Tan 等人[64] 设计了 iBTune。利用来自相似工作负载的信息来找出每个数据库实例的可容忍错误率，之后利用错误率和分配的内存大小之间的关系来分别优化目标缓冲池大小。同时，iBTune 还通过一个成对的深度神经网络来预测请求响应时间的上限。缓冲池大小调优只能在预测的响应时间上限处于安全限制的条件下执行。

Rodd 等人[65] 提出了一种基于神经网络的参数优化算法。通过主动监测数据库的关键性能指标并作为神经网络的输入，经过训练的神经网络能够为所需的缓冲区大小估算出合适的数值。Zheng 等人[66] 也提出了一种基于神经网络的性能自调优算法。首先通过提取自动工作负载存储库报告，识别关键的系统参数和性能指标。然后利用收集的数据构建一个神经网络模型，最后采用一种自调优算法对这些参数进行优化。

ACTGAN[67] 则是一种基于生成式对抗网络（Generative Adversarial Network，GAN）的系统参数优化方法。该方法首先采用随机采样得到初始样本，并从中挑选性能较好的参数配置作为 GAN 的训练样本，通过对抗学习推荐潜在的、具有更好性能的参数配置。虽然该方法的研究对象为软件系统，但同样适用于数据库管理系统，并通过实验对方案有效性进行了验证。

基于传统机器学习的方法能够较好地解决数据库参数优化问题，通过利用过往参数优化任务的数据加快调优任务的进程，且具有较强的普适性，能应用于不同类型的数据库参数优化任务中。但是，这种方法仍存在一些局限性。首先，机器学习方法需要大规模高质量的训练样本，这在数据库系统中往往是难以获取的。其次，基于传统机器学习的方法往往采用上述管道式框架进行参数调优，然而在每个阶段获得的最优解并不能保障在下一阶段仍是最优解，在前面的阶段中获得的结果将直接影响最终的参数优化结果。最后，由于数据库系统具有高维连续且复杂的参数空间，通过简单的机器学习模型（如高斯过程模型）往往很难拟合出精确的性能变化曲线。即使能够拟合出精确的性能变化曲线，寻找该复杂曲面上的最优解仍是 NP-hard 问题。考虑到上述问题，一些研究人员开始尝试引入功能更加强大的强化学习来解决数据库参数优化问题。

2. 基于强化学习的方法

为了解决基于传统机器学习的参数优化学习方法中存在的问题，一些研究人员开始尝试使用强化学习对数据库参数进行优化，这种方式既不需要先验知识，也无须对复杂的性能曲面进行拟合。参数优化可以抽象为马尔可夫决策过程，在执行工作负载的过程中，数据库的状态也不断发生变化，在每一个时刻策略算法根据当前数据库状态进行动作，即选择要调整的参数及其数值；完成调整后，数据库将更新状态，并根据更新后的状态进行下一步动作，如此反复迭代直至负载执行结束。使用强化学习多次重复上述过程，就可以找到最适合该负载的数据库参数配置。针对云数据库的参数优化问题，Zhang 等人[68] 利用深度强化学习方法提出了一种端到端的参数优化系统 CDBTune。该系统采用试错策略，通过有限的样本进行学习，降低了对大量高质量样本采集的需求。并且通过奖励反馈机制实现了端到端学习，能够在高维连续空间中寻找最优参数配置，加快模型的收敛速度，提高了在线调优的效率。CDBTune 使用强化学习的主要挑战是将数据库参数优化场景映射到强化学习中的适当操作。图 10-8 描述了强化学习中六个关键元素的交互关系，并展示了 CDBTune 中六个元素与数据库参数优化之间的对应关系。

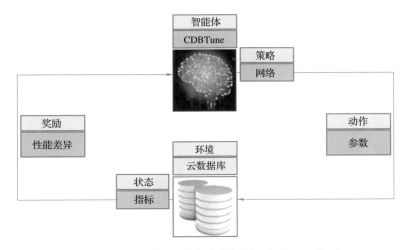

图 10-8 强化学习元素与参数调整之间的对应关系

（1）智能体 智能体可以看作调优系统 CDBTune，它接收来自云数据库的奖励（即性能差异）和状态，并更新策略来指导如何调整参数以获得更高的奖励（更高的性能）。

（2）环境　环境是调优对象，具体来说是一个云数据库实例。

（3）状态　状态表示智能体当前的状态。当 CDBTune 推荐一组参数配置并由云数据库执行时，内部指标可以用来表示云数据库的当前状态，例如在一段时间内从磁盘读取或写入页面的计数器。

（4）奖励　奖励是一个标量，表示当前时刻的性能与前一时刻或初始设置时的性能差异，即在云数据库执行当前时刻 CDBTune 推荐的新参数配置后产生的性能变化。

（5）动作　动作来自参数配置空间，相当于参数调节操作。云数据库在相应的状态下根据最新的政策执行对应的动作。一次动作代表一次增加或减少所有可调参数值。

（6）策略　策略定义了 CDBTune 在特定时间和环境中的行为，它是从状态到动作的映射。给定一个云数据库状态，如果一个动作（即参数调优）被调用，策略通过在原始状态上应用该动作来维持下一个状态。这里的策略指的是深度神经网络，它保存输入（数据库状态）、输出（参数）和不同状态之间的转换。强化学习的目标是学习最佳策略。

（7）强化学习工作过程　云数据库是目标调优系统，可以被视为强化学习的环境。CDBTune 中的深度强化学习模型则是强化学习中的智能体，主要由深度神经网络（策略）组成，其输入是数据库状态，输出是状态对应的推荐参数配置。当 CDBTune 系统收到用户的在线调优请求后，首先会从用户处收集查询工作负载，获取当前参数配置并执行获取对应性能，然后使用离线训练的模型进行在线参数优化，最后给出参数配置。若优化过程终止，系统还会更新强化学习模型和内存池。

此外，Li 等人[69] 提出了一种基于深度强化学习的查询感知数据库参数调优系统 QTune。QTune 考虑了 SQL 查询的丰富特性（包括查询类型和查询成本等），并将查询特性提供给深度强化学习模型，从而动态选择合适的参数配置。与传统的深度强化学习方法不同，QTune 采用了一种使用 Actor-Critic 网络的双态深度确定性策略梯度（Double-State Deep Deterministic Policy Gradient，DS-DDPG）模型。DS-DDPG 模型可以根据数据库状态和查询信息自动学习 Actor-Critic 策略来解决调优问题。此外，QTune 提供了 3 种数据库调优粒度：①查询级调优；②工作负载级调优；③集群级调优。查询级调优为每个 SQL 查询搜索良好的参数配置。这种方法可以实现低时延，但由于不能并行运行 SQL 查询，吞吐量较低。工作负载级调优能够为查询工作负载推荐良好的参数配置。这种方法可以实现高吞吐量，但不能为每个 SQL 查询找到良好的参数配置，因此时延较高。集群级调优则将查询进行聚类分组，并为每个组中的查询找到良好的数据库参数配置。为了实现查询聚类，QTune 采用了一种基于深度学习的查询聚类方法，能够根据查询所适用参数配置的相似性对查询进行分类。这种方法可以实现高吞吐量和低时延，因为它可以为一组查询找到良好的参数配置，并在每个组中并行运行查询。因此，QTune 可以根据给定的需求在时延和吞吐量之间进行权衡，并同时提供粗粒度和细粒度调优。

在深度强化学习技术的支持下，CDBTune 和 QTune 这类基于深度强化学习的参数优化方法能够高效地完成数据库参数优化任务，同时不需要大量的有标签数据。其中 CDBTune 可用于云数据库，支持粗粒度的参数优化（例如工作负载级别的参数优化），但不能提供细粒度的参数优化（例如查询级别的参数优化）。Qtune 能够提供不同粒度的调优，但目前仍基于单机数据库，没有解决在分布式集群上为多个数据库实例进行参数优化的问题。

10.6 本讲小结

基于传统机器学习的参数优化方法视数据库系统为黑盒，具有较强的通用性，且具有从历史任务中学习的能力。然而，这种方法对训练样本的质量和数量都有较高的要求，优化效果会因训练样本的差异和方法的管道式框架而不稳定。基于传统机器学习的方法更适合对系统内部没有深入了解的用户使用，为了获得更好的调优效果，应允许多次实际运行系统以收集训练样本。

基于深度强化学习的参数优化方法引入了功能更为强大的深度强化学习，降低了对样本的需求，获得更优的优化效果，且对环境的变化具有一定的适应能力。然而，该方法训练时间较长，且需要获取内部指标来表示数据库的当前状态，因此通用性较上面基于传统机器学习的黑盒优化方法稍弱。

10.7 未来研究方向和挑战

数据库参数优化的三大挑战，包括：①参数数量、种类较多且存在依赖关系导致的参数空间复杂性；②收集样本数据成本高昂且耗时导致的样本不足；③最优参数配置在不同环境下并不通用，参数优化需要适应环境的动态变化性。

针对以上几大挑战，基于学习的参数优化工作可以从两个角度进行解决。首先是研究如何对数据库系统的高维参数空间进行自动降维，包括高效的参数选择和采样方法，以较低成本构建少量的、能够有效刻画系统性能分布的高质量样本，为基于机器学习的数据库参数优化方法提供有效的支撑与保障。其次，还需要对如何在少量样本情况下对系统进行性能建模与参数优化进行系统性研究。一方面，通过学习能力强的模型对少量样本提供的先验知识进行学习和利用，进一步提升优化效率；另一方面，考虑引入迁移学习的概念，利用其他环境性能建模或参数优化取得的经验，来帮助在新环境中通过少量样本进行建模或优化工作。这种方法不仅能帮助解决样本数量有限的问题，还能在变化环境的场景下进行参数优化，适用于动态运行环境。

参考文献

［1］ RÉ C, AGRAWAL D, BALAZINSKA M, et al. Machine learning and databases：The sound of things to come or a cacophony of hype？［C］//. Proc of the 2015 ACM Special Interest Group on Management Of Data. ACM, Int Conf on Management of Data. New York：ACM, 2015：283-284.

［2］ 孟小峰, 马超红, 杨晨. 机器学习化数据库系统研究综述［J］. 计算机研究与发展, 2019, 56 (09)：1803-1820.

［3］ 周志华. 机器学习［M］. 北京：清华大学出版社. 2016：2-3.

［4］ HUANG J. Moore law is dead but GPU will get 1000X faster by 2025［OL］. 2018-10-15.

［5］ CHAUDHURI S, NARASAYYA V. Self-tuning database systems：a decade of progress［C］//Proceedings of the 33rd international conference on Very large data bases. 2007：3-14.

［6］ GUPTA H, HARINARAYAN V, RAJARAMAN A, et al. Index selection for OLAP［C］//Proceedings 13th International Conference on Data Engineering. IEEE, 1997：208-219.

［7］ CHAUDHURI S, NARASAYYA V R. An efficient, cost-driven index selection tool for Microsoft SQL server［C］//International Conference on Very Large Data Bases. 1997, 97：146-155.

［8］ VALENTIN G, ZULIANI M, ZILIO D C, et al. DB2 advisor：An optimizer smart enough to recommend its own indexes［C］//Proceedings of 16th International Conference on Data Engineering (Cat. No. 00CB37073). IEEE, 2000：101-110.

［9］ AGRAWAL S, NARASAYYA V, YANG B. Integrating vertical and horizontal partitioning into automated physical database design ［C］//Proceedings of the 2004 ACM Special Interest Group on Management Of Data. ACM，international conference on Management of data. 2004：359-370.

［10］ RAO J，ZHANG C，MEGIDDO N，et al. Automating physical database design in a parallel database ［C］//Proceedings of the 2002 ACM Special Interest Group on Management Of Data. ACM，international conference on Management of data. 2002：558-569.

［11］ SULLIVAN D G，SELTZER M I，PFEFFER A. Using probabilistic reasoning to automate software tuning ［J］. ACM SIGMETRICS Performance Evaluation Review，2004，32（1）：404-405.

［12］ DEBNATH B K，LILJA D J，Mokbel M F. SARD：A statistical approach for ranking database tuning parameters ［C］//2008 IEEE 24th International Conference on Data Engineering Workshop. IEEE，2008：11-18.

［13］ PAVLO A，ANGULO G，ARULRAJ J，et al. Self-Driving Database Management Systems ［C］// CIDR. 2017，4：1-6.

［14］ ZHONG V，XIONG C，SOCHER R. Seq2sql：Generating structured queries from natural language using reinforcement learning ［J］. arXiv preprint arXiv：1709. 00103，2017.

［15］ 李国良，周煊赫，孙佶，余翔，袁海涛，刘佳斌，韩越. 基于机器学习的数据库技术综述 ［J］. 计算机学报，2020，43（11）：2019-2049.

［16］ DAMLJANOVIC D，TABLAN V，BONTCHEVA K. A text-based query interface to OWL ontologies ［C］//. Proc of the 6th Language Resource s and Evaluation Conf（LREC）. Paris：European Language Resources Association（ELRA），2008：205-212.

［17］ 孟小峰，王珊. 数据库自然语言查询系统 Nchiql 中语义依存树向 SQL 的转换 ［J］. 中文信息学报，2001，15（5）：40-45.

［18］ LI F，JAGADISH H V. Understanding natural language queries over relational databases ［J］. Acm ACM Special Interest Group on Management Of Data. ACM，Record，2016，45（1）：6-13.

［19］ 曹金超，黄滔，陈刚，吴晓凡，陈珂. 自然语言生成多表 SQL 查询语句技术研究 ［J］. 计算机科学与探索，2020，14（07）：1133-1141.

［20］ SONG D，SCHILDER F，SMILEY C，et al. TR discover：A natural language interface for querying and analyzing interlinked datasets ［C］//International Semantic Web Conference. Springer，Cham，2015：21-37.

［21］ DEBNATH B K，LILJA D J，MOKBEL M F. SARD：A statistical approach for ranking database tuning parameters ［C］//2008 IEEE 24th International Conference on Data Engineering Workshop. IEEE，2008：11-18.

[22] ROSENBERG A. Improving query performance in data warehouses [J]. Business Intelligence Journal, 2006, 11 (1): 7.

[23] MA L, VAN AKEN D, HEFNY A, et al. Query-based workload forecasting for self-driving database management systems [C]//Proceedings of the 2018 International Conference on Management of Data. 2018: 631-645.

[24] ELNAFFAR S S, MARTIN P. An intelligent framework for predicting shifts in the workloads of autonomic database management systems [C]//Proc of 2004 IEEE International Conference on Advances in Intelligent Systems-Theory and Applications. 2004 (15-18): 1-8.

[25] MARTIN P, ELNAFFAR S, WASSERMAN T. Workload models for autonomic database management systems [C]//International Conference on Autonomic and Autonomous Systems (ICAS' 06). IEEE, 2006: 10-10.

[26] HOLZE M, GAIDIES C, RITTER N. Consistent on-line classification of DBS workload events [C]//Proceedings of the 18th ACM conference on Information and knowledge management. 2009: 1641-1644.

[27] HOLZE M, RITTER N. Autonomic databases: Detection of workload shifts with n-gram-models [C]//East European Conference on Advances in Databases and Information Systems. Springer, Berlin, Heidelberg, 2008: 127-142.

[28] SALZA S, TERRANOVA M. Workload modeling for relational database systems [M]//Database Machines. Springer, New York, NY, 1985: 233-255.

[29] SALZA S, TOMASSO R. A modelling tool for the performance analysis of relational database applications [C]//Proc. 6th Int. Conf. on Modelling Techniques and Tools for Computer Performance Evaluation. 1992: 323-337.

[30] DING J, MINHAS U F, YU J, et al. ALEX: an updatable adaptive learned index [C]//Proceedings of the 2020 ACM Special Interest Group on Management Of Data. ACM, International Conference on Management of Data. 2020: 969-984.

[31] IDREOS S, DAYAN N, QIN W, et al. Design Continuums and the Path Toward Self-Designing Key-Value Stores that Know and Learn [C]//CIDR. 2019.

[32] NATHAN V, DING J, ALIZADEH M, et al. Learning multi-dimensional indexes [C]//Proceedings of the 2020 ACM Special Interest Group on Management Of Data. ACM, International Conference on Management of Data. 2020: 985-1000.

[33] SADRI Z, GRUENWALD L, leal E. Online index selection using deep reinforcement learning for a cluster database [C]//2020 IEEE 36th International Conference on Data Engineering Workshops

(International Conference on Data Engineering Workshops. IEEE, W). IEEE, 2020: 158-161.

[34] LI G, ZHOU X, CAO L. AI meets database: AI4DB and DB4AI [C]//Proceedings of the 2021 International Conference on Management of Data. 2021: 2859-2866.

[35] KIPF A, KIPF T, RADKE B, et al. Learned cardinalities: Estimating correlated joins with deep learning [C]//In 9th Biennial Conference on Innovative Data Systems Research, CIDR. 2019: 128-135.

[36] DUTT A, WANG C, NAZI A, et al. Selectivity estimation for range predicates using lightweight models [J]. Proceedings of the International Conference on Very Large Data Bases Endowment, 2019, 12 (9): 1044-1057.

[37] WU Z, YANG P, YU P, et al. A Unified Transferable Model for ML-Enhanced DBMS [J]. 2021, arXiv preprint arXiv: 2105. 02418.

[38] WANG X, QU C, Wu W, et al. Are we ready for learned cardinality estimation? [J]. Proceedings of the International Conference on Very Large Data Bases Endowment, 2021, 14 (9): 1640-1654.

[39] YANG Z, LIANG E, Kamsetty A, et al. Deep unsupervised cardinality estimation [J]. Proceedings of the International Conference on Very Large Data Bases Endowment, 2019, 13 (3): 279-292.

[40] WU P, CONG G. A unified deep model of learning from both data and queries for cardinality estimation [C]//Proceedings of the 2021 International Conference on Management of Data. 2021: 2009-2022.

[41] Hilprecht B, Schmidt A, Kulessa M, et al. Deepdb: Learn from data, not from queries! [J]. Proceedings of the International Conference on Very Large Data Bases Endowment, 2020, 13 (7): 992-1005.

[42] RUSU F, DOBRA A. Sketches for size of join estimation [J]. Acm Transactions on Database Systems, 2008, 33 (3): 1-46.

[43] IZENOV Y, DATTA A, RUSU F, et al. COMPASS: Online Sketch-based Query Optimization for In-Memory Databases [C]//. Proceedings of the 2021 ACM Special Interest Group on Management Of Data. ACM, International Conference on Management of Data. 2021: 804-816.

[44] CORMODE G, GAROFALAKIS M. Sketching streams through the net: Distributed approximate query tracking [C]//. Proceedings of the 31st international conference on Very large data bases. 2005: 13-24.

[45] HERTZSCHUCH A, HARTMANN C, HABICH D, et al. Simplicity Done Right for Join Ordering.

　　　　　　　［C］//Conference on Innovative Data Systems Research. 2021.

［46］ AKDERE M, ÇETINTEMEL U, RIONDATO M, et al. Learning-based query performance modeling and prediction［C］//2012 IEEE 28th International Conference on Data Engineering. IEEE, 2012：390-401.

［47］ MARCUS R, NEGI P, MAO H, et al. Neo：A Learned Query Optimizer［J］. Proceedings of the International Conference on Very LargeData Bases Endowment, 2019, 12（11）：1705-1718.

［48］ 施瓦茨. 高性能 MYSQL（第3版）［M］. 电子工业出版社, 2013.

［49］ 邵佩英. 分布式数据库系统及其应用. 第2版［M］. 科学出版社, 2005.

［50］ ZHOU X, LI G, CHAI C, et al. A learned query rewrite system using monte carlo tree search［J］. Proceedings of the International Conference on Very Large Data Bases Endowment, 2021, 15（1）：46-58.

［51］ ZHOU X, CHAI C, LI G, et al. Database Meets AI：A Survey. IEEE Transactions on Knowledge and Data Engineering（TKDE）, 2020, 28（9）：2296-2319.

［52］ 李国良, 周煊赫. 轩辕：AI 原生数据库系统［J］. 软件学报, 2020, 31（03）：831-844.

［53］ 曹蓉, 鲍亮, 崔江涛, 李辉, 周恒. 数据库系统参数优化方法综述［J/OL］. 计算机研究与发展：1-19［2022-08-25］. http://kns. cnki. net/kcms/detail/11. 1777. TP. 20220506. 1608. 002. html.

［54］ VAN AKEN D, PAVLO A, GORDON G J, et al. Automatic database management system tuning through large-scale machine learning［C］//Proc of the 2017 ACM Int Conf on Management of Data. New York：ACM, 2017：1009-1024.

［55］ scikit-learn Documentation-Factor Analysis［EB/OL］. http://scikit-learn. org/stable/modules/generated/sklearn. decomposition. FactorAnalysis. html.

［56］ scikit-learn Documentation-KMeans［EB/OL］. http://scikit-learn. org/stable/modules/generated/sklearn. cluster. KMeans. html.

［57］ TIBSHIRANI R. Regression shrinkage and selection via the lasso：a retrospective［J］. Journal of the Royal Statistical Society：Series B（Statistical Methodology）, 2011, 73（3）：273-282.

［58］ LIMA M I V, DE FARIAS V A E, Praciano F D B S, et al. Workload-aware Parameter Selection and Performance Prediction for In-memory Databases［C］//SBBD. 2018：169-180.

［59］ SIEGMUND N, GREBHAHN A, APEL S, et al. Performance-influence models for highly configurable systems［C］//Proc of the 10th Joint Meeting on Foundations of Software Engineering. New York：ACM, 2015：284-294.

［60］ NAIR V, MENZIES T, SIEGMUND N, et al. Using bad learners to find good configurations ［C］// Proc of the 11th Joint Meeting on Foundations of Software Engineering. New York：ACM, 2017：257-267.

［61］ HA H, ZHANG H Y. Deepperf：Performance prediction for configurable software with deep sparse neural network ［C］//Proc of the 41st IEEE/ACM Int Conf on Software Engineering (ICSE). Piscataway, NJ：IEEE, 2019：1095-1106.

［62］ DUAN S, THUMMALA V, BABU S. Tuning database configuration parameters with ituned ［J］. Proceedings of the International Conference on Very Large Data Bases Endowment, 2009, 2 (1)：1246-1257.

［63］ ISHIHARA Y, SHIBA M. Dynamic configuration tuning of working database management systems ［C］//Proc of the 2nd IEEE Global Conf on Life Sciences and Technologies (LifeTech). Piscataway, NJ：IEEE, 2020：393-397.

［64］ TAN J, ZHANG T, LI F, et al. Ibtune：Individualized buffer tuning for large-scale cloud databases ［J］. Proceedings of the International Conference on Very Large Data Bases Endowment, 2019, 12 (10)：1221-1234.

［65］ RoDD S F, KULKARNI U P. Adaptive tuning algorithm for performance tuning of database management system ［J］. arXiv preprint, arXiv：1005. 0972, 2010.

［66］ ZHENG C, DING Z, HU J. Self-tuning performance of database systems with neural network ［C］ //Proc of the 10th Int Conf on Intelligent Computing：Intelligent Computing Theory. Berlin：Springer, 2014：1-12.

［67］ BAO L, LIU X, WANG F, et al. Actgan：Automatic configuration tuning for software systems with generative adversarial networks ［C］//Proc of the 34th IEEE/ACM Int Conf on Automated Software Engineering (ASE). Piscataway, NJ：IEEE, 2019：465-476.

［68］ ZHANG J, LIU Y, ZHOU K, et al. An end-to-end automatic cloud database tuning system using deep reinforcement learning ［C］//Proc of the 2019 Int Conf on Management of Data. New York：ACM, 2019：415-432.

［69］ LI G, ZHOU X, LI S, et al. QTune：A query-aware database tuning system with deep reinforcement learning ［J］. Proceedings of the International Conference on Very Large Data Bases Endowment, 2019, 12 (12)：2118-2130.